# Studera smart när du läser naturvetenskapliga och tekniska ämnen

# Studera smart när du läser naturvetenskapliga och tekniska ämnen

Pat Maier, Anna Barney, Geraldine Price

*Översatt och bearbetad av*

Lisa Bjernhager

PEARSON

Harlow, England • London • New York • Boston • San Francisco • Toronto • Sydney • Auckland • Singapore • Hong Kong
Tokyo • Seoul • Taipei • New Delhi • Cape Town • São Paulo • Mexico City • Madrid • Amsterdam • Munich • Paris • Milan

**Pearson Education Limited**
Edinburgh Gate
Harlow
Essex CM20 2JE
England

and Associated Companies throughout the world

*Visit us on the World Wide Web at:*
www.pearson.com/uk

First published 2009 as *Study Skills for Science and Technology Students*

**This edition published 2012**



ISBN: 978-0-273-75267-7

**British Library Cataloguing-in-Publication Data**
A catalogue record for this book is available from the British Library

Typeset in 10/12pt Helvetica by 35

# Innehåll

# Förord

Författarna till den här studiehandboken vill gratulera dig till att du bestämt dig för att fortsätta studera – du kommer att genomgå personlig utveckling, både socialt och professionellt.

Din studietid är ett tillfälle för dig att utvecklas, och författarna har utformat bokens kapitel för att du ska få ut det mesta av dina studier. Det finns massor av övningar i boken som hjälper dig att fokusera på de färdigheter som är viktigast att utveckla, inte bara för att du ska lyckas bra med dina studier utan också för att du ska ha ett professionellt förhållningssätt senare i livet. Lär du dig att vara självreflekterande och att ha en ”jag kan”-inställning, lägger du grunden till ett självständigt och livslångt lärande – något som är viktigt för alla i dagens samhälle.

Lycka till, både med dina studier och med din framtida karriär!

Pat Maier
Anna Barney
Geraldine Price

# Hur boken kan användas

## Varför den här boken?

Vi lever i en värld som snabbt förändras, och vi måste hela tiden uppdatera vår kunskap. Därför är ett livslångt lärande viktigt. Det gör att vi kan utvecklas och hänga med i förändringen. Under dina studier kommer du att utveckla färdigheter som förbereder dig för ett livslångt lärande och gör dig redo för en karriär i arbetslivet.

Bokens genomgående fokus är personlig utveckling, och du uppmuntras reflektera över dina färdigheter, utveckla en "jag kan"-attityd och ta reda på vad du behöver bli bättre på. Det är dessa kvaliteter som ökar din anställningsbarhet.

Boken kan användas individuellt av studenter eller av lärare i undervisningen.

## För dig – studenten

Den här boken går igenom sådant som kan vara svårt när du studerar på universitet/högskola. Det finns utmaningar på flera nivåer. Det handlar om ditt engagemang i ämnet, din förmåga att handskas med din tid och din motivation att ta ansvar för ditt lärande. Tar du utmaningarna och utvecklar en djupare förståelse för ämnet du läser, har du större förutsättningar att klara dig bra. Boken hjälper dig att ta kontroll över ditt eget lärande. Självkännedom och reflektion hjälper dig att klara dina studier bättre och ger dig de kvaliteter som arbetsgivare söker.

I varje kapitel finns övningar som gör att du kan utveckla olika färdigheter. Övningarna är inte till för att göras bara en gång, utan du kan gå tillbaka till dem under din studietid. Därför är det viktigt att du reflekterar över hur ditt lärande utvecklas och skriver in detta i den professionella utvecklingsplanen i slutet av varje kapitel.

Rådet är att du börjar med första kapitlet, eftersom det ger dig en översikt över vad det innebär att börja studera på universitet/högskola. Även om du har kommit längre i din utbildning kan du ha nytta av att läsa det som tas upp i detta kapitel.

## För dig – läraren

Materialet till den här boken har utvecklats i författarnas egen undervisning och de har testat det på sina studenter. Här följer några förslag på hur boken kan användas.

- *Introduktion under de första åren.* I kapitel 1 ”Lärande i högre utbildning” ges en bred översikt över vad det innebär att börja studera på universitet/högskola. Kapitlen om tids- och stresshantering passar också som introduktion för studenter både på grundutbildning och i fortsatt utbildning.
- *Professionell utvecklingsplan.* I varje kapitel uppmuntras studenterna att reflektera över de färdigheter som de utvecklar. Du kan använda några av bokens övningar för att få en uppfattning om deras reflekterande förmåga.
- *Tillämpning av kunskap.* Det finns en diskussion om varför det finns laboratoriearbete och om säkerhet och effektivitet i denna typ av arbete. I boken finns också metoder för matematisk och kreativ problemlösning.
- *Färdigheter i att presentera.* Kapitlen om teamwork och presentation av arbeten har visat sig vara mycket användbara för att ge studenter vägledning om hur de ska förbereda en presentation i affischform, en muntlig presentation och ett arbete i ett verkligt team.
- *Lärandemål.* I varje kapitel finns lärandemål. Det finns ingen bedömning, men informella, reflekterande övningar i början och slutet av varje kapitel kan användas för att ”bedöma” ökad medvetenhet.

# Få ut det mesta möjliga av boken

Varje kapitel inleds med en kort översikt av de olika avsnitten och lärandemålen i kapitlet. Detta innebär att du enkelt kan välja vilka avsnitt och övningar du vill ta del av. I början och slutet av varje kapitel kan du reflektera över hur du tycker att dina färdigheter utvecklas. Det är bra om du reflekterar över detta innan du läser kapitlet och sedan ser hur din medvetenhet har ökat som ett resultat av att du har arbetat med övningarna.

Några övningar innebär att du får förståelse för vilka färdigheter du har, medan andra är till för att du ska använda det du har lärt dig. Mot slutet av varje kapitel finns en idékarta som sammanfattar alla delarna i kapitlet i en visuell helhet. Allra sist finns, i de flesta kapitlen, råd om hur du kan söka vidare hjälp ifall det är något du fortfarande känner dig osäker på.

# Använd din potential

Du har potential för att klara dig bra, få bra betyg och få en anställning inom ett område som intresserar dig. Använd den här boken som en del av din strategi för personlig utveckling. Inse din potential!

> *I en tid av förändring tillhör framtiden dem som lär sig, medan de lärda finner att de är utrustade för att handskas med en värld som inte längre finns.*
>
> Eric Hoffer, en viktig tänkare och skribent på 1900-talet

# Lärande i högre utbildning

Lärandet i högre utbildning är, och bör vara, en utmaning. Utmaningarna finns på flera nivåer: du måste engagera dig i ämnet, kunna planera din tid och kunna ta ansvar för ditt eget lärande. De studenter som tar tag i utmaningarna och utvecklar en djup ämnesförståelse har större chans att lyckas bra med sina studier. De som bara gör minsta möjliga och har en "ytlig" inställning till lärande riskerar att misslyckas. Även om lärarna är där för att ge dig det stöd du behöver, så är det du, och bara du, som kan besluta dig för att ta ansvar, reflektera och arbeta med din egen utveckling. Gör så och du kommer att lyckas.

*Vi får inte visdom – vi måste själva upptäcka den efter en resa som ingen kan göra åt oss eller bespara oss.*

Marcel Proust (fransk romanförfattare, 1871–1922)

I det här kapitlet kan du

1. se vad som gör dig till en skicklig inlärare
2. få förståelse för vad plagiat är och hur det kan undvikas
3. identifiera vilka dokument som beskriver ditt program och dina kurser
4. få veta hur du kan börja fundera över din anställningsbarhet.

## ANVÄNDNING AV KAPITLET

Gör en uppskattning av hur pass säker du är på det som tas upp i påståendena nedan. I slutet av kapitlet har du möjlighet att ompröva dina svar och kan då också lägga in det i din professionella utvecklingsplan. Markera mellan 1 (mycket lite) och 5 (mycket):

| Jag förstår vad jag kan göra för att bli en skicklig inlärare. | Jag vet vad plagiat är. | Jag förstår dokumenten som beskriver min kurs. | Jag vet varför jag måste tänka på anställningsbarhet under mina studier. |
|---|---|---|---|
| | | | |

Datum: ____________________

# 1 Bli en skicklig inlärare

Du kanske inte tror det, men det är en konst att vara en bra inlärare. Det handlar inte bara om att sitta med boken framför sig i hopp om att något ska fastna eller om att klara ännu en uppgift eller en tentamen. Visst, du kan gå igenom din studietid så här, men ditt lärande blir ganska ytligt. För att du ska bli kunnig i ditt ämne måste du gå lite mer på djupet. Det kan göra dig till en duktig inlärare, en inlärare som inte bara vet "vad" utan även "hur" och "varför"; det ger dig en grund till ett livslångt lärande.

Att veta "hur" och "varför" blir allt viktigare, eftersom kunskap precis som mycket annat har begränsad hållbarhet. Det kallas **kunskapens halveringstid**. En bild som visar detta är att 95 % av de droger som användes 1978 var okända 1950 (Smith, 1978, s. 914). Miljövetenskap, som exempel, har förmodligen en halveringstid på 1–3 år, särskilt när det gäller miljölagar och aspekter av klimatförändringar. Eftersom kunskap är en ekonomisk resurs i en kunskapsekonomi, är det nödvändigt för ett företag att ha aktuell kunskap. Arbetsgivare vill därför ha anställda som är inställda på ett livslångt lärande. Det är alltså viktigt för anställningsbarhet med färdigheter i lärande och studieteknik.

Hur pass motiverad du är för ämnet är avgörande för hur du studerar och hur mycket du anstränger dig. Om du inte är särskilt motiverad kommer du sannolikt bara att memorera så pass mycket fakta som krävs för att du ska klara kursen och tentamina. Du lär dig bara på ytan, lägger inte ner så mycket tid på att reflektera över ditt lärande, har en låt gå-attityd till studierna och har svårt för att klara det du ska. Som du förstår är detta vare sig en idealisk student eller en idealisk anställd. Bristen på motivation är tydlig både för dina lärare och för en potentiell arbetsgivare.

Lärandet är alltså inte bara något som är begränsat till din tid på universitetet/högskolan utan kommer troligtvis att fortsätta vara en del av ditt liv. För att det ska vara möjligt måste du

- ansvara för ditt eget lärande
- känna dig själv som inlärare
- reflektera över ditt lärande.

## Ansvara för ditt eget lärande

Det första du måste göra är att lära känna dig själv som inlärare. Det är viktigt att du är ärlig mot dig själv. Ditt tidigare sätt att lära kan ha fungerat bra, men nu måste du stegvis göra en förändring för att du ska få ut det mesta möjliga av dina studier. Övning 1 nedan visar några av de drag som karaktäriserar osjälvständigt och självständigt lärande. Som du kan se tar "den självständiga inläraren" större ansvar för sitt lärande.

### ÖVNING 1 Din motivation att lära

Var skulle du just nu placera dig själv?

| Ditt lärande | A | B | Vanligtvis jag (A eller B) |
|---|---|---|---|
| Motivation att lära | Jag vill få min examen och är nöjd så länge jag får hyfsade betyg. Jag förväntar mig att få intressant material av lärarna så att jag inte tappar motivationen. Jag lägger bara ner arbete på sådant som ska betygsättas. Får jag ett dåligt betyg på något, är det förmodligen för att kursen var dålig. | Jag förväntar mig en välstrukturerad kurs och bra undervisning, men jag vet att detta är en tvåvägsprocess och att jag själv måste hitta information för att klara mina uppgifter och be om hjälp ifall det behövs. Jag vet att betyget på kursen inte bara har att göra med kursen och undervisningen utan också med hur mycket arbete jag själv har lagt ner. | |
| Läranderesurser | Innehållet och kursmaterialet bestäms av lärarna, och jag gör bara det nödvändiga. Jag tror att man klarar tentamina genom att memorera fakta, och jag har ett bra minne. | Jag läser inte bara det jag måste läsa för att klara kursen utan söker gärna litteratur på egen hand. Jag vill verkligen förstå principer och begrepp i ämnet, inte bara ta in en massa fakta. | |
| Tid | Det är ofta tätt mellan olika inlämningar, så jag måste göra uppgifterna snabbt för att hinna lämna in dem i tid. Jag föredrar att arbeta under tidspress, vilket innebär att jag lämnar allt till sista minuten. Det skulle passa mig bättre om det var mer spridning på uppgifterna. | Även om det är tätt mellan olika inlämningsuppgifter, får vi veta det i förväg. Jag försöker om möjligt att sätta mina egna tidsramar så att jag inte behöver jobba med allt kursmaterial samtidigt. | |
| Reflektion över lärandet | Jag har inte så mycket tid för att göra detta, och det är heller ingen som säger att vi behöver göra det, så varför ska jag göra det? | Jag vill gärna reflektera över vad jag lär mig. Det är bra med seminarier, eftersom diskussionerna hjälper mig att se vad jag förstår och inte förstår. Jag vill alltid veta hur jag kan bli bättre. | |

Är du huvudsakligen A eller B? Du har säkert räknat ut att A representerar en osjälvständig inlärare och B en självständig inlärare.

Hur pass självständig är du och hur mycket ansvar tycker du att du tar för ditt lärande? Vad kan du göra för att förbättra detta? Skriv in tre saker här nedan. Läs resten av kapitlet och identifiera därefter vilka av de senare kapitlen du tror kan vara relevanta för dig.

1.

2.

3.

**Obs.** Dina lärare kan bara göra en del. Det är upp till dig om du vill dra full nytta av vad som erbjuds.

## Känn dig själv som inlärare

I det här stadiet av dina studier är det egentligen arbetslivet du förbereder dig för, och som en del av det, vilket nämnts tidigare, ett livslångt och självständigt lärande. Arbetsgivare förväntar alltmer att de anställda fortsätter lära sig, både på arbetet och genom studier. Därför är det viktigt att du kan reflektera över hur du bäst lär dig, över kunskapen du får och över hur du kan vidareutvecklas. Se vilka av de senare kapitlen som är relevanta för dig att läsa vidare i.

### Vilken typ av inlärare är du?

I kapitel 5 ”Att arbeta i ett verkligt team” kan du identifiera vilken typ av inlärare du tycker att du är utifrån de lärstilar som framlagts av psykologerna Peter Honey och Alan Mumford (1992):

| | |
|---|---|
| **En aktivist**: Du lär dig genom att göra saker. Du trivs bättre med projektarbeten och alla typer av aktivt lärande. Du trivs mindre bra med att läsa långa texter, analysera data och sitta på föreläsningar. | **En pragmatiker**: Du gillar att omsätta teorier i praktiken, och du måste se nyttan och relevansen med vad du gör. Om du måste lära dig något som inte har praktisk betydelse, tappar du intresset. Du vill gärna fråga läraren: ”Varför lär vi oss detta?” Om du säger: ”Jag gillar inte den här kursen eftersom det bara är teori”, är du nog en ”pragmatiker” eller en ”aktivist”. |
| **En som reflekterar**: Du är mer försiktig och vill väga allt innan du gör något. När du fattar ett beslut är det väl genomtänkt. Du trivs antagligen med att arbeta med projekt om du har tid att granska alla fakta innan något beslut fattas. Du ogillar när arbete kastas över dig och oroar dig om det är kort tidsfrist. | **En teoretiker**: Du vill förstå vad som ligger bakom olika handlingar och gillar att arbeta teoretiskt och välstrukturerat. Det spelar ingen roll om du tillämpar det praktiskt eller inte. Det kan vara du som ställer frågor om varför och hur något skedde. Du ogillar ostrukturerade möten och när du måste reflektera över någon händelse eller tala om hur du upplevde det. |

Var och en av dessa lärstilar representerar ett steg i David Kolbs modell av lärcykeln från 1975 (se figuren nedan), som visar att vi när vi lär oss något behöver konkret erfarenhet och tid för att observera och reflektera över abstrakta begrepp och teorier innan vi kan använda det i nya situationer. Vi kan börja var som helst i lärcykeln, och vi trivs bättre med några av stegen än med andra. Det är detta som avgör vilken lärstil vi föredrar.

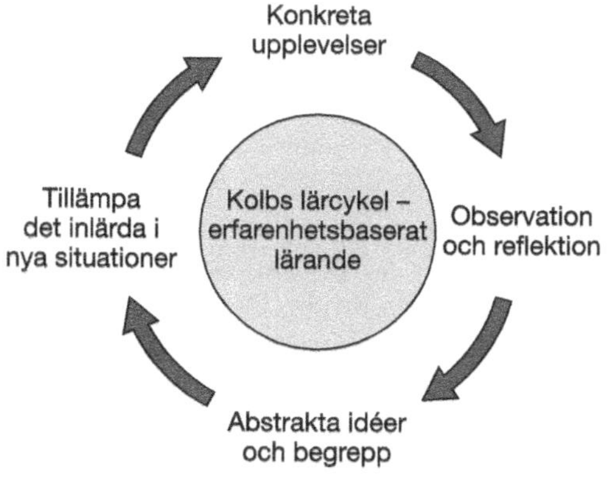


**Figur A1.1** Kolbs lärcykel för erfarenhetsbaserat lärande
*Källa*: Smith (2001)

I vilken del av lärcykeln trivs du bäst och hur kan detta påverka ditt lärande? Kan du hitta sätt för att arbeta med andra aspekter i lärcykeln som du inte trivs så bra med? För att bli en framgångsrik inlärare måste du, åtminstone något så när, kunna arbeta med alla stegen även om du trivs bättre med något av dem.

## Från novis till expert

Att veta hur noviser och experter ser på olika saker är en hjälp för att förstå lärandet. Ingen förväntar sig att du ska bli expert med en gång, men du kommer att se dina lärare som experter och undra varför du inte kan förstå det som verkar så enkelt för dem, och omvänt kan de vara förvånade över varför du inte förstår det. Men tänk på att du förmodligen är mycket bättre på mobiltelefoner än någon av dina lärare!

Hur ofta har du känt att din hjärna inte kan ta emot en enda bit information till? Bitarna verkar inte alls hänga ihop. Du känner dig frustrerad för att du måste försöka komma ihåg allt. Detta är för att du inte har lyckats processa informationen i sammanhängande bitar och lagrat dem i minnet så att du kan hämta dem när du vill. Ju mer du lär dig, reflekterar och repeterar i ett ämne, desto mer kommer du att börja se mönster i informationen och börja gruppera den. Då börjar informationsbitarna att bli kunskap, och du kan därefter börja använda dem.

Något som skiljer experter från noviser är att experter ser ordning och mönster i information. Detta gör de genom att gruppera samman informationsbitarna och identifiera mönster. Det betyder att de, i motsats till noviser, inte arbetar med separata bitar av information, de vet redan hur det passar in i ett större pussel. Experter har därför en större bild.

Ett sätt som hjälper dig att integrera informationsbitarna och börja bygga en större bild är att göra en begreppskarta (se övning 2). Den här metoden utvecklades av Joseph Noval på 1960-talet och är en visuell metod för att visa kopplingar mellan idéer, begrepp eller teman. Varje del länkas samman med en linje som visar vad det är för typ av relation. Se exemplet nedan.

Begreppskartor kan göras som hierarkier, flödeskartor eller nätverk (som i figuren nedan). Föredrar du en mer linjär modell, kan du använda en lista med indrag som åtminstone visar en hierarkisk relation. Men att bara ha en lista är inte lika användbart, eftersom du behöver se hur de olika delarna hänger samman.

Begreppskartor gör att du kan se dels relationen mellan begrepp, dels hur information hänger samman. Det kan vara svårt att se när du börjar med ett nytt delämne, men fortsätter du att göra begreppskartor kommer det att ge resultat; du utvecklar en mer integrerad syn på ämnet och börjar imitera experterna. Dessutom bör du för varje tema du repeterar inför en tentamen avsluta din läsning med att göra en begreppskarta. Den kan sedan användas för en snabbrepetition precis innan det är dags.

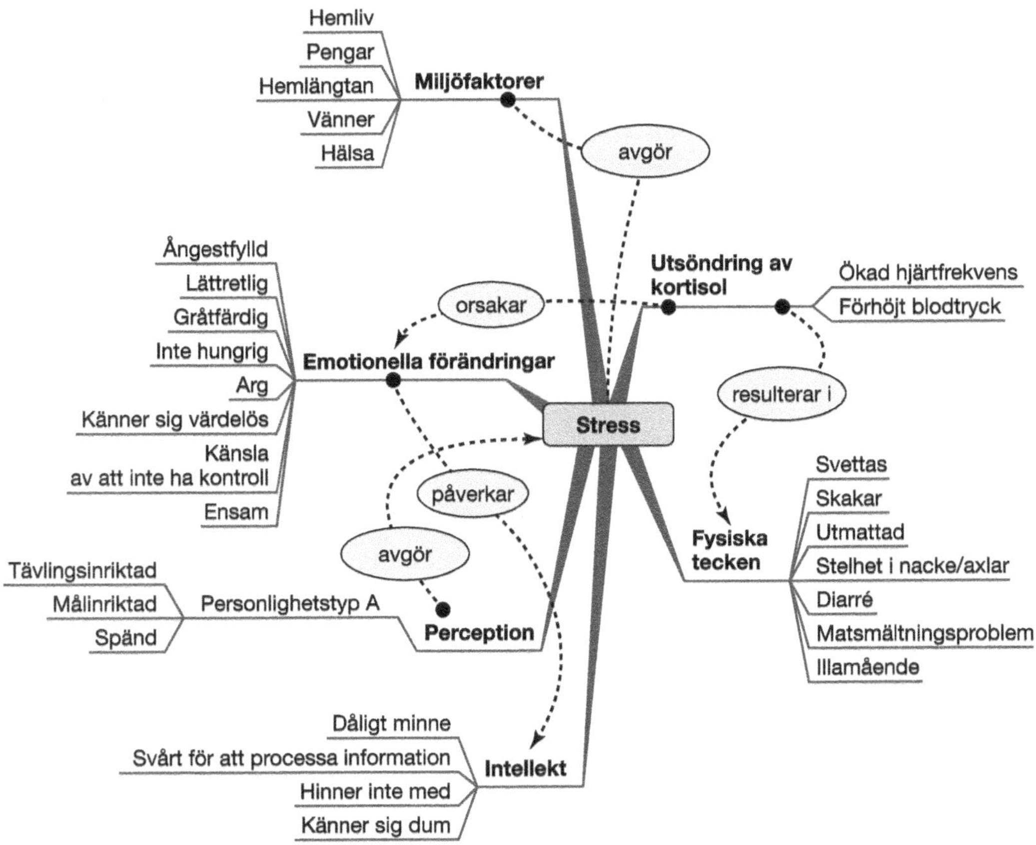


*Källa*: Skapad genom användning av MindManager

**ÖVNING 2 Gör en begreppskarta**

Titta i kapitel 2 "Tidshantering" och gör en begreppskarta för din nuvarande inställning till tidshantering med hjälp av begreppen i det kapitlet. Hur bra är du på att gruppera information i några olika teman? Försök använda den här metoden när du antecknar. Till att börja med kanske du måste skriva linjära anteckningar när du läser igenom en text, men därefter kan du länka samman dem med hjälp av en begreppskarta. Om du inte alls gillar att göra begreppskartor, kan du göra en hierarkisk lista eller en flödeskarta.

## Skapa ordning

För att du ska bli en effektiv inlärare måste du förstå hur du lär dig och hur du kan göra för att lära. Sue Drew från Sheffield Hallam University genomförde 2001 en undersökning, där hon frågade studenterna vad som hjälpte eller hindrade dem i deras akademiska studier (Drew, 2001). Resultatet visade på fyra huvudområden:

- självdisciplin, inklusive att ta ansvar för det egna lärandet
- motivation att studera
- förståelse av och reflektion över de egna erfarenheterna av lärandet
- stöd från lärarna och institutionen.

Detta resultat fick också stöd av en brittisk rapport om förstaårsstudenters erfarenheter av högre utbildning (Yorke och Longden, 2007). Något av det som förstaårsstudenter har svårt för är arbetsbelastning och tidshantering, oklarheter om bedömning samt avsaknad av feedback. Är det ditt första år, bör du alltså jobba med tidshantering och vara beredd på att be om feedback.

Studiemotivation är främsta drivkraften för att du ska lyckas med studierna. Är du inte motiverad att studera eller känner att du har valt fel ämne, är det bättre att du slutar och funderar över vad du vill göra. Välj själv vilken av följande frågor du vill svara på:

1. Jag vill studera det här ämnet eftersom . . .

2. Jag vet att jag vill studera, men jag skulle föredra att studera . . .

3. Jag vet inte riktigt varför jag är här, jag skulle hellre vilja . . .

*Från och med nu utgår vi från att du är motiverad att studera.*

Självdisciplin är en övergripande färdighet som du måste utveckla. Som ny student måste du kanske samtidigt som du ska börja lära dig saker också ordna med boende och ekonomi, skaffa nya vänner och förstå all information som har att göra med ditt nya studieprogram eller din nya kurs. Det är inte helt lätt att hantera allt detta.

Du måste snabbt ta reda på var du kan få stöd om du behöver. Studentcentrum (eller liknande) är en utmärkt plats att börja på. Där kan du få en översikt över alla resurser som finns på universitetet/högskolan. Ta reda på vad som finns och vilka nyckelpersoner som kan vara bra att komma i kontakt med.

Om självdisciplin är något du måste jobba med, titta i kapitlen om stress och tidshantering och utveckla dina egna strategier.

## Ha rätt inställning

*Den största upptäckten i min generation är att en människa kan ändra sitt liv genom att ändra sin attityd.*

William James (1842–1910), amerikansk pragmatiker, filosof och psykolog

Du har stor nytta av att utveckla en "jag kan"-attityd. Då blir det lättare för dig att klara dig och känna det som om du har kontroll över det som händer runt om dig. Ditt självförtroende kommer att utvecklas, och du kommer lättare att kunna handskas med tid och stress. Kapitel 1 "Stresshantering" hjälper dig att arbeta med begreppen självtillit eller "självtillräcklighet", en term som först myntades av psykologen Albert Bandura. För att du ska känna självtillit måste du

1. vara motiverad att göra det du gör
2. tro på dig själv
3. veta vad som stressar dig och ta itu med det så att du får kontroll över din oro
4. leta efter lösningar, inte hinder
5. organisera din tid så att du känner att du har kontroll
6. reflektera över vilka styrkor och svagheter du har så att du kan göra välunderbyggda val.

Tror du att du behöver jobba med detta, kan du nu läsa om stresshantering i kapitel 1.

## Reflektera över ditt lärande

Om någon sa till dig "Reflektera en stund över vad du just har sagt . . .", så vet du att du skulle förväntas fundera över vad du precis har sagt och sedan överväga innebörden av det och vad du har lärt av det. Det du egentligen gör är: (a) upprepar vad du sa (återupptagning), (b) tittar mer objektivt på innebörden av vad du sa (omformning av dina handlingar) och (c) lär av det (omprövning av dina handlingar och framtida handlingar). Övning 3 hjälper dig att reflektera över ditt lärande.

**ÖVNING 3 Vad tycker du om att reflektera över din utveckling?**

| Vad jag tycker ... | Vanligtvis jag | Fundera igen ... |
|---|---|---|
| Jag tycker det är svårt att reflektera, eftersom jag inte kan se vad jag lär mig. | | Arbeta med en vän. Ibland är det svårt i början att vara objektiv i förhållande till de egna färdigheterna, särskilt eftersom vi mestadels inte uppmuntras att framhålla oss själva. |
| Jag tycker det är slöseri med tiden. | | Okej, kalla det inte att reflektera men gör en lista på sådant som du kan göra bra, okej eller dåligt, och fundera över hur du kan bli bättre. Om någon under en intervju frågade dig ifall du är en lagspelare, hur skulle du svara? Och om de frågade vad som utmärker en bra lagspelare, vad skulle du säga? |
| Jag kan inte se vad jag utvecklar för färdigheter under mina kurser. | | Varje delkurs bör ha en beskrivning av vad du förväntas lära dig och vad som bedöms. Läs om bedömning och lärandemål (det bör finnas en lista på färdigheter som du ska lära dig). Utifrån detta kan du se vilka färdigheter och vilken kunskap du håller på att utveckla. |
| Jag vet inte vad jag ska använda en professionell utvecklingsplan till. | | Ha en professionell utvecklingsplan. Försök hålla den aktuell, den är till för dig, och du kan använda den för att justera ditt CV och hålla dig förberedd för kommande intervjuer. |
| *Gör en sammanfattning av hur du tycker det är att reflektera över dina färdigheter och din kunskap.* | | |

Reflektion är viktigt om du ska utveckla din förståelse av dina färdigheter, av dig själv och av din kunskap. Du förväntas arbeta i team, skriva olika typer av texter och göra presentationer etc., och genom att reflektera kan du återuppta, omforma och omvärdera ditt lärande. Många studenter ogillar att reflektera, men när de blir vana vid det inser de värdet av det.

Oftast gör vi saker, interagerar med människor, utvecklar färdigheter och kunskap, utan att egentligen vara medvetna om vad vi gör. Mycket av det vi lär oss är "implicit", vilket betyder att vi inte är medvetna om att vi lär oss. Ibland behövs det att någon annan talar om vad du har lärt dig för att du ska förstå hur du utvecklas. Implicit lärande innefattar färdigheter och kunskaper du har men inte vet att du har. Om du då reflekterar över vad du har gjort och objektivt kan "stå tillbaka" och fundera över det, börjar du se vilka färdigheter och kunskaper du har. Det blir "explicit", dvs. medvetet. När det är explicit kan du hänvisa till det i ett CV, tala om det på en intervju och planera att använda det igen. När färdigheter och kunskaper är implicita tenderar vi att bli lite vaga och svara "Jag vet inte". Reflekterar vi på ett bra sätt, kan vi vara mer strategiska och skapa möjligheter för att förbättras. Det ger oss bättre förståelse av hur vi kan uppträda i en liknande situation vid ett annat tillfälle.

Reflektion är inte bara att tänka igenom vad som hände efter att det har hänt utan är något som sker i olika steg. När du gör en uppgift är stegen:

- i början när du reflekterar över vad du ska göra
- under uppgiften när du märker att du måste göra ändringar i hur du har tänkt
- efteråt – även om det känns jobbigt att reflektera efteråt, är det här som reflektion ger dig strategisk information som du behöver ta med dig till nästa uppgift och gör att du kan sätta ord på vad du har lärt dig.

Studenter som har klinisk praktik är införstådda med (om inte nu, så senare) "reflektion-**i**-handling" och "reflektion-**över**-handling". De här begreppen har myntats av den amerikanske filosofen Donald Schön (1930–1997), vars arbete har anammats av många inom vårdyrkena för att utveckla den "reflekterande praktikern".

Under studierna kan reflektion ta olika former, som till exempel:

| | |
|---|---|
| Professionell utvecklingsplan | Detta är en sammanställning av din egen bedömning av hur dina färdigheter utvecklas; det kan även gälla deltidsarbeten eller något frivilligarbete som du har. |
| Reflektioner om kursarbete, till exempel om ett grupparbete. | Detta är ibland del av det kursarbete som bedöms. |
| Feedback från lärare | Feedback från dina lärare är viktigt för ditt lärande. De flesta studenter klagar på att de inte får tillräckligt med feedback. Försök be om specifik feedback när du lämnar in uppgifter om du tycker att du inte får den feedback du vill ha. Tänk på att bra feedback gör så att du kan göra en handlingsplan för hur du ska förbättras. |
| Kamratrespons | Ibland kan du få i uppgift att bedöma dina kamrater, till exempel en muntlig presentation, en del av en rapport eller deras förmåga att arbeta i grupp. Var objektiv och rättvis. Bedöm inte vad du tycker om en person. Var professionell. |
| Kursvärdering | Här kan du fundera över hela kursen, hur sammanhängande den var, hur mycket du har lärt dig, hur den var organiserad och hur väl undervisningen fungerade. Tänk igenom detta objektivt och professionellt, och reflektera rättvist. Ge inte din lärare ett dåligt omdöme bara för att du inte gillar honom eller henne eller för att du fick dåligt betyg. |
| Seminarier och gruppdiskussioner | Ett tillfälle att gå igenom svåra teman och diskutera. |
| Studentrepresentant i ett kursråd | En chans att representera kurskamrater och reflektera konstruktivt över utbildningen. |
| Studentgrupper med vänner | Informellt tillfälle. |

I din professionella utvecklingsplan kan du dokumentera alla dina reflektioner. Skriver du regelbundet i den, blir det lättare för dig att uttrycka vad du kan och kan göra. Därmed blir det också lättare att tala om det med en potentiell arbetsgivare. I alla bokens kapitel finns övningar där du kan reflektera. Försök använda övningarna för att få som vana att reflektera.

# 2 Akademisk integritet – plagiat

Plagiat är numera ett internationellt problem och universitet runt om i världen arbetar med att försöka hitta metoder för att stoppa problemet. Det största problemet med akademiskt fusk, särskilt om det ökar, är att det är orättvist mot de studenter som inte fuskar. Dessutom kommer det så småningom att undergräva värdet av en examen, eftersom dess kvalitet inte kan garanteras. Skulle du vilja bli behandlad av en läkare eller en sjuksköterska som du vet fuskade sig igenom sin utbildning? Skulle du vilja gå över en bro där strukturen kontrollerats av en byggnadsingenjör som fuskade sig genom sin utbildning? Svaret är säkert ett bestämt "nej".

Kränkning av akademisk integritet kan ske på flera sätt:

1. **Ingen referenslista**
   - Du har säkerligen läst några olika författares arbeten, även om det varit i en kursbok, som har gett dig idéer när du ska skriva. Se till så att du har en korrekt referenslista i slutet av din text och att du använder rätt referenssystem. Om du inte är säker, fråga din lärare.
2. **Inga referenser i den löpande texten**
   - Om du använder fakta eller någon information från en författare, måste du sätta ut författarens namn så nära detta som möjligt. Skriv enligt följande konvention:
     - Barlow (2001) diskuterar att . . .
     - Termen "fly eller fäkta" användes först av Cannon (1920) när han . . .
     - Innis och Shaw (1997) undersökte studenters vanor och fann . . .

   Du måste fortfarande skriva en fullständig referenslista i slutet av texten.
3. **Ta bitar av text utan att hänvisa till originalförfattaren**
   - Detta händer ganska ofta. Du kanske hittar en riktigt bra hemsida och bara kopierar och klistrar in bitar av information i din text. Du kan ta bitar av text från en annan författare om du skriver det som citat och gör hänvisningar till det.
4. **Köpa en text, till exempel från en kamrat**
   - Detta är rent fusk och oetiskt.
5. **Ta delar av en kamrats arbete**
   - Det är lätt för din lärare att se om du och din kamrat har lämnat in i det närmaste samma arbete, även om det bara är delar av det. Ni är båda ansvariga och kan bli misstänkta för att ha samarbetat. Samma sak kan hända om en kamrat ber att få se ditt arbete och du inte vet om han/hon skriver av det eller inte, så det är bättre att inte låta någon annan se ditt arbete innan du lämnar in det.
6. **Om du inte tycker att du skriver så bra**
   - Osäkra skribenter tänker ibland att författaren redan har skrivit så bra om sina tankar och att det helt enkelt inte går att omformulera på ett bättre sätt. Ingen förväntar sig att du ska skriva bättre än författaren,

och det är viktigt att du skriver idéerna med dina egna ord och sedan hänvisar till originalförfattaren. Om du tycker att du skriver mycket dåligt, bör du tala med din institution och försöka få stöd. Du kan också vända dig till universitetets/högskolans studieverkstad (kan ha olika namn på olika universitet/högskolor).

## Riskerar du att plagiera?

I synnerhet de två första exemplen ovan beror ofta på att studenter inte helt förstått vad plagiat är. Under ditt första år är det möjligt att någon av dina lärare eller någon annan person föreläser om plagiat, förklarar vad det är och vad som händer om du blir misstänkt för det. Om du inte får några råd, kan du läsa om det på internet. Där finns det massor av information om plagiat. De andra exemplen ovan är mer förknippade med fusk.

Om du har svårt att bli klar med allt som ska lämnas in vid en viss tidpunkt, oavsett om det beror på deltidsarbete, familj, barn, sjukdom eller allt kursarbete, finns det en risk att du tar genvägar. Även om du känner dig frestad att kopiera bitar från en hemsida eller från en kamrat, akta dig – det kan bli hårda påföljder. Ifall du tycker att tidshantering och stress är ett problem, kan du läsa om detta i kapitel 1 och 2. Övning 4 hjälper dig att fundera över varför en del plagierar.

**Obs.** Det tas upp mer om skrivande och plagiat i del 4 i boken.

### ÖVNING 4 Varför finns det personer som plagierar?

Titta på följande scenarier och identifiera varför plagiat skulle kunna inträffa: (a) dåliga kunskaper i att skriva, (b) dålig tidshantering, (c) dålig på att anteckna. När du har gjort det, fundera över hur studenten kan bli bättre och undvika att falla i plagiatfällan.

| Scenario | Vad skulle du rekommendera? |
|---|---|
| 1.<br>Daniel är förstaårsstudent. Han har svårt med självdisciplin och upptäcker plötsligt att flera saker ska lämnas in. Han har inte mycket tid och frågar en nära vän om han bara kan få titta igenom hans arbete för att få lite idéer. Vid rättningen märkte läraren att de här två studenternas arbeten var mycket lika och kallade in båda. Båda fick en officiell varning. | Orsak: a b c |
| 2.<br>Nathalie har läst för sin hemtentamen några veckor och lagt ner mycket arbete. Tentamen ska lämnas in på måndag och nu är det fredag. Hon har antecknat mycket och vill börja skriva men inser att hon har mycket information som saknar referenser. Hon har en vag uppfattning om vilka referenserna är och bestämmer sig för att gissa – hon är säker på att läraren inte märker det. | Orsak: a b c |
| 3.<br>Kim tycker att han inte skriver så bra och att han inte kan skriva det bättre själv, så han tenderar att ta bitar av information från böcker eller en bra hemsida. Ju mer han läser, desto mer otillräcklig tycker han att hans egen skrivförmåga är. I nästa hemtentamen har han bestämt att han ska lägga in bitar av text som han har hittat på nätet utan att skriva det som citat eller som referenser i den löpande texten. | Orsak: a b c |

**Obs.** När du tar bitar av text och lägger in dem i din egen text är det tydligt att stilen ändras kraftigt. Man behöver inte vara lingvist för att märka det.

Ingen i scenarierna ovan gjorde något illvilligt försök att fuska, men var försiktig, plagiat ökar och universiteten/högskolorna har en press på sig att ta i med hårdhandskarna. En del lärare använder speciella program för plagiatkontroll. Det vanligaste i Sverige är Urkund (se http://www.urkund.se/SE/uoh.asp).

I kapitel 13 finns mer information om plagiat, eller akademisk integritet som det också kallas.

# 3 Förstå ditt program eller din kurs

Din institution och dina lärare har lagt ner mycket tid på att förbereda programmet och kursinformationen. För dig är det kanske bara en massa information som du eventuellt ger dig tid att läsa en dag, och om du väl läser den så förstår du inte all pedagogisk jargong. Så låt oss försöka dissekera några av de saker som ingår i sådana dokument.

## Programbeskrivning

Programbeskrivningen talar om vad målet med programmet är. Den ger också dig en uppfattning om vad du kommer att lära dig under dina studieår. Lärandemålen visar vad du bör kunna och kunna göra i slutet av dina studier. Även om du inte läser något annat, läs om lärandemålen.

Det här dokumentet ska finnas tillgängligt på universitetets/högskolans hemsida. Bäst är förstås om du läser det innan du anmäler dig till ett program eller en kurs, men många studenter känner inte till att det finns.

## Kursbeskrivning

Varje program består av delkurser. Vissa av dem kan vara valbara. För varje delkurs finns en kursplan som beskriver kursen, syftet med den, lärandemålen och hur bedömningen går till.

Det är viktigt att läsa kursplanen eftersom den talar om vilka lärandemål som ligger till grund för bedömningen.

## Om poäng

Systemet med högskolepoäng (hp) är anpassat till det europeiska systemet för högre utbildning, ECTS (European Credit Transfer and Accumulation

System), och antalet poäng på ett program/en kurs talar om vilken omfattning programmet/kursen har. Ett treårigt program är på 180 hp, dvs. 60 hp per år. Varje institution delar därefter upp poängen för olika delkurser på olika sätt.

# 4 Din anställningsbarhet

Om du är i början av dina studier på universitet/högskola, kanske du undrar varför du måste tänka på anställningsbarhet redan nu. Hur som helst bör du göra det genom att medvetet utveckla din kunskap och en rad färdigheter även om du fortfarande inte vet vad du vill göra när du blir klar med dina studier. Det är bra om du dokumenterar hur dina färdigheter utvecklas i din professionella utvecklingsplan, eftersom den hjälper dig att se din utveckling över åren. Du bör ta vara på allt som erbjuds, det kan vara frivilligjobb, praktik, karriärsamtal, tidigare studenter som håller föredrag osv. Det hjälper dig att utvecklas och att fokusera på vad du verkligen vill. Det kan också vara vara bra att ha ett deltidsjobb.

Om du är i slutet av din utbildning kanske du fortfarande inte vet vad du vill göra, kanske vill du ta ett sabbatsår eller så har du hittat jobbet du vill ha. Arbeta med din professionella utvecklingsplan, som hjälper dig att uttrycka vad du kan och vad du kan göra och också visar vad du har för bevis som stöd för detta. Besök gärna Studentcentrum (eller liknande) vid ditt universitet/din högskola för att få råd.

## Vad är skillnaden mellan anställningsbarhet och anställning?

Anställningsbarhet har att göra med dina personliga kvaliteter, din inställning till arbete, kunskaper du har och de färdigheter (både praktiska och intellektuella) som du har utvecklat. Detta har att göra med din förmåga att hitta arbete, behålla arbetet och gå vidare till nästa steg. Anställning handlar bara om att "få ett jobb". Ett av målen med högre utbildning är att göra dig mer anställningsbar och samtidigt utveckla ditt intresse för ett speciellt ämne.

## Vad vill arbetsgivare ha?

Din examen är bara första steget. Med den kan du söka den typ av jobb du förväntas klara efter avslutad examen, men det är inte självklart att du får jobbet. Fler och fler har akademisk examen, och det är ofta många som söker ett och samma jobb. För att du ska "synas" måste du utveckla någon aspekt av dig själv som utmärker dig som individ.

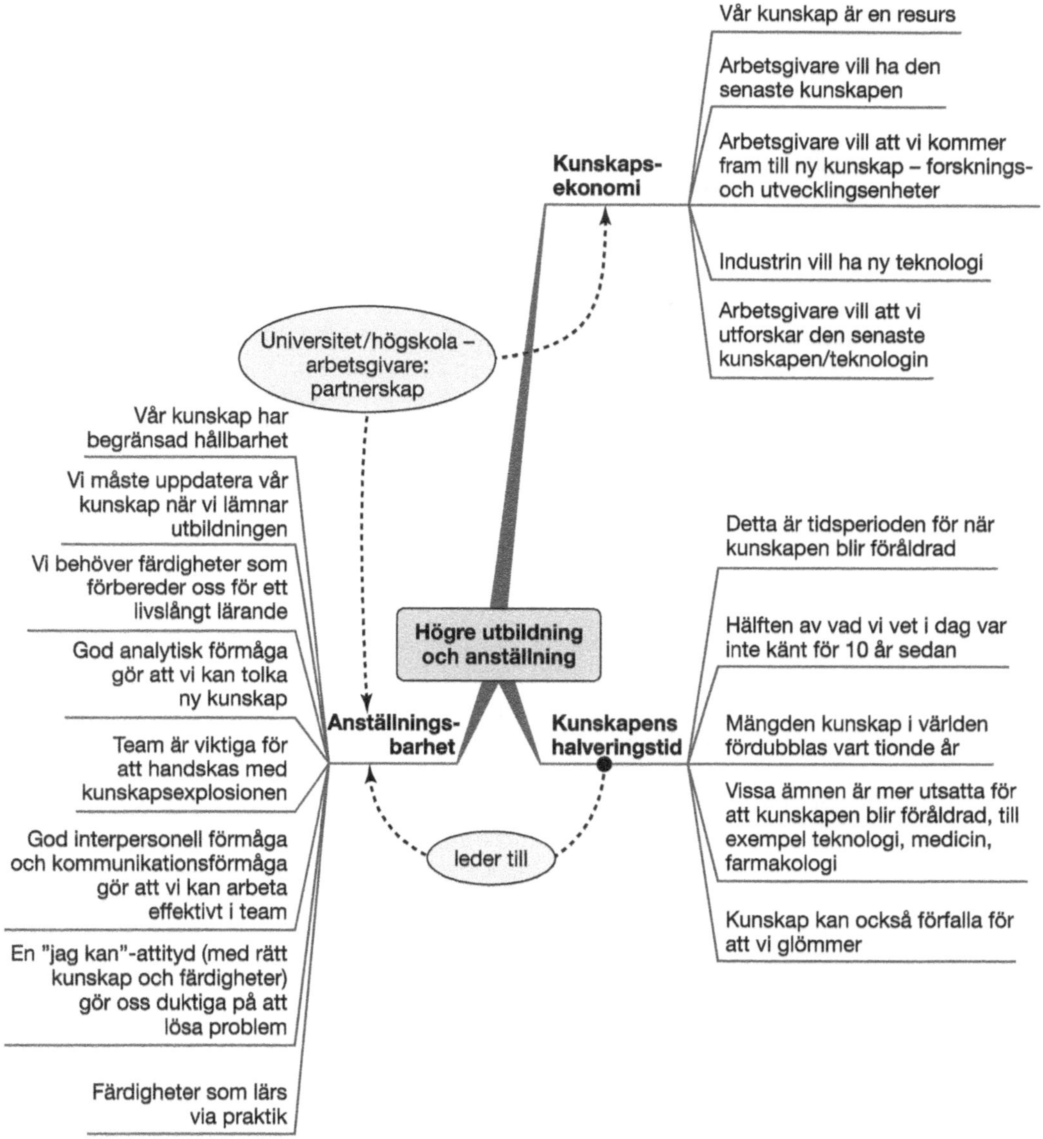


*Källa*: Information om kunskapens halveringstid från Peter Knight-Moore (1997)

En del arbetsgivare vill ha anställda med ämnesspecifik kunskap, medan andra är intresserade av dem som har akademisk examen oavsett ämne. Bland de kvaliteter som arbetsgivarna är intresserade av är kunskap i ett ämnesområde, analytisk förmåga, interpersonella färdigheter, kommunikationsförmåga, förmåga att ta ansvar för det egna lärandet samt förmåga att reflektera och utvecklas. Du kommer under din studietid att kunna utveckla allt detta om du tar vara på möjligheterna.

## Vad är kunskapsekonomi – och vad har det med mig att göra?

Vi lever i en kunskapsexplosion. Ny teknologi för kommunikation möjliggör att forskning och ny kunskap kan bli utbytt mycket snabbare än någonsin tidigare. Kunskap blir en värdefull resurs, och eftersom den rör sig så snabbt blir dess livslängd, speciellt den om teknologi, kortare och kortare. Vi är alla inne i en ond cirkel för att försöka hänga med i den senaste kunskapen.

Under dina studier kommer du att lära dig kunskap som kan vara för gammal om fem år, eller ännu tidigare. Därför är det viktigt att du lär dig färdigheter för hur du kan uppdatera din kunskap och delta i ett livslångt lärande. Detta är vad den här boken i huvudsak handlar om. Den syftar mer till att hjälpa dig med personlig utveckling och utveckling av färdigheter än att ge snabblösningar.

Titta på kartan på förra sidan och se om du kan lägga till någon mer aspekt av anställningsbarhet som stämmer in på dig.

## Vad kan jag göra nu?

De senaste åren har det blivit allt mer populärt att låta studenterna samla kursarbete i en portfolio. På en del universitet/högskolor är det en del av bedömningen. Även om det inte ingår under din utbildning, är det bra om du själv har en professionell utvecklingsplan, som kan jämföras med en portfolio, där du skriver in sådant som har med din egen utveckling, inom och utanför studierna, att göra. Ifall du har ett deltidsarbete kan du till exempel skriva in vad du lär dig utifrån detta. Är du uppmärksam på vad du lär dig, blir det också lättare för dig att uttrycka det. Att sitta i kassan i ett snabbköp innebär bland annat att att du måste lära dig bemöta besvärliga kunder. Anteckna hur du hanterar detta och hur pass bra (eller inte!) du är på det. Hur har du förbättrat den här färdigheten?

Dra också nytta av eventuella karriärträffar och karriärkurser, av frivilligjobb och andra liknande sysslor, av samtal med arbetsgivare och/eller besök av arbetsgivare. Att göra noteringar om din egen utveckling i en portfolio eller en professionell utvecklingsplan är en förberedelse för din professionella karriär, där du, när du är kvalificerad, kommer att ha ett professionellt ansvar för att kontinuerligt uppdatera din kunskap och dina färdigheter.

En del universitet/högskolor ger studenterna tillgång till karriärservice ännu några år efter att de är klara med studierna.

## 5 Gå vidare

Det här kapitlet har lagt grunden för resten av boken, och genom att du arbetat med det kan du nu veta vilket avsnitt du ska fortsätta med. Innan du gör det, ta dig tid att göra en uppskattning av hur pass beredd du är på att dra full nytta av lärandet i högre utbildning. Hur stämmer din nuvarande uppskattning med den du gjorde i början av kapitlet?

**ÖVNING 5 Uppdatera din professionella utvecklingsplan**

Markera hur pass säker du nu känner dig (1 = mycket lite och 5 = mycket).

| Färdigheter jag håller på att utveckla | Nivå 1–5 | Plan för att bli bättre |
|---|---|---|
| Jag förstår vad jag kan göra för att bli en effektiv inlärare, till exempel ta ansvar för mitt lärande, förstå mig själv som inlärare, vara organiserad, se värdet av reflektion (via min professionella utvecklingsplan). | | |
| Jag förstår principerna för plagiat och inser varför det måste finnas kontroll av detta. | | |
| Jag förstår de viktigaste dokumenten om mitt program och mina kurser. | | |
| Jag förstår varför anställningsbarhet och hur jag kan utveckla detta är något jag bör fundera över under tiden jag studerar. | | |

## Extra hjälp

- Studentkåren på ditt universitet/din högskola.
- Om du har någon form av funktionshinder som du tror kan påverka dina studier, kan du kontakta Studentcentrum (eller liknande), där det oftast finns olika enheter som kan hjälpa dig.
- Om du märker att du inte klarar studierna, hör med en lärare eller någon på institutionen vad det finns för resurser eller kontakta Studentcentrum.
- Om det känns som om du är på fel program eller kurs, tala med en studievägledare och se om du kan byta. Gör detta så tidigt som möjligt under utbildningen.
- Glöm inte biblioteket. Personalen är vanligtvis mycket vänlig och hjälper dig gärna om det är något. Var inte rädd för att fråga.

# Referenser


- Drew, S. (2001) Student perceptions of what helps them learn and develop in High Education. *Teaching in Higher Education*, 6(3), 309–331.
- Honey, P. och Mumford, A. (1992) *The Manual of Learning Styles*. Maidenhead, Peter Honey.
- Knight-Moore, P. T. (1997) The half-life of knowledge and structural reform of the education sector for the global knowledge-based economy. Paper för "Forum on Education in the Information Age" (Universidad de los Andes Cartagena, Colombia, 9–11 juli 1997, organiserat av Inter-American Development Bank och Global Information Infrastructure Commission). Hämtat från: www.knight-moore.com/pubs/halflife.html (senast hämtat mars 2007).
- Kolb, D. A. och Fry, R. (1975) Toward an applied theory of experiential learning. I: C. Cooper (red.) *Theories of Group Process*. London, John Wiley.
- Schön, D. A. på Informal Education (Infed). Hämtat från www.infed.org/thinkers/et-schon.htm (senast hämtat mars 2007).
- Smith, E. P. (1978) Measuring professional obsolescence: a half life model for the physician. *The Academy of Management Review*, 914–917. Hämtat från: www.jstor.org/search/ArticleLocatorSearch (senast hämtat mars 2007).
- Smith, M. K. (2001) David A. Kolb on experiential learning. *The Encyclopedia of Informal Education*. Hämtat från: www.infed.org/b-explrn.htm (senast hämtat mars 2007).
- Yorke, M. och Longden, B. (2007) *The First-year Experience in Higher Education in the UK*, Higher Education Academy. Hämtat från: www.heacademy.ac.uk/research/FirstYearExperience.pdf (senast hämtat mars 2007).

# I Ta kontroll

Ibland kan det vara svårt att få tiden att räcka till, både till studierna och till allt annat som ska hinnas med. De två första kapitlen i den här delen handlar om hur du kan hantera tid och stress.

Om en kurs kräver mycket av dig måste du gå igenom hur du ska hantera ditt liv under den här perioden, ta reda på hur ***du*** reagerar på pressen och finna sätt för hur du kan handskas med det. Gör du inte det, är det inte säkert att du klarar kursen så bra som du skulle kunna.

Olika upplägg på studierna innebär olika förutsättningar: är du deltidstuderande har du särskilda krav på dig för att pussla ihop studierna med annat, studerar du på distans kanske du inte alls träffar dina kurskamrater och bör i så fall nätverka med dem online så att du kan få stöd under jobbiga perioder. Hur som helst är det viktigt att du vet vad som motiverar dig och att du vet hur du ska handskas med tid och stress. Mycket av informationen i kapitel 3 är av intresse för alla studenter.

Följande kapitel hjälper dig att fokusera på det som är viktigt för att du ska kunna balansera allt du måste göra och ändå få bra resultat.

# 1 Stresshantering

Mestadels kommer du att uppleva din tid på universitetet/högskolan som positiv och trevlig. Men det kan finnas perioder när det känns som om du tappar kontrollen och upplever negativ stress. Detta kan bero på dina studier, på ditt privatliv eller på båda. En viktig kunskap för livet är att känna till hur stress påverkar kroppen, vilka de egna tendenserna att bli stressad är och hur stress kan hanteras.

I det här kapitlet kan du

1. undersöka tecken på stress hos dig själv och hos andra
2. utveckla proaktiva strategier för att handskas med stress
3. ta reda på om du har en personlig tendens att stressa
4. lära dig se vad du blir stressad av och hur du ska hantera det.

## ANVÄNDNING AV KAPITLET

Gör en uppskattning av hur pass säker du är på det som tas upp i påståendena nedan. I slutet av kapitlet har du möjlighet att ompröva dina svar och kan då också lägga in det i din professionella utvecklingsplan. Markera mellan 1 (mycket lite) och 5 (mycket):

| Jag känner igen mina egna tecken på stress. | Jag vet vad som stressar mig. | Jag kan använda proaktiva strategier för att förhindra stress. |
|---|---|---|
| | | |

Datum: __________

# 1 Introduktion

I en brittisk undersökning från 2006 om hur studenter upplever universitetslivet (Unite, Student Experience Report 2006) uttryckte 98 % att de var nöjda och glada. Det är mycket möjligt att du känner detsamma och kanske tycker att det här kapitlet inte rör dig, särskilt om du vanligtvis inte känner dig särskilt stressad och kan hantera stress som eventuellt uppstår. Men 56 % av studenterna i undersökningen uttryckte också att de under sina studier utsatts för mycket mer stress än tidigare.

Om du känner för att hoppa över det här kapitlet för att du inte känner dig stressad just nu, bör du **stanna upp** och fundera över följande: Jag vet vad som händer i min kropp när jag är stressad, jag känner igen symptomen och förstår helt och hållet vad det är jag blir stressad av, jag har reflekterat över min inställning till olika saker i mitt liv, jag inser att detta spelar roll för hur pass stressad jag känner mig, och jag har självtillit nog för att lösa situationen oavsett vilket problemet är. Om alla de här påståendena stämmer in på dig, gå vidare. Om inte, och om du vill utveckla eller lära dig den här färdigheten, läs vidare.

# 2 Vad händer i kroppen vid stress?

Richard Lazarus, en framstående psykolog som vann det prestigefyllda priset "American Psychologist" 2002, hävdar att stress och ångest oftast beror på en känsla av att vi inte klarar av det problem som vi upplever som stressande (Lazarus och Folkman, 1984). När problemet tar över och det känns som om vi tappar kontrollen och inte på något sätt kan fly från problemet eller lösa det, upplever vi ångest eller stress. Men vad vi upplever som stressande är individuellt, och vi handskas med stress på olika sätt. Det finns därför inte bara en enda lösning.

## Hur reagerar kroppen vid stress?

När vi uppfattar något som stressande reagerar kroppen fysiologiskt. Harvard-fysiologen Walter Cannon myntade termen "fly eller fäkta" på 1920-talet för att referera till hur kroppen reagerar fysiskt på en hotfull situation, oavsett om den är fysisk eller emotionell. När vi känner oss hotade ökar hjärtfrekvensen, blodtrycket stiger och musklerna spänns. Samtidigt utsöndras kortisol som ökar energiflödet till musklerna. Detta gör oss redo för handling: antingen stannar vi och slåss eller så springer vi. När vi väl har handskats med hotet återgår kroppen till det normala. Däremot tar det längre tid för kortisolet att försvinna om vi inte gör något åt det uppfattade hotet. Om vi till exempel "springer iväg" från något kursarbete, hjälper det oss inte särskilt mycket. Det kan leda till att vi känner oss ännu mer stressade. "Att springa iväg" från flera stressfaktorer innebär ofta ursäkter, och detta kan göra det värre i det långa loppet, det kan göra att vi känner oss ännu mer stressade. Om detta fortsätter över en lång tidsperiod, attackeras immunförsvaret, det kardiovaskulära systemet, matsmältningen samt musklerna och skelettet. Det gör oss utmattade och till slut sjuka.

För mycket kortisol påverkar dessutom den del av hjärnan som är central för inlärning och minne genom att det blir störningar i hur hjärncellerna kommunicerar med varandra. I en krissituation minns vi oftast inte exakt vad som hände, och vi reagerar bara på vissa saker. Att inte hantera stress på ett bra sätt eller vara under konstant press inverkar alltså negativt på vår förmåga att lära.

Därför är det viktigt att vara uppmärksam på vad som skapar stress i våra liv, utveckla metoder för hur vi kan handskas med det och därmed minska överflödet av kortisol.

**Obs.** Även om stressfaktorer ökar mängden kortisol i blodet får vi också "dagliga injektioner" av kortisol genom vår dagliga rytm (den cirkadiska rytmen). Detta gör att blodtrycket bibehålls och att vi kan vara uppmärksamma och reagera på vår omgivning.

# 3 Vilka är symptomen på stress?

När vi känner oss stressade upplever vi förändringar i känslor och beteende. Övning 1 och 2 hjälper dig att undersöka stress hos dig själv och hos andra.

### ÖVNING 1 Tecken på stress

Titta på scenarierna nedan och fyll i tabellen.

**Carlos** är en mycket utåtriktad person med självkänsla, och han har bestämt sig för att studera utomlands. Han är nu på väg mot slutet av sin första termin. Han är social och har många vänner. Nu märker emellertid hans vänner att han blir mer och mer tillbakadragen, inte äter ordentligt och ofta är lättretlig. När de försöker prata med honom blir han irriterad, och ingen av dem känner längre för att lägga sig i det.

**Linda** läser sitt tredje år och har alltid haft ett stort socialt liv. Hennes lärare har haft kontakt med henne flera gånger för att hon lämnat in arbeten för sent och missat viktig undervisning. Dock har hon hela tiden verkat klara av det i sista ögonblicket. Ganska nyligen upptäckte du att hon har börjat dricka mer, och när du påpekade detta för henne sa hon att hon inte sover så bra och att det hjälper med lite alkohol. Du har också märkt att hon inte längre har samma intresse av att göra roliga saker tillsammans med dig. Hon börjar få problem med den projektgrupp hon är med i, och de klagar på att hon glömmer saker och saknar intresse för projektet.

| Tecken på stress | Vad han/hon kanske känner | Vad han/hon bör göra |
|---|---|---|
| Carlos | | |
| Linda | | |

Se mer information i avsnittet ”Feedback på övningar” i slutet av kapitlet.

### ÖVNING 2 Känn igen dina egna symptom på stress

När du kände dig stressad, vilka symptom hade du? Lista dem i första spalten nedan (ta med fysiska kännetecken som hjärtklappning, illamående, trötthet). Beskriv också vad som händer och hur du beter dig (som att bli irriterad, visa brist på intresse, vara känslig).

| Hur känner du dig? | Vad händer, och hur beter du dig? |
|---|---|
| | |
| | |
| | |
| | |
| | |
| | |
| | |
| | |

Se mer information i avsnittet ”Feedback på övningar” i slutet av kapitlet.

Låt oss hålla oss inom rimliga gränser. Vi blir alla stressade ibland. Oftast är symptomen obehagliga men kortlivade och hanterbara. Ibland är vi inte ens medvetna om att vi är stressade förrän någon påpekar att vi är irriterade. Får vi däremot kroniska stressymptom måste vi göra något åt det.

## Är all stress negativ?

Stress kan vara både positiv och negativ. Positiv stress är när det är precis lagom med stress för att du ska känna dig motiverad och se det som en utmaning. Men oftast associerar vi stress med något negativt, vilket symptomen ovan visar. För en del kan ett projektarbete i grupp, en hemtentamen eller en muntlig presentation ses som en positiv utmaning, medan det för andra kan ses som negativt och ångestladdat.

Dessutom behöver vi lite stress i våra liv för att vi ska vara alerta och redo för utmaningar. Förmodligen har vi alla någon gång känt av ökad hjärtfrekvens precis när vi ska sätta igång med något som vi tycker är svårt eller stressande, men oftast är det vad som behövs för att vi ska kunna göra det – det är en lagom dos av kortisol som skingras kort efter. Hur många av oss har skjutit upp att göra något bara för att det är lång tid kvar tills det behöver vara klart? När deadline närmar sig och det är bråttom stimuleras vi att handla. Konsten är att veta när det kan svänga över från att vara en positiv rivstart till att bli stress.

Reflektera över hur du gör för att bli klar med ett arbete i tid: Arbetar du vanligtvis för tätt inpå deadline för att det ska kännas bra eller är det precis i rätt tid? Antagligen märker du att du har en speciell tendens (se kapitel 2 ”Tidshantering). Du måste ta reda på detta för att kunna göra något åt det om det behövs.

Några symptom på positiv stress är:

- Jag känner mig stimulerad.
- Jag blir motiverad.
- Det ger mig en kick.
- Det gör att jag fungerar bättre intellektuellt eller fysiskt.
- Det gör att jag lär.

# 4 Personlig utveckling genom stresshantering

Våra attityder påverkar i allmänhet hur vi relaterar till andra, hur vi skyller ifrån oss när något blir fel, hur vi går till väga med uppgifter och hur pass mycket kontroll vi tycker vi har över våra liv. Det är viktigt att vi utvecklar både medvetenhet om vad som stressar oss och självförtroende (självtillit) så att vi kan behålla kontrollen över våra liv.

## Personlig förändring – utveckla emotionell intelligens

Daniel Goleman, författare till den populära boken *Emotional Intelligence* (1995), hävdar att det behövs mer än intellektuell IQ för att vi ska klara oss bra i vardagen. Vi måste utveckla självmedvetenhet och förståelse för andras känslor (empati), veta hur vi ska hantera våra egna känslor och ha självdisciplin. Detta är, menar Goleman, emotionell intelligens eller emotionell intelligenskvot (EQ). Till exempel utvecklar projektarbete i grupp, om det tas på allvar, interpersonell förmåga (emotionell litteracitet).

Övningarna 1 och 2 har tagits med så att du kan se vikten av att vara medveten om både det egna och vännernas beteende som ett inledande steg för att kunna göra något åt stress.

Emotionell intelligens består i huvudsak av tre områden: känn dig själv, välj dig själv, ge av dig själv. Dessa summeras i tabell 1.1.

Genom att du utvecklar din emotionella intelligens lägger du en grund för att utveckla självtillit och självförtroende, vilket gör att du får mer kontroll över ditt liv. Du blir mer medveten om ditt eget beteende och hur detta kan begränsa dig. Samtidigt får du mer empati för dina vänners problem.

**Tabell 1.1** Emotionell intelligens

| Emotionell intelligens, kategorier | Frågor | Användning i dina studier |
|---|---|---|
| Känn dig själv | ■ Vad får dig att tänka och känna som du gör?<br>■ Vilka av dina reaktioner är vanemässiga eller medvetet genomtänkta?<br>■ Vad är du rädd för/har ångest för? | Är du ärlig mot dig själv kan du reflektera över dina positiva egenskaper och dina brister. Du lär av dina erfarenheter. Reflektera över detta under dina studier, under eventuella deltidsarbeten etc. och gör anteckningar i din professionella utvecklingsplan. Detta bör göra dig uppmärksam på dina vanemässiga reaktioner – om du är orolig för tentamina, för vissa kursarbeten osv. När du blir medveten om detta, kan du försöka hindra dig själv från att bli fånge i tidigare inlärda (negativa) reaktioner. |
| Välj dig själv | ■ Hur vet du vad som är rätt för dig?<br>■ Kan du öka din medvetenhet om dina handlingar?<br>■ Om du inte var rädd eller hade ångest, vad skulle du göra? | Ta kontroll över dina känslor. Om något börjar stressa dig, ta reda på exakt vad det är och gör en objektiv bedömning av varför det stressar dig. Klarar du det själv eller behöver du hjälp? |
| Ge av dig själv | ■ Hjälper jag människor eller sårar jag dem?<br>■ Arbetar jag i ömsesidigt beroende med andra?<br>■ Har jag utvecklat empati?<br>■ Arbetar jag utifrån en uppsättning personliga normer? | Var medveten om dina kurskamrater. När ni arbetar tillsammans, var lika uppmärksam på deras behov som på dina egna (var empatisk). |

*Källa*: Emotional Intelligence Network, http://6seconds.org/index.php

# Personlig förändring – utveckla självtillit

En viktig aspekt av stresshantering är alltså att kunna ha kontroll över sitt liv. Det moderna livets reaktion på "fly eller fäkta" utgår från vår förmåga att kunna förändra det som stressar oss och göra vad vi behöver för att känna tillit till oss själva (se övning 3).

Albert Bandura, en känd kanadensisk professor i psykologi, började se personlighet som ett samspel mellan psykologiska processer, omgivning och beteende. Han lade märke till att de som upplevde att de hade mer kontroll över sina liv (hade hög självuppskattning) betedde sig annorlunda och presterade mer (Bandura, 1997).

### ÖVNING 3 Handlar det om tur och otur?

Titta på följande påståenden – håller du med eller inte?

| | Håller med | Håller inte med |
|---|---|---|
| När något jag gör blir fel beror det på otur. | | |
| Det spelar ingen roll hur väl jag planerar, det som sker det sker. | | |
| Vänskap har med kemi att göra – det fungerar eller fungerar inte. | | |
| En del människor har alltid tur. | | |
| När något blir fel vet jag ofta vem jag kan skylla på. | | |

Som du förmodligen redan har insett speglar de här påståendena någon som inte sätter tilltro till den egna förmågan att förändra. Gör en notering om hur du själv ser på detta. I avsnittet "Feedback på övningar" i slutet av kapitlet finns kommentarer till de här påståendena.

Skriv här nedan en ny lista med påståenden som speglar en person med självtillit.

| | Vanligtvis jag | Vanligtvis inte jag |
|---|---|---|
| | | |
| | | |
| | | |

I avsnittet "Feedback på övningar" kan du efter att du skrivit egna påståenden se några fler exempel.

## Strategier för att få bättre självtillit

1. Välj något du vill bli bättre och säkrare på.
2. Det bör vara något som är viktigt för dig så att du får motivation att arbeta med det.

3. Har du negativ erfarenhet av att göra detta? Ta i så fall reda på vilka de negativa aspekterna är så att du kan arbeta med dem (generalisera inte, för du kan inte arbeta med generaliseringar).
4. Skapa en bild av dig själv eller av någon annan som gör detta bra. Vad är det som gör det bra? Se till så att du "ser" hur dina negativa aspekter utförs på ett bra sätt. Håll kvar bilden i dina tankar.
5. Sätt upp specifika, kortsiktiga mål för att ta itu med de aspekter du har fått fram. I avsnitten 6 och 8 finns metoder för att handskas med stressande händelser.
6. Försök få feedback och arbeta med det på ett positivt sätt. Om det känns som om du "inte kan göra något", säg i stället "jag kan inte göra det **ännu**". Det är bättre för självkänslan.
7. Sätt ord på din strategi för att nå dina kortsiktiga mål. På så sätt har du uttryckt att du lyckas och kan också "höra" det. På så sätt förbereder du dig för handling.
8. Små framgångar föder större framgång.

**Obs.** Att ha "kontroll" över saker i livet betyder inte samma sak som att ha kontrollbehov. Det handlar om känslan av att **kunna** göra något åt det. Ju högre din emotionella intelligens är, desto bättre blir du på att lita på andra för att ge och få hjälp. Lär dig se när du behöver stöd och var proaktiv i att söka det.

### Checklista: tecken på stress

Ta listan med symptom som en varningssignal. Om de här symptomen blir kroniska, måste du söka hjälp.

**Fysiska**

Huvudvärk, ryggont, utmattning, sömnlöshet, hjärtklappning, diarré eller förstoppning, stelhet i nacke och axlar, hudutslag, illamående.

**Känslomässiga**

Känna sig värdelös, osäker på sin egen förmåga, inte se egna styrkor, förringa sig själv, känna sig ensam, utan kontroll, irriterad och arg.

**Intellektuella**

Du känner att du inte kan lära dig något, inte kan komma ihåg något, inte förstår informationen särskilt bra på föreläsningarna, du måste gå igenom något igen och igen för att det ska "fastna".

Kanske har du på grund av några av de här symptomen negativa reaktioner, som att du drar dig tillbaka från vänner, har humörsvängningar, utbrott av ilska, oförmåga att fatta beslut, känner dig gråtfärdig, inte hungrig eller äter för mycket, mår dåligt när du öppnar "den där" boken eller när du går förbi biblioteket, kanske dricker för mycket, använder droger eller skadar dig själv.

**Obs.** Symptom som har varat länge eller har blivit värre kan utvecklas till mer allvarliga symptom som tvångsmässigt beteende eller depression. Om dina symptom blir värre och du känner dig orolig för detta, måste du få professionell hjälp. Du bör också tala med någon lärare eller programansvarig.

# 5 Har du en personlighetstyp som gör att du blir stressad?

Vi vet alla att en del blir mer stressade än andra, och vi kanske avundas dem som förblir lugna om vi själva har lätt för att bli stressade. Men som vi sett finns det (a) individuella skillnader i hur vi upplever olika händelser och (b) individuella skillnader i hur vi uppfattar den egna förmågan att handskas med händelser som vi uppfattar som stressande. Individuella skillnader beror bland annat på skillnader i personlighetstyp.

## Hur påverkar din personlighetstyp din stressnivå?

På 1950-talet observerade två kardiologer, Meyer Friedman och Ray Rosenman, att det fanns fler hjärtsjukdomar hos manliga patienter med mycket stressiga jobb. Det som för oss kan verka självklart var inte självklart på den tiden. De såg också att särskilda personlighetstyper var mer benägna att få hjärtsjukdomar. Den personlighetstyp de ansåg vara mest i riskzonen var deras så kallade typ A-personlighet. Den här personlighetstypen har nu blivit synonym med "tävlingsinriktade" personer, besatta av tid och perfektion. Motsatsen är typ B-personligheten, som är avslappnad och lättsam.

### Är du typ A eller typ B?

Typ A och typ B är huvudsakligen ett kontinuum av personlighetsdrag, från att vara spänd till att vara avslappnad. Detta är inget invecklat mått på personlighet, men det ger en vägledning om vad det finns för tendenser.

Typ A-personligheter tenderar att

- vara mycket målinriktade (i extrema fall "till varje pris")
- vara tävlingsinriktade

- behöva erkänsla och befordran
- göra flera saker samtidigt när de är under tidspress
- vara angelägna om att få saker avslutade
- vara mentalt och fysiskt alerta (över genomsnittet).

**Obs.** Det finns en fortlöpande debatt om ifall människor med typ A-personlighet löper större risk att drabbas av hjärtsjukdomar. Potentiell ilska och fientlighet hos denna personlighetstyp verkar vara en faktor.

Typ B-personligheter tenderar att

- vara mer avslappnade
- vara mer lättsamma
- umgås mycket
- vara mindre tävlingsinriktade
- sätta upp realistiska mål som inte överanstränger dem.

Om du inte är säker på vilken personlighetstyp du är, kan du eventuellt gå in på följande (engelskspråkiga) sida: www.sciencemuseum.org.uk. Du kan också söka på Google för liknande sidor på svenska.

## Hjälp! Jag är en typ A-personlighet, och det stressar mig

Inte alla kännetecken på typ A-personer är dåliga. Du vet själv om du är för drivande eller spänd. Om du tror att du är en typ A-person, kanske du känner dig stressad om du till exempel inte lyckas göra vad du bestämt att du ska göra eller om du ser att deadline är nära och du är för sent ute. Du kan behöva ändra dina personliga normer och bli lite mer avslappnad så att du inte förstorar upp saker. Några av dina vänner kanske gör antydningar om ditt beteende, och du kanske ska fundera över ifall du är för "driftig".

Kan du på något sätt tona ner dina typ A-drag? Gå igenom de kännetecken du har som du tror du kan arbeta med. Ta också reda på vilka metoder för att motverka stress du kan ta hjälp av när du behöver.

## Varför bry sig? Jag är en typ B-personlighet

Inte alla kännetecken på en extrem typ B-personlighet är bra. Du kanske är så avslappnad att inget stressar dig förrän det har gått för långt. Du ska lämna in ditt arbete i morgon, måste plötsligt sätta igång och har kanske inte tid för att göra ditt bästa. Men om du är en extrem typ B är det inte säkert att ens detta bekymrar dig! Hur som helst, försök balansera din avslappnade stil och se till så att du håller dig till de mål du har satt upp.

## Vi måste få balans

Vi måste, som med allt, ha en balans mellan aktivitet och avslappning. Det bästa vore om du var mitt emellan en typ A- och en typ B-person. Då skulle du kunna hantera oväntade tider för inlämning och andra stressmoment genom lugn planering. Då skulle du känna det som om du hade kontroll och inte bli överstressad.

Så, när du har blivit självmedveten, emotionellt litterat och tror på dig själv, hur närmar du dig stressiga händelser?

# 6 Proaktiva strategier för att hantera stress

Det finns metoder för att motverka och hantera stress (se avsnitt 8), men de är just det, "metoder". De är bra att ha till hands, men ett mer grundläggande sätt för att hantera stress är att vara **proaktiv**. Psykologer har identifierat två huvudstrategier för att handskas med stress:

- strategi som fokuserar problemet
- strategi som fokuserar känslan.

| | |
|---|---|
| Problemfokuserad strategi | ■ Ta reda på vad det är som stressar dig.<br>■ Analysera vad det är i en händelse som stressar dig.<br>■ Bryt ner olika komponenter i situationen till hanterbara delar.<br>■ Undersök vilken del som utgör problemet.<br>■ Se vad det finns för valmöjligheter.<br>■ Gör en handlingsplan.<br>■ Ta reda på vilka resurser du har till ditt förfogande – behöver du hjälp? |
| Känslofokuserad strategi | ■ Lär känna vad det är som stressar dig.<br>■ Reflektera över hur du *känner* när du konfronteras med det som stressar dig.<br>■ Stå emot din känsla – du undviker därmed att tänka på det.<br>■ Reflektera över hur du kan börja förändra denna känsla.<br>■ Lita på andra och diskutera med en vän eller en rådgivare. |

*Källa*: Hanteringsstrategier från Lazarus och Folkman (1984)

Om du redan hanterar stress proaktivt kanske du upptäcker att du föredrar den ena eller den andra strategin ovan. Bäst vore att använda båda strategierna, eftersom de har att göra med din självtillit och din emotionella intelligens. I övning 4 kan du fundera över hur du löser problem.

### ÖVNING 4 Problemlösning som ett sätt att hantera stress

Hur skulle du kunna använda den här strategin för problemlösning?

1. Identifiera ett problem som stressar dig.
2. Vad gör det stressande?
3. Hur känns det?
4. Vad kan du göra för att handskas med det?

| Checklista: proaktiva hanteringsstrategier | Måste arbeta med detta |
|---|---|
| **Personlig utveckling:**<br>■ Självförtroende (Jag är en ”jag kan”-person<br>■ Emotionell intelligens (Jag känner mig själv och litar på andra) | |
| **Personlighetstyp:**<br>■ Typ A (perfektionist, driftig, höga ideal)<br>■ Typ B (avslappnad) | |
| **Strategier:**<br>■ Problemfokuserad (analys, handlingsplan)<br>■ Känslofokuserad (anpassning av känslor) | |

# 7 Vad är det som gör det stressigt att studera?

Lärande kan orsaka stress, och det hjälper dig om du lär dig hantera viss stress. Det kan mycket väl vara så att du är i din bekvämlighetszon i början av en kurs när du har kontroll över ditt lärande och kan förutse vad som händer. Men ganska snart, efter hand som det blir svårare, kanske du upptäcker att du har mindre kontroll över vad du kan och inte kan och då faller utanför din bekvämlighetszon. Vid den här tidpunkten lär du dig! Det är viktigt att veta att du måste gå genom det här stadiet för att din nya kunskap ska komma på plats och bli din nya bekvämlighetszon. Det är också viktigt att du kommer tillbaka in i din nya bekvämlighetszon, även om det för en del studenter dröjer till tentamen innan allt börjar falla på plats. Titta på figur 1.1.[1] Var tycker du att du befinner dig nu? Känns det bra när du är utanför din bekvämlighetszon under tiden du lär?

Att bli student kan ses som en ”övergångsrit”. Det är något du antagligen känner att du vill göra. Det innebär ofta nytt boende, nya vänner och ny kunskap om något du är intresserad av. Detta är spännande utmaningar som kan vara positiva – **eller** fullständigt stressa sönder dig. I övning 5 kan du identifiera sådant som kan vara stressande i det akademiska livet.

[1] Tack till professor Mark Lutman från University of Southhampton, som har diskuterat dessa idéer. Han anser att bra inlärare är de som klarar av att vara utanför sin bekvämlighetszon – så länge det inte är för länge.

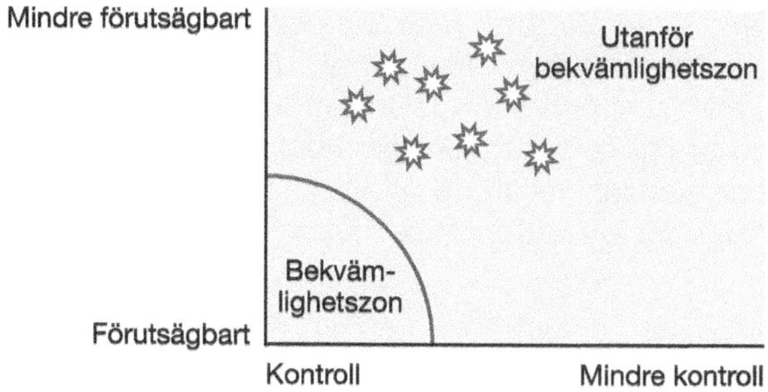


**Figur 1.1** Är du i din bekvämlighetszon?

### ÖVNING 5 Stressfaktorer i det akademiska livet

Undersök några stressfaktorer i det akademiska livet genom att titta på ett typiskt scenario. Vad tycker du Sara ska göra? Identifiera sedan vilka akademiska stressfaktorer som särskilt berör dig.

Sara var den första i familjen som fortsatte studera, och hon var entusiastisk över att få studera till ingenjör. Hon fick snabbt vänner genom studierna och de föreningar hon gick med i. Däremot är pengar, eller bristen på, nu under hennes tredje år ett allt större bekymmer. Hon har tagit studielån men har bestämt sig för att ta ett deltidsjobb för att få ihop ekonomin och har hittat ett jobb på en restaurang i närheten. Hon arbetar fyra timmar två kvällar i veckan och slutar vid midnatt. Hon har också tagit på sig ett annat litet jobb i en mataffär i närheten, där hon arbetar ett stressigt eftermiddagspass. Hennes ekonomi ser nu bättre ut, men de sena nätterna och extrajobbet i mataffären börjar påverka hennes kursarbete. Hennes studier blir allt mer invecklade och hon har flera projekt som måste avslutas. Eftersom det här är hennes tredje år måste hon få bra betyg för att få den examen hon vill ha. Hon börjar känna det som om det är för många krav i hennes liv och vet inte hur hon ska hantera det, särskilt eftersom hennes chef på restaurangen nu vill att hon ska arbeta fler pass.

| | **Akademiska stressfaktorer** | **Hanteringsstrategier** |
|---|---|---|
| Sara | | |
| Du | | |

## ”Kommer jag att passa in/passar jag in?”

Flyttar du någon annanstans för att studera, lämnar du allt det du är van vid bakom dig: dina vänner, din stad, din pojkvän/flickvän och din familj. Den välkända miljön har hjälpt till att skapa dig och att stödja dig. Även om du tycker det är spännande att lämna det, kan det vara så att du när du är borta från det inte känner dig lika säker som du gjorde hemma. Du längtar helt enkelt hem. Många av dina kurskamrater kommer att känna samma sak. Nu måste du göra ditt bästa för att komma in i allt det nya, skaffa nya vänner och känna tillhörighet. Bästa tiden att göra detta är i början av studierna när alla ser sig om efter nya vänner. Det är inte säkert att du omedelbart kommer in i den rätta gruppen, men runt andra terminen vet du säkert vem du skulle vilja vara med och hur du ska göra för att komma i kontakt med dem. Blyghet kan göra att den här processen tar lite längre tid. Du kan också försöka gå med i någon förening. Det gör att du automatiskt kommer i kontakt med likasinnade personer.

## ”Jag verkar aldrig ha tillräckligt med pengar”

Ekonomin orsakar allt oftare stress hos studenter, och trenden att ha ett deltidsjobb samtidigt med heltidsstudier ökar. Ett arbete kan vara bra eftersom det ger dig erfarenhet och ansvar, men för mycket kan inverka negativt på studierna. Studierna är på heltid, vilket studenter ofta glömmer, även om det inte är undervisning varje dag. Men så är det i högre utbildning.

Brist på pengar är roten till andra stressfaktorer, till exempel dåligt boende, sämre mat och brist på kursmaterial. Det är alltså viktigt för att du ska kunna koncentrera dig på studierna att du får ordning på din ekonomi (se övning 6).

**ÖVNING 6 Gör en budget**

Det kan vara bra att göra en budget, särskilt om ekonomin verkligen stressar dig. Detta är sällan någons favoritsysselsättning, men för att du inte ska få skulder måste du veta vad som kommer in och vad du gör av med och hålla dig inom budgeten så mycket som du kan.

Hur ser din ekonomi ut? Gör en budget för en vecka eller för en månad, vilket som passar dig bäst.

| | **Ingående summa per vecka/per månad** | **Utgående summa per vecka/per månad** |
|---|---|---|
| **INKOMST:** | | |
| Lån | | |
| Deltidsarbete | | |
| Familj | | |
| Sparande | | |
| Annat | | |
| **BOENDE:** | | |
| Hyra | | |
| El | | |
| Telefon | | |
| Skatt | | |
| Annat | | |

| | Ingående summa per vecka/per månad | Utgående summa per vecka/per månad |
|---|---|---|
| **STUDIER:** | | |
| Kåravgift | | |
| Böcker | | |
| Övrigt studiematerial | | |
| Annat | | |
| **LEVNADSKOSTNADER:** | | |
| Mat | | |
| Äta ute (kväll och dag) | | |
| Toalettartiklar | | |
| Resor: bil/buss/tåg | | |
| Resor: långa resor (hem?) | | |
| Kläder | | |
| Annat (tandläkare, medicin etc.) | | |
| **SOCIALT LIV:** | | |
| Café, pub | | |
| Bio, klubbar | | |
| Sportaktiviteter | | |
| Annat | | |
| **TOTALT:** | | |

Finns det balans mellan de ingående och de utgående kolumnerna?

## ”Jag vet inte vad mina lärare förväntar sig av mig”

Ett problem för många förstaårsstudenter är själva övergången till högre studier. Du kanske kommer från gymnasiet eller är lite äldre och har varit borta från studier en längre tid.

Läs alltid program- och kursbeskrivningar (se ”Lärande i högre utbildning”), som beskriver målen med din utbildning och lärandemålen. Se alltid till så att du vet exakt vad som ska göras i en uppgift, gör aldrig bara antaganden. Tänk på att du förväntas utveckla en självständig lärstil (se ”Lärande i högre utbildning”). Om du är osäker på vad som förväntas, fråga en student som har kommit längre i utbildningen eller en lärare.

## ”Jag klarar inte att lära allt jag förväntas lära”

Mängden arbete och alla krav är en orsak till stress i högre utbildning. Det kan vara flera tentamina och/eller inlämningsuppgifter under samma period, vilket kan vara stressande.

Ett problem är när det är knappt med tid mellan olika uppgifter som ska lämnas in. Men om du får uppgifterna i förväg förväntas du kunna planera tiden för alla uppgifterna (se kapitel 2 ”Tidshantering”). Gör en planering så att det finns utrymme för varje uppgift. Ibland måste du börja med en uppgift innan du har haft föreläsningen eller seminariet.

Den kvantitativa mängd som du förväntas lära innebär att du måste utveckla några effektiva färdigheter. Bokens kapitel är till för just detta. Ta aktivt del av vad du behöver från varje kapitel och **agera utifrån det**. Det kommer att minska din stress och ge dig kontroll. I övning 7 kan du ta reda på vad som stressar dig.

Komplexiteten i det material som du måste lära dig ökar också under din studietid. Om du tycker något är svårt, bör du vara öppen med det. Du kan fråga dina lärare men även vänner och studentmentorer (ifall sådana finns inom ditt program).

I ”Lärande i högre utbildning” diskuterade vi vad som kännetecknar en novis och en expert – du kan gärna gå tillbaka och titta på detta igen senare.

### ÖVNING 7 Ta reda på vad det är som stressar dig

Vad av följande, om något, stressar dig:

- att inte förstå vad som förväntas
- ett antal uppgifter som ska lämnas in med kort tids mellanrum
- mängden kursmaterial
- kursmaterialets komplexitet
- något annat?

Hur kan du vara proaktiv i att hantera dessa potentiella stressfaktorer?

Skriv i begreppskartan nedan (i de inre grenarna) in olika faktorer som kan bidra till att det är stressigt att studera och lista sätt (i de yttre grenarna) för hur du kan hantera det.

I avsnittet ”Feedback på övningar” finns en karta över vad stress kan resultera i.

## Hoppa av studierna: en respons på stress?

Att hoppa av studierna kan vara en respons på stress men behöver inte vara det. Om du verkligen känner att du har valt fel ämne, fel plats att studera och/eller inte vet om du vill studera, så är det bättre att du slutar. Du kommer att bli ännu mer stressad om du till exempel stannar bara för att du vill hålla skenet uppe eller inte vill såra någon.

Om du vill hoppa av för att du känner att du inte klarar det eller mår allmänt dåligt, **tänk igenom det igen**. Tala med någon, en vän, en studierådgivare eller annan person, om varför du mår dåligt och vilka möjligheter du faktiskt har. Det kan finnas hjälp att få så att du kan fortsätta dina studier och ta examen. Låt inte lusten att hoppa av bli en flyktreaktion på stress.

# Extern och intern stress

Som vi varit inne på tidigare upplever olika individer stress på olika sätt. Dessutom kan stressen vara extern eller intern. Externa faktorer har att göra med något yttre: tentamina, kursarbete, ekonomi osv. Intern stress har att göra med personlighetsfaktorer, men kan också bero på något funktionshinder eller någon sjukdom. All stress är alltså ett samspel mellan vad vi tar med till situationen och själva situationen. Obalansen mellan interna och externa stressfaktorer kan påverka vårt psykologiska eller fysiologiska välmående och orsaka stress (Lazarus och Cohen, 1977).

Externa faktorer kan göra att vissa studenter upplever mer press.

## Är du lite äldre?

Detta syftar på de studenter som kommer tillbaka till studierna, kanske efter att ha arbetat ett antal år. Gäller det dig, kanske du märker att du är osäker på hur du kommer att

- passa in med dem som är yngre
- kunna handskas med den akademiska världen
- kunna balansera hem och studier
- kunna klara dig ekonomiskt.

**ÖVNING 8 Externa stressfaktorer**

| | Stämmer in på mig | Måste jag göra något? |
|---|---|---|
| Jag återvänder till heltidsstudier efter flera år och undrar hur jag ska klara det. | | |
| Jag har hemlängtan (eller kan få). | | |
| Min svenska är inte tillräckligt bra. | | |
| Jag får inte tillräckligt med tid över för min familj. | | |
| Jag saknar mina vänner hemma. | | |
| Kan jag klara det? | | |
| Annat? | | |
| | | |

Skriv upp fler saker som stämmer in på dig och ta reda på om du tror att du måste göra något åt det för att hålla det i styr. Vilken personlighetstyp är du – kan detta ha någon inverkan på din reaktion på stress? Är du proaktiv och använder problem- och känslofokuserade strategier för att hantera det (se avsnitt 4, 5 och 6 ovan)?

# 8 Metoder för att motverka stress

Förutom strategier för personlig utveckling och proaktiva strategier (se ovan) finns det olika sätt för att motverka stress. Några grundläggande metoder är:

- **Motion**. Detta hjälper mot den fysiologiska aspekten av stress och utlöser endorfiner som ger dig en känsla av eufori samtidigt som det är bra för ditt hjärta. Det är också ett bra sätt för att bli av med ilska och frustrationer. Om du bara vill välja en metod för att motverka stress, välj då den här.
- **Avslappning**. När du känner dig stressad kan det vara svårt att varva ner. Ibland är det bättre att gå på till exempel yoga eller tai chi. Motion hjälper dig också att slappna av. Om du vill skapa dina egna sätt för avslappning, kan du testa djupandning eller meditation. Gå ut med vänner och få ett gott skratt.
- **Bra mat**. Undvik skräpmat och för mycket alkohol – båda kan dra ner din energi och få dig att känna dig låg.
- **Samtal**. Öppna dig för vänner och familj. De kommer att känna sig hedrade för att du anförtror dig och vill diskutera dina problem med dem. Samtal kan göra att du ser saker från ett annat perspektiv och får en annan uppfattning.
- **Stressdagbok**. Genom att skriva dagbok kan du uttrycka dina känslor och vad som stressar dig i ord. Du blir medveten om det, och det är där du måste börja för att kunna handskas med det. Du kan göra detta parallellt med att du talar med dina vänner.
- **Fokus**. När vi är stressade känner vi oss överkörda och tappar fokus. Gå tillbaka till strategierna ovan och se hur du kan göra för att utveckla självtillit och få fokus.
- **Stöd från andra**. Det finns en del problem som du inte kan och inte bör konfrontera på egen hand. Försök inte vara någon superman eller superkvinna. På de flesta universitet/högskolor finns stöd att få om du behöver. Se till att ta reda på vad som finns, till exempel genom Studentcentrum (eller liknande) och Studentkåren. Det kan också finnas religiösa samtalspartner och möjligheter till rådgivning. Försök också tala med någon lärare och naturligtvis med dina vänner och din familj.

## Tentamina

När du repeterar:

- gör en realistisk tidsplan för läsningen – det hjälper dig att få kontroll
- sammanfatta dina anteckningar, notera huvudpunkter, markera viktig information och använd begreppskartor för snabb översyn
- ta pauser så att du kan bibehålla din uppmärksamhet.

Under en tentamen:

- ”känn” lugn – andas långsamt och djupt
- tänk att du har kontroll
- läs instruktionerna noga (ofta gör inte studenter detta)
- läs frågorna lugnt – stryk under det viktigaste
- markera de frågor du vill börja med
- planera tid för varje fråga
- planera tid för att gå igenom vad du har skrivit.

# 9 Summering

Stresshantering innebär, som du har sett, mer än att bara lära metoder om det – det förändrar livet. Det garanterar inte att du har ett stressfritt liv (skulle du vilja ha det?), men det gör att du kan hantera stressen och hålla hälsofarliga aspekter under kontroll.

## Sammanfattning av det här kapitlet

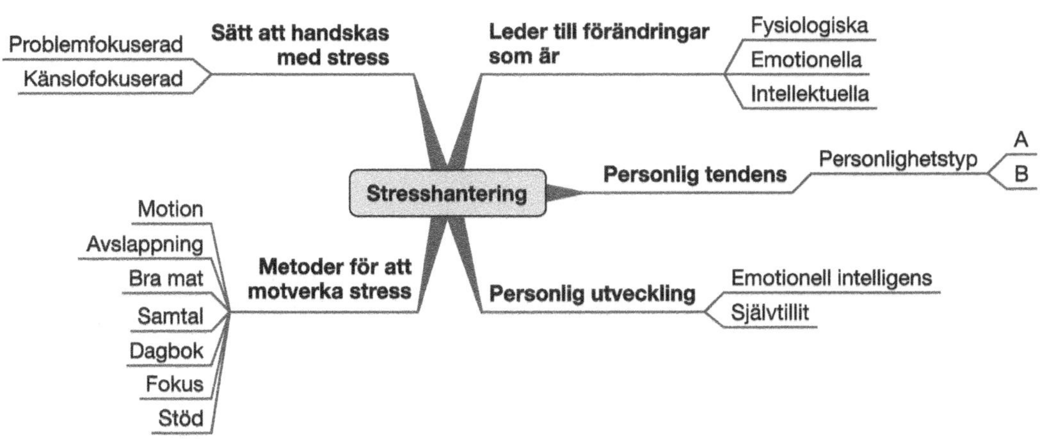


Reflektera nu över din nuvarande förmåga att hantera stress och fundera över hur du kan bli bättre på det. Kanske vill du föra över den här informationen i din professionella utvecklingsplan.

**ÖVNING 9 Uppdatera din professionella utvecklingsplan**

Gör efter att ha läst det här kapitlet en ny uppskattning av hur pass säker du känner dig. Hur stämmer det med din uppskattning i början av kapitlet? Vad kan du göra för att bli bättre? Du kan skriva in detta, och naturligtvis även annat som du tycker är lämpligt, i din professionella utvecklingsplan.

Markera hur pass säker du nu känner dig (1 = mycket lite och 5 = mycket).

| Min plan för stresshantering | Nivå 1–5 | Plan för att bli bättre |
|---|---|---|
| Att veta hur jag reagerar på stress.<br>*Avsnitt 3* | | |
| Att undersöka min självtillit.<br>*Avsnitt 4* | | |
| Att förbättra min emotionella intelligens.<br>*Avsnitt 4* | | |
| Att veta vad jag har för tendens att bli stressad (personlighetstyp A, B).<br>*Avsnitt 5* | | |
| Att ta reda på vilka proaktiva strategier för stresshantering som passar mig bäst.<br>*Avsnitt 6* | | |
| Att ta reda på vad som stressar mig.<br>*Avsnitt 7* | | |
| Att ta reda på vilka metoder för att motverka stress som passar mig bäst och sedan använda dem.<br>*Avsnitt 8* | | |

Datum: ________________

## Extra hjälp

- Fråga dina vänner hur de hanterar stress – du kommer inte bara att upptäcka att stress är vanligare än du tror utan också att de kanske har något användbart tips om hur du kan motverka stress.
- Sök på internet. Det finns flera sidor som handlar om stresshantering och som kan ge användbara tips.

# Feedback på övningar

### ÖVNING 1 Tecken på stress

| | Tecken på stress | Vad han/hon kanske känner | Vad han/hon bör göra |
|---|---|---|---|
| Carlos | Håller på att bli tillbakadragen.<br>Äter inte bra.<br>Lättstött/irriterad. | Känslig (till exempel gråtfärdig eller aggressiv).<br>Emotionell utmattning. | Vara uppmärksam på att något är fel och att något måste göras innan han kommer för långt efter i studierna.<br>Tala med någon han litar på – vän, lärare eller studierådgivare. Inte låta detta pågå för länge. |
| Linda | Dricker mycket.<br>Sover inte bra.<br>Ointresserad, glömsk. | Mår inte bra och kanske är deprimerad på grund av för mycket alkohol och otillräckligt med sömn.<br>Mental utmattning. | Vara uppmärksam på förändringar i beteendet.<br>Se vad som först och främst måste göras, till exempel att sluta dricka.<br>Söka hjälp, från en vän eller en studierådgivare. |

**Obs.** I dessa fallstudier är lösningen på hur de ska kunna gå vidare att de är uppmärksamma på sina egna stressmönster och ser dem när de tar över för mycket. De måste också söka hjälp och låta vännerna hjälpa dem. Som vän måste du kanske hjälpa någon som försöker skjuta bort dig. Ha tålamod och försök att inte överge honom eller henne under den här svåra fasen i er vänskap.

### ÖVNING 2 Känn igen dina egna symptom på stress

Här är några symptom på stress. Se vilka du har kommit fram till. Kanske ser du fler symptom som du inte tidigare såg som tecken på stress.

| Hur känner du dig? | Vad händer, och hur beter du dig? |
|---|---|
| Känner mig överhopad. | Du är oorganiserad och glömsk.<br>Du har svårt för att fatta beslut.<br>Du får panik.<br>Du har tappat ditt självförtroende.<br>Du kan inte koncentrera dig på det du ska göra.<br>Mental utmattning. |
| Känner mig trött och utmattad. | Du har lite eller inget intresse för saker.<br>Du sover inte bra.<br>Du gråter lätt. |
| Känner mig orolig och nervös. | Du är sur, irriterad, aggressiv och blir lätt arg.<br>Du kanske använder partydroger för att mildra symptomen. |

| Hur känner du dig? | Vad händer, och hur beter du dig? |
|---|---|
| Är mycket känslig och har lätt för att gråta. | Du reagerar emotionellt och har ofta nära till tårarna. Emotionell utmattning. |
| Känner mig illamående/spänd känsla i magen/inte hungrig. | Du har problem med magen och/eller saknar intresse för mat. |
| Hjärtat bankar. | Du svettas mer än normalt. |
| Känner hemlängtan. | Du drar dig bort från vänner. |
| Är inte social. | Du vill vara för dig själv. Människor irriterar dig, och du blir på dåligt humör. |
| Känner mig deprimerad. | Allt blir för mycket, och du känner inte för att göra något. |

**Obs.** Om din lista inte var så lång, kanske du här ovan känner igen några symptom du har. Skriv in dem i din lista. Det är, som vi såg i övning 1, viktigt att vara medveten om de egna stressymptomen.

## ÖVNING 3 Handlar det om tur eller otur?

| | Kommentarer |
|---|---|
| När något jag gör blir fel beror det på otur. | Detta betyder att du inte tycker att du själv kan påverka eller bara påverka lite om något blir fel. Du lägger skulden på något utanför – "otur". |
| Det spelar ingen roll hur väl jag planerar, det som sker det sker. | Du tycker inte att du har någon kontroll – hela ditt liv är ju redan utstakat. |
| Vänskap har med kemi att göra – det fungerar eller fungerar inte. | Kemi är definitivt en del av vänskap, men inte allt. Om du inte själv försöker hitta vänner och behålla dem, kommer du att få vara för dig själv.<br>Socialt välbefinnande är mycket viktigt för att handskas med stress. |
| En del människor har alltid tur. | Se det första påståendet ovan. I det här fallet antar du att andra människors framgång beror på "tur" mer än på deras ansträngningar. |
| När något blir fel vet jag ofta vem jag kan skylla på. | Se det första påståendet ovan. |
| **Påståenden om självtillit** | |
| Jag kan påverka vad som händer mig. | |
| Om jag gör en korttidsplanering, vet jag att jag kan hålla mig till den. | |
| Jag vet att vänner dras till varandra, men jag kan fortfarande påverka hur pass bra jag fungerar med mina vänner. Jag har interpersonell och emotionell intelligens och klarar därmed detta. | |
| När saker blir fel tar jag reda på orsaken och reder ut det så att det inte händer igen. | |

**ÖVNING 7 Ta reda på vad det är som stressar dig**

Här kan du se vad stress kan resultera i.

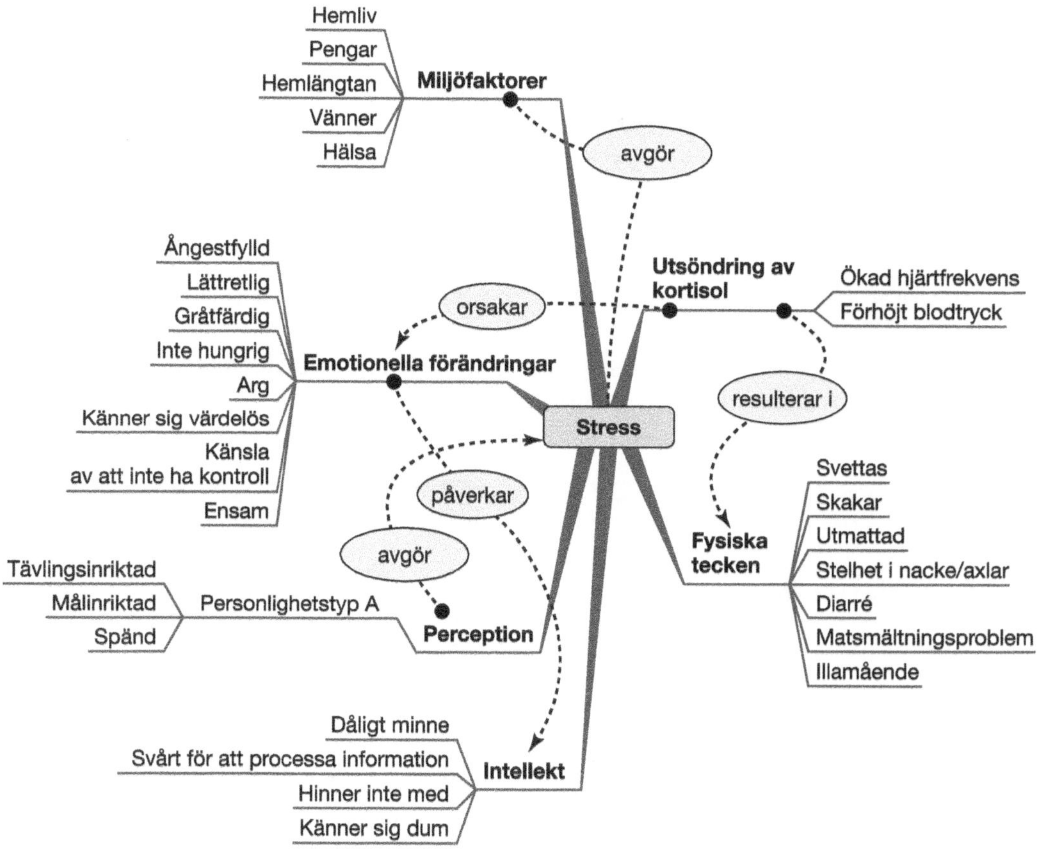


# Referenser


- 6Seconds: Emotional Intelligence Network. Hämtat från: http://6seconds.org/index.php (senast hämtat december 2009).
- Bandura, A. (1997) *Self Efficacy in Changing Societies*. Cambridge, Cambridge University Press.
- Goleman, D. P. (1995) *Emotional Intelligence: Why It Can Matter More Than IQ for Character, Health and Lifelong Achievement*. New York, Bantam Books.
- Lazarus, R. S. och Cohen, J. B. (1977) Environmental Stress. I: Altman, I. och Wohlwill, J. F. (red.) *Human Behavior and Environment*, vol. 2. New York, Plenum.
- Lazarus, R. S. och Folkman, S. (1984) *Stress, Appraisal, and Coping*. New York, Springer.
- Unite, Student Experience Report 2006, MORI. Hämtat från: www.ipsos-mori.com (senast hämtat november 2008).

# 2 Tidshantering

Att ha kontroll över tiden är nästan som att banta. Vi vet vad vi bör äta, vi vet varför vi bör äta så, och vi vet fördelarna med det. Men hur ofta är det inte som vi börjar med bra intentioner och sedan låter det falla? Det kan vara samma sak med tiden. Vi vet varför vi bör planera vår tid, vi vet för det mesta hur vi ska göra men har ofta svårt att hålla oss till det.

I det här kapitlet kan du

1. undersöka vilken relation du har till tid och se hur detta påverkar vad du gör av tiden
2. fundera över dina livsmål som en del av din tidshantering
3. se hur du kan planera din tid på ett effektivt sätt.

## ANVÄNDNING AV KAPITLET

Gör en uppskattning av hur pass säker du är på det som tas upp i påståendena nedan. I slutet av kapitlet har du möjlighet att ompröva dina svar och kan då också lägga in det i din professionella utvecklingsplan. Markera mellan 1 (mycket lite) och 5 (mycket):

| Jag kan se vad jag har för relation till tid och förstår hur detta påverkar hur jag handskas med tid. | Jag kan se att mina livsmål är del av min tidsplanering. | Jag får ut det mesta möjliga av tiden. | Jag kan planera min tid på ett effektivt sätt. |
|---|---|---|---|
| | | | |

Datum: ________________

# 1 Introduktion

Hur många av oss har inte börjat dagen med att ta oss från en föreläsning till ett café, till någon annan aktivitet och sedan i säng, bara för att göra samma sak nästa dag utan tanke på vad vi gör? Hur många av oss börjar dagen med att se efter om vi har fått mejl och har det som en morgon- eller förmiddagsrutin? På kvällen när du går och lägger dig är du utmattad för att du varit fullt upptagen med att "reagera" på olika saker. Vad har du egentligen gjort som är av betydelse för att du ska ta dig vidare? Hanterar du din tid proaktivt eller reaktivt?

Vår relation till mat, stress och tid är personlig, och för att vi ska kunna ändra på något som har med något av dessa områden att göra måste vi ta reda på vilken relation vi har till det. Med hjälp av det här kapitlet kan du undersöka vilken relation du har till tid och hur du använder den. Det viktiga är att ha en översikt så att alla aspekter, inte bara det som har med studierna att göra, kommer med. Avslutningsvis tar vi upp vad du måste göra för att saker ska bli av.

## Se tiden som en resurs

Vi behöver bara titta på ett antal uttryck som har med tid att göra för att se hur vi uppfattar tiden som en resurs. De flesta av dessa uttryck handlar antingen om att använda, slösa eller spara tid (se figuren nästa sida).

Vi lever i en allt mer global värld med teknologisk kommunikation som ger oss en omedelbar tillgång till information och som kräver snabbare svar från oss än någonsin tidigare. Vi lever också i olika sociala kulturer, där antalet aktiviteter hela tiden blir allt fler. Detta kan bidra till att vi känner oss styrda av tiden. I en studie om hur amerikaner använder sin tid uttryckte 61 % att de aldrig hade tid över, och 40 % upplevde tiden som ett större problem än pengar (studie av Robinson och Godbey, 1997, refererad till i Boniwell, 2005).

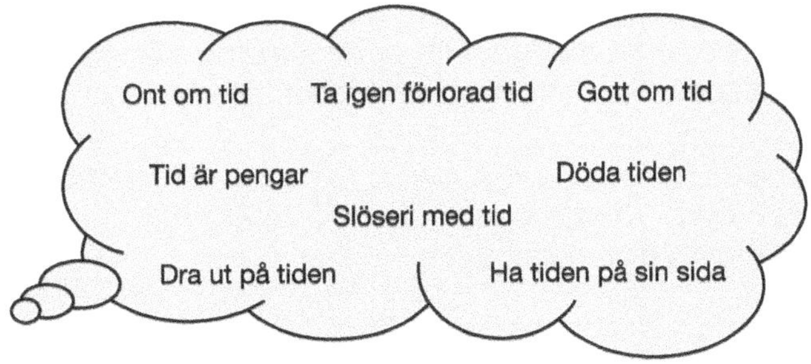


Studentlivet begränsas av tentamina, tider och scheman. Hur många gånger har du inte hört kurskamrater klaga över mängden arbete under kursen och om tider för deadline som måste hållas? Även i arbetslivet blir det allt vanligare med krav på personalen att den ska kunna arbeta med flera saker samtidigt. Detta passar en del men inte andra.

# 2 Vilken relation till tid har du?

Tiden påverkar oss alla, men hur vi uppfattar och hanterar tid är individuellt. Du kan få insikter i hur du handskas med din tid genom att ta reda på ifall du oftast "ser framåt", "ser tillbaka på det förflutna", "arbetar med flera saker samtidigt" eller "avslutar en sak innan du börjar med nästa". Det här sättet att se på tid visar att det inte finns ett enda tidsperspektiv som passar alla.

Låt oss först titta på olika tidsperspektiv, eftersom detta är något som inverkar på studiemotivationen.

## Tidsperspektiv

Professor Philip Zimbardo, framstående socialpsykolog från University of Stanford, har undersökt hur vår orientering mot dåtid, nutid eller framtid påverkar vårt beteende, särskilt vad gäller vår attityd till tid (Zimbardo och Boyd, 1999). Övning 1 hjälper dig att se olika tidsperspektiv hos andra människor.

### ÖVNING 1 Se vilka tidsperspektiv andra har

I den här övningen finns inga absoluta svar. Det är en förberedelse för att du senare ska kunna se vilken relation du själv har till tid. Använd scenarierna för att få en bild av personerna och gör sedan en uppskattning av följande:

1. Vilket tidsperspektiv dominerar de här studenternas liv för närvarande: dåtid, nutid eller framtid?
2. Vem tror du kan göra flera saker samtidigt eller bara göra en sak i taget?
3. Gör en uppskattning av deras studiemotivation.

**Anton** är andraårsstudent och bor i en lägenhet tillsammans med andra studenter. Han är mycket social och trivs när han får vara med sina vänner. Höjdpunkten är torsdagskvällarna när han är ute med dem till framåt morgontimmarna. Torsdagskvällarna har varit så positiva att han nu börjat gå ut ett par kvällar till, och Antons livsfilosofi är "lev i nuet". Nu under den andra terminen har kurserna blivit svårare, och han tycker det är svårt att hinna med allt. Han har fått några varningar från lärare för att han lämnat in uppgifter för sent. Även om han vet att han måste lägga ner mer arbete, klarar han helt enkelt inte att göra det. Det är svårt för honom att balansera det sociala livet med studierna.

**Johanna** gillar när det händer saker. Hon ordnar ofta stora fester, som är billiga men roliga. Hon läser nu på sitt tredje år och vet exakt vad hon vill göra när hon är klar med studierna. Tack vare sin förmåga att planera har hon lyckats kombinera ett mycket socialt liv med krävande studier. Hon vet att hon förmodligen hade fått bättre betyg om hon lagt ner mer arbete, men hon trivs så bra med att hålla på med alla sakerna att hon accepterar det. Samtidigt planerar hon att fortsätta studera efter grundutbildningen.

**Sofia** har alltid velat bli ingenjör. Hon vet att det är tufft men är inställd på att få bra betyg. Hon lägger ner mycket arbete på studierna men försöker ändå få extrajobb inom det hon läser för att få så mycket erfarenhet som möjligt. Hon lyckas också ha flera kursarbeten på gång samtidigt och verkar klara det bra, även om hon blir lite irriterad om hon blir störd när hon jobbar med det. Hennes vänner tycker hon behöver koppla av lite och lägga åtminstone lite tid på att ha kul.

| Student | Tidsperspektiv (dåtid, nutid, framtid) | Gillar bäst att göra flera saker samtidigt (multitasking) eller en sak i taget | Studiemotivation (hög, medium, låg) | Förmåga att hantera tid (dålig, okej, bra) |
|---|---|---|---|---|
| Anton | | | | |
| Johanna | | | | |
| Sofia | | | | |

Se kommentarer i avsnittet "Feedback på övningar" i slutet av kapitlet.

## Vilket tidsperspektiv har du?

Ibland är det lättare att se egenskaper hos andra är hos sig själv, men titta nu på dig själv och se om du kan se vilket tidsperspektiv som styr dig. I övning 2 kan du välja mellan flera tidsperspektiv. Vilket tycker du passar in på dig **I nuläget**?

**ÖVNING 2 Undersök vilket tidsperspektiv du har**

Titta på de olika tidsperspektiven – vilket (vilka) tycker du styr dig?

| Tidsperspektiv 1 | Tidsperspektiv 2 |
|---|---|
| Jag har en tendens att vara impulsiv och älskar spänning. Jag gillar att ta risker eftersom det gör livet mer spännande. Mitt motto är: "Lev i dag för du vet inte vad morgondagen för med sig." | Mitt tidigare liv var inte så bra, jag minns ofta händelser eller saker som jag ångrar, och ibland påverkar det mig nu. |
| **Tidsperspektiv 3** | **Tidsperspektiv 4** |
| Jag vet vart jag vill nå, och jag planerar för hur jag ska komma dit. Jag är inställd på att jobba med tråkiga bitar av kursen, eftersom jag vet att det är grunden för senare arbetsmöjligheter. | Mitt motto är "Det som sker, det sker." Jag tänker att jag inte ska oroa mig för mycket för framtiden, eftersom det blir som det blir och framgång till stor del handlar om tur. |
| **Tidsperspektiv 5** | |
| Jag får en varm känsla när jag tänker på dåtiden, min familj eller traditionerna. Det får mig att veta vem jag är. Det är mycket viktigt för mig att hålla kontakt med mina gamla vänner. | |

Se kommentarer i avsnittet "Feedback på övningar" i slutet av kapitlet.

Fundera över hur de här tidsperspektiven skulle kunna påverka hur du hanterar din tid. Tror du att du måste göra några ändringar för att klara studierna bättre?

Bäst är om det finns en balans mellan positiva tidsperspektiv. Framgångsrika personer har en tendens att vara "framtidsorienterade" (perspektiv 3). När du engagerar dig i dina akademiska studier bör du vara så motiverad att du är framtidsorienterad. Om du inte är motiverad, blir det svårt för dig att engagera dig i ditt lärande eller planera din tid på ett effektivt sätt. Däremot kan för mycket av detta perspektiv göra dig till en arbetsnarkoman, så du måste lära dig att balansera det.

Vi har sett att tidsperpektivet inverkar på beteendet och studiemotivationen och följaktligen på hur vi handskas med tid. Vår tidsuppfattning speglas också av om vi är personer som kan göra flera saker samtidigt eller bara en sak i taget.

## Är du bra på att göra flera saker samtidigt eller inte?

Antropologen Edward T. Hall observerade att olika kulturer strukturerar tiden på olika sätt. Kulturer med en linjär tidsuppfattning tenderar att se tiden som uppdelad och exakt. Arbetsuppgifter genomförs då på ett linjärt sätt. Kulturer med en mer flytande och mindre exakt tidsuppfattning tenderar att utföra uppgifter på ett mer icke-linjärt sätt och flera saker kan då göras på samma gång. Fortsatt forskning inom detta område visar att det också finns individuella skillnader och skillnader inom olika yrken.

Olika yrken har olika tidskulturer som kan passa olika tidspersonligheter. De som exempelvis arbetar i katastrofteam, med ambulanstransporter och i kirurgiska team behöver ha en precis tidsuppfattning och veta vad som ska göras, när det ska göras och dessutom göra det. De som arbetar inom mer kreativa områden skulle kanske tycka att det var kvävande med sådana kollegor. Den akademiska tidskulturen är deadline-präglad, och det kan få konsekvenser om du inte lämnar in i tid. Tycker du det är svårt att bli klar med ett arbete vid en exakt tidpunkt, är det viktigt att du inser detta för att sedan kunna komma på metoder för att handskas med det.

Det finns individer som föredrar att arbeta med en uppgift i taget, ett linjärt arbetssätt, medan andra gärna arbetar med flera saker samtidigt, multitasking. Om du ser tiden som uppdelad, vill du ha ha kontroll över din tid och en klar uppdelning mellan arbete och fritid. Om du däremot ser tiden som flytande och kontinuerlig, kanske du inte har någon sådan uppdelning och gör uppgifter när du känner för det hellre än att arbeta efter en rigid tidsplan. Hur du tänker om tid kan alltså inverka på om du har en tendens att kunna göra flera saker samtidigt eller inte. Övning 3 hjälper dig att ta reda på detta.

### ÖVNING 3 Kan du göra flera saker samtidigt?

Några av de huvudsakliga kännetecknen på en person som kan göra flera saker samtidigt är planering, fokus och uppmärksamhet, reaktion på förändring och förmåga att arbeta under press. Kanske vet du redan att du är en sådan person, men titta på följande påståenden och kommentarerna till dem. Tänk på att vi alla klarar båda arbetssätten, dvs. både att arbeta med flera saker samtidigt och med bara en sak, men att vi föredrar det ena eller det andra sättet. Vad du föredrar avgör hur du planerar din tid och hur du arbetar inför en deadline.

| | **Mitt idealjag** | **Men i praktiken . . . (gör jag/gör jag inte detta)** |
|---|---|---|
| **Planering** | | |
| 1. Jag tycker om att planera vad jag ska göra. Även om jag tycker det är svårt, måste jag planera tiden ganska noga. Utan en plan känner jag mig lite vilsen. (linjärt arbetssätt)<br>2. Jag tycker inte om att arbeta efter en detaljerad plan. Det känns begränsande och gör mig irriterad. (multitasking) | | |

| | Mitt idealjag | Men i praktiken . . . (gör jag/gör jag inte detta) |
|---|---|---|
| **Fokus och uppmärksamhet** | | |
| 3. När jag väl börjar med en uppgift ägnar jag den full uppmärksamhet och ogillar när jag blir störd. (linjärt arbetssätt)<br>4. Jag tenderar att ha fokus och uppmärksamhet på flera uppgifter samtidigt. Det gör inget om jag blir störd. Jag tar hand om det och fortsätter sedan där jag var. (multitasking) | | |
| **Reaktion på förändringar** | | |
| 5. Jag kan göra utkast men också ändra dem utan att det bekymrar mig. (multitasking)<br>6. När jag väl har gjort en plan vill jag inte ändra den. (linjärt arbetssätt) | | |
| **Arbete under press** | | |
| 7. Jag vill ha kontroll över det jag gör och är ganska bra på att prioritera. Detta ger mig andrum så att jag kan göra arbetet innan pressen blir för stor. (linjärt arbetssätt)<br>8. Jag arbetar bäst under press. Jag kan arbeta med flera saker före deadline. Jag gör prioriteringar i sista minuten, men oftast får jag allt gjort. (multitasking) | | |
| Föredrar du multitasking eller ett linjärt arbetssätt? | | |

Se avsnittet ”Feedback på övningar” i slutet av det här kapitlet för mer information.

**Obs.** Detta är bara några kännetecken på multitasking och linjärt arbetssätt.

## Fördelar med multitasking

Om du föredrar multitasking är du nog inte så rädd för tidspress eftersom du kan balansera ditt arbete. Antagligen tycker du att detta är stimulerande. Kanske skjuter du upp arbete för att du gärna gör det i sista minuten och då kan börja med flera saker samtidigt. Men se till så att du också avslutar dem! Du har ett mycket flexibelt arbetssätt; det gör inget om det kommer annat emellan eller om det blir ändringar i din planering.

## Faror med multitasking

För den som föredrar att arbeta under press eller i sista minuten finns inget utrymme för missöden. Vad gör du om du plötsligt inser att du behöver få tag på en referens som saknas eller om bläckpatronen tar slut klockan 3 på natten? Eftersom du kanske har arbetat med flera uppgifter samtidigt, är risken att du upptäcker liknande saker i alla uppgifterna. Du bör alltså försöka planera och göra prioriteringar, i alla fall i viss utsträckning. Försöker du göra mycket på samma gång, är risken att du blir överbelastad och ineffektiv, att ingenting blir bra. Det kan vara en bra idé att avsätta tid för speciellt svåra eller viktiga uppgifter. Kanske är orsaken till att du gillar multitasking att du är en stressmissbrukare (se avsnitt 3 nedan). Nu är det dags att bekänna färg!

### Fördelar med linjärt arbetssätt

Om du föredrar ett linjärt arbetssätt vill du ha kontroll över din tid, och om du får planera tiden och ha kontroll över när saker ska göras, kan du antagligen hantera pressen. Eftersom du prioriterar och planerar kan du fokusera på det som är viktigast.

### Faror med linjärt arbetssätt

Arbetet med studierna och olika inlämningar kan göra att du känner dig stressad och inte kan göra något ordentligt. Du måste bryta ner dina uppgifter i mindre delar och planera efter det så att det blir mer som ett linjärt arbetssätt. Du måste också vara flexibel så att du ibland kan ändra din planering om det behövs.

**Checklista: handskas med din relation till tiden**

1. Ta reda på hur du ser på tiden.
2. Ta reda på om du föredrar att arbeta med multitasking eller att arbeta linjärt.
3. Se om du kan förbättra din relation till tiden.
4. Ta reda på vad detta har för inflytande på hur du planerar tiden.

## 3 Tänk på dina livsmål: få balans

Tidsplanering är mer än att bara organisera och skriva att göra-listor. Vi behöver skapa utrymme för annat i vårt liv, för relationer, vänner och familj – vi behöver ha balans. Att bara planera och prioritera hur vi ska arbeta med uppgifter vi fått är ganska reaktivt, och vi måste vara proaktiva för att få med allt som är viktigt för oss. Med dagens upptagna livsstil finns en tendens att vi prioriterar det som är "brådskande", att vi tar tag i allt det som kommer emellan snarare än det som är viktigt. Därför måste vi se till att planera och göra utrymme för allt sådant som är viktigt i livet.

Undervisning i tidsplanering har oftast handlat om hur tiden ska organiseras på ett linjärt sätt. Stephen Covey, far till nio barn, professor i ledarskap och författare till *First Things First* (1994), menar att vi måste förändra vårt paradigm om tidsplanering från att vara beroende av att ta tag i det som vi uppfattar som brådskande till att proaktivt avgöra vad som är viktigt. Vad som är "viktigt" blir då vår nya metod för att planera tiden.

Metoden nedan utformades av Covey m.fl. (1994) för att vi ska kunna se vad som är brådskande, inte brådskande, viktigt och inte viktigt. Övning 4 handlar om vad som är viktigt i ditt liv.

| | **Brådskande** | **Inte brådskande** |
|---|---|---|
| **Viktigt** | I | II |
| | Föreläsningar, seminarier etc.<br>Kursarbete<br>Inlämningar av uppgifter<br>Kriser | Förberedelse – långsiktiga mål<br>Planering – långsiktiga mål<br>Bygga relationer<br>Skapa nya idéer/planer<br>Personlig utveckling |
| **Inte viktigt** | III | IV |
| | Störande avbrott (några)<br>Möten (några)<br>En del e-post | Trivialiteter<br>Skräpmejl<br>Aktiviteter som är slöseri med tid |

*Källa*: Covey m.fl. (1994)

# Kvadrant I

Aktiviteterna här är viktiga och brådskande – de måste göras. För att göra dem måste vi organisera och prioritera vad som behöver göras. Om vi skjuter upp dessa aktiviteter, blir det allvarliga konsekvenser. I den här kvadranten kan vi känna oss styrda och begränsade av tiden, vilket kan göra att vi känner oss stressade.

# Kvadrant II

I den här kvadranten tar vi oss an viktiga saker som att planera (för att ha kontroll över kvadrant 1), skapa nya idéer och arbeta mot mål både i studierna och i livet i allmänhet. Att hålla sig i form, träna, utveckla sina tankar, utvecklas intellektuellt i studierna, ha deltidsarbete, läsa, hjälpa vänner och familj samt utveckla meningsfulla relationer är allt del av kvadrant II. I den här kvadranten känner vi delaktighet, och vi måste proaktivt ta oss an detta. Åsidosätt det inte!

# Kvadrant III

De som är stressmissbrukare tar tag i sådant som verkar brådskande men som inte är viktigt. Det kan vara att reagera på andra människors prioriteringar på bekostnad av sina egna. Försök hålla en balans, och säg "nej" till en del sådant som inte är brådskande.

### Kvadrant IV

Det är oftast här vi slösar med vår tid. Vi kan slänga oss framför TV:n, läsa skräpromaner osv. Alla är vi ibland i den här kvadranten, men försök begränsa hur mycket tid du lägger här. Du kan hamna i den här kvadranten när det är bråttom med något, eftersom du blir stressad och utmattad. Samma sak när du skjuter upp något – då hamnar du i den här kvadranten.

**ÖVNING 4 Vad är viktigt i ditt liv?**

Försök ta dig tid att fundera över den här övningen även om du är frestad att hoppa över den.

1. Vad är viktigt för mig i livet?
2. Vad får mig att må bra?
3. Vad vill jag arbeta med efter mina studier? Måste jag ha någon särskild erfarenhet för det?

Fundera nu över några av de steg du måste ta för att målen ska bli verkliga. Hur skulle din plan se ut om du tog med några av dessa saker? Eftersom detta är aktiviteter i kvadrant II måste du vara proaktiv för att du ska uppnå det.

Den här övningen måste du göra om varje år för att ditt perspektiv förändras och kanske behöver aktualiseras.

**Obs.** Du måste vara motiverad för att studera, och att klara din examen bra bör vara ett av dina livsmål. Om detta inte finns med i din lista, bör du fråga dig själv varför du studerar eller om du studerar fel ämne.

# 4 Skapa ordning

Att skapa ordning innebär att du planerar din tid och inordnar en plats där du kan studera. Din tidsplanering beskriver vad du ska göra, när du ska göra det och hur länge. Studieplatsen möjliggör att det kan genomföras. Om du arbetar multitasking, kanske du vill hoppa över det här avsnittet, men stanna upp och läs detta – du kan fortsätta vara spontan även om du får hjälp av lite planering. Det kan också hjälpa dig att avgöra vilken typ av miljö som gör att du presterar bäst. Du som arbetar linjärt är förmodligen redan bra på att planera, men ta reda på var du lär dig bäst och se till så att du skapar en sådan plats.

Hur pass motiverad du är för att skapa ordning beror förstås också i viss grad på vilket tidsperspektiv du har. Planering kan bidra till utveckling av ett framtidsorienterat perspektiv. Om du i huvudsak är orienterad mot nuet, blir det svårt för dig att fullfölja din planering även om du har gjort en sådan. Var uppmärksam på detta.

# Hur organiserar du din tid genom planering?

Även studenter som har svårt med tidsplanering har viss medvetenhet om hur deras dagar ser ut. Det finns alltid viss planering. Så vilket är ditt generella mönster för hur en vecka ser ut? En planering ger dig en uppfattning om hur du använder tiden och hur effektiv du är på att få viktiga saker gjorda (se övning 5 och 6). Intressant är vad som kom fram i en studie från 1997 om att studenter vid ett visst universitet ägnade mer arbete åt sina studier på måndagar, tisdagar och torsdagar, medan färre studerade under helgerna. Studien fann att antalet timmar som studenter i allmänhet lade ner på studierna var 38,8 timmar (intervallet var 34–48 timmar beroende på ålder, kön och år). Av detta lades 35,5 % på arbete som skulle bedömas, 12,8 % på föreläsningar, 8 % på arbete som inte skulle bedömas, 7,6 % på seminarier eller möten med lärare och 3,2 % på att söka böcker på biblioteket (Innis och Shaw, 1997).

### ÖVNING 5 Gör ett veckoschema

Titta tillbaka på en typisk vecka under terminen och försök komma ihåg hur du använde tiden. Ta med sömn, nöjen, arbete, egna studier, grupparbeten etc. såväl som föreläsningar/seminarier. Skriv in det i schemat nedan och uppskatta tiden för varje aktivitet. Är du nöjd med detta eller skulle du vilja att det såg annorlunda ut? Påminner det om eller skiljer sig helt från undersökningen ovan?

**En typisk vecka**

| Ungefärlig tid | Mån | Tis | Ons | Tors | Fre | Lör | Sön |
|---|---|---|---|---|---|---|---|
| 8.00–10.00 | | | | | | | |
| 10.00–12.00 | | | | | | | |
| 12.00–14.00 | | | | | | | |
| 14.00–16.00 | | | | | | | |
| 16.00–18.00 | | | | | | | |
| 18.00–20.00 | | | | | | | |
| 20.00–22.00 | | | | | | | |
| 22.00–24.00 | | | | | | | |

Tänk nu på nästa vecka och planera hur du skulle använda din tid utifrån någon deadline som du har.

| Ungefärlig tid | Mån | Tis | Ons | Tors | Fre | Lör | Sön |
|---|---|---|---|---|---|---|---|
| 6.00–8.00 | | | | | | | |
| 8.00–10.00 | | | | | | | |
| 10.00–12.00 | | | | | | | |
| 12.00–14.00 | | | | | | | |
| 14.00–16.00 | | | | | | | |
| 16.00–18.00 | | | | | | | |
| 18.00–20.00 | | | | | | | |
| 20.00–22.00 | | | | | | | |
| 22.00–24.00 | | | | | | | |

Mina huvudsakliga mål för nästa vecka är: ______________________________

### ÖVNING 6 Spara tid

Titta på vilka aktiviteter du har i din veckoplan:

1. Kan du identifiera kvadranterna? Kalla dem: KI, KII, KIII och KIV.
   - Är några av dina aktiviteter KI egentligen KIII? Du kan spara tid genom att rensa bort KIII-aktiviteter.
2. Gör en ny veckoplanering och börja med att sätta in det som inte går att ändra, till exempel en föreläsning.
3. Lägg till KII-aktiviteter där det finns luckor (detta behöver inte vara sådant du gör en gång i veckan, men eventuellt en gång i månaden). Detta kan tas från övning 4 ”Vad är viktigt i ditt liv?”. Kom ihåg att använda luckorna för att frigöra tid för sådant som du vill göra.

## Din studieplats

En del böcker om studieteknik tar upp betydelsen av att ha ett tomt skrivbord (som en representation för klara tankar), av att ha lugn omkring sig och inte bli störd. Men vi är alla olika, också när det gäller vilket arbetssätt som fungerar bäst. Vad föredrar du? Se övning 7.

### ÖVNING 7 Din studieplats

Tänk dig att du måste göra klart ett arbete, exempelvis en hemtentamen eller en rapport. Du vet att du måste börja i dag, så du sätter dig ner och kommer igång. Svara på frågorna nedan. Du kan också lägga till egna exempel.

| | Hur gör du nu? | Är detta det bästa möjliga? Om inte, vad skulle vara bättre? |
|---|---|---|
| 1 Var sitter du helst och jobbar? | *Hemma, i biblioteket.* | |
| 2 Hur ser din studieplats i allmänhet ut? | *Tomt skrivbord, saker ovanpå varandra, saker på golvet, papper i mappar, lösa papper.* | |
| 3 När du sätter dig ner för att jobba, kommer du då ganska snart på något annat du måste göra? | *Du är hungrig, törstig, måste bara göra något snabbt. Undersök vad du har för ritualer innan du börjar.* | |
| 4 Hur lång tid tror du att det tar för dig att finna ro innan du kommer igång? | | |
| 5 Tycker du om att ha musik på under tiden du studerar eller att ha andra människor runt dig? | *En del människor behöver vara ensamma och ha lugn, medan andra behöver ha ett visst bakgrundsljud. Vad föredrar du?* | |

Det finns inga rätta svar på detta förutom att du bör ha alla papper du behöver för att komma igång med uppgiften till hands och bör veta **exakt** (inte ungefär) vad du ska göra och hur lång tid du har på dig att göra det. Kanske fungerar det bra för dig att ha ett rörigt skrivbord och musik och människor runt om dig. I så fall kan du ha det så, men försäkra dig om att det är bästa sättet för dig och inte bara en dålig vana. Det viktiga med den här övningen är att du tittar på hur du för närvarande gör, att du ser vilka ritualer du har för att komma igång. Drar du ut på tiden, kan det bero på att du skjuter upp vad du ska göra. Var uppmärksam på detta. Om platsen där du studerar inte inverkar positivt på ditt lärande, är det nu dags att ta reda på vilka problemen är och göra en förändring.

## Att göra arbetet hanterligt

En del kursarbete kan vara ganska svårt, och du bör då dela upp det i mindre delar för att göra det hanterligt:

- klargör vilka krav som finns
- ta reda på vilken typ av data du behöver
- ta reda på vad du behöver för information
- gör en lista på alla delar du behöver ha med för att klara uppgiften
- bestäm ordningen i listan
- kontrollera den exakta tiden för inlämning
- lägg till en tidsram för varje del.

Kan du arbeta med flera saker samtidigt (multitasking), är det antagligen tillräckligt med huvudpunkterna. Arbetar du linjärt, måste du kanske utveckla några av dem.

# 5 Strategier för tidshantering

I de tidigare avsnitten har vi tittat på hur vår individuella tidsuppfattning påverkar hur vi organiserar vår tid. En del är bra på att handskas med tiden, medan andra, de flesta av oss, kan bli bättre på det.

Tiden är en resurs som i motsats till en del andra resurser inte kan återanvändas. En termin har bara ett visst antal timmar, och för att hinna med allt du vill måste du veta hur du ska använda din tid.

## Planering, schema och att göra-listor

Först och främst bör du dela upp tiden i perioder, mest lämpligt är terminen, veckan och dagen. Terminsplaneringen gör att du får en helhetsbild över dina studier och kan planera in sådant som är viktigt och som annars kan bli bortglömt när terminen väl börjar, till exempel att börja med en ny sport, en ny hobby, delta i karriärvägledning.

I veckoschemat fyller du i fasta aktiviteter som föreläsningar osv. så att du ser vilka luckor som finns för andra aktiviteter.

Att göra-listan gäller för dagen, och här handlar det inte längre om planering utan om "att göra". Detta kan innebära risker. Om du ständigt misslyckas med att uträtta saker inom den här tiden och i huvudsak arbetar linjärt, känner du dig förmodligen överbelastad och som om du förlorar kontrollen. De som arbetar multitasking kanske försöker göra allt på en gång i sista minuten.

Tabellen på nästa sida ger dig en uppfattning om hur tidsplanering kan hjälpa dig i dina studier, men glöm inte att ta med sådant som du vill göra vid sidan om studiema.

**Obs.** Att göra-listor är till för handling, de bör ha en tidsram och vara ett stöd för dina mål.

## Strategier för tidshantering

För att använda tiden på bästa sätt bör du arbeta klokt, det handlar till exempel inte om att arbeta långa timmar i sträck. Din tid är dyrbar och för att du inte ska slösa den på saker som inte är viktiga bör du tänka på följande:

1. **Fokusera** i lugn och ro på vad som behöver göras nu, senare den här veckan och den här månaden. Koncentrera dig på de två första. Gör i ordning en plats där du kan sitta och arbeta så att resultatet blir så bra som möjligt.
2. **Planera** din tid som det **passar dig.** Dela upp stora delar av ett arbete i mindre, hanterbara delar så att du kan göra uppgiften stegvis (och lyckas med den).

3. Sätt inte upp mål som blir svåra att uppnå; det gör bara att du tappar självförtroende. **Målen** kan vara utmanande men bör **vara nåbara** utifrån de resurser du har.

4. Kasta dig inte bara in i ett arbete. Då är det lätt att du fokuserar det som brådskar i stället för det som är viktigt och **relevant**. Försök göra mindre av sådant som bara är slöseri med din tid.

5. Bra **tidsplanering** hjälper dig att klara viktiga uppgifter inom en viss tid. Planeringen kan vara ungefärlig eller detaljerad, beroende på vad du tycker är bäst. Men oavsett vilken stil du har: det finns exakta tider för inlämning som måste passas!

| **Långtidsplanering** | | **Korttidsplanering** |
|---|---|---|
| Planering ——————→ | | Att göra (resultat av din tidsplanering) |
| **Terminsplanering** | **Veckoschema** | **Att göra-lista** |
| Ta reda på vilka akademiska mål som gäller för den här terminen.<br><br>Läs kursbeskrivningar, och se vad som förväntas av dig.<br><br>Bestäm dig för vad du ska välja om något är valbart.<br><br>Skriv in uppgifter och inlämningsdatum under dina kurser.<br><br>Ta reda på vem du behöver träffa om det är praktik, Erasmus-utbyte etc.<br><br>Skriv in om det är någon speciell programvara du behöver lära dig eller förväntas kunna, och ta i så fall reda på hur du kan lära dig det.<br><br>Lova dig själv att skriva i din professionella utvecklingsplan, eftersom den hjälper dig att uttrycka vad du har lärt dig. Identifiera vilka styrkor och svagheter du har. | Detta liknar veckoplaneringen i övning 5 ovan. Se till så att sådant som du har tagit med i din terminsplan förs över till rätt veckoplan.<br><br>Skriv in sådant som har fasta tider (som föreläsningar), uppgifter/händelser som är viktiga för att du ska nå dina huvudsakliga mål och sådant som brådskar.<br><br>Se till så att din veckoplanering omfattar fler saker i ditt liv än studierna. Många människor använder elektroniska hjälpmedel för detta, som mobiltelefoner och PDA.*<br><br>Gör en noggrann uppskattning av hur mycket tid du behöver för att klara dina uppgifter. Detta kräver erfarenhet, men det är ett kännetecken på god tidsplanering. | Detta är ditt dagsprogram. Utöver sådant som har fasta tider bör du prioritera andra aktiviteter i enlighet med hur pass viktiga de är.<br><br>Börja dagen med att färdigställa din att göra-lista och prioritera sedan vad som är viktigast.<br><br>En PDA har vanligtvis en att göra-funktion, som du kanske vill använda. Markera det som är högprioriterat. |

* PDA är en personlig digital assistent. Den kan läggas in i din mobiltelefon eller användas som ett eget verktyg. Det finns ett flertal andra verktyg som också kan användas som en PDA, exempelvis har Google ett urval av verktyg och Microsoft Outlook har en PDA-liknande funktion inbyggd.

**Checklista: skapa bra strategier för tidsplanering**

1. Balansera kortsiktiga mål med långsiktiga mål (livsmål).
2. Låt hellre det som är viktigt, inte det som brådskar, styra ditt arbete.
3. Planera – i detalj för dem som arbetar linjärt, ungefärligt för dem som arbetar multitasking.
4. Ta reda på hur och var du arbetar bäst.
5. Lär dig förstå din relation till tid.

### ÖVNING 8 Strategier för tidsplanering

Hur kan de här studenterna bli bättre på tidsplanering? Kan du se vilka problem de har? Begreppskartan på nästa sida hjälper dig att göra den här övningen.

Jennifer är den första i sin familj som studerar på universitet/högskola, och hon tycker det är spännande. Hon har ett längre förhållande med sin pojkvän, som hon bor med och som håller på att avsluta en lärlingsutbildning. Hon läser sitt första år och var inte beredd på att det skulle innebära så mycket självständigt arbete. Samtidigt måste hon hålla samman sitt "gamla liv" med pojkvännen. Jennifer vet vilka mål hon har men tycker det är svårt att få ihop allt. Det verkar vara så många krav hela tiden.

Jamal har varit i Sverige i några år och trivs med sina studier men tycker det är jobbigt när det är salstentamina. Annars går det bra, och han lyckas lämna in kursarbeten i tid. Men när han ska läsa inför salstentamina är det annorlunda. Han har ingen speciell plats att sitta på och går ibland till biblioteket, ibland sitter han på golvet i sitt rum eller i köket. Han vet att han när han börjar läsa plötsligt blir hungrig och då måste fixa något att äta. När han sedan är redo att sätta igång igen, kommer han på att han inte ringt ett samtal som han lovat, så han gör det. Nu är han redo att komma igång, men en kompis ringer och de pratar ett tag. Sent på eftermiddagen får han lite gjort, men då ringer hans vänner och vill ha med honom ut. Eftersom han då tycker att dagen redan är förstörd bestämmer han sig för att gå. Han mår dåligt över detta men lovar sig själv att han ska börja läsa på riktigt i morgon.

Kan du skriva ett eget scenario?

**Obs.** Om du har dyslexi kan du ha svårt att få ordning på saker (mentalt och fysiskt). Det är viktigt att du försöker ta reda på vad du behöver göra och skapar utrymme för detta. Kanske behöver du konsultera en dyslexispecialist för att få hjälp med att hitta en strategi som hjälper dig. Kontakta i så fall Studentcentrum (eller liknande).

# 6 Summering

Tidshantering handlar om att förstå sin relation till tiden och hur detta påverkar förmågan att handskas med tiden. Att se framåt motiverar dig att se vilka livsmål du har. Att hålla kontakt med gamla vänner och göra roliga saker är också ett sätt för dig att få balans i ditt liv.

Planering, schemaläggning och att göra-listor är metoder du kan använda för att få kontroll, men se till att prioritera viktiga saker, inte trivialiteter. Detta ger dig en känsla av att du presterar och har kontroll över din tid.

Reflektera nu över din relation till tiden och över hur du kan förändra dig själv så att du kan använda tiden mer effektivt. Den här informationen kan du eventuellt lägga in i din professionella utvecklingsplan.

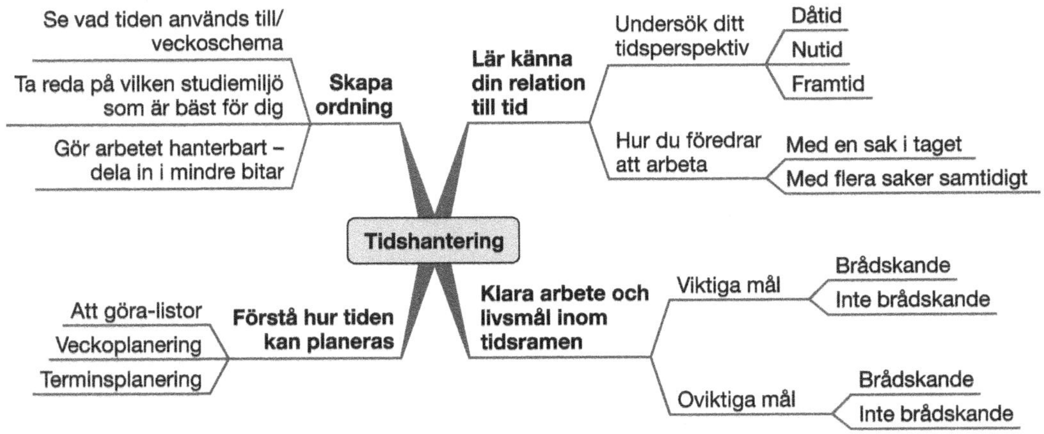


## ÖVNING 9 Uppdatera din professionella utvecklingsplan

Gör efter att ha läst det här kapitlet en ny uppskattning av hur pass säker du känner dig. Hur stämmer det med din uppskattning i början av kapitlet? Vad kan du göra för att bli bättre? Du kan lägga in detta i din professionella utvecklingsplan. Lägg gärna till något annat som du tycker är lämpligt.

Markera hur pass säker du nu känner dig (1 = mycket lite och 5 = mycket).

| Min tidshantering | Nivå 1–5 | Plan för att bli bättre |
|---|---|---|
| Jag är medveten om att min relation till tiden påverkar hur jag handskas med tiden. *Avsnitt 2* | | |
| Jag är medveten om att tidshantering inte bara handlar om kursuppgifter som ska lämnas in i tid utan även om mina livsmål. *Avsnitt 3* | | |
| Jag vet hur jag ska få ut det mesta av tiden och hur jag ska studera på bästa sätt. *Avsnitt 4* | | |
| Jag vet hur jag kan hantera tiden på ett effektivt sätt och utveckla strategier som passar mig. *Avsnitt 5* | | |

Datum: ____________________

## Extra hjälp

- Ta reda på om Studentcentrum (eller liknande) har kurser eller någon workshop om tidshantering.
- Ta kontakt med Studieverkstaden (eller liknande).

En (engelskspråkig) hemsida som kan vara av hjälp:

- Mindtools, at: www.mindtools.com

# Feedback på övningar

### ÖVNING 1 Se vilka tidsperspektiv andra har

Det finns inga exakta svar till den här övningen, men här är några tolkningar. Om du tolkar det på ett annat sätt, kan det vara bra om du uttrycker orsakerna.

#### Anton

Hans tidsperpektiv är i **nuet**, särskilt när det gäller hans sociala liv och nöjen. Från den korta beskrivningen av honom kan vi dra slutsatsen att han trivs bättre med att göra **en typ av aktivitet** åt gången (hans sociala liv verkar inte ha några större variationer) hellre än att hålla på med flera aktiviteter. Hans **motivation** för studierna verkar **låg**. Han verkar **inte så bra på tidshantering**.

#### Johanna

Hennes tidsperspektiv domineras av **nutid** och **framtid**. Hon är inställd på att leva nu men har ögonen på kursarbetet så att hon inte kommer efter. Hon verkar vara bra på att organisera, vilket kräver en viss förmåga att hantera olika saker samtidigt. Hon prioriterar sitt sociala liv men måste också hinna med kursen, och vi misstänker att hon håller igen lite på det sociala livet för att få klart en del av kursarbetet. Hon verkar klara **multitasking**, verkar vara **ganska motiverad** för sina studier och verkar **bra på tidshantering**.

#### Sofia

Hennes tidsperspektiv är till stor del i **framtiden** och ganska mycket på bekostnad av att leva i nuet. Hon måste vara försiktig så att hon inte blir utbränd, och hon måste få balans i sitt liv. Hon verkar kunna klara **multitasking** när det handlar om studierna, men att hon blir irriterad när hon blir störd betyder att hon föredrar att fokusera på en enda aspekt av kursarbetet – att göra en sak i taget och vara fokuserad. Hon är **mycket motiverad** och antagligen **bra på tidshantering** (de som är motiverade är ofta bättre på att handskas med tiden än de som är omotiverade).

### ÖVNING 2 Undersök vilket tidsperspektiv du har

Om du styrs av tidsperspektiv 1 är du inriktad på nutid. Du fokuserar verkligen på att ha det bra. Det är nuet som räknas. Detta är ett njutningsperspektiv, och vi bör alla ägna tid åt det här perspektivet någon gång under veckan. Om du däremot styrs av det, kan det vara så att du ger upp vad du måste göra och hellre söker spänning och det som är kul. Att alltid ha det här perspektivet är inte bra för studierna eller den framtida karriären, eftersom det gör att du faller för frestelser som verkar mer spännande för tillfället.

Om du styrs av tidsperspektiv 4 är du också inriktad på nutid men på ett negativt och fatalistiskt sätt. Du menar att du inte kan kontrollera livet och att inget du gör kan förändra det. Du har en allmän känsla av hjälplöshet. Att huvudsakligen ha det här perspektivet gör att motivationen försvinner. Du ser ingen mening med att lägga ner jobb, vilket gör att dina studier och ditt framtida arbete blir lidande.

Om du styrs av perspektiv 5 är du inriktad på dåtid på ett positivt sätt. Dina positiva minnen har hjälpt dig att utveckla en positiv syn på livet och gett dig en stabil grund att utgå från – vi behöver alla detta. Forskning har visat att de som har det här perspektivet har en hög grad av självkänsla (Boniwell, 2005).

Om du styrs av perspektiv 2 är du inriktad på dåtid på ett negativt sätt och kanske inte kan komma över något otrevligt som hände i ditt förflutna. Om så är fallet, och om du tycker det är ett problem, bör du kanske söka professionell hjälp. Det är viktigt att ta itu med negativa upplevelser så att de inte förstör ditt liv. Kanske märker du att du inte når din fulla potential i studierna. Negativa händelser i det förflutna behöver inte vara traumatiska, det kan också vara att du till exempel ständigt har fått dåliga betyg på texter du skrivit eller på matematikprov och att detta blir avgörande för hur du handskas med sådana uppgifter nu.

Om du styrs av perspektiv 3 är du inriktad på framtiden. Du har satt upp dina mål och gör planer för hur du ska nå dem. Du söker utmaningar och möjligheter där du kan. Forskning har visat att det här tidsperspektivet hänger samman med välbefinnande, ihärdighet och självförtroende (Boniwell, 2005). Det kan däremot också vara så att du är så upptagen med att prestera att du glömmer bort att roa dig, blir en arbetsnarkoman, blir utbränd och glömmer att leva i nuet. Det är viktigt att du har balans.

### ÖVNING 3 Kan du göra flera saker samtidigt?

Du upptäcker antagligen att det i den akademiska kulturen ofta handlar om att göra flera saker samtidigt. Det är troligt att det är mycket arbete som ska göras på en gång, i slutet av en kurs eller för att några delkurser går samtidigt. Det är viktigt att du vet hur du helst jobbar så att du kan anpassa ditt arbetssätt till det som ska göras.

Har du kommit fram till att du kan arbeta med flera saker samtidigt, passar du nog bra in i den akademiska miljön. Men se till så att du verkligen lägger ner tillräckligt med arbete på sådant som är viktigt och inte lämnar något till sista minuten.

Har du kommit fram till att du helst arbetar linjärt, måste du prioritera vad du ska göra och bryta ner uppgifterna i mindre delar, göra upp en tidsplan och göra de mindre delarna på ett linjärt sätt. Du måste arbeta med små delar så att du kan avsluta arbetet inom tiden. Detta håller dig, fastän du arbetar på ett linjärt sätt, på rätt spår i en miljö där mycket sker samtidigt.

| De som arbetar multitasking föredrar . . . | De som arbetar linjärt föredrar . . . |
|---|---|
| att tiden är ostrukturerad | att tiden är strukturerad |
| att inte göra detaljerade planer | att arbeta med en detaljerad tidsplan |
| att arbeta med uppgifter när de känner för det | att arbeta efter en lista med prioriterade aktiviteter |
| att sprida fokus och uppmärksamhet på flera saker | att arbeta mycket fokuserat |
| att flyta med, och det gör inget om de blir störda. | att arbeta utan störning. |

**ÖVNING 8 Strategier för tidsplanering**

Även om Jennifer vet vilka hennes huvudsakliga mål är och har planerat väl, så verkar hon inte klara sin att göra-lista så bra. Hon måste prioritera, även när det gäller hemlivet, och göra det som måste göras under dagarna. Fortsätter hon så här, kan det bli så att hon inte klarar sina studier och slutar. Hon måste prioritera det som är viktigt och arbeta med 20/80-regeln.

Denna regel kallas också Paretoprincipen och innebär att bara en liten procent (20 %) av vad vi gör är viktigt medan det mesta (80 %) är trivialt.

Jamal har problem med att läsa inför tentamina, men det verkar fungera när det är inlämningsuppgifter. Han verkar vara urtypen för en som skjuter upp arbetet. Han måste först acceptera att detta är vad han gör och sedan dela upp arbetet i mindre delar. Han bör koncentrera sig på studierna och inte ringa eller ta emot samtal under den här perioden. Klarar kan detta, kan han belöna sig själv med ett par timmar ute med vännerna. Han kommer att bli mer nöjd med sig själv och tycka att det är ännu roligare när han är ute.

# Referenser


- Boniwell, L. (2005) Beyond time management: how the latest research on time perspectives and perceived time use can assist clients with time related concerns. *International Journal of Evidence Based Coaching and Mentoring*, 3(2), 61.
- Covey, S. R., Merrill, A. och Merrill, R. (1994) *First Things First: Coping with the Ever-increasing Demands of the Workplace*. London, Simon & Schuster.
- Hall, E. T. (1959) *The Silent Language*. New York, Garden City.
- Innis, K. och Shaw, M. (1997) How do students spend their time?. *Quality Assurance in Education*, 5(2), 85–9.
- Robinson, J. P. och Godbey, G. (1997) *Time for Life: The Surprising Ways Americans Use Their Time*. State College, The Pennsylvania State University Press.
- Zimbardo, P. och Boyd, J. (1999) Putting time in perspective: a valid, reliable individual differences metric. *Journal of Personality and Social Psychology*, 77, 1271–88.

# 3 Lärande på deltid

Detta kapitel är i första hand till för studenter som läser på deltid, men skillnaden mellan att läsa på heltid på campus och att läsa på deltid suddas mer och mer ut.

I det här kapitlet kommer du att kunna

1. förstå hur du ska förbereda dig för deltidsstudier
2. få insikter i vad det finns för inlärningsteknologi som kan vara användbar
3. veta vilka färdigheter du bör utveckla för att kunna använda nätbaserad teknologi.

## ANVÄNDNING AV KAPITLET



Gör en uppskattning av hur pass säker du är på det som tas upp i påståendena nedan. I slutet av kapitlet har du möjlighet att ompröva dina svar och kan då också lägga in det i din personliga utvecklingsplan. Markera mellan 1 (mycket lite) och 5 (mycket):

| Jag är väl förberedd för mina studier. | Jag känner till vilken teknologi för lärande som jag kan använda. | Jag vet hur jag lär mig online och vilka färdigheter som behövs för detta. |
|---|---|---|
| | | |

Datum: ________________

# 1 Att lyckas med deltidsstudier

Om du studerar på deltid måste du kunna balansera olika saker i ditt liv som konkurrerar om din tid. Du kan klara det om du förbereder dig och förstår hur du lär dig, om du fortsätter att vara motiverad, kan nätverka med dina studiekamrater, vet hur du ska handskas med eventuell stress och planerar din tid på ett effektivt sätt.

## Olika sätt att lära på deltid

Att vara deltidsstudent kan innebära flera saker. Du studerar hemma med hjälp av en bok, arbetar mot ett lärandemål och bevisar vad du lär dig genom ditt kursarbete. Undervisningen kan vara på campus eller via nätet eller både och. I vilket fall som helst kan det vara nödvändigt att förstå hur teknologi för lärande används.

### Lärande på distans

Denna typ av lärande kan vara med vissa möten på campus eller bara nätbaserat. Du måste ha tillgång till en dator så att du kan logga in på kurssidan. Förutom kursmaterial har du förmodligen också tillgång till biblioteksresurser och andra resurser som finns för studenter på campus. Kanske behöver du ta reda på mer om detta. För kursen finns ett antal dokument som du måste gå igenom (se ”Lärande i högre utbildning”, avsnitt 3). Eftersom det inte är säkert att du träffar dina kurskamrater, måste du nätverka online för att få en känsla av studiegemenskap (se ”Förbered dig själv” nedan).

### Arbetsbaserat lärande

Om praktik ingår i din utbildning, finns det sannolikt en lista på sådant som du förväntas visa att du kan i slutet av praktiken och i slutet av kursen (lärandemål). Du förväntas antingen göra kursarbete som är relaterat till lärandemålen under din praktik eller presentera en omfattande portfolio som visar prov på den kompetens du har utvecklat. Det är viktigt att den erfarenhet du får passar in med kursens lärandemål. För att du säkert ska få godkänt måste kompetensen du utvecklar stämma överens med lärandemålen. Det är därför viktigt att du förstår vad som krävs. I samband med en kurs som baseras på praktik förväntas du även läsa akademisk litteratur och använda begrepp från litteraturen för vad du lär dig under praktiken.

## Förbered dig själv

När kursen börjar måste du förbereda dig själv genom att fundera över varför du läser den och om du verkligen vill läsa den samt inordna ditt liv så att du tar dig igenom oundvikliga svackor. Detta är något som alla studenter borde göra.

## Förstå din kurs

Du bör gå igenom kursen du anmäler dig till noggrant i förväg, men de flesta kastar bara en flyktig blick på detaljerna. När du väl har registrerat dig måste du titta närmare på vad kursen innebär. Detta är särskilt viktigt om du ska studera på distans, eftersom du inte har stöd av kurskamrater på samma sätt som när det är en campusbaserad kurs. Titta på checklistan nedan och se till så att du förstår den här informationen i början av din kurs. Om du inte vet svaren nu, ha som mål att ta reda på det så fort som möjligt.

*Checklista: proaktiva strategier*

| | **Måste bli bättre på detta ✓** |
|---|---|
| **Betyg:**<br>■ Jag vet vad som krävs för att få godkänt och vilken typ av betyg som sätts.<br>■ Jag vet vilka möjligheter jag har om jag misslyckas med en tentamen eller en kurs. | |
| **Lärandemål:**<br>■ Jag förstår att detta är vad jag bör kunna i slutet av kursen och att jag måste ha bevis för detta genom mitt kursarbete, genom en portfolio och/eller genom tentamina. | |
| **Studiematerial:**<br>■ Jag vet var detta finns och hur jag kan få tag på det. | |
| **Referensmaterial:**<br>■ Jag vet hur jag ska få tag på de viktigaste texterna och hur jag kan använda biblioteket online. | |
| **Kursarbete:**<br>■ Jag vet vad som förväntas, när och hur det ska lämnas in. | |
| **Tentamina:**<br>■ Jag har skrivit upp datum och vad som förväntas. Jag har tillgång till gamla tentamina så att jag kan öva. | |

Se också informationen i "Lärande i högre utbildning", avsnitt 3, i början av den här boken.

## Din inställning till lärande

För att få ut det mesta av dina studier måste du förstå dig själv som inlärare, utforska vilka styrkor du har och arbeta med att förbättra dina svagheter. I avsnitt 1 i "Lärande i högre utbildning" tog vi upp David Kolbs fyrdelade lärandecykel från 1975 (som fortfarande används): (a) få erfarenhet, (b) observera och reflektera, (c) arbeta med abstrakta idéer och begrepp (d) tillämpa lärandet i nya situationer. När vi lär oss nya saker går vi igenom den här cykeln, vilket resulterar i att vi kan tillämpa det vi lärt oss i nya situationer. Även om vi som inlärare går igenom cykelns alla delar, är det individuellt vilken del vi trivs bäst i. Så om du trivs bäst i "få erfarenhet"-delen, är du förmodligen en aktivist som tycker om att snabbt sätta igång med ett projekt och inte "driva omkring". Förmodligen trivs du då inte heller så bra med att ta en paus för att reflektera över vad du gör. Avsnittet "Känn dig själv som inlärare" i "Lärande i högre utbildning" utvecklar detta.

Som inlärare har du också ett inlärningssätt som passar dig bäst: visuellt, auditivt, genom läsning/skrivande eller kinestetiskt. Neil Fleming, forskare i pedagogik från Nya Zeeland, och Charles C. Bonwell från USA har skapat en modell för detta. De tar upp de fyra sensoriska sätt genom vilka vi kan få information: genom att se, genom att höra, genom att läsa/skriva och genom att göra. Enligt författarna föredrar olika inlärare olika sätt för att ta in information.

Titta på följande – vilket tror du passar bäst och minst in på dig?

**Visuella inlärare** lär bäst genom att

- anteckna och göra listor på vad som ska läsas senare
- läsa informationen som ska läras in
- lära från böcker, video, filmklipp och utskrifter
- se när någon visar något
- arbeta med begreppskartor
- se en översikt av vad som ska läras.

*Strategier för visuella inlärare*

- Använd överstrykningspennor när du läser texter.
- Gör begreppskartor/flödeskartor.
- Använd videofilmer.
- Formatera dina texter så att du kan lägga ut informationen visuellt.
- Stryk under och ringa in text medan du läser.

**Auditiva inlärare** lär bäst genom att

- lyssna på föreläsningar och ljudkällor
- argumentera och diskutera
- ge muntliga presentationer (eftersom de ofta är bra på att tala)
- använda datorprogram för röstigenkänning

Du kanske blir störd av mycket ljud och måste ha en lugn studiemiljö.

*Strategier för auditiva inlärare*

- Spela in dina anteckningar med programvara för röstigenkänning.
- Läs högt.
- Repetera genom att spela in dina tankar och sedan lyssna på dem.

**Inlärare som lär sig genom att läsa/skriva** lär bäst genom

- handouts från föreläsningar
- bra läroböcker
- eget skrivande.

*Strategier för inlärare som lär sig genom att läsa/skriva*

- Anteckna mycket på föreläsningar.
- Lär inför tentamina genom att skriva texter.
- Lär genom det egna skrivandet (du vet ofta inte vad du kan förrän du skrivit ner det).
- Lär genom att skriva ner saker som du måste lära (ofta igen och igen).
- Skriv listor.
- Skapa och besvara dina egna "Vanliga frågor".

**Kinestetiska inlärare** lär bäst genom att

- göra och praktisera
- ta in information genom laborationer, studieutflykter, exkursioner etc.
- se när någon visar något
- använda exempel för att lära begrepp och principer.

*Strategier för kinestetiska inlärare*

- Gå runt medan du lär dig.
- Ta flera pauser.
- Lär genom att hantera material, använda modeller, göra saker.
- Skapa modeller och bilder.
- Skumläs böcker för att få en översikt först.

**Obs.** Du kan söka på nätet för att få mer information om lärstilar och för att få en bild av din egen inlärningsstil. Dock bör du vara försiktig om du använder frågeformulär om inlärningsstilar. Det finns flera olika och de mäter alla olika saker.

## Motivation

Deltidsstudier och/eller distansutbildning betyder att du måste ha en massa motivation för att kunna fortsätta studierna. Lärande kan vara svårt, och du kommer att ha svackor när du måste ta dig samman för att kunna fortsätta. Utan studiemotivation är det lätt att ge upp. Motivation kommer från olika källor.

| **Motivation att lära** | |
|---|---|
| **Yttre** | **Inre** |
| Yttre motivation från föräldrar, arbetsgivare, partner, vänner etc. samt möjliga belöningar som befordran, nytt jobb. Ämnet du läser intresserar dig eller intresserar dig inte så mycket. | Inre motivation bottnar i att du verkligen vill göra något och kan också kopplas till nya jobbmöjligheter. Du har ett särskilt intresse för ämnet. |
| **Framgång och belöning** | |

Förmodligen kommer din motivation både inifrån och utifrån, men när det blir jobbigt behöver du både stark inre motivation och självtillit för att inte ge upp. För att du ska hålla motivationen uppe är det viktigt att du tycker dig ha kontroll (se kapitel 1 "Stresshantering" och kapitel 2 "Tidshantering"), delar upp ditt arbete i hanterbara bitar, sätter upp kortsiktiga mål som gör att du klarar det och kan se vad du uppnår under kursen.

## Självförtroende

När du studerar på deltid måste du samtidigt kunna hantera flera saker i ditt liv, och när dina studier blir svårare och ställer fler krav på dig kan du känna det som om du tappar självförtroende. Detta är en naturlig reaktion, men det är viktigt att du inte blir för kritisk. Allt djuplärande kommer vid något tillfälle att få dig ur din bekvämlighetszon, se figur 1.1 i kapitel 1 "Stresshantering". Titta också i avsnitt 4, 5 och 6 i det kapitlet. Om du märker att ditt självförtroende blir sämre och att du inte får tillbaka det, kan du till exempel försöka diskutera det med din lärare eller med dina kurskamrater. Att tala om det är viktigt, eftersom du då kan börja hitta lösningar.

## Familj och arbete

Detta är vad som konkurrerar mest om din tid. Försök skapa rutiner för när du ska göra olika saker och för var du kan sitta och studera. Planera så fort som möjligt tid för familj, arbete och studier och skriv in det i din kalender. Om det verkar svårt att få ihop, bör du vara proaktiv och diskutera det med din familj, din arbetsgivare eller din lärare.

## Nätverka och håll kontakten

Lärandet bygger dels på en inre dialog med dig själv i relation till kursmaterialet och kursarbetet, dels på en interpersonell dialog med dina kurskamrater och dina lärare. Du behöver båda. Det är därför viktigt att du vet vilka dina kurskamrater är så att ni kan stödja varandra. Glöm inte att din lärare också är del av detta nätverk.

## Skapa en plats för lärande

Inrätta en plats där du kan sitta och studera. Om du studerar hemma och måste flytta dina papper efter varje studiepass, se till så att du har en behändig låda där du kan förvara allt så att inget försvinner. Försök också komma fram till var du lär bäst: en lugn plats eller en livfull plats, en städad plats eller en stökig plats. Vi föredrar alla olika. Hur du än gör, försök skapa rutiner för din inlärning, få in en rytm och sätt upp rimliga mål.

**Tips** Du måste ha tillgång till internet hemma. Det kan vara en fördel att investera i en laptop som klarar trådlös uppkoppling så att du kan sitta var som helst. Detta gör att du kan ha en flexibel plats för lärande.

### Färdigheter för deltidslärande

Alla inlärare måste förstå sig själva som inlärare och utveckla färdigheter som bäst passar dem. Det kan vara svårare för deltidsinlärare att förstå hur de bäst lär sig, men det är viktigt att de gör det mesta av den lilla tid de har till sitt förfogande. Som deltidsinlärare är det därför viktigt att du lär dig hur du ska

- hantera stress och tid
- motivera dig själv under jobbiga perioder
- ta ansvar för ditt eget lärande och
  - vara självdisciplinerad och sätta upp dina egna tidsfrister
  - reflektera över din utveckling och göra något åt det om det behövs
  - fråga om du är osäker på något
- utforska vad det finns för teknologi för lärande.

# 2 Använda teknologi för att lära

Du kommer antagligen, oavsett om du studerar deltid eller heltid, att använda teknologi under dina studier. Du kan därför behöva

- en bredbandsuppkoppling hemma
- en laptop med trådlös uppkoppling så att du kan arbeta där du tycker det är bekvämt och kan flytta dig ifall någon annan vill vara där
- en minnessticka så att du har "backup" på ditt material och kan ta med dig ditt arbete om så behövs
- en skrivare eftersom du kan förväntas lämna in arbete i pappersformat
- en MP3-spelare om du har tillgång till podcast.

Som tidigare nämnts befinner sig inte heller alla heltidsstudenter nödvändigtvis på campus och har sina sociala kontakter där. Allt fler studenter inrättar studiegrupper på nätet och slipper på så sätt tänka på avstånd och plats för att mötas.

## Tillgång till information

Du kommer att få olika typer av material, som föreläsningsanteckningar, problemblad, fallstudier eller tidskriftsartiklar, och en hel del av detta material kommer förmodligen att finnas tillgängligt via en lärplattform.

Lärplattformen är en nätbaserad förvaringsplats för allt kursmaterial. Du kommer då att få ett lösenord som ger dig tillgång till materialet. Förutom skrivna texter kanske du också får material i form av podcast, som du kan ladda ner på en MP3-spelare (något som nu kallas för "mobilt lärande"). Med hjälp av ditt lösenord kan du dessutom söka i bibliotekets elektroniska katalog och ha tillgång till elektroniska tidskrifter. De flesta bibliotek investerar i elektroniska böcker, så kanske dina huvudsakliga kursböcker redan är tillgängliga online.

## Samarbeta med andra

Nätbaserade verktyg för att samarbeta, dela information och nätverka kallas allmänt för Web 2.0-teknologin. Några exempel på sådan teknologi är e-post, chattrum, bloggar, sidor som Facebook, office-dokument på Google och "wikisar".

### Wiki

Den mest kända wikin är naturligtvis Wikipedia, encyklopedin på nätet som får information från allmänheten (vilket är orsaken till att du ska vara försiktig när du använder Wikipedia och aldrig som din huvudsakliga informationskälla). Din lärare kan be en grupp studenter att skapa en wiki om ett ämne, och ni kan då ladda upp och redigera material. Du kan också skapa din egen wiki som en studieguide eller som en portfolio. Om din institution inte har någon wiki-funktion på den lärplattform som används, kan du alltid försöka använda några av de gratistjänster som finns. Dock har dessa, eftersom de är gratis, begränsad kapacitet. Du kan se hur wikisar kan användas i någon Youtube-video.

### Bloggar

En blogg (ordet är en kortform av "web log") skrivs av en person som vill publicera sina synpunkter i ett särskilt ämne. Bloggar tenderar att vara textbaserade men kan också bestå av multimedia. De kan användas för nätbaserade seminarier där läraren sätter upp ett ämne för diskussion.

### Dokument på Google

Web 2.0-teknologin har ökat våra möjligheter att lära var vi än är och med vem som helst – vi måste inte nödvändigtvis sitta vid våra datorer. Men när vi har våra dokument i en dator måste vi sitta vid den datorn för att ha tillgång till dem (förutom om du har mejlat dem till dig själv eller sparat dem i en minnessticka). Om du däremot använder exempelvis "Google dokument", kan du nå dina dokument (texter, kalkylblad eller presentationer) var som helst ifrån och också låta dina studiekamrater se och arbeta med dem om du vill.

Har du inte en dator med alla relevanta Office-program, eller om du vill kunna nå dina dokument var du än är, kan det vara bra att ta reda på mer om detta. Du hittar mer information om du söker "Google dokument".

## Social bokmärkning

Detta är ett sätt för att märka de webbsidor som du (och andra) är intresserade av. Med den vanliga funktionen "Lägg till bokmärke"/"Lägg till favoriter" i din webbläsare kan du spara intressanta sidor i en hierarkisk struktur som du skapar själv, men du måste då gå tillbaka till din egen dator för att nå dina "favoriter". En programvara för social bokmärkning som du kan använda för att lägga till intressanta sidor är "Delicious". Med ett "Delicious"-konto (det är gratis) kan du lägga till nyckelord som hjälper dig att organisera informationen (lite som att lägga i mappar förutom att du kan ha flera nyckelord) och dela detta med andra om du vill. För att nå dina sidor söker du med de nyckelord du har använt. Samtidigt kommer alla andra sidor med samma "etiketter" upp. Du kan också se om någon annan har använt samma nyckelord för andra sidor, vilket ger dig en bredare översikt. Det finns ett antal saker du behöver veta om social bokmärkning:

1. Du måste "märka" var du lägger in det, låt säga i ditt "Delicious"-konto. Dessa taggar, eller nyckelord, relaterar till hur du ska använda informationen, och eftersom du kanske kan använda den på flera sätt behöver du flera taggar. De hjälper dig att söka efter den grupp sidor du har markerat. Att veta hur du ska märka är viktigt. Jämför med ett bibliotek, där alla resurser är märkta med en formell standardmärkning som gör att alla kan hitta samma information genom att använda samma sökord. När det däremot gäller social bokmärkning är märkningen informell, och samma webbsida kan märkas på ett antal olika sätt av olika människor. Detta sätt att märka har kommit att kallas en "folksonomy", en term som myntats av informationsarkitekten Thomas Vander Wal (www.vanderwal.net/about.php).
2. I dessa applikationer har du möjlighet att se dina taggar som en lista, du kan bunta ihop dem (som när de samlas i mappar) eller visualisera dem som ett "taggmoln" (se figur 3.1). Orden visar sig då i molnformat, med några ord i större stil om de har flera webbsidor som är taggade med samma ord. Vanligtvis är taggar utifrån enstaka ord, men ord som passar ihop kan alltså grupperas för att göra det lättare att hitta tillbaka. Tyvärr kan det ibland vara svårt att hitta liknande sidor som andra har taggat om inte samma struktur för att tagga har använts.

Du hittar mer information om social bokmärkning om du googlar "social bokmärkning".

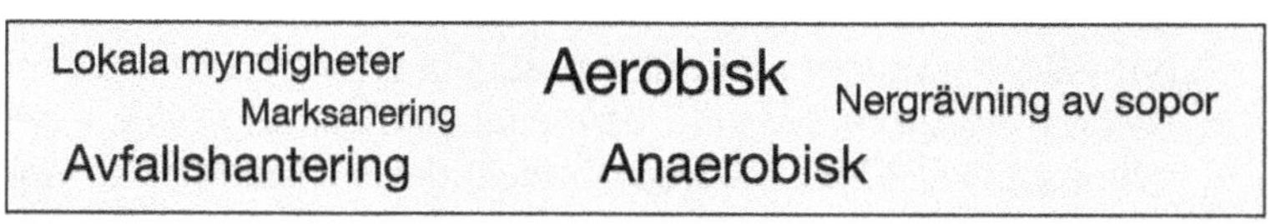


**Figur 3.1** Ett exempel på ett taggmoln

# Färdigheter för att lära via nätet

Alltmer lärande sker via nätet. Alla studenter måste därför utveckla färdigheter för kunna använda nätbaserad teknologi i sina studier.

## Netikett

Netikett handlar helt enkelt om "etikett för nätbaserad kommunikation". Det finns särskilda sociala regler som du bör följa när du kommunicerar via e-post:

- **Skriv klara ämnesrubriker**
  - Var precis – rubrikerna bör spegla innehållet i mejlet.
  - Behåll samma rubrik när du vidarebefordrar eller svarar på ett mejl så att det är lätt att se vilka mejl som hör samman.
- **Disponera dina mejl på ett effektivt sätt**
  - Var inte för "pratig"; håll dig till huvudpunkten.
  - Specificera vad du vill ha svar på. Dölj inte den viktigaste informationen i en pratig text, och särskilt inte i slutet av ett mejl. Risken är stor att läsaren missar detta.
- **Tänk på vilken ton du använder**
  - Använd inte stora bokstäver eftersom det då verkar som om du SKRIKER.
  - Det är lätt att misstolka tonen i ett mejl och svara på ett aggressivt sätt. Om du känner dig förolämpad, vänta med att svara tills du känner dig lugnare.
  - Skicka inte "ilskna" mejl, det kan verka ännu aggressivare i detta medium.

## Arbeta med grupper online

Att nätverka kan innebära seminarier, arbete i grupp med ett projekt, informella forum eller studiegrupper. Det kan vara svårt att arbeta i grupp online, särskilt om det är något beslut som måste fattas. När du sitter ansikte mot ansikte i en grupp vet du var personerna sitter, vilket ger förväntningar om hur interaktionen kommer att gå till; exempelvis har en person som sitter vid den ena kortsidan större tendens att dominera eller leda diskussionen. Likadant går det att dra ledtrådar om hur pass engagerade personerna är i diskussionen utifrån hur de sitter på mötet, vilken ton deras röster har och deras ansiktsuttryck. När du arbetar online finns inte de här fysiska ledtrådarna. Därmed behövs mer struktur för att mötet ska fungera och leda någonstans. Figur 3.2 ger dig en uppfattning om några olika strukturer som gruppen kan överväga att använda.

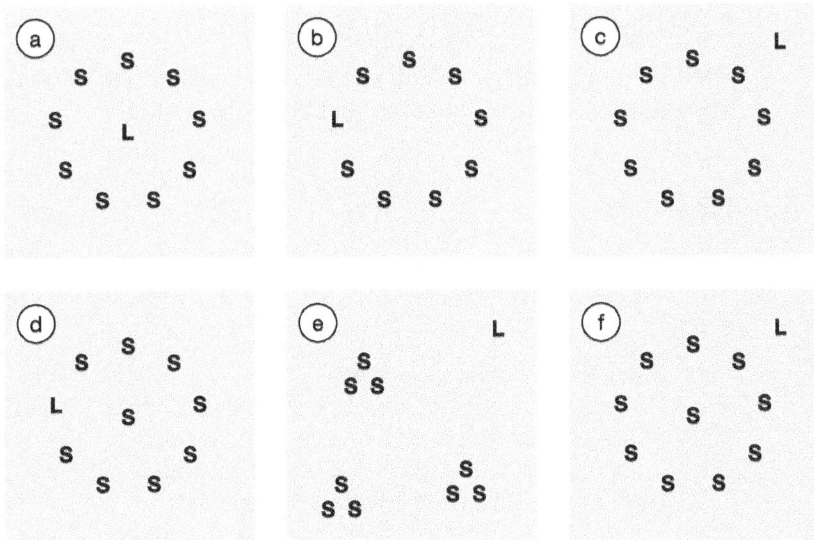

**Figur 3.2** Gruppstrukturer online (S = student, L = lärare)
*Källa*: Maier och Warren (2000)

## Seminarier online/diskussionsgrupper

I formation (a) i figur 3.2 har din lärare en central roll, och mestadels kommer kommunikationen att vara mellan lärare och student. Här är det läraren som "bestämmer". Du "lyssnar" på vad andra säger och bidrar på ett lämpligt sätt. Med det här mönstret blir det sällan interaktion mellan studenterna.

I formation (b) är läraren en av er, som en del av gruppen, men detta kan vara svårt eftersom de flesta upplever att läraren "bestämmer". Äldre studenter har oftare lättare för att handskas med detta.

I formation (c) är läraren den tysta observatören. Han eller hon kan lyssna på diskussionen, vilket en del studenter tycker är obehagligt. Om detta sätt används, är det viktigt att läraren talar om det och är tydlig med sin egen roll.

I formation (d) kan läraren välja någon som leder diskussionen och sedan vara del av gruppen. Om du blir vald att leda, måste du se till att även göra läraren delaktig. Detta kan vara svårt och kännas lite nervöst. Återigen kan det vara lättare för lite äldre studenter.

I formation (e) har studenterna delats in i smågrupper som ska diskutera någon aspekt av en fråga eller ett problem för att sedan återsamlas och se vad andra har sagt eller bestämt. Din lärare kanske då bara lyssnar på slutfasen.

I formation (f) väljer din lärare någon som likt ovan (d) leder diskussionen. Detta är en bra färdighet att lära därför att du måste veta vilka som är i din grupp, vem som som har sagt vad, om det finns personer som ännu inte sagt något och hur du i så fall kan få med dem. Du måste få veta av din lärare vad målet är med diskussionen, hur länge den ska hålla på och vad den ska leda fram till.

## Grupprojekt online

I ett grupprojekt arbetar ni tillsammans för att skapa en rapport, en wiki, en presentation på nätet eller någon form av kursarbete. Ni måste vara välstrukturerade, och det kan vara nödvändigt att planera hur gruppen ska struktureras. Ta några av idéerna i figur 3.2 och utveckla en egen struktur. Något som ni måste ta ställning till är vem som ska leda – antingen smågrupperna och/eller hela gruppen. Att bara ha att attityden ”vi bara gör det” räcker inte för att arbeta online med något som ska leda fram till en produkt.

## Att utvärdera en webbsida

Eftersom du kommer att titta på mycket information på nätet, är det viktigt att du kan avgöra dess kvalitet. Du bör till exempel inte hämta information från sidor som inte ger bevis för vad de säger. Ställ följande frågor:

**Vad är syftet med den här webbsidan?**

1. Säljer sidan en produkt eller en service?
2. Är det reklam för en institution eller ett företag?
3. Är det en sida där någon marknadsför sig själv?
4. Är det en samling information/länkar som är av intresse för författaren eller för andra?
5. Är det utbildningsmaterial?
6. Är det en elektronisk tidskrift?

**Vad finns det för information om sidans ursprung?**

1. Vem är författaren? Ta reda på vilken auktoritet sidan har.
2. Vilken organisation är författaren ansluten till?
3. Vilken domän har sidan? Är det en tillförlitlig domän?
4. När skapades sidan eller uppdaterades senast? Vilken aktualitet har sidan?

**Vad kan du göra för bedömning utifrån innehållet?**

1. Vad har sidan för fokus?
2. Vem är den tänkta läsaren?
3. Vilket intryck får du av språket? Är det objektivt? Finns det bevis/referenser?
4. Finns det tecken på någon bias?

Vanligtvis har webbsidor med elektroniska tidskrifter akademisk integritet. Du kan till exempel ta en titt på Google Scholar (som du ska kunna få tillgång till genom din inloggning till biblioteket).

Information som du hämtar från allmänna webbsidor bör bygga på bevis från forskning. Kom också ihåg att referera korrekt till dina webbsidor (se kapitel 13 ”Att förstå akademisk integritet: etik och plagiat”).

**Tips**

För att hitta mer akademiska webbsidor när du söker på nätet kan du använda till exempel Google Scholar. Där kan du också se vilken ursprunglig publikationskälla och vilka referenser webbsidan har.

## Bedömning vid tentamina

Bedömningar kan vara i två grundläggande former: **formativ** och **summativ**. Summativ bedömning är antagligen hur du tänker dig att bedömning går till. Det är den typ av bedömning som bidrar till dina slutgiltiga betyg. Formativ bedömning däremot är när du kan dra nytta av respons från läraren för att se vad du kan och för att se vad du behöver arbeta mer med. Ofta gör studenter inte sådant som inte ”räknas”. Detta är ett kortsiktigt sätt att tänka, och du bör ta vara på alla tillfällen när du kan få formativ bedömning.

### Tentamen online

Den här typen av tentamina består ofta av flervalsfrågor. Du får ett påstående och förväntas sedan välja det korrekta svaret i en lista. Det kan också vara att du ska para ihop två alternativ, sätta rubrik på ett diagram etc. Om du vet att du ska ha någon form av tentamen online, måste du ta reda på vad det är för typ och hur du ska använda programvaran. Ofta sker sådana tentamina på tid, och ibland ges minuspoäng vid fel svar. Det viktiga är att du läser instruktionen så att du vet exakt vad du ska göra och inte bara gissar dig till det.

### Kursarbete

Du kommer att få göra en hel del kursarbete under dina studier, och kanske en del av det ska bedömas summativt. Ta reda på detta i början av kursen. Ta samtidigt reda på hur olika arbeten ska presenteras, om de ska lämnas in elektroniskt och när de ska lämnas in.

Det kan vara så att arbeten som lämnas in elektroniskt genomgår plagiatkontroll. I Sverige används vanligtvis ”Urkund” för detta. Det är viktigt att du förstår vad plagiat är (se kapitel 13 ”Att förstå akademisk integritet: etik och plagiat”).

**Tips** För arbeten som inte lämnas in i tid duger inte längre ursäkten ”Min dator har kraschat”. Du har ansvar för att ha backup på ditt arbete. Spara ditt arbete kontinuerligt under tiden du skriver, spara det på din minnessticka eller skicka det till dig själv via mejl.

## Tentamina

Ta reda på i början av kursen om det finns någon tentamen eller om allt är inlämningsuppgifter. Finns det någon tentamen, måste du veta vilken typ av tentamen det är, om det till exempel är en salstentamen eller en tentamen online.

Se till så att du vet hur du ska studera inför dina tentamina, så att du kan minnas informationen när så behövs (se kapitel 8 ”Att lyckas med salstentamina”).

# 3 Summering

I det här kapitlet har du tittat på vad som krävs för att lyckas med deltidsstudier och den typ av teknologi och färdigheter du behöver.

## Sammanfattning av det här kapitlet

Titta en stund på figur 3.3 och gör en uppskattning av hur väl insatt du nu är i det som tas upp där.

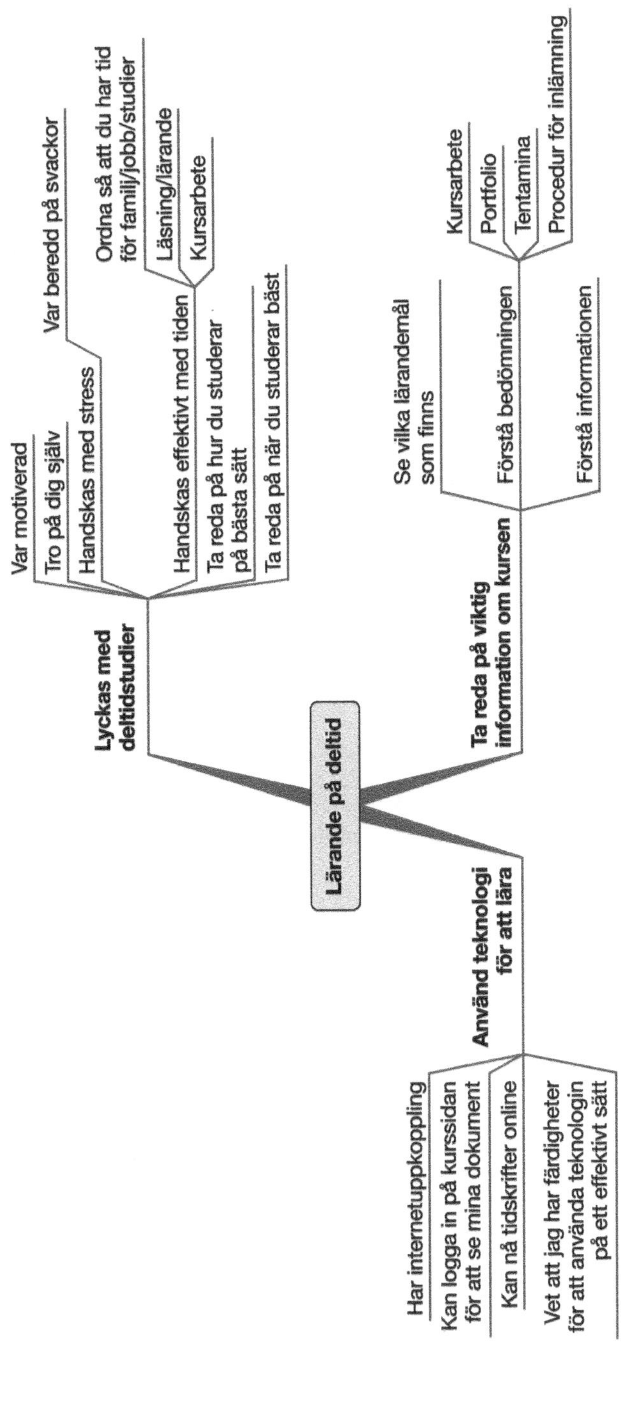


**Figur 3.3** Sammanfattning av kapitlet

**ÖVNING 1 Uppdatera din professionella utvecklingsplan**

Reflektera nu över hur pass säker du känner dig och fundera över vad du behöver göra för att bli bättre. Du kan lägga in detta i din professionella utvecklingsplan.

Markera hur pass säker du nu känner dig (1 = mycket lite och 5 = mycket).

| Färdigheter jag håller på att utveckla | Nivå 1–5 | Plan för att bli bättre |
|---|---|---|
| Jag är väl förberedd för mina studier. | | |
| Jag känner till vilken teknologi för lärande som jag kan använda. | | |
| Jag vet hur jag lär mig online och vilka färdigheter som behövs. | | |

Datum: ______________

## Extra hjälp

- Ta reda på om det finns resurser på nätet eller kortkurser för att lära om de programvaror eller den teknologi du förväntas använda.
- Ta reda på vem du ska fråga om teknologin inte fungerar – det finns oftast ett telefonnummer du kan ringa. Ta reda på detta innan du får problem.
- Leta på nätet efter föreläsningar om ämnen som du tycker är svåra.
- Använd ditt studentnätverk för stöd.
- Se till så att du vet hur du kommer i kontakt med Studentkåren.

# Referenser


- Fleming, N. D. och Mills, C. (1992) Not another inventory, rather a catalyst for reflection. *To Improve the Academy*, 11, 137.
- Maier, P. och Warren, A. (2000) *Integrating Technology in Learning and Teaching*. London, Kogan Page.
- Vander Wal, T., VanderwalNet. Hämtat från: www.vanderwal.net/about.php (senast hämtat december 2009).

# II Förbättra ditt arbete

I den här delen kommer vi in på vad du kan göra för att få ut det mesta av sådant som är grundläggande i din utbildning: anteckningar, föreläsningar och användning av teknologi. Du kan undersöka hur du gör när du antecknar och också testa olika metoder. Anteckningarna gör att du kan få struktur när du i ett senare skede ska repetera inför en tentamen. Föreläsningar ses ofta som passiva aktiviteter, men du kan få mer ut av dem om du vet hur du ska göra för att vara en aktiv lyssnare.

Det är möjligt att du ser läsning som något du lärde dig i grundskolan och att du inte längre behöver tänka på hur du läser, men så är det inte. På den här nivån måste du bli mer medveten om hur texter fungerar, läsa kritiskt och utveckla effektiva lässtrategier. Ökad medvetenhet om läsning kommer dessutom att förbättra ditt skrivande.

Du kommer att bedömas på olika sätt under dina studier – det kan vara genom ett grupparbete, en muntlig presentation eller en presentation av ett arbete i affischform. Detta är också exempel på vad som ibland kallas generiska färdigheter, dvs. färdigheter som du kan använda också i andra sammanhang.

Eftersom tentamina är oundvikliga är det viktigt att du vet hur du ska planera din läsning, att du vet hur du bäst presenterar informationen du måste lära dig och vet hur du bäst kommer ihåg saker.

Använd frågorna i varje kapitel för att reflektera över de färdigheter du utvecklar i den här delen av boken.

# 4 Få ut det mesta av föreläsningarna

När du antecknar under en föreläsning kan du inte påverka takten på presentationen och inte heller innehållet eller på vilket sätt det presenteras. Du måste alltså kunna tänka snabbt för att försöka förstå hur föreläsningen är planerad och för att snabbt kunna skriva ner information – med andra ord måste du kunna göra flera saker samtidigt (multitasking). Därför är det viktigt att både din förmåga att lyssna och din förmåga att anteckna är i toppskick så att du får ut det mesta av föreläsningarna.

I det här kapitlet kommer du att kunna

1. bedöma din förmåga att interagera under föreläsningar
2. undersöka vilka färdigheter som behövs för att få ut det mesta av föreläsningarna
3. undersöka hur du kan förbereda dig för föreläsningar så att du blir mer effektiv
4. utveckla färdigheter i att lyssna.

## ANVÄNDNING AV KAPITLET

Gör en uppskattning av hur pass säker du är på det som tas upp i påståendena nedan. I slutet av kapitlet har du möjlighet att ompröva dina svar och kan då också lägga in det i din professionella utvecklingsplan. Markera mellan 1 (mycket lite) och 5 (mycket):

| Jag vet vilka färdigheter som krävs för att få ut mesta möjliga av föreläsningarna. | Jag vet vilka olika typer av föreläsningar det finns och vilket syfte de har. | Jag kan lyssna uppmärksamt och urskilja information på föreläsningarna. |
|---|---|---|
| | | |

Datum: ________________

# 1 Introduktion

*Föreläsningar är slöseri med tiden.*

Angela, förstaårsstudent

En **passiv** inlärare är beredd (eller inte beredd) på att ta in information från lärare och föreläsningar. Detta låter bekvämt och avslappnat, men det är ett ineffektivt sätt att lära. Visste du till exempel att om du lyssnar på någon (exempelvis en föreläsare) utan att aktivt anteckna, klarar du det bra om du minns 20 % av vad som sägs.

Det finns många skäl till att en del studenter inte får ut så mycket av föreläsningar som de skulle kunna få. Ofta beror det på att de inte har förberett sig tillräckligt och har "fel" förväntningar på föreläsningarna.

Att ha höga förväntningar är viktigt för att du ska få bra resultat. Om du ska kunna interagera med informationen du får på föreläsningarna, måste du ha rätt inställning (se övning 1).

### ÖVNING 1 Är du en passiv inlärare?

Svara "sant" eller "falskt" på varje påstående.

| | Sant | Falskt |
|---|---|---|
| 1 Föreläsningen (eller en serie av föreläsningar) bör lära mig allt jag behöver kunna om just det ämnet/temat. | | |
| 2 Jag vill gå till föreläsningen för att få all information jag behöver för uppgiften jag ska göra. | | |
| 3 Jag ska inte behöva anteckna eftersom informationen finns som handout eller online. | | |
| 4 Jag behöver inte tänka på föreläsningarna. Det räcker med att jag lyssnar noggrant. | | |
| 5 Föreläsningarna bör även innehålla bilder, videoklipp etc. | | |

Om du svarade "sant" på de flesta av påståendena, kommer du att märka att det finns ett glapp mellan dina förväntningar och vad föreläsningarna ger. Detta är vare sig din föreläsares eller ditt fel. Det är bara så att föreläsningarnas syfte inte stämmer med dina förväntningar. De flesta studenter vill ha ut så mycket som möjligt av föreläsningarna, men det är viktigt att förstå syftet med detta undervisningsverktyg.

## Hur du får ut mer av föreläsningar

Övning 2 utforskar några av de problem studenter har med föreläsningar. Ta reda på vilka problem du har och se vad som står i svaret så att du med en gång kan gå vidare till det avsnitt som handlar om det.

### ÖVNING 2 Vad gör du på föreläsningar?

| Problem | Lösning |
|---|---|
| Du har inte rätt förväntningar på vad föreläsningarna går ut på. | Titta på syftet med föreläsningar så att du anpassar dina förväntningar. |
| Du klarar inte att hantera informationsmängden eftersom allt är nytt för dig. | Du måste förbereda dig inför föreläsningarna. |
| Du blir snabbt överbelastad av informationen och slutar anteckna. | Du måste förbereda dig inför föreläsningarna för att du ska kunna lyssna på informationen och förstå den bättre.<br>Du behöver finslipa dina färdigheter i att lyssna och att urskilja. |
| Du känner inte igen eller förstår inte en del av den nya terminologin. | Du måste förbereda dig inför föreläsningarna. |
| Du kan inte följa tråden i föreläsningen. | Du behöver en översiktlig struktur som du kan hänga upp informationen i.<br>Du måste förbereda dig inför föreläsningen. |
| Informationen verkar mycket detaljerad och djup. | Du måste förbereda dig så att du har en egen struktur eller ram för informationen innan du går till föreläsningen. |
| Du får inte svar på dina frågor under föreläsningen. | Detta kan bero på att du inte förstår vad föreläsningen går ut på. Titta på syftet med föreläsningar. |
| Du blir lätt störd av andra studenter som pratar eller prasslar med papper. | Välj noga (om möjligt) var du sitter, eller lär dig att stänga ut störande ljud.<br>Utveckla dina färdigheter i att lyssna. |
| Föreläsarens stil kanske inte passar ditt sätt att ta in information. | Du måste bli mer medveten om hur akademiska lärare presenterar information så att du kan välja ett lämpligt sätt för hur du kan ta in informationen och skriva ner den mer effektivt.<br>Försök utveckla dina färdigheter i att lyssna. Försök variera ditt sätt att anteckna. |
| Du använder inte dina anteckningar efteråt. | Se vilket samband det finns mellan syftet med föreläsningen, vilken typ av föreläsning det är och ditt sätt att anteckna så att anteckningarna blir till nytta.<br>Utveckla dina färdigheter i att lyssna. |

# 2 Syftet med föreläsningar

Föreläsningar är inte samma sak som seminarier eller lektioner. De är mer kostnadseffektiva på så sätt att de kan ge information till stora studentgrupper. Storleken på studentgruppen beror på ämnet och på vilket universitet eller vilken högskola det är och kan vara allt från runt 25 studenter till upp emot 500. För en ny student på en grundutbildning kan det kännas konstigt att gå in i en föreläsningssal med flera hundra studenter.

På de flesta kurser utgör föreläsningar en stor del av undervisningen. I början av vissa kurser kan en del studenter ha svårt att förstå syftet med dem. Detta kan bero på bristande information och att lärarnas avsikter inte tydliggörs tillräckligt för studenterna. Till exempel förväntar sig många lärare inte att bli avbrutna av frågor från studenterna under en föreläsning. En del kanske börjar med att tala om att de har avsatt lite tid i slutet för frågor, men många håller sitt "tal" och försvinner sedan. Det har att göra med den enskilda lärarens sätt att undervisa och att framföra innehållet. Men var uppmärksam på de lärare som avsätter tid för frågor. Du kan behöva ändra ditt sätt att anteckna under föreläsningen så att du markerar dina frågor. Många föreläsare använder Powerpoint-bilder på en stor skärm för att presentera informationen. En del använder overheadbilder. De kan vara skrivna på dator eller handskrivna. Det finns också föreläsare som använder tavlan för att skriva. Är ämnet exempelvis matematik, kan föreläsaren då i snabb takt skriva upp matematiska exempel.

Det finns olika sorters föreläsningar, och är du medveten om vilka olika typer det finns kan du använda informationen på bästa sätt. För att kunna göra det måste du snabbt kunna uppfatta vad det är för typ av föreläsning och vara flexibel vad gäller dina förväntningar och hur du antecknar.

| Typ av föreläsning | Syfte | Resultat |
|---|---|---|
| Inledande föreläsning | Avsikt att peka på problem/väcka frågor, ge en grund och ge en bred översikt. | Att få dig att ifrågasätta information och forskning. Att informera dig om de huvudsakliga problemen/frågorna. |
| Introduktions-föreläsning | Introducerar en serie av föreläsningar. Ger en grund och en bred översikt. | Att ge dig en ram för den kunskap och de begrepp som kommer att tas upp. |
| Serie av föreläsningar | Varje föreläsning bygger på den föregående. | Du förväntas ha förkunskap från tidigare föreläsningar. |
| Fokusföreläsning | Tar upp en speciell aspekt av ett ämne i detalj. Ger information om specifik forskning. | Att fylla i ramen som gavs i introduktionen. |
| Avslutande föreläsning | Summerar huvudpunkterna från föregående föreläsningar. Knyter ihop alla trådarna. | Att ge en översikt som kan användas tillsammans med anteckningarna från introduktionsföreläsningen. |

Det största problemet för studenter är ofta att föreläsarna inte specificerar vilken typ av föreläsning det är. Du måste då själv tänka till i början av föreläsningen, men du kan göra antaganden i förväg. Det kan ofta vara en hjälp att titta i kursplanen eller annat material som beskriver kursen. Genom att läsa mellan raderna kan du bestämma vilken typ av föreläsning det är.

Erfarna föreläsare följer oftast en logisk struktur. De inleder då med en kort introduktion, tar därefter upp föreläsningens huvuddelar och avslutar med en sammanfattning eller en slutsats. Men det är inte alltid tydligt vad som är vad, och många föreläsare signalerar inte klart vad som är på gång. Du måste alltså vara vaken för att det kan finnas dolda strukturer. Introduktionen kan vara en hjälp för att förutse vad som ska komma. En del föreläsare presenterar snabbt dispositionen, vilket hjälper dig att förstå när de går över till en annan del eller ett annat delämne. Se till att få med sammanfattningar och slutsatser så att du kan använda dessa för att kontrollera om du har förstått föreläsningens huvudpunkter. Detta tas upp mer i detalj i avsnittet som handlar om lyssnande.

# 3 Vilka färdigheter handlar det om?

För att du ska få ut det mesta av föreläsningarna måste du kunna se samband. Du bör kunna göra urval i informationen och samtidigt passa in den i ett inre schema eller ett eget mentalt pussel. En passiv inlärare tar bara till sig informationen och inser inte att faktan och kunskapen är delar av något större. Det krävs flexibilitet för att passa in den nya informationen i tidigare kunskap, att se samband och skapa ett fullständigt pussel. Har du inte lärt dig detta, kommer dina anteckningar inte till nytta eller så måste du lägga ner tid på att försöka förstå vad du menade med det du skrev.

Det finns sju huvudsakliga färdigheter du behöver för att du ska få ut det mesta möjliga av dina föreläsningar:

- god förmåga att lyssna
- koncentrationsförmåga
- förmåga att sammanfatta
- förmåga att anteckna
- organisationsförmåga – både på papper och i ditt tänkande
- förmåga att tänka kritiskt
- förmåga att göra flera saker samtidigt – förmåga att göra flera av ovanstående punkter samtidigt och snabbt.

Självklart passar inte föreläsningar alla typer av inlärare. En del studenter får ökad kunskap och förståelse genom att lyssna på någon som berättar om ett ämne eller förklarar ett begrepp. Andra får däremot inte ut så mycket av detta för att det inte hängs upp på något som hjälper dem att minnas eller att processa informationen. Tillhör du den här senare gruppen och är beroende av visuella och skrivna ledtrådar för att minnas, måste du undersöka hur du ska gå till väga. Kanske är det värt att fundera över hur du kan utveckla mer effektivitet så att föreläsningarna blir en bra källa till information. Läs i avsnitten som handlar om hur du förbereder dig inför föreläsningar och om hur du skriver ner information med hjälp av mallar – läs särskilt om Cornell-metoden.

Studenter som dyker upp på föreläsningar bara för att lyssna i 40–50 minuter går, som vi tidigare nämnt, miste om möjligheter. Det är inte slöseri med tid att förbereda sig lite inför en föreläsning. På samma sätt är det bra att reflektera över och befästa kunskapen efter föreläsningen. Det ger fördelar när du ska repetera och hjälper dig att få bättre betyg på dina tentamina.

## Att förbereda sig på ett effektivt sätt inför en föreläsning

Tid som du lägger ner på att förbereda inför en föreläsning är väl använd tid. Det gör att du lär mer när du är på föreläsningen och att du antecknar på ett bättre och mer meningsfullt sätt. Du kommer att känna igen och förstå ny terminologi och nya idéer. Du vet vilka nyckelord du ska vara uppmärksam på och kan lättare fokusera ditt lyssnande. Genom att du kan lyssna mer selektivt blir det lättare att urskilja de ledtrådar som ges under föreläsningen och som hjälper dig att förstå ny information och nya begrepp. Informationskällor som du kan använda när du förbereder dig för att få ut det mesta möjliga av föreläsningarna är:

| **Källa** | **Hur den kan användas** |
|---|---|
| **Studiehandledning** | |
| Översikt över kurs/ moment | För att ge dig en översikt.<br>För att ge dig en uppfattning om vad du kan förvänta dig.<br>För att du ska kunna se syftet med speciella föreläsningar. |
| Namn på en serie föreläsningar | För att hjälpa dig börja bygga en informationsram eller ett ”pussel”. |
| Namn på föreläsningar | För att du ska kunna se samband. |
| Ordlista för kursen | För att förbereda dig för ny terminologi.<br>För att förbättra din förmåga att lyssna – du vet vad du ska lyssna efter. |
| Kurslitteraturen som vägledning | Se till att få tag på kurslitteraturen; gå igenom rubriker och underrubriker för att få en känsla för det nya ämnet och för att utveckla din inre karta eller ditt mentala pussel.<br>Se om det finns några definitioner på ny terminologi så att du är förberedd inför din föreläsning. |
| **Information online** | |
| Lärplattformen | Se vad det finns för tillgänglig information på kurssidan. Det kan vara Powerpoint-bilder eller informationsblad. Läs informationen före föreläsningen så att du kommer in i tankebanorna och är förberedd för de huvudsakliga begreppen och idéerna. |
| Sökning på nätet | Ladda ner bakgrundsmaterial som hjälper dig att förstå vad föreläsaren tar upp. |
| Biblioteket | Se vad det finns för litteratur i ämnet och om det eventuellt finns en speciell lista över referenslitteratur i olika kurser/moment. |

| Källa | Hur den kan användas |
|---|---|
| **Du själv** | |
| | Gör en lista på frågor som dyker upp om ämnet/temat. Se om du kan få svar i litteraturen (om inte, är detta åtminstone en checklista för sådant du behöver ta reda på). Skapa ordning i dina mappar/anteckningar i förväg för att spara tid. Försök tänka ut i förväg vilka underrubriker som kan passa för dina anteckningar. |

# Effektiv användning av förberedelseanteckningar

I det långa loppet kommer förberedelser inför föreläsningar att vara en hjälp för att du ska förstå nya begrepp och lättare ta in ny terminologi. Du har på så sätt redan engagerat dig i informationen och funderat över den. Jämför med idrottare. De värmer alltid upp för att musklerna ska vara mjuka innan de ska prestera. Att förbereda sig för föreläsningar har samma syfte. Det är som en uppvärmning för hjärnan eller för att du ska vara inne i rätt tänkande så att du kan ta till dig informationen på ett enklare och mer effektivt sätt.

| Förberedelse inför föreläsning: samla information | Syfte/användning |
|---|---|
| Du kan gå igenom informationen noggrant och markera viktig information med en färgad överstrykningspenna. | Detta kommer att öka din förståelse. Detta gör det lättare att minnas. Viktig information syns, och hjärnan kan därmed få snabb tillgång till den. |
| Du kan också kommentera de här anteckningarna – skriva dina egna kommentarer eller frågor i marginalen. | Detta kommer att öka din förståelse. Detta gör att du minns bättre. |
| Du kan markera nyckeltermer (och skriva en definition av betydelsen i marginalen om det behövs). | Genom att du skriver definitionen med egna ord ökar du din förståelse och minns bättre – mycket mer så än om du bara kopierar någon annans definition. |
| Du kan skanna in anteckningarna från föreläsningen i datorn. | Du kan anpassa layouten så att du kan lägga till egna anteckningar bredvid det som sagts på föreläsningen. Som sagt, att läsa och fatta beslut om hur layouten ska se ut ger värdefull förstärkning. |
| Du kan skanna in anteckningarna i datorn och göra en egen begreppskarta. | Detta är användbart för dem som föredrar att ha informationen i det här formatet och inte i ett traditionellt linjärt format. Gör du så här kan du utveckla din egen informationskarta. |

# Ett varnande exempel

*Jag har inte haft tid att göra allt detta före varje föreläsning. Det är tillräckligt jobbigt att hinna med allt som det är.*

Sharon, förstaårsstudent i historia

Det är kortsiktigt att tänka att det inte finns tillräckligt med tid för att göra den här typen av förberedelse inför föreläsningar. Det sparar tid i längden. Du får ut mer av föreläsningen, eftersom du förstår mer och får bättre kvalitet på dina anteckningar. Detta i sin tur ökar dina chanser att få bra resultat och att minnas informationen. Det som är viktigt är att du planerar din tid så noga du kan och lägger in i ditt veckoschema att du ska förbereda dig inför föreläsningarna. Testa att göra det under en termin och reflektera över hur det påverkar din förståelse av ämnet och din hantering av skrivprocessen när du gör en skrivuppgift.

> *Om jag nu gjorde allt detta i förväg: Vad är det då för poäng med gå på föreläsningen?*
>
> Jim, andraårsstudent i engelska

Jim är inte den enda som har sagt så. Men det han inte ser är att föreläsningarna bidrar till att hans förståelse förstärks genom att den som föreläser till exempel använder röst och kroppsspråk för att betona vissa saker. Det finns föreläsare som ändrar röstens tonläge för att framkalla tankar, och detta framgår inte i opersonliga anteckningar. Det går heller inte att utläsa i utskrifter eller i information på en skärm. Visst, vissa föreläsare och det de presenterar är lättare att minnas än andra, men den mänskliga kontakten kan ge upphov till diskussioner, dvs. ytterligare en dimension av syftet med föreläsningar – att skapa diskussioner och väcka frågor.

## Efter föreläsningarna: vad gör du med informationen?

Vad gör **du** med dina föreläsningsanteckningar efter föreläsningen? Många studenter kastar in anteckningarna i en mapp, ofta helt slumpmässigt. En del har ett antal mappar som används utan någon speciell ordning för olika föreläsningar. Anteckningarna läggs ofta bara åt sidan för att sorteras vid ett senare tillfälle. Men vad händer när du tappar din väska och anteckningarna sprids ut överallt?

Om dina anteckningar verkligen ska ha ett värde, måste du bearbeta dem så snart som möjligt efter föreläsningen medan du fortfarande har informationen i färskt minne. Dina anteckningar kommer att vara betydelsefulla för att du ska lyckas bra med olika uppgifter och med tentamina, så varför inte lägga ner lite tid på att gå igenom dem, befästa det som står där, sortera lösa trådar och reflektera.

- Hur du sorterar dina mappar är personligt, men du bör hålla dig till ett system, och anteckningar från olika föreläsningar bör noggrant sorteras in i ditt system.
- Ta tid att läsa igenom dina anteckningar så att du försäkrar dig om att du förstår dem. Du kan behöva skriva ut några av förkortningarna du tvingades göra på föreläsningen. Gör du detta kort efter att du har antecknat minns du lättare vad föreläsaren sagt och kan förbättra dina anteckningar så att de blir mer begripliga.

- Markera nyckelord och nyckelfraser så att de syns tydligt när du går tillbaka till dina anteckningar vid ett senare tillfälle.
- Om du inte haft tid att göra underrubriker, läs igenom ett avsnitt och sätt en koncis rubrik på det. Gå igenom dina underrubriker och fundera över om du behöver ändra några av dem så att anteckningarna får mer sammanhang. Då blir det lättare att känna igen strukturen på informationen vid ett senare tillfälle när ditt minne av föreläsningen har bleknat.
- Skriv nyckelbegreppen i en annan färg i marginalen intill viktig information. Detta kallas ibland att annotera.
- Ett sammanfattande A4-papper – kan du disciplinera dig själv att göra detta får du ännu fler fördelar. Detta är en sammanfattning av informationen och huvudpunkterna i punktform. För att kunna göra detta måste du gå igenom kunskapen och informationen, reflektera över den och sätta den på plats. Viktigast av allt är att du måste sätta egna ord på det. Detta kan du göra i början eller i slutet av varje del så att du får en snabb referens till vad innehållet i anteckningarna är, vilket är en hjälp när du ska bestämma om du behöver informationen till en uppgift du ska göra senare. Sådana här sammanfattningar är också användbara när du ska repetera, till exempel inför en salstentamen.

# 4 Signaler under föreläsningar: bakom kulisserna

Självklart har varje föreläsare sin egen stil att föreläsa och sina egna egenheter. Men det finns vissa saker som du kan vara uppmärksam på. De kan eventuellt påverka din koncentration och hur du urskiljer information.

| Vad föreläsaren gör | Var uppmärksam på |
|---|---|
| Talar mycket snabbt | Du måste ha god förmåga att lyssna.<br>Var uppmärksam på nyckelord/viktig information.<br>Det kan vara ett tecken på nervositet. |
| Talar mycket lågt i början av föreläsningen | Detta kan användas som ett knep för att få studenternas uppmärksamhet och för att lugna ner "publiken". Är detta ändamålet så är förmodligen det som sägs här inte så viktigt. |
| Läser innantill från anteckningar | Den här typen av föreläsning ställer större krav på din koncentrationsförmåga, det blir ofta monotont. |
| Säger vissa saker mycket långsamt | Detta är en metod för att betona att informationen är viktig. |
| Upprepar fraser och meningar | Det kan vara så att föreläsaren har tappat tråden i sina anteckningar!<br>Oftast är det för att betona viktig information, så du bör lägga till det i dina anteckningar. |

| Vad föreläsaren gör | Var uppmärksam på |
|---|---|
| Pausar ibland | Du får själv avgöra om det är ett individuellt, stilistiskt kännetecken eller inte.<br>Det kan vara så att föreläsaren inte vet var han eller hon är i sina anteckningar.<br>Det kan vara ett knep för att markera att några studenter pratar under föreläsningen.<br>Det kan vara för att betona viktig information, så du bör lägga till det i dina anteckningar. |
| Vänder sig mot duken för att gå igenom informationen (oavsett om det är overhead eller Powerpoint) | Detta är ett tecken på en oerfaren föreläsare. Ljudnivån sjunker som en följd, så du måste lyssna noggrant. |
| Går fram och tillbaka framför "publiken" | Föreläsare med denna stil har ofta inget manus och kan sitt stoff. Det kan vara distraherande för en del studenter, så du måste se till att du har en hög koncentrationsnivå. |
| Använder retoriska frågor | Du förväntas inte svara, vare sig genom att skrika ut svaret eller räcka upp handen. Frågorna kan användas för att försöka få studenter att bli kritiska eller för att påvisa aktuell debatt och aktuella frågor. Föreläsaren fortsätter sedan med att besvara sin egen fråga. Ibland är frågorna ett knep för att variera presentationen så att studenterna inte somnar på föreläsningarna! |

| Sätt att presentera informationen | Var uppmärksam på |
|---|---|
| Powerpoint-bilder | Var finns de?<br>Finns det kopior i salen?<br>Förväntades det av dig att du själv skulle skriva ut dem före föreläsningen? |
| Användning av Powerpoint-bilder | ■ Bara som handout-information (vanligtvis sex bilder per A4-sida) som grund för dina anteckningar.<br>■ Som hjälp för anteckningar (vanligtvis tre eller fyra bilder per A4-sida med linjer där du kan göra informationen mer personlig).<br>■ Några bilder är bara för information och tas inte upp av föreläsaren. Andra tas upp på duken och mer information läggs till. Om en föreläsare gör så här, måste du vara uppmärksam och koncentrerad så att du inte tappar tråden. |
| Overheadbilder | Detta är ett alternativ till Powerpoint.<br>Det betyder förmodligen att det inte finns någon elektronisk version att ladda ner.<br>Varje bild innehåller viktig information som du förväntas dokumentera på något sätt. |
| Skriver information på tavlan | Du måste skriva ner informationen, för det är inte säkert att den finns på något annat ställe. |

Är du medveten om de här sakerna får du ut mer av föreläsningarna.

# 5 Mall för att anteckna

Hur dina föreläsningsanteckningar ser ut kan bero på föreläsarens sakkunskap. Stilen på presentationen och sakkunskapen varierar och kan påverka din förmåga att hänga med, men viktigast är att du är flexibel. Detta är viktigt vid alla typer av antecknande.

När du antecknar bör du lämna plats ifall föreläsaren kommer på något i efterhand eller fyller på med mer information om något lite senare under föreläsningen. Föreläsare är mänskliga och minns ibland plötsligt information som skulle kommit tidigare. Vid andra tillfällen kanske föreläsaren förmedlar information från sitt manus men vill i slutet av föreläsningen ta upp aktuell information som han eller hon precis läst om. Informationen måste läggas till i dina anteckningar, och du behöver plats till den på ett ställe där den passar. Har du inte lämnat plats för detta, måste du se till så att du länkar informationen med pilar och olika färger när du går igenom föreläsningen efteråt.

Ett av problemen med linjära anteckningar är att det finns mindre utrymme för flexibilitet. En mall för föreläsningsanteckningar kan därför lösa problemet.

## Cornell-metoden

Den här metoden utvecklades för mer än 40 år sedan av professor Walter Pauk (2000) för att hans studenter på Cornell University skulle bli mer effektiva. Metoden bestod ursprungligen av sex stadier, och Pauks intention var att studenterna skulle

- anteckna information under föreläsningarna
- minska ner anteckningarna
- läsa upp informationen för att minnas bättre
- reflektera
- gå igenom informationen och se till så att de verkligen förstod den
- sammanfatta och göra ett sammandrag.

Följande tabell visar hur du kan ordna dina anteckningar enligt Cornell-metoden. Som du ser är det en mall som kan göras i ordning i förväg på datorn.

<table>
<tr><td colspan="2">A. Rubrik på föreläsningen: Datum: Föreläsarens namn: Sidnummer:</td></tr>
<tr><td>B. Plats för anteckningar under föreläsning</td><td>C. Kompletterande anteckningar efter föreläsningen:<br>■ nyckelord<br>■ nyckelbegrepp<br>■ huvudsakliga teoretiker/namn.<br>Kompletterande information som du kommer ihåg från föreläsningen men som du inte hade tid att skriva upp under föreläsningen.</td></tr>
<tr><td colspan="2">D. Uppföljning:<br>Eventuella frågor du har<br>Summering av föreläsningen kommentarer</td></tr>
</table>

### Fördelar

Den huvudsakliga fördelen är att du kan minska ner arbetet med att skriva om anteckningarna. Samtidigt måste du förbereda dig i förväg för att du ska kunna anteckna på det här sättet. Men när du kommer in i det och får det som rutin kommer du snabbt att anpassa dig till det, och utrymmet i sektion B kommer inte att verka hämmande eller begränsande. Med den här metoden får du också fler användbara anteckningar när du ska repetera. Det blir dessutom lättare att hitta information; du behöver bara ögna i sektionen med sammanfattningen för att se om det finns något användbart.

## 6 Att använda laptop på föreläsningarna

Att skriva på dator är numera del av studentlivet. Om du skriver anteckningar på dator eller inte handlar om tycke och smak. I övning 3 kan du fundera över om anteckningar på dator är något för dig.

**ÖVNING 3 Ska du använda laptop på föreläsningarna?**

Vilka av följande påståenden passar in på dig? Svara ”sant” eller ”falskt”.

| | Sant | Falskt |
|---|---|---|
| 1 Jag föredrar att inte arbeta direkt på skärmen. | | |
| 2 Jag klarar inte att använda datorn om jag blir stressad. | | |
| 3 Jag använder tangenterna långsamt. | | |
| 4 Jag är inte säker på min dators grundläggande funktioner. | | |
| 5 Jag gillar inte att läsa information direkt från skärmen. | | |
| 6 Jag tycker det är pinsamt att använda datorn inför andra. | | |
| 7 Jag är orolig för att jag kanske trycker på fel tangenter och att alla mina anteckningar försvinner. | | |

Om du mestadels svarar ”sant”, bör du fundera över om du är redo för eller verkligen vill anteckna med hjälp av datorn på föreläsningar och seminarier. Du måste kunna lyssna, sammanfatta och göra flera saker på samma gång när du är på föreläsningar. Att anteckna på datorn innebär att du måste göra ytterligare en sak. Du måste ta reda på om detta är det rätta sättet för dig, och de viktigaste frågorna du måste ställa till dig själv är:

- Kan jag tillräckligt om det?
- Kommer det här sättet att anteckna stödja mig eller vara ett hinder för mitt lärande?
- Vill jag anteckna på det här sättet?

Om ditt svar på den sista frågan är "nej", måste du självklart utesluta den här typen av skrivande. Samtidigt måste du se till att hålla dörrarna öppna för mer effektiva sätt att arbeta, både på universitetet/högskolan och utanför.

Du måste kunna skriva ganska snabbt om du ska hinna med på föreläsningarna. Det kan faktiskt vara bra att ägna lite tid under din ledighet eller innan du börjar studera åt att lära dig hur du skriver utan att titta på tangenterna och att skriva snabbare. Det gamla ordspråket "övning ger färdighet" stämmer bra in här. Ju mer tid du lägger ner på att öva, desto snabbare blir du. Lär du dig att skriva utan att titta, kan du titta på bilder och samtidigt skriva ner informationen. På så sätt blir inte ditt skrivande långsammare för att du måste leta efter en speciell tangent, och du behöver inte känna dig jagad för att föreläsaren är flera meningar framför dig hela tiden. Att skriva utan att titta behöver inte innebära att alla fingrarna används (även om det naturligtvis är bättre). Många studenter är bra på att skriva genom att bara använda två fingrar från varje hand. Det viktiga är att du är tillräckligt snabb och att du kan tillräckligt om programmet du skriver i så att du inte behöver bli långsammare för att du måste brottas med tekniken.

Det är lättare att gå igenom och ordna upp datorskrivna anteckningar, och slutprodukten blir lättare att läsa vid ett senare tillfälle. Lite tänkande i förväg kan ge mycket belöning senare, när du till exempel ska hitta information för en rapport. Du kan skapa en mall i datorn, ett dokument som du kan använda under föreläsningen för att lägga in informationen i en lämplig ruta eller del.

# 7 Kritiskt lyssnande: hur du kan öka din förmåga att lyssna

Du kommer att tillbringa flera timmar per vecka på föreläsningar; hur många beror på vilket ämne det är och kanske också på vilket studieår det är. Att lyssna på en föreläsning och att lyssna på din favoritgrupp på en MP3-spelare är inte samma sak. När du lyssnar på musiken har du kontroll: du har valt det du helst vill lyssna på, du vet att du kommer att gilla det och du lyssnar inte nödvändigtvis på varje ord. Du kommer inte heller att bli testad när du har lyssnat färdigt. Eftersom du kan lyssna på musiken om och om igen, kommer du med största sannolikhet att minnas mycket av det du hört – det verkar handla om en sorts sublimt lyssnade. Ibland är det bara bakgrundsljud till någon annan aktivitet, och det gör inget om dina tankar vandrar en stund.

För att lyssna på en föreläsning måste du däremot ha färdigheter som du kanske måste öva upp så att du blir bättre på det. Utvecklar du din förmåga att lyssna aktivt, kommer du att förstå och kunna hantera ny och utmanande information på ett mer effektivt sätt och kommer också att kunna minnas informationen under längre tid innan det är dags för repetition (se kapitel 14).

## Grundläggande färdigheter

- koncentration
- förutseende
- ifrågasättande
- urval/uteslutning
- analys
- summering.

Om du ifrågasätter, gör urval och summerar det som sägs under föreläsningen, är du aktivt involverad. Resultatet blir högre **koncentrationsnivå**, eftersom du är kritisk – inte i betydelsen att du är negativt kritisk till din föreläsares röst eller kläder, men kritisk till vad som sägs. Du kan förbättra din koncentrationsförmåga. Visst händer det lätt att tankarna vandrar iväg under föreläsningar, men det gäller att försöka hålla dem på plats. Ett sätt är att komma på frågor. I stället för att börja klottra ifall du blir uttråkad kan du börja analysera innehållet i det du lyssnar på.

## "Mental gymnastik" – att ställa de rätta frågorna

- Varför har informationen tagits med?
- Hur hänger detta samman med resten av informationen?
- Är det väsentliga uppgifter eller är det exempel?
- Är detta ett nytt avsnitt?
- Passar det som föreläsaren säger in i vad du redan läst eller är det diskutabelt?
- Vad är det för huvudpunkt som föreläsaren försöker lyfta fram?

Det är viktigt att kunna förutse vad som ska komma, för det ger upphov till egna frågor som du lyssnar efter svar till. Under den här processen måste du urskilja information och ge vissa delar av föreläsningen högre prioritet än andra (urval och uteslutande).

| Vad som kan förutses/Att lyssna efter | Hur kan det användas? |
|---|---|
| Inledande påståenden | Kan peka på föreläsningens översiktliga struktur så att du kan ordna underrubriker och grenar av information. |
| Språksignaler | Ger signaler om föreläsningens struktur och innehåll.<br>Se exempel i nästa avsnitt. |
| Summeringar/slutsatser | Dessa hjälper dig att utveckla en struktur.<br>De kan användas som en checklista när du går igenom dina anteckningar för att se så att du inte missade något.<br>De kan fördjupa din förståelse. |

# 8 Hur du kan finslipa din förmåga att lyssna: vi hör vad vi vill höra

## Uppvärmning

Du kan fördubbla din kapacitet att lyssna genom att förbereda dig inför föreläsningen. Detta gör dig medveten om **nyckelterminologin** och ger dig en översiktlig struktur så att du är insatt i vad du ska hänga upp den nya och ibland utmanande informationen på. Även om detta ökar din förmåga att förstå nya begrepp och idéer, så finns det mer du måste göra för att verkligen **höra informationen**.

- Plocka ut och lista nyckeltermer, termer som du inte känner till och terminologi som verkar användas på ett mycket specifikt sätt i ämnet. (Du märker detta eftersom din förståelse av orden inte stämmer när du läser kurslitteraturen.)
- Kontrollera din förståelse genom att definiera termerna med dina egna ord. Titta också i en ämnesordlista för att se att du uppfattat dem rätt.
- Säg orden högt, eller ännu bättre: spela in dem och lyssna på dem. Då vänjer du dig vid att lyssna på dem, och din hjärna behöver inte ta extra tid på sig för att processa informationen när du är på föreläsningen.
- Använder du datorn och har rätt programvara kan du använda datorn som hjälp. Du kan skriva in din lista (eller klippa och klistra om du har elektronisk information) och låta datorn uttala orden så att du kan höra dem. Det finns programvaror för röstigenkänning som har den här möjligheten och som till och med låter dig bestämma om du vill höra en manlig eller en kvinnlig röst!

Nu är du mer förberedd för att lyssna efter nyckelord på föreläsningar. Du har redan hört dem och vet vad du ska lyssna efter (övning 4).

### ÖVNING 4 Lyssna efter nyckelord

Här följer ett utdrag från en föreläsning. Låt någon läsa texen för dig eller skanna in texten på din dator och låt den läsa informationen för dig. Se om du kan plocka ut nyckelorden.

Ämnet är ”Faror med solen”.

Detta är från en öppen föreläsning om hälsa.

| **Skriv ner vad du förväntar dig få höra om detta ämne:** |
|---|
| 1. |
| 2. |
| 3. |
| 4. |

Du hittar svar i ”Feedback på övningar” i slutet av kapitlet.

| Skriv nu ner de nyckelord/den terminologi som du antar kommer att finnas med: |
|---|
| 1. |
| 2. |
| 3. |
| 4. |
| 5. |
| 6. |

Du hittar svar i avsnittet "Feedback på övningar".

### Textutdrag från: "Faror med solen"

Plocka ut nyckelord och huvudpunkter medan du lyssnar på utdraget:

> *Dermatologer har under många år varnat allmänheten för farorna med att vistas i solen utan skydd. Exponering i solen kan få dramatiska följder, förutom den efterlängtade solbrännan. Det finns tre huvudpunkter som jag vill uppmärksamma. För det första kan solen förstöra hudlagren. Det yttre lagret kan ändra utseende; det kan bli läderaktigt och förlora elasticitet. Detta kan resultera i att huden åldras för tidigt, får rynkor och bruna fläckar. För det andra kan överexponering resultera i hudcancer. De bruna fläckarna kan vara ett yttre tecken på cancer. De visar sig som leverfläckar i huden. Vidare ökar extrem solexponering risken för att vårt naturliga skydd för solens strålning bryts ner. Effekterna av UVA och UVB börjar bli mer välkända. Solarier lovar sina kunder att de kan sola säkert. De försöker övertyga oss om att UVA är en lägre nivå av strålning och därför mindre farlig. Detta är inte sant! I själva verket har UVA visat sig skada de djupare hudlagren, vilket förstör strukturella proteiner och därmed immunsystemet . . .*

Jämför dina anteckningar med svaren i slutet av kapitlet för att se om du plockade ut de viktigaste nyckelorden och huvudpunkterna.

### Att lyssna efter huvudpunkter och huvudidéer

Den här övningen hjälper dig att förbättra din förmåga att urskilja information. Bäst är om du kan göra övningen genom att lyssna. Låt någon läsa texten eller skanna in den på din dator. Låt då datorn läsa informationen medan du försöker plocka ut huvudpunkterna.

### Textutdrag: "Är en skrymmande diet av eukalyptusblad det bästa för den lilla koalan?"

> *Bör koalan ändra sin diet? Är eukalyptusblad ett bra val i den föränderliga miljön? Är koalans diet lämplig i den moderna världen? Alla dessa frågor och fler har biologer ställt i sina studier av detta lilla och tilltalande djur.*
>
> *Koalans diet är begränsad nästan enbart till eukalyptusblad. Frånsett miljöfrågor och minskning av naturliga livsmiljöer så finns det för- och nackdelar med en sådan kost. Storleken på koalans matsmältningssystem, dess metaboliska system och eukalyptusbladens kemiska sammansättning bidrar till ett fascinerande diskussionsforum.*

*Dikotomin finns i bladen och matsmältningssystemet. Ett problem är att bladen är fiberrika och innehåller höga nivåer av lignin; fibrer främjar inte matsmältningen, och lignin, ett vedartat material som finns i många växters cellväggar, är hårdsmält. Frågan är då varför koalor har en sådan omättlig aptit för denna bränslekälla. Ett annat problem är den dåliga kvaliteten på maten, vilket betyder att stora kvantiteter behövs för att tillräckligt med näring ska kunna dras ut.*

*Volymen på ett djurs tarmar i förhållande till dess energibehov är beroende av djurets massa, och denna lilla varelse och dess metabola system har inte tillräcklig kapacitet för att handskas med de mängder blad som krävs. Frågan här är hur koalan klarar att smälta och processa mat som inte är lämplig för dess metaboliska behov.*

*Det kan verka som om koalan har anpassat sitt metabola system för att kunna hantera en grov diet. Forskare i New South Wales genomförde en studie under tidigt 1980-tal och upptäckte tre huvudsakliga faktorer.*

*För det första kan koalan reglera matens passage genom systemet, likt en kanin. Därmed har den utvecklat ett system som skiljer mellan olika partikelstorlekar så att de mindre, mer lättsmälta kan smältas först, medan de grövre, hårdsmälta partiklarna utsöndras nästan omedelbart. Den här utrymmessparande aktiviteten tillåter koalan att öka takten för intag av "bra" material i systemet.*

*För det andra är koalan ett relativt långsamt djur jämfört med andra av samma storlek och kan därmed reducera mängden behövd näring. Den kan jämföras med den långsamma tretåiga sengångaren.*

*Slutligen har eukalyptusblad dold näring. Trots att träaktig, hårdsmält lignin är närvarande finns också en rikedom av lipider och fenoler som är rika energikällor. Men koalans system klarar inte fenoler, så dessa utsöndras medan lipiderna finns kvar och ger användbar energi av kolhydrater i form av stärkelse och socker.*

*Vad som verkar vara ett omöjligt system har anpassats efter djurstorlek, ämnesomsättning och energibesparing.*

Jämför med svaren i slutet av kapitlet för att se om du har plockat ut huvudpunkterna.

## Språkliga ledtrådar och signaler

Din förmåga att lyssna kan bli avsevärt bättre om du vet vilka ord du ska lyssna efter och vilken betydelse dessa signaler har.

| Signal | Vad du kan förvänta |
|---|---|
| Till att börja med | Detta kan signalera att det är en introduktion som kommer att ge en översikt. |
| Föreläsningen är uppdelad i . . . | Anger strukturen. |
| Däremot, men, å andra sidan, tvärtemot, i motsats till, trots att | Detta signalerar information och belägg som säger motsatsen. |
| Dessutom, med andra ord, för att uttrycka det i andra ord, också, som jag nämnde tidigare | Detta signalerar upprepning av information eller en annan definition eller förklaring. |

| Signal | Vad du kan förvänta |
|---|---|
| Till exempel, det vill säga, dessutom, ett annat exempel som | Detta gör dig uppmärksam på att det som kommer är exempel på något. |
| Speciellt, specifikt, viktigast, jag kan inte nog betona | Dessa ord signalerar att det är extra viktigt att lyssna; föreläsaren tycker att informationen har stor betydelse. |
| För det första, för det andra, därefter, sedan, till slut, allra sist, som slutsats | Var beredd på ett antal punkter eller en uppräkning. |
| Därför, därmed, därför att, följaktligen, således, om . . . så, som ett resultat av detta | Orsak och verkan. |
| Jag utvecklar detta senare . . .<br>Jag tar upp fler detaljer om detta senare under föreläsningen . . .<br>Jag återkommer till det senare . . . | Detta innebär att du måste vara uppmärksam så att du kan länka ihop senare information med detta. Du kanske också behöver lämna utrymme i dina anteckningar för att få in det på rätt ställe. |
| Avslutningsvis, låt mig sammanfatta, låt oss göra en återblick, kortfattat, för att avsluta, de viktigaste punkterna som jag tagit upp är . . . | Dessa signaler är användbara; de hjälper dig att få en större bild eftersom föreläsaren har sammanfattat informationen åt dig. |

Är du medveten om de här signalerna, kan du också förutse vilken typ av information som följer. Det hjälper dig att förstå och processa informationen snabbare, och dina anteckningar kommer att bli bättre och bättre.

Dina anteckningar blir alltså mer effektiva genom att du blir en mer fokuserad och aktiv lyssnare. Dessutom slipper du problemet med att du glömmer vad du har hört.

# 9 Att spela in föreläsningar

Det här avsnittet undersöker användningen av olika elektriska och elektroniska hjälpmedel för att spela in och spara information från föreläsningar och seminarier. Men innan du köper någon sådan apparat bör du fundera över vilka fördelar och nackdelar de har och över hur lärarna kan tänkas ställa sig till användningen av dem (se övning 5).

### ÖVNING 5 Spela in föreläsningar: myt eller verklighet?

Titta på följande kommentarer som studenter har gjort och bestäm ifall du tror de är sanna eller falska.

| Påståenden gjorda av studenter<br>Om jag använder någon sorts apparat för att spela in . . . | Sant | Falskt |
|---|---|---|
| . . . slipper jag allt jobb med föreläsningar. | | |
| . . . sparar det tid. | | |
| . . . behöver jag inte göra någonting. | | |
| . . . blir det lättare att minnas informationen. | | |
| . . . förstår jag föreläsningarna. | | |
| . . . kan jag sälja informationen till andra studenter som inte var på föreläsningen. | | |

Titta på svaren i slutet av kapitlet för att se om du har rätt. Innebörden av påståendena diskuteras i det här avsnittet. Även om du använt någon apparat för inspelning under tidigare studier, bör du nu fundera över vad som är tillåtet och om metoden att spela in är det mest lämpliga för dig och dina behov.

## Hjälpmedel

Det finns en mängd olika apparater för inspelning på marknaden. Vilken du väljer beror mest på vad du ska använda den till:

- bandspelare
- minidisk
- mobiltelefoner
- PDA (personlig digital assistent).

Fördelar och nackdelar med dessa hjälpmedel diskuteras i tabellen nedan.

| Hjälpmedel | Fördelar | Nackdelar | Annat som bör tas i beaktande |
|---|---|---|---|
| Bandspelare | Billiga att köpa. Små och bärbara. Kassettband är billiga. | Kan inte användas till så mycket.<br>Det är inte så lätt att överföra till andra system.<br>Det tar lång tid att transkribera.<br>Ljudkvaliteten varierar och kan bero på var du sitter i förhållande till föreläsaren. | Du kan variera hastigheten när du ska lyssna så att det blir långsammare. Du kan då lättare ta in informationen. Om du ska dela med andra, kan du behöva fundera över kompatibilitet. Går det att "markera" information medan någon talar? Det är i så fall en hjälp vid senare återhämtning. |
| Minidisk | Ljudkvaliteten är bra, även om du inte satt längst fram när du spelade in. Någorlunda billig att köpa. Liten och bärbar. Har större kapacitet än kassettspelare.<br>Lätt att navigera – därför går det snabbare och tar mindre tid att söka efter specifik information.<br>Kan även användas för annat, till exempel för att spela in musik. | Kan vara stöldbegärlig och riskerar alltså att bli stulen.<br>Tar lång tid att transkribera. | Det går att variera hastigheten vid uppspelning, så du kan dra ner på hastigheten och därmed ta in informationen mer effektivt. |

| Hjälpmedel | Fördelar | Nackdelar | Annat som bör tas i beaktande |
|---|---|---|---|
| Mobiltelefon | Du har förmodligen redan en så ingen extra kostnad. | Inspelningsutrymmet är begränsat. Använd bara i nödfall. | Se vad det finns för minneskapacitet. Finns det möjlighet att sätta i ett minneskort för att öka kapaciteten? |
| PDA | Liten och bärbar. Röstmemo finns på dyrare modeller. | Dyr om du får tag på en med det du behöver för det här ändamålet. Begränsad möjlighet att spela in tal. Du måste vara välorganiserad och regelbundet säkerhetskopiera till ett annat, mer permanent system. Stöldbegärlig och riskerar att bli stulen. | Se om det finns möjlighet för MP3 så att du kan lyssna på texten. |

Ett slutligt övervägande: en del apparater kan spela in information på ett sätt som gör den kompatibel med programvara för att känna igen tal på datorn. I så fall måste du ställa in funktionen för röstigenkänning innan det inspelade talet laddas ner och transkriberas. Detta kan verka vara en perfekt lösning, men det krävs att dina föreläsare tar av sin tid och går igenom programmet för röstigenkänning. Om du har en och samma föreläsare flera gånger, kan detta vara värt att överväga, men var beredd på att han eller hon vägrar göra det på grund av tidsbrist.

## Tillåtelse att spela in

Om du vill spela in föreläsningarna måste du först få **tillstånd** att göra det. Detta innebär att du kanske måste skicka mejl till läraren innan kursen startar för att be om lov. Tala gärna om anledningen till att du vill spela in. En del studenter menar att de är auditiva inlärare och tar in information lättare om de hör den samtidigt som de läser handouts och anteckningar. Det kan också vara så att du vill spela in tillfälligt för att du har brutit handen/armen som du skriver med. Men många lärare tycker det är obehagligt att studenter spelar in deras föreläsningar – en del är öppet emot det. Det är alltså inte säkert att du får tillåtelse att spela in. Det har ofta att göra med upphovsrätt och det faktum att lärare då inte längre kan kontrollera hur informationen används.

”Vad ska de använda den här informationen till?” är en fråga som många föreläsare ställer sig. En del är försiktiga med att ge tillåtelse, eftersom en föreläsning kan innehålla oförberedda kommentarer och svar som läraren inte vill ska användas för framtida syften. Även om det inte är bra att det är så, är det förståeligt.

Får du tillåtelse i början av en delkurs att spela in, behöver du vanligtvis inte fråga inför varje föreläsning. Men självklart bör du om det är en vikarierande föreläsare tala om att du har fått tillåtelse att spela in föreläsningen.

# Sammanfattning av det här kapitlet

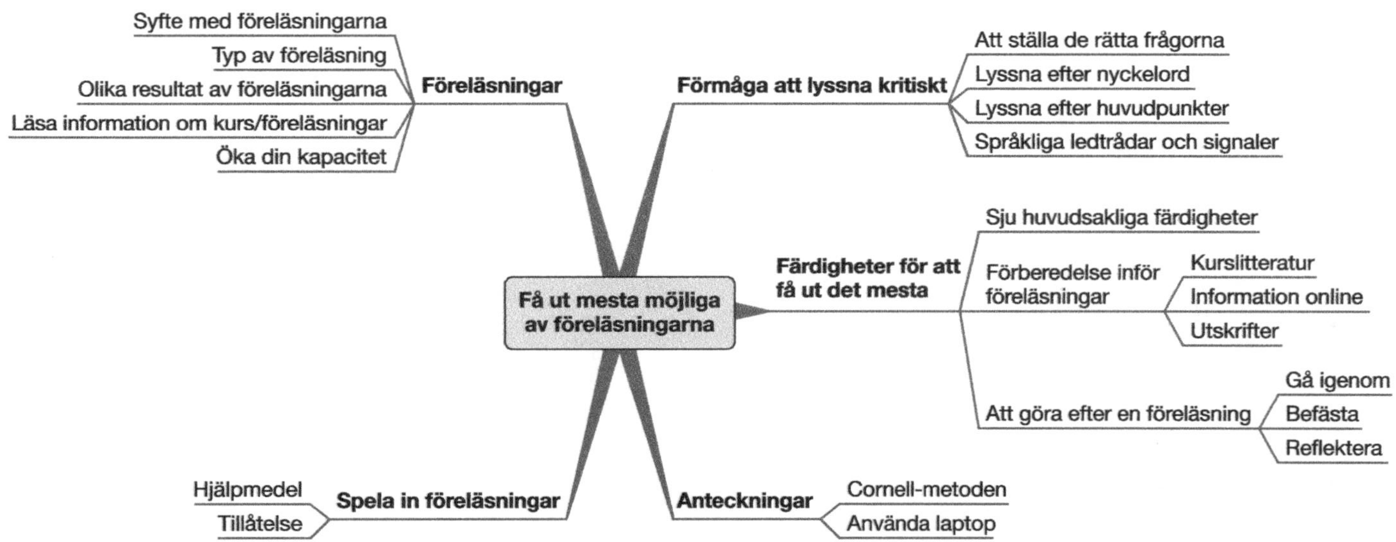

# 10 Summering

Planering och ordning är huvudfaktorer för framgång. Det är upp till dig att få ut det mesta möjliga av föreläsningarna. Att förbereda dig ordentligt, ordna anteckningarna och utveckla en effektiv förmåga att lyssna hjälper dig att fördjupa din förståelse och kunskap om ämnet.

### ÖVNING 6 Uppdatera din professionella utvecklingsplan

Reflektera nu över hur du ska gå till väga för att få ut det mesta möjliga av föreläsningarna och hur du tänker ändra och anpassa dina vanor så att du kan använda tiden mer effektivt.

Markera hur pass säker du nu känner dig (1 = mycket lite och 5 = mycket).

| Färdigheter jag håller på att utveckla | Nivå 1–5 | Plan för att bli bättre |
|---|---|---|
| Jag vet vilka färdigheter som krävs för att få ut mesta möjliga av föreläsningarna. | | |
| Jag vet vilka olika typer av föreläsningar som finns och vilket syfte de har. | | |
| Jag kan lyssna uppmärksamt och urskilja information på föreläsningarna. | | |

Datum: ____________________

# Feedback på övningar

### ÖVNING 4 Lyssna efter nyckelord

Utdrag från: ”Faror med solen”

| Skriv ner vad du förväntar dig få höra om detta ämne: |
|---|
| 1 Problem med överexponering |
| 2 Skydd för huden och strålning |
| 3 Hudcancer |
| 4 Åldrandeprocess |

| Skriv nu ner de nyckelord/den terminologi som du antar kommer att finnas med: |
|---|
| 1 Hudcancer |
| 2 UVA/UVB |
| 3 Dermatolog |
| 4 Hudlager |
| 5 Överexponering |
| 6 Cancerogena leverfläckar |

**Exempel på anteckningar**

Dermatologer varnar för farorna med överexponering utan skydd.

1. Solen skadar hudlagren, ändrat utseende:
   (a) konsistens – läderaktig med förlust av elasticitet
   (b) resultat – för tidigt åldrande av huden, rynkor och bruna fläckar.
2. För det andra, överexponering – hudcancer:
   (a) bruna fläckar indikerar cancer
   (b) framträder som leverfläckar.
3. Extrem exponering – hudens naturliga skydd mot solens strålning är förstört:
   (a) effekter av UVA och UVB är mer välkända
   (b) solarier: UVA är en lägre nivå av strålning och därför mindre farlig = inte sant!
      (i) UVA orsakar att hudens djupare lager förstörs
      (ii) strukturella proteiner blir förstörda
      (iii) immunsystemet skadas.

**Textutdrag: "Är en skrymmande diet av eukalyptusblad det bästa för den lilla koalan?"**

Bör koalan ändra sin diet? Är eukalyptusblad ett bra val i den föränderliga miljön? Är koalans diet lämplig i den moderna världen? Alla dessa frågor och fler har biologer ställt i sina studier av detta lilla och tilltalande djur.

**Koalans diet:** begränsad – eukalyptusblad
+ & – till begränsad diet.

Storleken och strukturen på koalans matsmältningssystem samt dess metaboliska system och eukalyptusbladens kemiska sammansättning bidrar till ett fascinerande diskussionsforum.

***Blad och matsmältningssystem***

**Blad**
- rika på fibrer
- fibrer är inte lättsmälta för koalor
- höga nivåer av svårsmält, träaktigt lignin.

**Matsmältningssystem**
- tarmvolym i förhållande till energi som krävs = djurets massa
- koalans kapacitet = liten
- låg näring från eukalyptus så stor kvantitet behövs.

***Anpassning till systemet***

1. Koalan kan reglera mat i systemet:
   (a) urskiljer olika typer av mat
   (b) gör sig av med grövre, osmältbara ämnen
   (c) kvar finns mindre, mer lättsmälta partiklar.
2. Minskat energibehov:
   (a) långsamma rörelser
   (b) kräver mindre energi
   (c) till skillnad från andra smådjur
   (d) som tretåig sengångare.

**3.** Koalan använder kolhydrater från eukalyptus som energi:
(a) lipider – rik energikälla
(b) utsöndrar fenoler
(c) får stärkelse och socker till energi.

### ÖVNING 5 Att spela in föreläsningar: myt eller verklighet?

| Om jag använder någon sorts apparat för att spela in . . . | Kommentar |
|---|---|
| . . . slipper jag allt jobb med föreläsningar. | Ja, det minskar en del av jobbet vad gäller att anteckna. Du måste fortfarande lyssna, och det är bra om du gör noteringar om sådant som DU TÄNKER under föreläsningen. |
| . . . sparar det tid. | Egentligen inte eftersom du fortfarande måste skriva anteckningar från föreläsningen vid något tillfälle för att kunna repetera. Det innebär ändå att du kan ta dig tid att lyssna. |
| . . . behöver jag inte göra någonting. | Du kanske tror att du inte har något att göra, och detta är faran. Se kommentaren till den första punkten. Det är alltid bäst om du gör anteckningar om din förståelse efter hand som den utvecklas. |
| . . . blir det lättare att minnas informationen. | Om du är en auditiv inlärare, kan detta vara ett riktigt bra sätt att lära. Men du behöver ändå några koncisa anteckningar när du ska repetera – vid något tillfälle måste du skriva vad du kan! Använd det inspelade till att sätta kunskapen på plats, efter att du har skrivit fungerande anteckningar. |
| . . . förstår jag föreläsningarna. | Inte nödvändigtvis. Du har möjlighet att lyssna flera gånger, vilket kan hjälpa om du kämpar med ett begrepp. Föreläsningsanteckningar kan också vara en hjälp här. |
| . . . kan jag sälja informationen till andra studenter som inte var på föreläsningen. | Glöm det! Titta gärna i kapitlet om etik. |

# Referenser


- Pauk, W. (2000) *How to Study in College.* 7 uppl. New York, Houghton Mifflin.

# 5 Att arbeta i ett verkligt team

Att arbeta med andra är alltid en balans mellan att behålla sin individualitet och att bli en i gruppen. Ofta beror balansen på i vilken utsträckning vi kan förutsäga hur var och en ska bete sig, vilket i sin tur bidrar till att bygga upp tillit inom teamet. När vi arbetar med människor vi inte känner eller med människor från andra kulturer, är det däremot svårare att förutsäga hur vi kommer att reagera mot varandra och vilka våra förväntningar är. Många företag arbetar i mångkulturella miljöer. Du förväntas då kunna arbeta i mycket varierande mångfaldsteam, där det krävs mycket kunskap om teambuilding för att det ska fungera. Att hoppas på att det ska ordna sig och att bara förlita sig på erfarenheter av att jobba med kompisar i olika projekt räcker inte längre.

I det här kapitlet kommer du att kunna

1. förstå vad ett verkligt team är
2. identifiera olika lärstilar i teamet för att kunna fördela roller
3. se vad som krävs för att inrätta ett verkligt team.

## ANVÄNDNING AV KAPITLET

Gör en uppskattning av hur pass säker du är på det som tas upp i påståendena nedan. I slutet av kapitlet har du möjlighet att ompröva dina svar och kan då också lägga in det i din professionella utvecklingsplan. Markera mellan 1 (mycket lite) och 5 (mycket):

| Jag förstår vad ett verkligt team är. | Jag kan identifiera teamets profil och fördela roller. | Jag vet vad som krävs för att inrätta ett verkligt team. |
|---|---|---|
| | | |

Datum: ____________

# 1 Introduktion

Både i arbetet och på fritiden är vi med i olika grupperingar, till exempel informella studiegrupper, mentorsgrupper, projektteam, grupper för fritidsaktiviteter. Olika typer av grupper har olika syften och fungerar därför på olika sätt. Det här kapitlet bidrar till att utveckla din förståelse för vad ett team är i motsats till en löst sammansatt grupp. Detta har betydelse för din framtida anställningsbarhet.

Enligt ett uttalande i BBC (2006) av Carl Gilleard, verkställande direktör för den brittiska föreningen för rekrytering av nyutexaminerade ("The Association of Graduate Recruiters"), kommer arbetsgivare "sannolikt att vilja anställa dem som förutom att ha akademisk kompetens visar att de har mjukare färdigheter som förmåga att arbeta i team, kulturell medvetenhet, ledarskaps- och kommunikationsförmåga".

Utan tvekan är det viktigt att kunna arbeta effektivt i team och/eller kunna leda ett team, och detta är färdigheter som du måste börja utveckla under dina studier. Men det är möjligt att din uppfattning av grupparbeten inte alls är så positiv. Låt oss därför börja med att titta på detta (se övning 1).

**ÖVNING 1 Irritationsmoment i samarbetet med andra**

Nedan finns en rad påståenden som studenter ofta gör om grupparbeten. Hur skulle du ta itu med sådana irritationsmoment? Svara på frågorna nu, men kanske vill du ändra dina svar efter att du har läst resten av kapitlet.

| **Irritationsmoment** | **Jag skulle ta itu med detta genom att . . .** |
|---|---|
| Det finns alltid någon i gruppen som åker snålskjuts och får betyg för att andra gör jobbet. | |
| Det går långsammare att arbeta i grupp, och det irriterar mig. | |
| Jag har svårt med temat vi måste jobba med och är rädd för att jag förstör för de andra. | |

| Irritationsmoment | Jag skulle ta itu med detta genom att . . . |
|---|---|
| Ibland gör inte alla vad de ska (inte alls eller inte i tid). | |
| Ibland fördelas inte arbetet rättvist. | |
| En del studenter bryr sig inte om vilket betyg de får, men det gör jag. | |

Se mer information i avsnittet ”Feedback på övningar” i slutet av kapitlet. (eller vänta tills du har läst resten av kapitlet).

# 2 Vad är ett team?

Ett team är en grupp individer som jobbar tillsammans för att uträtta något tillsammans. De är beroende av varandra för att jobbet ska bli klart. Det finns alltså ett mål. Ett team blir inte automatiskt ett team, och de flesta arbetsgivare vet att vi måste anstränga oss för att bli ett, vilket märks genom att mycket resurser för personalutveckling handlar om teambuilding.

Team kan hantera komplexa problem och komma fram till mer kreativa lösningar än individer som arbetar ensamma. På arbetsplatser är det allt vanligare med tvärdisciplinära team som drar nytta av sakkunskap från flera. Det är mer sannolikt att studentprojekt är begränsade och att det bara är studenter från kursen som arbetar tillsammans, men glöm inte att samarbete med olika sorters människor är en bra förberedelse för framtida arbete. Bra team gör att det blir ökat engagemang och mer gemenskap mellan dem som ingår i teamet.

## Grupper och team som består av vänner

Vi vill gärna forma grupper med våra vänner, och om du själv får välja grupp är det troligt att du väljer personer du känner. Fördelarna med detta är att ni vet att ni trivs tillsammans, att ni vill stödja varandra och att det känns bra. Den största nackdelen är att era relationer bygger på att umgås och att ha kul. Att arbeta i ett projektteam kan då bli en påfrestning, eftersom ni kanske måste bete er annorlunda mot varandra i teamet jämfört med när ni umgås socialt. Om någon utifrån skulle komma med i teamet, skulle det kunna vara svårt för honom eller henne att känna sig accepterad.

## Från grupp till team

En huvudfråga för studenter som arbetar i projektgrupper är övergången från att vara en grupp individer till att bli ett team. I boken *The Wisdom of Teams* tar de två managementkonsulterna Jon Katzenbach och Douglas Smith (1993) upp skillnaden mellan en grupp individer som arbetar tillsammans och högpresterande team. Deras resultat sammanfattas i figur 5.1.

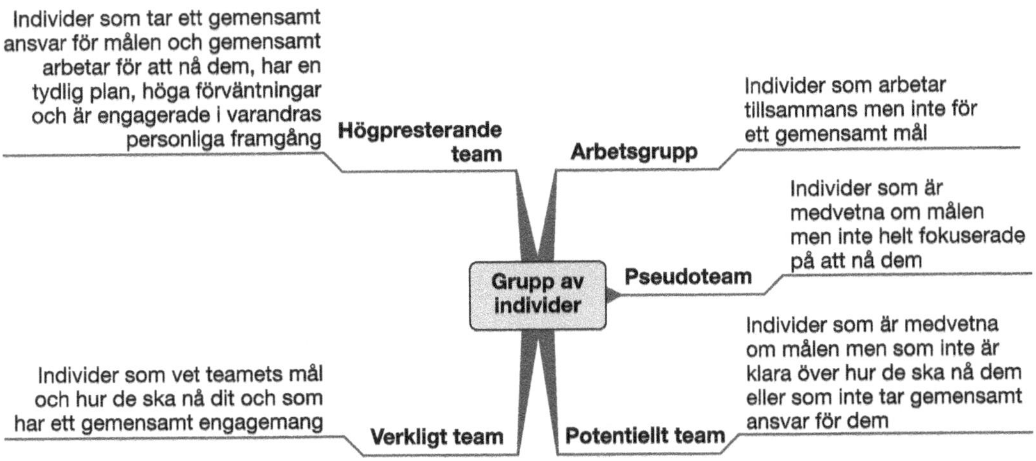


**Figur 5.1** Hur individer arbetar tillsammans

*Källa*: Katzenbach och Smith (1993)

### Checklista för att skapa ett verkligt team

Deltagare i ett team . . .

- är helt klara över teamets mål
- fördelar roller
- tar gemensamt ansvar för målen
- planerar hur målen ska uppnås
- fördelar uppgifter till alla deltagare
- är bra på tidshantering
- värdesätter alla i teamet
- upptäcker och handskas med dolda agendor
- litar på att de andra är pålitliga, ärliga, rättvisa och objektiva.

# Kännetecken på team

| Kännetecken | Gruppering* | Att tänka på |
|---|---|---|
| Ni arbetar tillsammans som en grupp för att dela information, förstå uppgifter och lära tillsammans. Gruppen behöver inte redogöra för sitt resultat. | Arbetsgrupp | Eftersom det är en informell grupp kan den fungera bra som stöd under lärandeprocessen. Det är inte fråga om att skapa något gemensamt resultat. |
| Du är med i en grupp som har fått en uppgift och har ett gemensamt ansvar för resultatet. Men gruppen samarbetar inte. Det verkar inte finnas något intresse i gruppen för att sätta upp mål, arbeta tillsammans och komma fram till en plan även om ni kallar er själva ett team. | Pseudoteam | Detta är en riktig problemgrupp, för ni tror ni är ett team fastän ni inte är det. Ni har inte utvecklat färdigheter för att arbeta i team och förstår inte helt hur ett team fungerar. Ni måste förstå uppgiften, arbeta tillsammans, ta reda på vilken kunskap som finns i gruppen och ta gemensamt ansvar för resultatet. |

| Kännetecken | Gruppering* | Att tänka på |
|---|---|---|
| Du är med i en grupp som har fått en uppgift. Ni förstår att ni som grupp har ansvar för resultatet. Ni förstår att ni måste samarbeta, utveckla en plan och ta gemensamt ansvar för resultatet. Ni försöker få igång detta, men det kan vara mycket frustrerande eftersom "teamet" blir ofokuserat och deltagarna inte alltid är på väg åt samma håll. | Potentiellt team | Som namnet på den här grupperingen antyder, finns det här en potential, men den är inte helt förverkligad. I slutet av år två bör du åtminstone kunna arbeta på den här nivån. Under den senare delen av din utbildning fortsätter du att utveckla dina färdigheter.<br>För studenter som arbetar i projektteam finns de flesta problemen i den här typen av gruppering (inklusive pseudoteam).<br>Gå igenom vilka färdigheter du behöver utveckla för att kunna arbeta i team och gör noteringar om detta i din professonella utvecklingsplan. |
| Du är med i en grupp som har fått en uppgift. Ni är som grupp ansvariga för resultatet. Alla deltagarna är engagerade i projektet och förstår att gruppen har ett gemensamt ansvar för resultatet. Ni har identifierat vilka resurser det finns i teamet, till exempel färdigheter och kunskap ni kan ta med till teamet för att ni ska bli mer effektiva. Ni är också medvetna om att ni måste stödja varandra. | Verkligt team | Om ni arbetar på den här nivån förstår ni hur team arbetar, även vad gäller det gemensamma arbete och ansvar som är nödvändigt för resultatet.<br>I slutet av ditt sista år bör du kunna arbeta på den här nivån.<br>Studentprojekt på den här nivån bör klara sig riktigt bra. Reflektera kritiskt över de färdigheter du utvecklar.<br>Glöm inte att värdera och ge bevis för de färdigheter du utvecklar i din professionella utvecklingsplan, och lägg in detta i ditt CV. |
| Du är med i en grupp som har fått en uppgift. Ni är som grupp ansvariga för resultatet. Alla deltagarna är engagerade i projektet och förstår att de har gemensamt ansvar för resultatet. Ni vet vilka styrkor var och en har och arbetar i enlighet med detta. Dessutom är ni helt beroende av varandra och medvetna om att var och en behöver utrymme och uppmuntran för att utvecklas personligt – teamet värdesätter vars och ens bidrag. | Högpresterande team | Detta är målet. Ni tar vara på gruppens samlade kunskaper och har ett ömsesidigt beroende av varandra när ni arbetar. Alla arbetar målinriktat och känner ansvar för att teamets resultat ska bli bra.<br>Teamdeltagarna känner stolthet över att vara del av teamet. Har du nått till den här nivån före ditt sista studieår, har du gjort det bra, men så är det sällan.<br>Sikta på att få vara med i åtminstone ett högpresterande team innan du avslutar studierna. |

* Termer i den här kolumnen kommer från Katzenbach och Smith (1993).

Under tiden ni arbetar för att bli ett effektivt team måste ni fundera över vad ni måste göra för att teamet ska fungera bra. John Adair (1986), en ledande auktoritet inom ledarskap och den första som fick en professur i ämnet, säger att teamdeltagare måste fundera över hur de klarar en uppgift, bygger/bibehåller ett team och tar hand om individuella behov. Se figur 5.2 nedan.

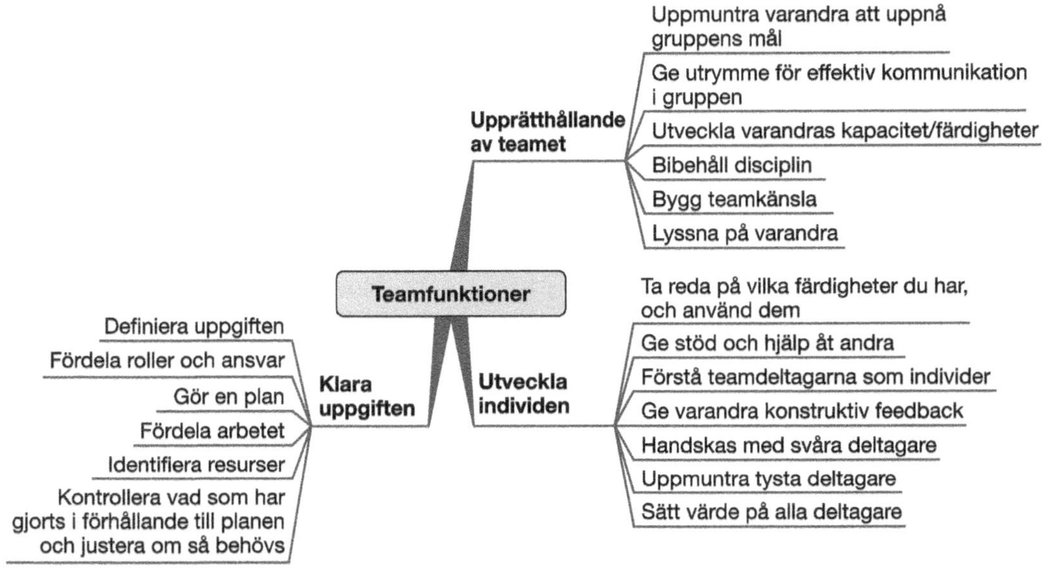


**Figur 5.2** Teamfunktioner

*Källa*: Utifrån John Adairs modell för hur team fungerar (Adair, 1986)

## ÖVNING 2 Förstå teammönster – hur ser du på det?

Vart och ett av de områden som Adair identifierat (klara uppgiften, upprätthålla teamet och utveckla individen) bör uppmärksammas om teamet ska fungera effektivt och harmoniskt. Föreställ dig följande scenarier och fundera över vilka funktioner från Adairs modell som saknas och vilken typ av grupp du tror att det är (arbetsgrupp, pseudoteam, potentiellt team, verkligt team, högpresterande team).

Jämför dina svar med vad som står i "Feedback på övningar".

### Scenario 1

Du jobbar med en bra grupp – de är alla dina vänner. Ni träffas ofta ute på något ställe eftersom det ger en bra, informell atmosfär och gör att ni gillar jobbet. Det fungerar bra, och ingen i gruppen gnäller eller försöker bestämma över någon annan. Du har läst och antecknat en del inför projektet och hoppas att det kommer till användning. Du antar att de andra också har gjort det. Det verkar positivt, för alla dyker ju upp och verkar engagerade.

Tänk dig nu att det är två veckor kvar till deadline.

| | **Skriv ner några tankar** |
|---|---|
| Vad är riskerna för dem som arbetar i en sådan här grupp? | |
| Hur tror du att teamet klarar presentationen av projektet om det inte blir någon ändring? | |
| Gör en inventering – vad måste gruppen göra **nu**? | |
| Vad skulle du ha lärt dig om teamarbete i en sådan grupp? | |
| Vilken funktion (vilka funktioner) från Adairs modell saknas i det här exemplet?<br><br>Vilken typ av grupp tror du att det är?<br><br>arbetsgrupp \| pseudoteam \| potentiellt team \| verkligt team \| högpresterande team | |

## Scenario 2

Du arbetar med en grupp personer – de är alla dina vänner. Ni började med att planera vad ni måste göra. Du tror att någon skrev en lista, men du har inte sett den. Några av dina vänner har blivit riktigt dominerande och talar om för de andra vad de ska göra, rättar till vad andra har gjort och kontrollerar vad de andra gör. De har sagt till dig att du ska göra något som du varken har någon kunskap om eller något intresse av, och du gillar inte hur uppgifterna fördelas. Du hade aldrig trott att de här vännerna kunde vara så. Du ser fram emot när allt är över.

Tänk dig nu att det är två veckor kvar till deadline.

| | **Skriv ner några tankar** |
|---|---|
| Vad är riskerna för dem som arbetar i en sådan här grupp? | |
| Hur känns det för er just nu? Vem ska göra allt det där som måste göras i sista minuten om ni alla har fått nog? | |
| Hur tror du att teamet klarar presentationen av projektet om det inte blir någon ändring? | |
| Gör en inventering – vad måste gruppen göra **nu**? | |
| Vad skulle du ha lärt dig om teamarbete i en sådan grupp? | |
| Vilken funktion (vilka funktioner) från Adairs modell saknas i det här exemplet?<br><br>Vilken typ av grupp tror du att det är?<br><br>arbetsgrupp \| pseudoteam \| potentiellt team \| verkligt team \| högpresterande team | |

## Scenario 3

Du arbetar med några personer som du känner och några som du inte känner. Allt går bra; ni har kommit överens om grundregler, utsett en samordnare och har regelbundna möten. Men efter hand som tiden går uppstår problem eftersom två i gruppen inte gör vad de ska – en har till och med slutat komma till mötena och har än så länge inte producerat något. De andra börjar bli irriterade eftersom de ser hur allt hårt arbete som de har lagt ner äventyras av att de två inte bidrar som de ska.

Två veckor kvar – vad av följande skulle du göra? Välj "ja" eller "nej".

| Handling | Ja/Nej | Möjlig motivering |
|---|---|---|
| Ta reda på om person X har en giltig anledning till varför arbetet inte gjorts | | Han/hon kan vara sjuk, ha familjeproblem eller bara tycka att livet är allmänt tungt just nu. Beroende på svaret skulle ni som grupp kunna ge personen stöd eller uppmuntra honom/henne att söka hjälp. Finns det andra möjligheter? |
| Strunta i person X och göra hans/hennes jobb själv | | Det är enda sättet för att projektet ska bli klart. Läraren ger bara ett betyg för det färdiga projektet, så vi måste göra så. Detta är inte det bästa alternativet, och det skapar bara dålig stämning. Andra möjligheter? |
| Om det inte finns några förmildrande omständigheter, kontakta person X och säg att han/hon måste göra sin del – hänvisa till grundreglerna och vad han/hon måste göra för att projektet ska bli klart. Diskutera med personen, skriv ner det och skicka – mejl eller vanligt brev – från hela gruppen. Bestäm ett datum för svar/handling – spara en kopia. | | Person X inser att gruppen menar allvar. Spara kommunikationen – ni kan behöva tala om vad ni tänker göra om ni inte får svar.<br>Andra möjligheter? |
| Tala med läraren om person X, förklara vilken del av projektet som person X är ansvarig för. | | Detta bör vara sista utvägen, men kan vara nödvändigt i extrema fall. Gör ni detta, bör ni tala om det för person X och ge honom/henne en chans att ställa allt till rätta. Allt bör vara öppet och professionellt.<br>Ditt förslag? |
| *Några av dina tankar . . .* | | |
| Vilken funktion (vilka funktioner) från Adairs modell saknas i det här exemplet?<br><br>Vilken typ av grupp tror du att det är?<br><br>arbetsgrupp \| pseudoteam \| potentiellt team \| verkligt team \| högpresterande team | | |

# 3 Komma igång som ett team

Innan ni tittar på uppgiften eller problemet:

- presentera er själva
- kom överens om en uppsättning grundregler
- ta reda på vilka lärstilar som finns i teamet, eftersom detta påverkar vilka uppgifter och roller teamdeltagarna gärna tar på sig
- fördela roller.

## Skapa grundregler

Grundregler är avgörande för att upprätta ett effektivt team. De är grunden för att teamet ska fungera. Även sociala grupper har regler, men de har utvecklats över tiden och är ofta outtalade. Däremot om någon i en social grupp bryter mot dessa "regler", blir de ofta snabbt påminda om det. I ett team där olika individer kommer samman för att börja arbeta som ett team är det viktigt att ha tydliga regler för hur arbetet ska gå till. Se till så att detta är det första ni gör så att ni kan gå tillbaka till dem ifall någon i gruppen tycker att något är fel. Var ärlig mot gruppen och tala om vad som är viktigt för dig när ni arbetar tillsammans. Övning 3 hjälper dig att fundera över hur grundregler kan skapas.

**ÖVNING 3 Skapa grundregler**

Skapa grundregler som kan användas av ett team – några exempel finns nedan. Lista tre till som du tycker är viktiga när du arbetar i team.

| Grundregler |
|---|
| 1. Ta ansvar för ditt eget lärande, dina handlingar och dina reaktioner. |
| 2. Var ärlig och öppen (speciellt om du inte förstår eller inte håller med om något). |
| 3. Gör ditt arbete i tid. |
| 4. |
| 5. |
| 6. |

## Bestäm er teamprofil

I början är teamet en grupp individer som ska bli ett team. Det är viktigt att ni ser varandras individuella skillnader som en resurs, och för att kunna göra det är det bra om ni tittar på varandras individuella lärstilar.

Peter Honey och Alan Mumford, två brittiska psykologer och experter i lärande och beteende, har utvecklat ett antal lärstilar som avgör om en person är aktivist, reflekterande, teoretiker eller pragmatiker (Honey och Mumford, 1992). Läs i kvadranterna nedan. I övning 4 kan du ta reda på vilken profil ditt team har.

Konkret tänkare

***Aktivist***

Du är en person som gillar nuet och som är flexibel och öppen för nya erfarenheter. Du tenderar att handla först och tänka på konsekvenserna senare. Det pågår ofta aktiviteter runt om dig. Du trivs inte med att behöva lyssna på långa förklaringar, arbeta ensam eller följa exakta instruktioner.

***Reflekterande***

Du är försiktig och tenderar att hålla dig tillbaka och observera först. Du tycker om att samla och analysera data men tar tid på dig för att komma fram till en slutsats. Du kan bibehålla ett övergripande perspektiv. Du kan ha svårt med deadline, för du tar tid på dig att komma fram till en slutsats och gillar inte att bli påskyndad.

Aktiv person — Reflekterande person

***Pragmatiker***

Du gillar att använda teorier och metoder i praktiken. Du är väl förtrogen med hur du kan sätta idéer i verket och få användning av dem (också för teamets räkning). Du vill se omedelbara fördelar med idéer/begrepp och är inte så glad för det som bara är teoretiskt. Du gillar inte ändlösa diskussioner som blir ofokuserade.

***Teoretiker***

Du gillar att tänka igenom problem på ett logiskt och rationellt sätt. Du är mycket objektiv och väger olika bevis mot varandra. Du gillar struktur och tydlighet och hatar situationer med bristande information. Du är inte så glad för att arbeta med dem som har andra lärstilar eller att diskutera dina känslor.

Abstrakt tänkare

### ÖVNING 4 Vilken profil har teamet?

Vilken profil har ditt team? Använd kvadranterna ovan och se vilken som bäst beskriver dig när du arbetar med ett projekt. Försök göra detta som ett team så att ni vet vilken profil ert team har. Om du inte arbetar i ett team just nu, se vilken profil som vanligtvis stämmer in på dig när du arbetar i ett team.

Titta på beskrivningarna i kvadranterna. Kanske känner du igen dig själv i flera kvadranter. Rangordna i så fall beskrivningarna enligt följande i tabellen nedan:

1 = som jag mestadels är } Dominerande profil
2 = som jag är ibland }
3 = som jag sällan är
4 = som jag aldrig är

| Teamdeltagare | Aktivist | Reflekterande | Teoretiker | Pragmatiker |
|---|---|---|---|---|
| Exempel: person A | 4 | 1 | 2 | 3 |
| Jag | | | | |
| | | | | |
| | | | | |
| | | | | |
| | | | | |
| | | | | |
| | | | | |
| | | | | |
| | | | | |
| *Antal deltagare som markerar någon speciell typ som 1 eller 2.* | | | | |

I exemplet ovan är person A huvudsakligen reflekterande/teoretiker. Om de flesta andra deltagarna i din grupp också har den här profilen, kan det vara svårt att nå era mål i tid. Är ni medvetna om det i förväg, kan ni vara uppmärksamma på att detta eventuellt är en svaghet i teamet. Ni kan då också på ett tidigt stadium försöka göra något åt det.

Enligt de personliga rankningarna består vårt team huvudsakligen av:

| Typ | Antal deltagare med denna tendens/profil |
|---|---|
| Aktivister | |
| Reflekterande | |
| Teoretiker | |
| Pragmatiker | |

Bäst är om det i ett team finns en deltagare från var och en av dessa kategorier, men ni kan förmodligen inte byta ut era teamdeltagare, så använd den här övningen som en guide för att fundera över hur ni bäst klarar er uppgift med de individer ni har. Använd informationen för att fördela roller i teamet (se avsnitt 4).

Tänk på att ni som team också måste fundera över hur ni ska uppnå andra funktioner som att bibehålla laganda och se till så att alla får uppskattning (se figur 5.2).

# 4 Bli ett effektivt team

När ni nu har grunderna klara kan ni börja planera, fördela roller och fatta bra beslut.

## Upprätta en handlingsplan

Utan en plan kommer ni inte att kunna arbeta som ett team. Ni kan börja arbeta med den när ni har utsett en samordnare. Planen ska inte bara vara en lista på vad som ska göras utan också innehålla regler för teamet, till exempel vad gäller möten och vad som ska göras om någon inte gör sina uppgifter. Den som utsetts till samordnare måste se till att det finns en fungerande plan och att **alla** förstår den och håller sig till den. Därefter kan ni vidareutveckla teamrollerna.

När ni planerar:

1. Läs noga igenom instruktionen ni fått av er lärare.
2. Kom överens om vad ni måste göra, till när och i vilket format.
3. Dela in uppgiften i mindre uppgifter.
4. Fördela uppgifterna mellan er.
5. Gör ett schema med milstolpar.
6. Gör en plan för möten: hur ofta ni ska ha möten, hur ni ska föra protokoll och spara protokoll, hur beslut ska fattas och genomföras.
7. Kom överens om hur ni ska gå till väga när ni rapporterar, hur ni ska göra om ni eventuellt måste ändra er plan, hur ni ska föra protokoll och hålla tider vid möten.
8. Ha en plan för hur ni ska kunna bibehålla en öppen kommunikation för att kunna lösa eventuella lösa konflikter.
9. Planera hur ni ska presentera ert arbete.

## Utveckla teamroller

Använd informationen från det här avsnittet och det ovan för att bestämma vilken typ av roller ni vill ha i ert team. Det kan vara så att ni måste dela upp tematiskt. Även om ni ska lämna in arbetet som team, kanske det samtidigt krävs identifierbara delar för varje deltagares betyg. Hur som helst måste ni bestämma vem som gör vad, och vad ni än bestämmer så måste ni ha en samordnare som ser till att teamet håller sig på rätt spår och håller tiden. Det finns också andra roller, och en del personer kan ha två roller, en som har med uppgiften att göra och en som har med underhåll av teamet att göra.

Bestäm först vem som ska vara samordnare. Gör sedan en plan (se nästa sida). Fördela därefter övriga teamroller.

**ÖVNING 5 Fördela teamroller**

| Namn | Roll(er) |
|---|---|
| Exempel: person A | Samordnare (ser till så att tidsplanen hålls och att alla gör vad de ska) |
| Exempel: person B | Sekreterare (för anteckningar vid teamets möten etc.) |
| | |
| | |
| | |
| | |
| | |
| | |
| | |
| | |

# Fatta bra beslut

Det kan vara svårt att fatta beslut i team. Du kanske är mer av en risktagare än andra, tittar mer selektivt på bevis, har vissa fördomar (ofta okända för dig själv), är mer, eller inte alls påverkad av grupptryck. Allt detta kan leda till en bristfällig beslutsprocess.

Det finns olika sätt för hur team kan enas och fatta beslut:

1. **Konsensus** – detta innebär att hela teamet är överens om det planerade målet. De som eventuellt har varit oeniga är beredda på att samarbeta för att teamet ska lyckas utan att gå i försvarsposition.
2. **Samstämmighet** – här måste alla vara eniga innan ett beslut fattas.
3. **Majoritet** – om mer än hälften är eniga så kan beslut fattas.

Idealet är konsensus, vilket innebär att ni alla är beredda att acceptera det beslut som fattas. En enkel modell ni kan använda i teamet för att lufta olika frågor under beslutsprocessen är Edward de Bonos (1999) modell "Sex tänkande hattar". Edward de Bono är en ledande auktoritet inom kreativt tänkande.

Varje "hatt" ser på en fråga ur en särskild synvinkel. Detta kan också minska konfrontation, eftersom människor arbetar inom sin "hatts" gränser. Ni måste inte ha på er olika hattar, men de används för att symbolisera en annan synvinkel. Det är mer objektivt om ni har hattar som inte direkt motsvarar den egna positionen.

- *Vit hatt* – med den här hatten har du fokus på information, rapporter och andra data. Det är en objektiv position.

- *Röd hatt* – med den här hatten fattar du beslut utifrån din åsikt, intuition eller känsla. Det är en subjektiv position.
- *Svart hatt* – detta är att pessimistiskt och kritiskt granska de beslut som fattas. Du fokuserar sådant som kanske inte fungerar med det här beslutet och vad som kan bli fel. Du letar i huvudsak efter de svaga punkterna, och teamet måste kunna diskutera och bemöta detta.
- *Gul hatt* – detta är en optimistisk synvinkel som hjälper dig att se fördelarna med och värdet av ett beslut.
- *Grön hatt* – detta är hatten för kreativitet och intuition. Den här positionen är mycket viktig när teamet fastnar och inte kommer vidare. Ibland måste du tygla kreativiteten och ta risker.
- *Blå hatt* – detta är en översiktlig position eller ”metahatten”. Samordnaren eller den person som leder era möten kanske vill ha den här hatten. Den som har den här hatten bör veta när de andra hattarna ska kallas in för att beslut ska kunna fattas.

Beslut fattas när teamet har hört alla synpunkter från de olika hattperspektiven.

**Obs.** Ta er bara tid att använda den här modellen om det är viktiga beslut.

### ÖVNING 6 Hitta orsaker när teamet inte fungerar

Många går till sin lärare när det blir problem i teamet. Oftast handlar det om att någon inte gjort sin del, att någon tycker att den gör för mycket eller att någon känner sig utanför. Det är lätt att gå till någon annan men försök innan du gör det att själv hitta orsaken till problemet. I tabellen nedan finns en lista på sådant som kan bli fel. Du kan också lägga till egna saker och fundera över hur du skulle kunna ställa det till rätta.

Om du förväntas reflektera över arbetet i teamet som en del av projektet, reflektera då över hur du löste problemen. Detta är bara positivt, för det visar att du kan ta initiativ och att du är en självständig inlärare.

Markera vad som kan bli fel i teamet och fundera på hur du kan åtgärda det.

Se mer information i avsnittet ”Feedback på övningar” i slutet av kapitlet.

| Vad händer i teamet? | Markera | Möjliga åtgärder (och markera vilka delar i kapitlet som kan vara till hjälp i detta) |
|---|---|---|
| Klargör inte vad er uppgift eller ert mål är | | |
| Följer inte upp hur arbetet utvecklas | | |
| Har ingen kontroll på tiden | | |
| Klargör inte och har inget protokoll på vad som har bestämts | | |
| Klargör inte vem som ska göra vad | | |
| Klargör inte vad som måste göras till när | | |
| Har inget bestämt om upplägg av möten | | |
| Håller sig inte till överenskommelser | | |

| Vad händer i teamet? | Markera | Möjliga åtgärder (och markera vilka delar i kapitlet som kan vara till hjälp i detta) |
|---|---|---|
| Lyssnar inte på varandra | | |
| Tillåter vissa individer att dominera medan andra drar sig tillbaka | | |
| (några) Kommer inte på mötena. | | |
| (några) Gör inte det de ska göra | | |
| (några) Gör inte det de ska göra särskilt bra | | |
| (några) Tar inte hänsyn till teamdeltagarnas känslor | | |
| (några) Bidrar inte lika mycket till att teamarbetet ska gå framåt | | |

# Se till så att teamet fungerar

Det kan uppstå problem i ett team som fungerar bra till att börja med. Se till att hela tiden ha öppna kommunikationskanaler så att teamet fungerar bra även i fortsättningen. Bruce Tuckman (Tuckman och Jensen, 1977) menar att team går genom en repetitiv cykel av

- **formande** – där det finns ett beroende till samordnaren men lite konsensus om målen
- **stormande** – där deltagarna intar positioner, inrättar sig i gruppen, bildar undergrupper och utmanar andra teamdeltagare
- **normerande** – där överenskommelser görs och följs, deltagarna upplever att de har sina roller och kan fatta beslut och samordnaren kan arbeta utan större svårigheter
- **genomförande** – där teamet vet vad det ska göra och där alla deltagarna är engagerade och känner sig ansvariga för resultatet.

Var uppmärksam på dessa cykler, se dem som en del av processen och hitta ett sätt att handskas med dem. Om du har lust att be din lärare om hjälp, titta först efter om ni just nu är i en "stormande"-fas, som ni i så fall måste försöka ta er ur som ett team.

# Arbeta i ett mångfaldsteam

I det här avsnittet diskuteras bara några aspekter av att arbeta i ett mångfaldsteam. Vi lever med mångfald, med olika typer av människor, olika förmågor, olika ämnen och vetenskapsområden samt olika kulturer. Mångfaldsteam gör arbetet med mångfald mer formellt. Det krävs mer uppmärksamhet, eftersom vi måste anstränga oss mer för att skapa tillräckligt med tillit så att arbetet i teamet blir effektivt.

Figur 5.3 visar en del av vad det innebär.

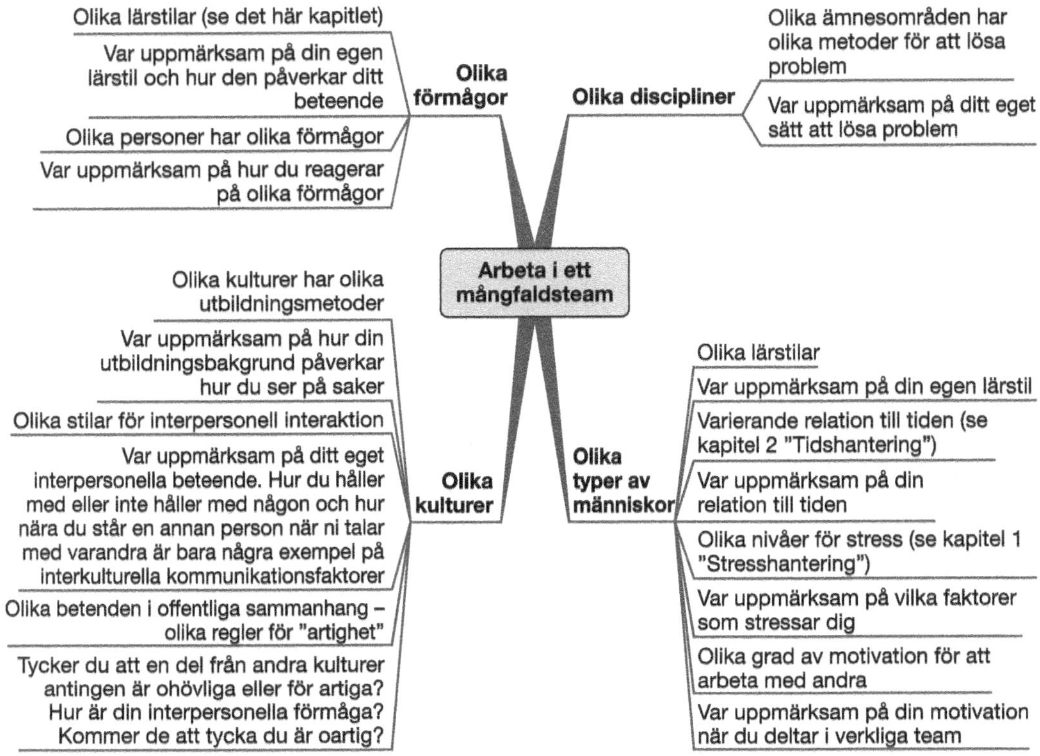


**Figur 5.3** Arbeta i ett mångfaldsteam

# 5 Verktyg för virtuella möten

För studenter som bor nära varandra är det lätt att träffas och jobba tillsammans, men för studenter som inte studerar på heltid eller inte bor nära varandra kan detta vara svårt. Det enda sättet att kunna arbeta med uppgiften är då att bilda ett *virtuellt team*. Det är lättare att fatta beslut om man träffas, men virtuella team blir alltmer vanligt på arbetsplatser.

Både virtuella team och team som träffas bör använda teknologi. Det virtuella teamet använder det för att kommunicera och spara information, medan teamet som träffas förmodligen bara använder det för att spara dokument och för att skicka e-post. Virtuella grupper måste se till så att teknologin de använder både har synkrona och asynkrona kommunikationsmöjligheter.

Det finns flera typer av teknologi som kan vara av hjälp:

- **Mobiltelefoner (synkron kommunikation)**. Använd telefoner för att bekräfta eller ställa in möten. De är inte bra för att planera möten.
- **E-post (asynkron kommunikation)**. Se till så att ni har varandras e-postadresser. Ni kan hålla kontakt på ett enkelt sätt, dela dokument och planera möten.
- **Resurser online: "ett måste" för virtuella grupper**. Många universitet/högskolor har lärplattformar eller liknande system där studenterna kan

bilda sina egna grupper. Ni kan använda det för att hålla kontakt, ladda upp viktiga dokument och för att administrera teamet. Ni kan också använda det för att spara alla era dokument. Om ni är en virtuell grupp, kan ni kanske också använda det för att chatta eller för att ha konferenser online så att ni kan ha direkt kommunikation (synkron). Om det inte finns sådana resurser, kan ni se om det går att använda någon sida för socialt nätverk.

- **Ett bra system för att spara dokument**. Var och en har sina dokument i datorn, men ni behöver också samla alla dokument på ett gemensamt ställe. Detta kan ni också göra på lärplattformen eller med hjälp av någon annan resurs som institutionen använder. Tänk på att ordna dina dokument så att de speglar teamets plan, och märk vilken version av dokumentet det är så att du vet vilket dokument du arbetar med.

**Obs.** Glöm inte att göra backup på alla dina dokument regelbundet. ”Jag kunde inte lämna in mitt arbete för datorn kraschade” har blivit allt vanligare som dålig ursäkt - det är så din lärare ser det. Ta ansvar och säkerhetsspara ditt arbete kontinuerligt.

### *Checklista: arbete i team*

1. Engagemang: Ni har alla gemensamt ansvar för att teamet ska lyckas bra och för att alla ska vara inkluderade.
2. Mål: Ni tar er tid att tydliggöra teamets mål för alla.
3. Syfte: För att upprätthålla motivationen i teamet måste ni alla vara klara över varför ni är med i teamet och över teamets syfte.
4. Plan: Ni måste planera hur ni ska lösa problemet genom att bryta ner uppgiften i mindre delar och bestämma hur ni ska arbeta tillsammaus som ett team.
5. Förväntningar: Ni måste som team uttrycka vilka förväntningar ni har och hur ni ska arbeta för att nå dem.
6. Roller: Se till så att ni fördelar rollerna i teamet så att ni kan utföra er plan. Ta hänsyn till individuella skillnader när ni fördelar roller.

# 6 Summering

Efter att ha läst det här kapitlet bör nu kunna uttrycka vad som är grundläggande för arbetet i ett verkligt team, reflektera över din erfarenhet av att arbeta i studentprojekt och veta hur du ska gå till väga för att det ska fungera bättre i nästa team. Det är möjligt att du på en anställningsintervju får en fråga om din förmåga att arbeta i grupp. Nu har du börjat reflektera över detta och sätta ord på det, vilket gör att det blir mycket lättare för dig att besvara en sådan fråga.

Gå tillbaka till övning 1 ”Irritationsmoment i samarbetet med andra” och se om du skulle ha svarat annorlunda nu. Du bör nu ha utvecklat lite mer medvetenhet om hur du kan hantera eventuella irritationsmoment.

Ge dig tid att reflektera över din erfarenhet av projektteam och vad du tycker att du måste bli bättre på för att bli en mer effektiv teamdeltagare. Detta kan du också lägga in i din professionella utvecklingsplan.

### ÖVNING 7 Uppdatera din professionella utvecklingsplan

Efter att ha läst det här kapitlet, gör en ny uppskattning av hur pass säker du känner dig. Hur stämmer detta med din uppskattning i början av kapitlet? Vad kan du göra för att bli bättre? Du kan skriva in detta i din professionella utvecklingsplan. Lägg till något annat som du tycker passar in.

Markera hur pass säker du nu känner dig (1 = mycket lite och 5 = mycket).

| Färdigheter i teamarbete | Nivå 1–5 | Plan för att bli bättre |
|---|---|---|
| Jag förstår vad ett verkligt team är och fortsätter att utveckla mina färdigheter inom detta.<br><br>*Avsnitt 2* | | |
| Jag har identifierat min lärstil och förstår vilken betydelse den kan ha för arbetet i teamet.<br><br>*Avsnitt 3* | | |
| Jag vet hur man bildar ett verkligt team och använder denna kunskap i teamarbete.<br><br>*Avsnitt 3, 4, 5* | | |
| Jag förstår att det är en större utmaning att arbeta i mångfaldsteam. Mitt team är införstått med detta och uppmärksammar eventuella problem.<br><br>*Avsnitt 2, 3, 4, 5* | | |

Datum: ____________

## Extra hjälp

- Det är möjligt att det på institutionen och/eller under kursen finns möjlighet att få träning i teambuilding. Utnyttja denna möjlighet och ta dig tid att reflektera över vad du lär dig.
- Se referenser i slutet av kapitlet (en del av dem finns på svenska).
- En allmän sökning på nätet med sökorden ”teambuilding” eller ”arbeta i team” ger mycket information.

# Feedback på övningar

### ÖVNING 1 Irritationsmoment i samarbetet med andra

| Irritationsmoment | Jag skulle ta itu med detta genom att . . . |
|---|---|
| Det finns alltid någon i gruppen som åker snålskjuts och får betyg för att andra gör jobbet. | börja med grundregler för teamet, komma överens i förväg om vad vi ska göra om någon inte gör sin del. Om situationen består, låta läraren veta (på ett rationellt, inte gnälligt, sätt) vad vi har gjort och att det inte har blivit bättre. |
| Det går långsammare att arbeta i grupp, och det irriterar mig. | lyssna på vad andra teamdeltagare säger hellre än att anta att de inte kan bidra med något. Se att de tillför andra typer av bidrag. Om jag är bättre på något, är jag glad att jag får dela detta med teamet eftersom vi alla är beroende av varandra. |
| Jag har svårt med temat vi måste jobba med och är rädd för att jag förstör för de andra. | tala om för teamet att jag oroar mig och erbjuda mig att göra något som jag vet att jag är bra på. |
| Ibland gör inte alla vad de ska (inte alls eller inte i tid). | kontrollera om grundreglerna nonchaleras och i så fall påtala reglerna. Informera läraren om det inte hjälper, och då också tala om vad vi har gjort för att själva försöka lösa det. |
| Ibland fördelas inte arbetet rättvist. | ta reda på om det kanske har uppstått undergrupper i teamet. I så fall måste det stoppas. Detta måste tas upp och diskuteras så att alla känner att de blir hörda och får uppskattning. |
| En del studenter bryr sig inte om vilket betyg de får, men det gör jag. | övertyga teammedlemmarna om att de är beroende av varandra och förstör för de andra om de inte jobbar på. Detta är del av grundreglerna och måste diskuteras med läraren om det inte kan lösas i gruppen. |

### ÖVNING 2 Förstå teammönster – hur ser du på det?

#### Scenario 1

***Typ av grupp***

Detta är mer som en ”arbetsgrupp”, dvs. en grupp människor som inte har så bra sammanhållning som de skulle kunna ha. Individerna arbetar antagligen informellt som i en arbetsgrupp utan att de är medvetna om det, och det är möjligt att de ser sig själva som ett team. De antar att resultatet blir bra, eftersom de alla har arbetat i team förut. Men som team måste de lägga upp det annorlunda. Ofta är det inte så bra att teamet består av vänner – det är inte säkert att gamla invanda sätt passar för den här uppgiften.

***Adairs gruppfunktioner***

Gruppen saknar fokus på uppgiften och bygger inte upp sitt team, även om det fungerar på den sociala nivån. Gruppen måste göra om sig själv till ett team.

#### Scenario 2

***Typ av grupp***

Gruppen är mer som en ”pseudogrupp”. Du tog reda på dina mål i början men verkar inte ha delgett gruppen dem. Varför frågade du inte ifall du kunde arbeta med de här målen i stället för att bara gnälla över att du inte sett dem? Några av dina vänner inser att de måste bete sig annorlunda om de vill få något gjort, men verkar inte låta gruppen ta del av detta. Det verkar som de instinktivt har tagit kommandot, utan diskussion, vilket gör att de verkar dominerande. Om den här gruppen vill förbli en grupp eller en grupp vänner **och** ett team, måste de öppet diskutera hur de ska klara uppgiften de fått och vilka olika roller de måste inta för att klara det.

***Adairs gruppfunktioner***

Den här gruppen saknar i stort sett funktioner för teambuilding. Några av er försöker klara uppgiften medan andra fortfarande fungerar som en social grupp. Den här gruppen måste se sig själv som ett team, se till så att alla kommer samman med fokus på uppgiften och skapa ett ömsesidigt beroende.

## Scenario 3

***Typ av grupp***

Den här gruppen är mer som ett "pseudoteam" nu, men med lite ansträngning och utveckling av ömsesidigt beroende och gemensamt ansvar för målen kan det bli ett "potentiellt team". Kanske det här teamet inledningsvis inte diskuterade uppgiften tillräckligt och inte undersökte vilka resurser som finns i gruppen. Teorier om ledarskap lyfter fram betydelsen av uppriktiga diskussioner i gruppen, där alla är överens om vad som ska göras, hur det ska göras och vem som ska göra det. Tänk på att ett "verkligt team" har delat ansvar och rör sig i samma riktning mot målet.

***Adairs gruppfunktioner***

Den här gruppen verkar ha uppnått de flesta av Adairs funktioner men inte så effektivt som det kunde vara. Efter hand som gruppen utvecklas kan det vara nödvändigt att omvärdera tidigare beslut om individuella behov och om hur lagandan kan bibehållas. Det är viktigt att kommunikationen hålls öppen så att problem kan lösas innan de blir hinder för att klara uppgiften.

## ÖVNING 6 Hitta orsaker när teamet inte fungerar

| Vad händer i teamet? | Markera | Möjliga åtgärder |
|---|---|---|
| Klargör inte vad er uppgift eller era mål är | | Ni har inte gått igenom planeringsprocessen. Se avsnitt 4. |
| Följer inte upp hur arbetet utvecklas | | Ni har inte utvecklat en metod för att kontrollera hur arbetet fortlöper. Ni kan inte lämna allt till samordnaren. Gå tillbaka till ert planeringsdokument och skriv in något där som ni alla är med på. Detta är mycket viktigt. |
| Har ingen kontroll på tiden | | Som ovan. Det är del av er metod för att kontrollera hur arbetet fortlöper. |
| Klargör inte och har inget protokoll på vad som har bestämts | | Lägg till i planeringsdokumentet hur ni ska dokumentera beslut. Se avsnitt 4 och 5. |
| Klargör inte vem som ska göra vad | | Ni verkar inte ha fördelat rollerna, se avsnitt 4, och för att kunna göra det måste ni förstå vilka lärstilar som finns i gruppen, se avsnitt 3. |
| Klargör inte vad som måste göras till när | | Detta betyder att ni inte har gjort ett tidsschema med milstolpar. |

| Vad händer i teamet? | Markera | Möjliga åtgärder |
|---|---|---|
| Har inget bestämt om upplägg av möten. | | Återigen är detta del av planeringsprocessen, se avsnitt 4. Spara beslut/åtgärder från möten elektroniskt, se avsnitt 5. |
| Håller sig inte till överenskommelser | | Se till så att ni har era grundregler klara (avsnitt 3) och har bestämt hur ni ska göra med dem som nonchalerar dem (avsnitt 4). |
| Lyssnar inte på varandra | | Som du kanske minns, att vara med i ett verkligt team innebär att samarbeta med och uppskatta alla i teamet. Titta igen på Adairs gruppfunktioner, avsnitt 2. |
| Tillåter vissa individer att dominera medan andra drar sig tillbaka | | Se ovan. Detta relaterar återigen till funktionerna i teamet. |
| (några) Kommer inte på mötena | | Era grundregler och procedurer för hur de ska fungera kan användas här. Det är därför som det är så viktigt att sätta upp dem innan något blir fel. Se avsnitt 3 och 4. |
| (några) Gör inte det de ska göra | | Som ovan, fast ni kan behöva kontrollera så att den här personen faktiskt gick med på att göra det här arbetet. Om det verkligen är ett problem, kan ni behöva omfördela uppgifterna. Var flexibla nog att göra detta. |
| (några) Gör inte det de ska göra särskilt bra | | Det är ganska troligt att det finns några i teamet som bara flyter med, medan andra kämpar. Tycker du att någon i teamet gör arbete som inte lever upp till kraven, samla teamet och utarbeta ett sätt för att lösa detta. Kan någon annan göra just det, behöver han/hon någon snabb vägledning? Ta reda på vad problemet är. |
| (några) Tar inte hänsyn till teamdeltagarnas känslor | | Detta har att göra med "Utveckla individen" i Adairs modell. Alla i ditt team är viktiga, och alla i teamet måste inse vars och ens värde. |
| (några) Bidrar inte lika mycket till att teamarbetet ska gå framåt. | | Ta först reda på varför detta händer. Kanske de som det gäller tycker att de bidrar tillräckligt. Var ärlig och klargör situationen. Återigen, med en bra plan och klara milstolpar bör ni kunna gå tillbaka och identifiera var det har blivit fel. Ni kanske måste göra justeringar. |

# Referenser


- Adair, J. (1986) *Effective Team Building*. Aldershot, Gower.
- BBC News (2006) Graduate demand outstrips skills. 7 februari. Hämtat från: http://news.bbc.co.uk (sök med hjälp av artikelns titel).
- de Bono, E. (1999) *Six Thinking Hats*. London, Penguin.
- Honey, P. och Mumford, A. (1992) *The Manual of Learning Styles*. Maidenhead, Peter Honey.
- Katzenbach, J. R. och Smith, D. K. (1993) *The Wisdom of Teams*. New York, HarperBusiness.
- Tuckman, B. W. och Jensen, M. A. C. (1977) Stages of small group development revisited. *Group and Organizational Studies*, 2, 419–27.

# 6 Presentera ditt arbete

Både under din utbildning och senare i arbetslivet är det viktigt att du kan presentera ditt arbete på ett snyggt sätt. Förmodligen har du redan sett en del affischpresentationer och lyssnat på ett antal muntliga presentationer och vet därmed vad du tycker är bra och inte. Nu har du möjlighet att sätta ord på detta och förbättra dina egna färdigheter.

I det här kapitlet kommer du att se

1. hur du kan förbereda information för affischer
2. hur du kan designa affischer som är visuellt tydliga och har sammanhang
3. hur du kan designa tydliga bilder för Powerpoint
4. vad som utmärker en bra och en dålig muntlig presentation
5. hur klassiska misstag i muntliga presentationer inverkar på din publik och hur du kan undvika att göra dem.

## ANVÄNDNING AV KAPITLET

Gör en uppskattning av hur pass säker du är på det som tas upp i påståendena nedan. I slutet av kapitlet har du möjlighet att ompröva dina svar och kan då också lägga in det i din professionella utvecklingsplan. Markera mellan 1 (mycket lite) och 5 (mycket):

| Jag vet vad jag måste tänka på om jag ska designa fungerande affischer till en presentation. | Jag vet vad jag måste tänka på om jag ska designa andra typer av bilder, till exempel Powerpoint, till en presentation. | Jag förstår vad som utmärker välfungerande muntliga presentationer. |
|---|---|---|
| | | |

Datum: ________________

# 1 Introduktion

Under dina studier har du nytta av att kunna göra bra och tydliga presentationer inför publik, men detta är också något som framtida arbetsgivare värdesätter. Det är också möjligt att du på en arbetsintervju får redogöra för dina erfarenheter av att presentera. Du kan till exempel bli ombedd att uttrycka vad som utmärker en bra och en dålig presentation och ge stöd för vad du säger. Du bör alltså se presentationer du gör under dina studier som tillfällen att utveckla din förmåga.

Genom att du gör olika typer av presentationer utvecklar du din säkerhet på olika sätt. Presenterar du med hjälp av affischer, måste du kunna presentera informationen kortfattat och på ett tilltalande sätt så att budskapet går fram. En muntlig presentation kräver att du ger mer information och går mer på djupet. I båda fallen måste du kunna förklara hur du tänker om du får frågor.

# 2 Affischpresentationer

Detta kan vara en del av det som bedöms under en kurs. Det kan vara en presentation av en individuell undersökning eller ett grupprojekt. Det kan också vara en visuell framställning av dina tankar om ett särskilt tema. Oavsett innehåll är en affisch en visuell presentation: den bör, precis som i andra former av kommunikation, "berätta en historia".

Innan du gör något annat, börja med en checklista:

**Checklista: klargör vad som förväntas**

1. Syftet med affischen och vem mottagaren är.
2. Storleken på affischen.
3. Specifikationer för hur affischen ska tillverkas. Kan den till exempel göras med hjälp av en speciell programvara, kan du göra den för hand eller klippa och klistra?
4. Förväntningar på hur den ska visas. Ska den till exempel tryckas eller visas med PC/laptop?
5. Ska affischen till exempel vara en del av en utställning eller ska den ingå i en muntlig presentation?
6. Bedömningskriterier.

Information som har med checklistan att göras diskuteras i det här avsnittet.

## Planera vad du vill säga

### Vem är din mottagare?

Ta reda på vem mottagaren är. Din lärare bör kunna ge dig vägledning om detta. Anta inte bara att det är för din lärare, eftersom risken då är att du ser det som om han eller hon redan kan materialet och att du inte behöver förklara det i detalj. Det är bättre att du tänker dig mottagaren som en intelligent 14-åring.

**Obs.** Forskare ombeds numera av forskningsråd att skriva abstrakt till sina undersökningar som kan förstås av intelligenta 14-åringar.

### Vad har du för budskap?

Det viktigaste är att bestämma **vad** du vill säga. Därför måste du urskilja huvudpunkterna i ditt arbete, skriva ner dem som ett utkast och ordna dem så att du får ordning i din "historia".

Om du rapporterar utifrån en egen undersökning eller ett grupprojekt, är det bra att skriva en kort bit i början (ca 200 ord) som visar

- varför du gjorde undersökningen (ger ett sammanhang)
- hur du gjorde den (metod)
- vilka frågor den väckte (det kan ha funnits intressanta saker att lösa på vägen)
- huvudsakligt resultat samt slutsats och förslag på åtgärder.

Detta påminner om ett "abstrakt", som finns i början av en tidskriftsartikel för att förbereda läsaren för innehållet i artikeln. När du väl har skrivit ett abstrakt har du huvudtankarna till din affisch och din introduktion.

En presentation av ett tema med hjälp av en affisch är som en visuell text, och du bör börja med att skriva ner en sammanfattning av vad du har läst genom att

- tala om betydelsen av temat (ger ett sammanhang)
- lista huvudpunkterna/frågorna/ställningstagandena (teoretisk utgångspunkt, huvudsakliga referenser, huvudsakliga lösningar etc.)
- ge en kritisk reflektion av vad du har läst och en avslutande kommentar.

När du har sammanfattat detta har du huvudtankarna till din affisch. De kan vara del av introduktionen.

För det andra måste din affisch ha ett klart budskap. Informationen i ditt abstrakt eller din introduktion kan utvecklas i affischens olika rutor (se "Designa din affisch" nedan).

## Hur vi läser en affisch

En affisch är inte en blandning av innehåll som kan läsas i vilken ordning som helst (förutom om du använder affischen som en typ av konst). Oftast läser vi en affisch från den övre vänstra sidan till den nedre högra sidan, precis som vi gör när vi läser andra sidor. Men du kan bryta mot den här regeln om det finns en klar och logisk väg genom affischen.

Sammanhang (progression av tankar) är viktigt i alla skrivna dokument, och det är samma sak med en affisch. Se till så att din start- och slutpunkt är tydlig. I mer kreativa ämnen kan man strunta i denna regel och ge en visuellt mer krävande bild. I så fall är det viktigt att bestämma vilken huvudsaklig information läsaren behöver och hur den ska framställas visuellt.

Tänk på att de som tittar på din affisch förmodligen inte lägger mer än 5 minuter på att läsa vad där står. Den tiden har du på dig att förmedla ditt budskap genom ord och bilder. Fundera över vilken den huvudsakliga informationen är (se "Planera vad du vill säga" ovan).

# Designa din affisch

## Layout

En ganska tydlig design är att lägga in textrutor och bildrutor. Först måste du bestämma affischens storlek (A1?) och utformning (porträtt eller landskap?). Figurerna 6.1–6.3 visar olika layouter.[1]

Du måste leka med idéer om hur du ska lägga in text och bilder samt vilken typ av information du vill ta med. Det är viktigt med flyt i informationen så att det blir tydligt för läsaren. Tänk också på vilka färger du använder så att det blir lätt att läsa. Färgerna ska lyfta fram budskapet, inte dominera det. En pastellfärgad bakgrund med mörk text gör det enkelt för ögat att uppfatta.

[1] Tack till Adam Warren på University of Southhampton för inspiration till dessa.

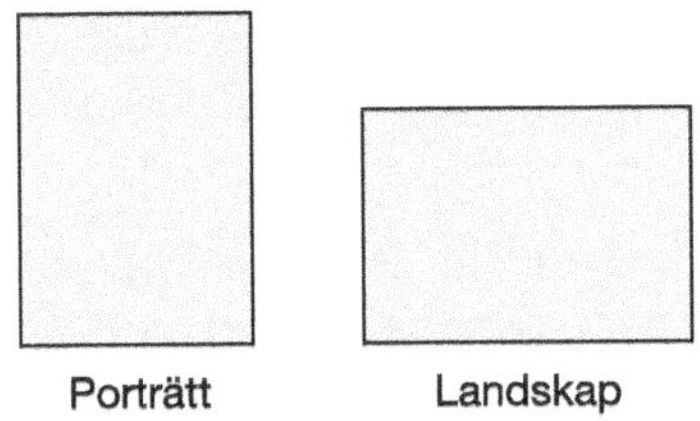


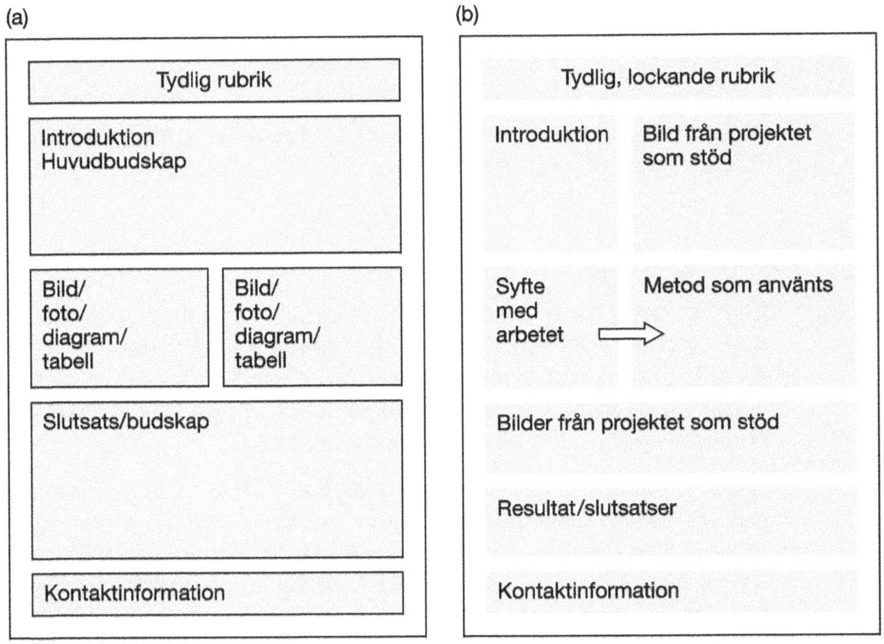


**Figur 6.1** Porträtt: olika kolumner. (a) Huvudsakligen en enkel kolumn med linjerade rutor. (b) Huvudsakligen dubbla kolumner med eller utan linjerade rutor

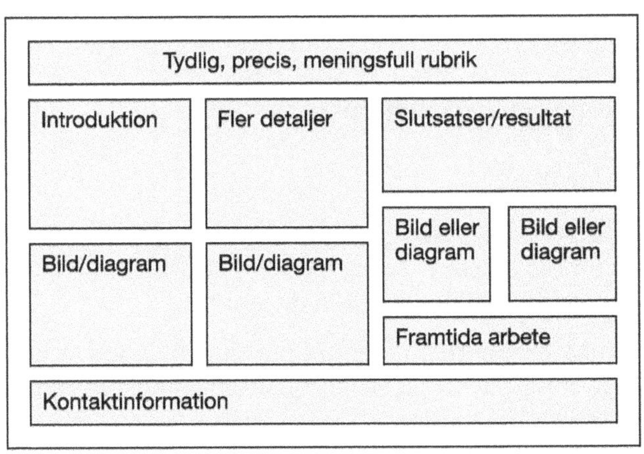


**Figur 6.2** Landskap: en mer visuell affisch

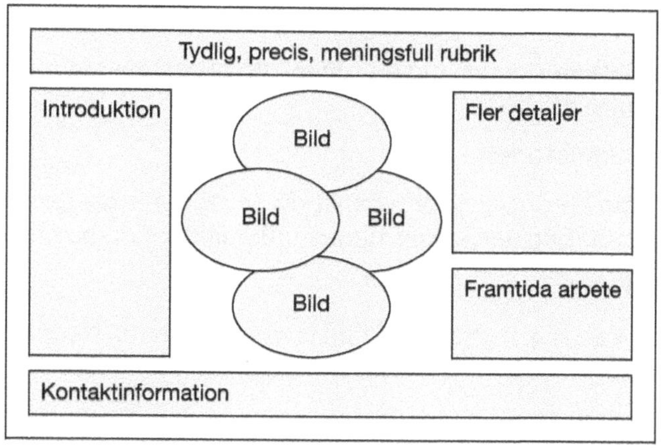


**Figur 6.3** Landskap – collage-effekt

En mörk bakgrund med ljus text kan se effektfullt ut, men var försiktig; det kan bli svårt att läsa. Temat bör ge en känsla för vilka färger som passar.

## Affischens storlek

Papper har standardiserade storlekar, och de storlekar som används är angivna av ISO (International Standards Office) som "A"-storlekar, från A7 till A0, ju lägre siffra, desto större pappersstorlek. Den pappersstorlek vi oftast använder är A4. De flesta kollegieblock är A4, och detta är också standardstorlek för de flesta kopiatorer och skrivare. Den vanligaste storleken för affischer är A1.

## Text: storlek och val av typsnitt

Tänk på att folk kommer att stå en bit från din affisch, så gör texten lättläst från ca 1,5 meters avstånd. Kanske vill du använda något fantasifullt typsnitt, men var försiktig – enkla, klara och proportionerliga typsnitt är bättre. Försök använda en teckenstorlek mellan 20 och 35 punkter, men storleken du väljer hänger samman med vilken typ av typsnitt det är eftersom några kan verka klumpiga när de blir för stora.

Här följer några möjligheter:

**Typsnitt: med eller utan seriffer?**

Ett grundläggande val är om man ska ha ett typsnitt med eller utan seriffer ("klackar"). Många studier visar att typsnitt utan seriffer och med bredare bokstäver är lättare att läsa.

**Times New Roman** har seriffer och ganska smala bokstäver, vilket ofta ger en dålig bedömning i olika test om läsbarhet. Det ses också numera som aningen gammeldags.

**Garamond** har också seriffer, men bokstäverna ser bredare ut och är därför lättare att läsa. Om du föredrar att använda ett teckensnitt med seriffer, är detta antagligen bättre än Times.

**Arial** saknar seriffer, och bokstäverna ser smala och stilrena ut.

**Verdana** saknar också seriffer, men bokstäverna ser bredare ut och är därför lättare att läsa.

### Teckenstorlek

Detta beror på vilket typsnitt du använder, men som en riktlinje: huvudrubrik ca 100 punkter, underrubriker 50 punkter och huvudtexten 25 punkter.

### Tonvikt

Du kan vilja lägga tonvikt på huvudpunkterna. Nedan följer några möjligheter. Använd emellertid bara två, som mest, på en affisch.

Du kan:

- använda fetstil, kursiv, understrykning eller versaler
- ändra färgen på texten
- lägga in text grafiskt eller i en ruta.

### Jämnhet/balans

Det mänskliga ögat ser ganska snabbt om texten inte är jämn, och detta kan göra att det ser oprofessionellt ut. Det är som med kläder som inte är strukna. Se till så att det ser jämnt och balanserat ut, och om du har en lista, se till så att de första orden i listan börjar på samma sätt, blanda till exempel inte små och stora bokstäver.

### Radlängd

Rader som är för långa eller för korta påverkar läshastigheten negativt. En bra utgångspunkt är att ha rader med ca 39 tecken.

### Bilder

Välj bilder som förbättrar din text. Udda bilder som inte passar in kan se konstigt ut.

**_Checklista: gör inte/gör_**

- **Ha inte** en massa olika typsnitt.
- **Ha inte** en massa olika teckenstorlekar.
- **Ha inte** tonvikt på stora bitar av text.
- **Ha** en konsekvent layout.
- **Ha** luft runt om texten, eftersom detta ger en kontrast till texten och låter ögat vila.
- **Gör** utkast och skriv ut det innan du skriver ut den slutgiltiga versionen.

**Tips**

Använd inte ett ovanligt typsnitt eftersom skrivaren kanske inte känner igen det.

## Programvara som hjälp

Du kan förbereda en affisch genom att rita för hand, skriva text på datorn, skriva ut och sedan klippa och klistra på papper eller genom att använda en programvara. Fråga läraren hur han eller hon vill att du ska göra. En del av uppgiften kan faktiskt vara att använda en speciell programvara.

Powerpoint är ett naturligt val för de flesta eftersom det finns i Microsoft Office. Förmodligen har du redan använt det under tidigare studier. Innan du börjar måste du bestämma sidstorlek och vilka inställningar du vill ha. För att göra detta för en A1-affisch, öppna **Arkiv > Ny presentation > Anpassa bild**, välj en **bredd** på 60 cm och en **höjd** på 84 cm, och välj antingen porträtt eller landskap som inställning.

A1

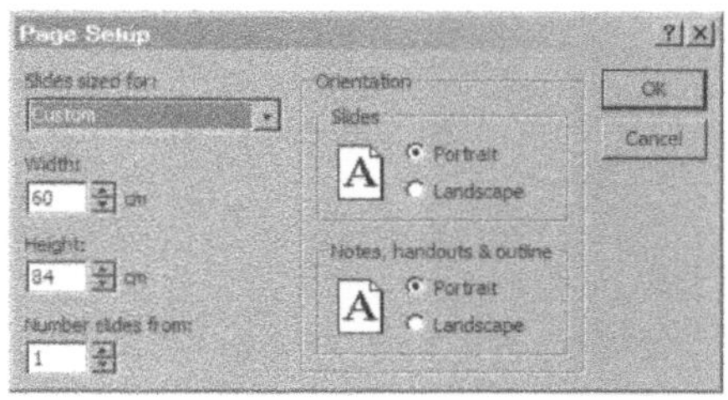


Du kan sedan spara din Powerpoint-fil i till exempel en minnessticka och ta med den till någon som kan skriva ut i den storlek och vikt på papper du vill ha. Försök först få en A3-kopia på affischen så att du kan kontrollera layout och färger innan den skrivs ut i A1-storlek.

**Obs.** Om du inte har någon erfarenhet av Powerpoint, se om det finns möjlighet att få någon utbildning i detta på ditt universitet/din högskola.

## Visning av affischen

Det finns flera sätt som affischen kan visas på:

- en visningsvägg
- hängande med en nylontråd (krävs tyngre papper för detta eller att den är monterad på papp)
- upptejpad på en vägg i en föreläsningssal.

**Obs.** Om du ska presentera ditt arbete utanför universitetet/högskolan, kan du behöva få det laminerat (det bör finnas möjlighet att få detta gjort på din institution). Du behöver då också en papprulle för säker transport.

### *Checklista: din affisch*

Det finns inget värre än att hänga upp affischen och se att det finns ett stavfel. Det måste vara rätt skrivet. Du (eller ännu hellre någon annan) måste

1. kontrollera budskapet så att det är klart
2. minska ner antalet ord utan att budskapet blir oklart
3. kontrollera stavningen
4. kontrollera så att bilderna stödjer texten
5. gå igenom ordningen i informationen så att den hänger samman
6. gå igenom layout och färger (se figur 6.4 för en sammanfattning om affischer).

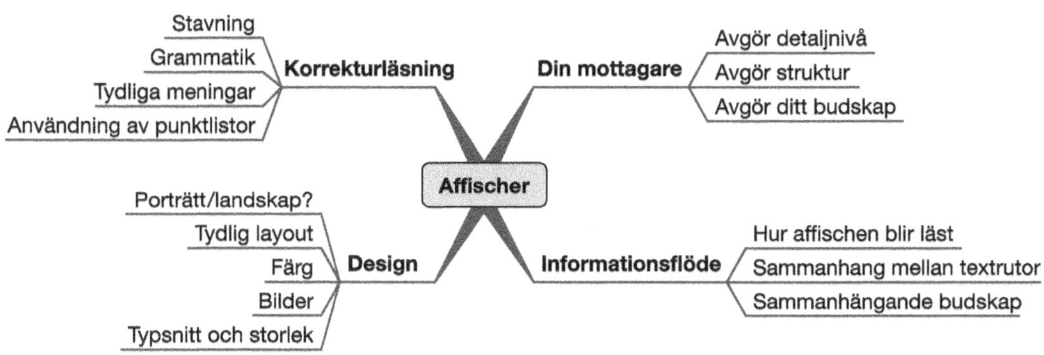


**Figur 6.4** Sammanfattning – affischer

# Tala om din affisch

Även om din affisch är till för att läsas, är du antagligen i närheten och kan få en del frågor. Du bör öva på att enkelt förklara vad ditt arbete handlar om, varför du gjorde det, eventuella problem som du hade under tiden samt vilket resultat och vilka slutsatser det blev. Din affisch kan också vara ett visuellt hjälpmedel för en muntlig presentation i stället för någon annan typ av bilder.

Se avsnitt 3 för information om muntliga presentationer.

## Bedömning av affischen

Dina lärare kommer att tala om hur arbetet ska bedömas. Något av det som de kan titta på finns i listan nedan:

| Kriterium | Beskrivning |
|---|---|
| **Kunskap** | Kunskapen som presenteras är korrekt, relevant i förhållande till rubriken, huvudpunkterna är tydliga. |
| **Struktur** | Affischen har en tydlig början och ett tydligt slut. Textrutorna innehåller klart definierad information. |
| **Språk och bilder** | Språket är klart, koncist och lätt att förstå. Det passar för mottagaren. Inga stavfel eller grammatiska fel. Bilderna gör att textinnehållet blir tydligare. |
| **Mängd information** | Det finns tillräckligt med information för att mottagaren ska förstå vad det handlar om, det är inte så mycket att det krävs omfattande läsning. |
| **Allmänt intryck** | Affischen ger ett bra visuellt intryck. Den presenterar ny information eller information från ett annat perspektiv. Den tar upp några nya/intressanta saker. |

# 3 Muntliga presentationer

När du presenterar, ensam eller i grupp, kan du använda visuella hjälpmedel, exempelvis Powerpoint-bilder, eller inte ha några visuella hjälpmedel alls, om det exempelvis bara är en mindre presentation av ett paper vid ett seminarium.

Innan du börjar bör du titta i följande checklista, eftersom detta är sådant som påverkar hur du ska göra.

### *Checklista: ta reda på vad som förväntas av din muntliga presentation*

1. Temat – identifiera och presentera de viktigaste punkterna.
2. Presentationen – i grupp eller individuellt.
3. Syftet med presentationen och vem mottagaren är.
4. Hur lång tid du har på dig att tala.
5. Hur mycket tid som ska finnas för frågor.
6. Metod för presentation, som användning av overhead, dator eller inga visuella hjälpmedel alls.
7. Handouts – förväntas du dela ut dem? Om så, hur många?
8. Rummets utseende: Var ska du stå? Var kan du lägga dina papper? Om ni är en grupp, hur ska ni fördela er i rummet?
9. Turordning för presentationerna – är du en av många den eftermiddagen?
10. Repetition – använd för att bestämma vem som säger vad om det är i grupp.
11. Bedömningskriterierna – ha dem i åtanke vid förberedelsen.

# Muntlig presentation av en uppgift

När du har gått igenom checklistan kan du börja förbereda din presentation.

## Skapa ordning i innehållet

Mängden detaljer du tar med bestäms av syftet och mottagaren, men du måste alltid ha en inledning, en huvuddel och en avslutning.

Oavsett om du presenterar ett individuellt projekt eller ett grupprojekt måste du

- sätta projektet i ett sammanhang – inleda
- tala om hur du genomfört projektet
- nämna eventuella problem som du har stött på
- ange resultat och slutsatser.

Om du presenterar en speciell idé behöver du

- sätta frågan/problemet i ett sammanhang
- tala om hur du gjorde din undersökning (gör en översikt för att visa varifrån du har fått bevis)
- diskutera sådant som är motsägelsefullt
- ange alla slutsatser.

**Obs.** Ett vanligt misstag i många studentpresentationer är att det inte finns någon egentlig inledning. Publiken sätts då inte in i sammanhanget eller i ämnet. Många studenter går direkt till detaljerna. Undvik detta så att publiken slipper anstränga sig för att hänga med och för att förstå dig. Du måste tänka på att publiken kanske inte vet lika mycket som du om ämnet. Att ha en inledning är något av det viktigaste.

Ta reda på hur lång tid du har på dig och om det i den tiden också ska finnas utrymme för frågor och feedback efteråt. En tumregel för ett tal på 15 minuter är:

- tala 10 minuter
- 5 minuter för frågor och/eller feedback.

Om du, som en tumregel, antar att du visar en bild per minut, bör du ha max tio bilder för en presentation på 10 minuter.

## Sätt att presentera

De allra vanligaste sätten för att presentera är

- att använda dator och något speciellt program
- att använda overhead
- att inte använda några visuella hjälpmedel alls.

Om du använder overhead behöver du genomskinligt overheadpapper. Handskrivna bilder rekommenderas inte. Det kan verka rörigt, såvida du inte har en riktigt tydlig handstil. Även grafik måste i så fall göras för hand. Det är ingen bra idé.

Du kan också göra presentationen med hjälp av datorn. Detta ger en klarare presentation och gör det enkelt att lägga till grafik, ha färger och använda hyperlänkar om så behövs. Om en del av din uppgift var att skapa en hemsida, måste du kunna visa den via datorn.

Att tala utan visuella hjälpmedel är ganska svårt. Ett klassiskt exempel på detta är innantilläsning från ett manus, vilket är ganska så trist. Om du ska presentera utan visuella hjälpmedel, är det klokt om du skriver nyckelord på talkort och talar runt dem hellre än att bara läsa innantill.

## Design av bilder

Precis som med affischer är designen av bilderna viktig. Mottagarna ska inte behöva läsa en massa text på bilderna, och du är inte där för att läsa upp vad det står. Det blir meningslöst och tråkigt. Bilderna är ett visuellt hjälpmedel för ämnet du talar om och ska ge en grund för detta. Så ju mer visuella bilder du gör, desto bättre – så länge det inte ser komiskt ut! Vi människor minns framför allt

- bilder
- diagram som visar sammanhang/processer
- nyckelord och nyckelfraser (speciellt om de upprepas tillräckligt ofta).

Vi minns inte stora textmassor eller punktuppställningar så bra.

Om du använder Powerpoint finns det färdiga mallar för design att använda, men bara några av dem är användbara. Många har sett dem alldeles för många gånger, och detta kan göra publiken uttråkad innan du ens har börjat. Undvik alltså att använda färdiga mallar och skapa i stället dina egna (figur 6.5).

Försök använda mer bild än text, men se till så att bilderna är relevanta.

Se till så att dina bilder är rena och tydliga så att de är lätta att förstå. Välj ett typsnitt som är lätt att läsa, och följ gärna de storlekar som föreslås i Powerpoint (storlek 32 för huvudrubriker och 28 för underrubriker).

**Tips**

Ta så många digitala bilder som du kan av ditt arbete så att du kan ta med dem i din presentation. Detta kan till exempel vara av ditt team, utrustningen du använde, resultatet (om visuellt) och förenklade grafiska framställningar.

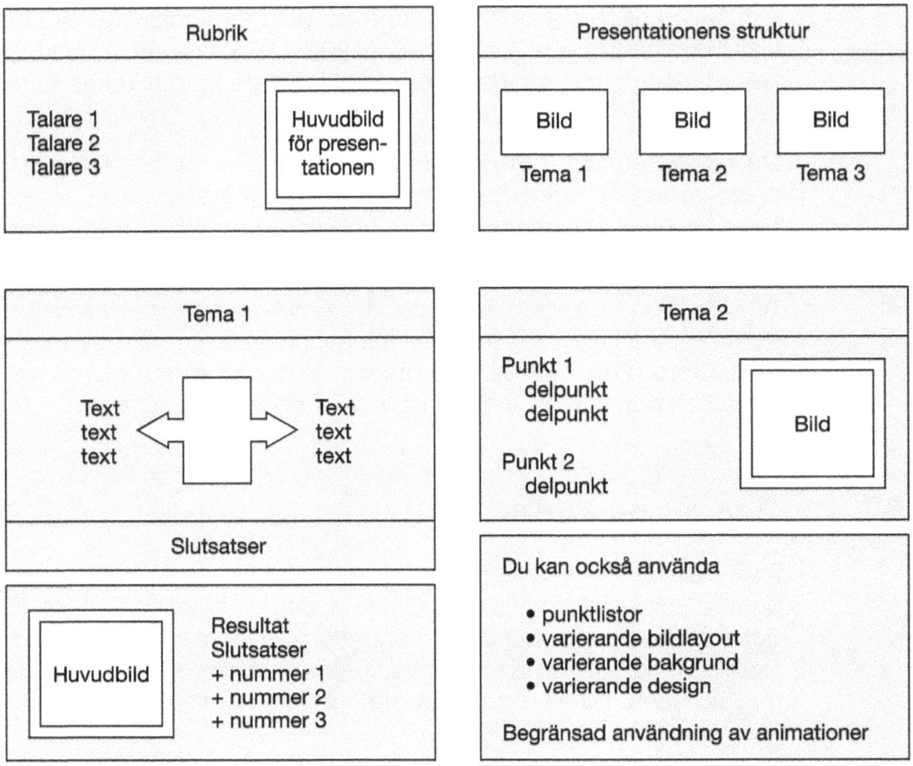


**Figur 6.5** Bilddesign

## Vad publiken minns

Din publik kommer bara att höra vad du har att säga en gång. De har ingen möjlighet att gå tillbaka om det är något de undrar över. Vad du säger bör alltså vara tydligt. Vi minns bättre hur saker ”passar ihop” än en lista av saker. Om du kan visa hur olika saker hänger samman (via diagram), hur processer fungerar (flödesdiagram) och hur saker ser ut (bilder, foton), kommer mottagarna att minnas din presentation bättre. Tänk efter vilket budskap du vill att publiken ska ta med sig och säg det i slutet med klar röst och med visuellt stöd.

# Bra och dåliga presentationer

Övning 1 handlar om din erfarenhet av att lyssna på presentationer och/eller att själv presentera.

**ÖVNING 1 Kännetecken på bra och dåliga presentationer**

Fundera en stund över alla presentationer och föreläsningar du har lyssnat på, och fyll i tabellen nedan.

| Kännetecken på presentationer du har uppskattat | Kännetecken på presentationer du tycker har varit tråkiga | Dina starka och svaga sidor när du presenterar |
|---|---|---|
| | | |
| | | |
| | | |

Finns några av dina starka eller svaga punkter med i avsnittet om feedback i slutet av kapitlet? Ta reda på detta för att veta vilka effekter de kan ha på publiken.

# Om du blir nervös

Många blir nervösa när de ska tala inför publik även om de har varit med om det under åratal. Dina föreläsare kan vara bra på att tala, men de första föreläsningarna på en termin ger ofta fjärilar i magen även hos dem som är vana vid att föreläsa. Att vara lite nervös är bra, det får adrenalinet att flöda och gör dig fokuserad på det du gör. Kanske känner du dig nervös när du inleder din presentation, men sedan kommer du in i det och känner då inte av nervositeten. Detta är vanligt. Problem blir det bara om nervositeten tar överhand.

Några av de saker du kan bli nervös för är

- en stark medvetenhet om att alla tittar
- en känsla av att alla ska tycka att du är dum
- rädsla för att glömma vad du ska säga
- rädsla för att tappa tråden och bli rörig.

Några tecken på att du kan känna dig nervös är att du

- darrar
- glömmer vissa ord
- stammar
- svettas
- har ett högre röstläge än normalt
- talar för snabbt
- får tunghäfta.

Kanske känner du igen något av detta.

## Att hantera nervositet

Det första du måste göra är att ta kontroll. Du kan öka tilltron till din egen förmåga genom att förbereda dig väl och ha kontroll på innehållet i det du ska presentera. Öva på din presentation så att du vet vilka ord och fraser du ska använda, och gör en uppskattning av hur lång tid det tar så att du håller dig inom tiden. Vanligtvis är studentpresentationer av projekt runt 15–20 minuter, men om du presenterar i grupp kanske du bara har 5 minuter för egen del. Håll tiden. När du övar bör du ta reda på vilka delar som inte flyter, där du är osäker på poängen eller där du har med något som du inte är nöjd med. Genom att öva ser du också vilka nyckelmeningar du måste lägga in mellan bilderna.

Du måste också försöka ha kontroll över dina känslor. Lite nervositet är bra, men inte för mycket. Målet är att du ska kunna vara så pass lugn att du kan tänka och tala klart. Försök visualisera en talare som du tycker är bra. Sätt ord på vad det är som är bra, och försök visualisera att du själv presenterar på samma sätt. Detta behöver du göra regelbundet så att det blir en vana och så att du när du ställer dig upp för att hålla din presentation är "i rollen". Annars, om inte det fungerar, kan du försöka med djupandning. Det sänker hjärtfrekvensen och minskar nervositeten. Till slut, reflektera över dina framträdanden på ett ärligt sätt tillsammans med en vän, men kom ihåg att din uppfattning förmodligen skiljer sig från publikens. Du tycker kanske att du tvekar mycket när du talar, men det är inte alls säkert att publiken märker det. Viktigt är att du själv tar reda på vad som fungerar för dig och att du är proaktiv.

Övning 2 hjälper dig att se om du är nervös när du ska tala.

**ÖVNING 2 Blir du nervös om du ska ha en muntlig presentation?**

Markera: 1 = sällan, 2 = ibland, 3 = alltid.

| Kännetecken på nervositet | Detta är jag: 1–3 | Vad jag planerar att göra |
|---|---|---|
| En stark medvetenhet om att alla tittar | | |
| En känsla av att alla tycker att du är dum | | |
| Rädsla för att glömma vad du ska säga | | |
| Rädsla för att tappa tråden och bli rörig | | |

Se avsnittet "Feedback på övningar" i slutet av kapitlet.

# Att tala med säkerhet

Kom ihåg att det inte är samma sak att göra en muntlig presentation som att skriva en text som du sedan läser upp. Att läsa högt från ett manus resulterar i ett dåligt betyg därför att det inte visar färdigheter i att kommunicera (se feedback på övning 1). Det är alltså inget alternativ att skriva en text och därefter läsa upp den. Vad du måste göra är någon form av anteckningar – kanske som talkort – om du inte känner dig tillräckligt säker på att bara förlita dig på bilder (till exempel Powerpoint-bilder) som underlag.

Det är monotont att lyssna på uppläsning av skriven text, och det är lättare att läsa den än att lyssna på den. Fritt tal är mycket intressantare. Även om det blir inslag med "um" och "öh" eller om det blir pauser, är detta naturligt och ger publiken lite tid att processa vad som sägs.

Vad du framför allt måste tänka på är

- röst och tempo
- kontakt med publiken
- sätt att hantera frågor.

## Röst och tempo

I övning 1 kanske du kom fram till några kännetecken som har med röst att göra och som du tycker utmärker en dålig presentation. Röst och taltempo är något av det viktigaste att tänka på när du presenterar. Titta på figur 6.6 och var noga med röst och tempo när du övar på din presentation.

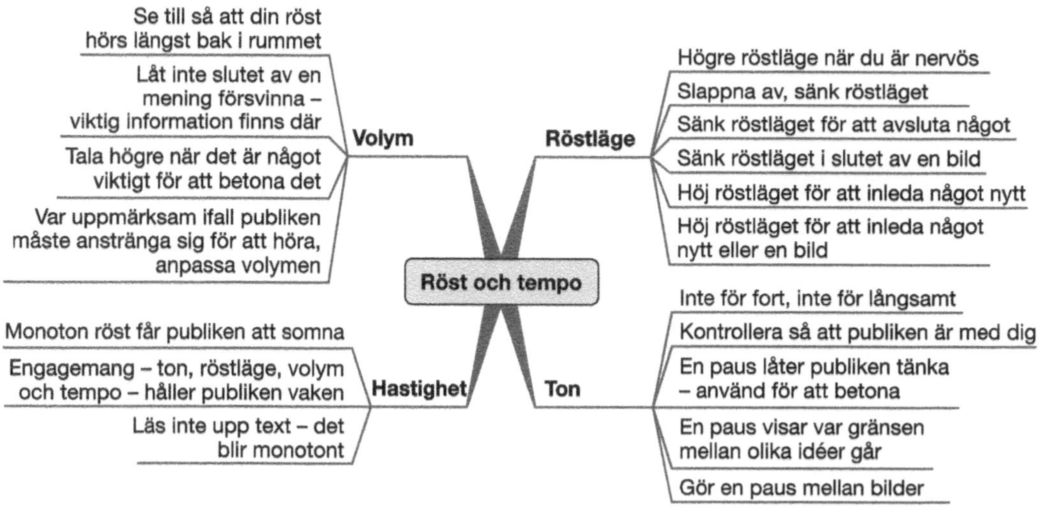


**Figur 6.6** Sammanfattning – röst och tempo

**Obs.** Använd språkmarkörer som: och nu . . . nästa punkt . . . i motsats till . . . för att sammanfatta . . . och till slut . . . , tillsammans med röstläge för att signalera en förändring eller en ny punkt. Det kan till exempel vara genom att du höjer rösten, talar långsammare och pausar en aning innan du går vidare. På så sätt blir det lättare för publiken att följa din presentation.

## Kontakt med publiken

Den som inte är så van att tala inför publik har en tendens att fokusera för mycket på sig själv och glömma bort publiken. Detta är ett misstag. När du väl accepterar att publiken finns där och söker kontakt med den, blir din presentation interaktiv och du kommer att trivas med det. För att skapa kontakt med publiken bör du därför

- börja med att bara stå och titta på publiken i 8 sekunder. Bara titta ut över rummet utan att titta på någon speciell – detta signalerar att du är redo att sätta igång
- presentera dig själv medan du tittar ut över publiken
- börja positivt och inte med någon ursäkt för att något inte fungerat – publiken är bara intresserad av vad du har att säga nu
- se intresserad ut och låta som om du är intresserad av vad du säger och av publiken
- tala om strukturen på din presentation
- bibehålla rätt tempo och använda rösten som nämnts ovan
- tacka publiken för att de lyssnat och bjuda in till frågor.

**Obs.** Om du läser från ett manus har du inte publikkontakt. Du förlorar ögonkontakten, börjar mumla, blir monoton och läser för snabbt. Om du inte tycker att det räcker med att ha bilder och du blir nervös, kan du ha anteckningar på kort eller på papper med stor stil (runt storlek 16). Lägg då också in noteringar om att du ska titta på publiken, göra en paus eller betona något som är viktigt.

### Hantera frågor

Det är alltid svårare med frågor från publiken vid en individuell presentation, men du måste förbereda dig för det så bra som du kan. Gör en lista över det du huvudsakligen tar upp och gå igenom vilka frågor som skulle kunna ställas för varje huvudpunkt. Presenterar du i grupp, bör du kunna svara på frågor som har med ditt bidrag att göra. Vad du bör förbereda är:

- Varför valde du att undersöka ämnet med en viss metod?
- Är det någon särskild författare som påverkat dig på något sätt?
- Hur kom du fram till dina slutsatser (eventuellt valet av statistik som du använt)?
- Vilka svårigheter stötte du på när du gjorde din undersökning och hur kom du över dem?
- Om du skulle göra arbetet igen, vad skulle du göra annorlunda?

**Obs.** Var ärlig om du får frågor som du inte kan svara på. Det är alltid uppenbart ifall en talare försöker hitta på svar. Du kan alltid tacka den som ställde frågan för frågan för att den får dig att gå vidare i ditt tänkande.

## Planering av en presentation

Oavsett om du planerar presentationen ensam eller i grupp, går planeringen till på samma sätt. En skillnad när det gäller gruppresentationer är att ni då också måste bestämma hur de olika bidragen ska länkas samman till en sammanhängande presentation (se kapitel 5 ”Att arbeta i ett verkligt team”).

### ÖVNING 3 Muntlig presentation: ha kontroll på tiden

Du kan använda denna övning för att förbereda en presentation.

| 14 viktiga punkter för att kontrollera tiden | Kvar att göra | Gör nu | Gjort |
|---|---|---|---|
| **Under veckorna eller dagarna före presentationen** | | | |
| 1. **Förstå temat för din undersökning** och se till så att du har tillräckligt med underlag för att känna dig säker på det du tar upp. Detta ger dig också säkerhet när det är dags för frågor. | | | |
| 2. **Strukturera din presentation** genom att identifiera huvudbudskapet och huvudpunkterna. Om ni presenterar som grupp, måste ni dela upp de olika avsnitten mellan er. Se till så att det finns en inledning (talar om vad som ska tas upp), en huvuddel (utvecklar argumenten) och en avslutning (presenterar en slutsats). Kom ihåg: i en gruppresentation måste ni fördela ansvaret. | | | |
| 3. Bestäm vilken **visuell stil** du vill använda och förbered bilderna väl. Se till att göra bilder som är lätta att läsa. | | | |
| 4. **Bestäm en rubrik för din presentation.** Gör den kort men informativ så att det framgår vad det handlar om. | | | |
| 5. **Ha korta anteckningar eller talkort** så att du är säker på att få med det du vill ha med, och i rätt ordning. | | | |
| 6. **Öva på presentationen och att hålla tiden** – antingen för vänner eller för varandra. | | | |
| 7. **Ta reda på hur rummet där du ska tala ser ut** och se till så att du vet var du ska stå eller sitta, var publiken kommer att vara och var utrustningen du ska använda finns. | | | |
| 8. Bestäm dig för vilket **budskap** du vill att **publiken ska ta med sig** och hur du ska framföra det. | | | |
| 9. Tror du att din presentation kommer att möta **bedömningskriterierna**? Om inte, vad måste du ändra på? | | | |
| **Dagen för talet** | | | |
| 1. Läs igenom talkorten och det material du ska använda, till exempel handouts och bilder, så att du är säker på att det är rätt. | | | |
| 2. Gå till platsen där du ska tala i god tid och kontrollera utrustningen om du har möjlighet till det. | | | |
| 3. Påminn dig själv om vad du ska tänka på när du håller din presentation (röst, tempo, publik, frågor). | | | |
| 4. Stöd varandra i en gruppresentation. Se till så att ni vet var ni ska stå och hur ni ska knyta an till varandra. | | | |
| 5. Slappna av, andas djupt för att hålla nerverna under kontroll (se ovan) och kom ihåg att publiken är på din sida! | | | |
| **Det är din tur! Kör på!** | | | |

# 4 Summering

Det här kapitlet har tagit upp två sätt att presentera arbeten: som affischer och som muntlig presentation. Rapporter och portfolier är andra sätt att presentera på. Vad det än är, se till så att du vet vad som förväntas av dig, hur det ska presenteras och vad ditt budskap är. Du måste också tänka på att allt hänger samman och ser bra ut. När du presenterar ditt arbete ska du kunna känna dig stolt över innehållet och hur det ser ut.

### ÖVNING 4 Uppdatera din professionella utvecklingsplan

Gör efter att ha läst det här kapitlet en ny uppskattning av hur pass säker du känner dig. Hur stämmer det med din uppskattning i början av kapitlet? Vad kan du göra för att bli bättre? Du kan lägga in detta i din professionella utvecklingsplan. Lägg gärna till något annat som du tycker är lämpligt.

Markera hur pass säker du nu känner dig (1 = mycket lite och 5 = mycket).

| Färdigheter jag håller på att utveckla | Nivå 1–5 | Plan för att bli bättre |
|---|---|---|
| Jag kan sammanfatta relevant information för en presentation i affischform. | | |
| Jag kan grundprinciperna för hur man designar en fungerande affisch. | | |
| Jag kan identifiera mitt huvudbudskap när jag håller en muntlig presentation. | | |
| Jag vet vilka styrkor och svagheter jag har när jag håller en muntlig presentation och kan reflektera över dem. | | |
| Jag förstår principerna för hur man designar bilder. | | |
| Jag har kontakt med publiken när jag håller en muntlig presentation. | | |
| Jag vet hur jag ska hantera frågor jag får. | | |

Datum: ________________

## Extra hjälp

- Behöver du mer hjälp med muntliga presentationer, kan du höra med Studentcentrum (eller liknande). Det kan finnas ”Att tala”-kurser.
- Det finns ett antal böcker om att tala inför publik.

# Feedback på övningar

**ÖVNING 1 Kännetecken på bra och dåliga presentationer**

Några av de faktorer som avgör kvaliteten på en presentation visas i följande tabell.

| Kännetecken | Effekt på publiken | Lösning |
|---|---|---|
| Ingen eller lite ögonkontakt | "Hallå, vi är också här!" | Försök titta på din publik. Titta runt och undvik att bara titta på en person. Tittar du på en person hela tiden blir det pinsamt. |
| Mumlar | "Vad talar han/hon om?" Publiken försöker förstå men ger upp efter ett tag. | Öva på ditt tal i förväg och spela antingen in det eller låt någon vän lyssna. Du måste låta din röst framträda. Tänk på att de i den bakre delen av rummet också ska höra vad du säger. |
| Monoton röst | En monoton röst blir som ett brummande, och publiken kan inte avgöra vad i talet som är viktigt. Om detta fortsätter, börjar de dagdrömma, somnar eller bara önskar att de var någon annanstans. | Budskapet i en skriven text förs fram via rubriker, underrubriker och stycken. Din röst måste forma texten. Du kan använda **tonhöjd**, **röststyrka** och **pauser** för att skapa effekt. Använd detta för att visa hur du rör dig mellan olika delar och betona viktiga punkter. |
| Läsa från papperet | Publiken blir uttråkad. Läser du från papperet, tittar du inte på publiken särskilt mycket och läshastigheten blir snabbare än när du talar fritt. | Läs från kort om du känner att du måste läsa något. Skriv med stora tecken; det blir då svårt att läsa snabbt. Skriv också in kommentarer om vad du ska göra, till exempel "titta på publiken", referera till ett diagram på en bild etc. |
| Lite eller ingen struktur | Din publik undrar vad det handlar om. Publiken är förlåtande i början av en presentation och antar vanligtvis att det blir bättre. Men om det efter 5 minuter inte är klart vad det är för struktur, blir de irriterade och har bara dig att fokusera på i stället för på innehållet. | Tänk på: Om du tappar tråden i en bok kan du bläddra tillbaka, men publiken som lyssnar kan inte göra det. Du måste alltså visa strukturen både visuellt och muntligt. Pausa mellan olika delar och tala högre när du börjar med en ny del. Se detta som röstteknik. |
| För mycket information | "Åh nej, inte en bild till, jag kan inte läsa en till som är full med tätt packade punkter." De som lyssnar klarar bara tätt packad information några minuter, därefter blir de överbelastade och stänger av. | Identifiera dina huvudbudskap och utveckla dem. Det är bättre att presentera för lite än för mycket. Vad är budskapet du vill att publiken ska minnas och ta med sig? |
| Dåliga bilder | Din publik blir irriterad. Dåliga bilder, små bilder, packad text, allt detta bidrar till "störningen". Publiken kan inte läsa det, så varför ska du ha använda det? | Om du använder bilder, gör bilder som visar huvudpunkterna i din presentation. Det är bättre att ha detaljer som handout (även om du talar lite om dem). |

**ÖVNING 2 Blir du nervös om du ska ha en muntlig presentation?**

| Kännetecken på nervositet | Vad du kan göra |
|---|---|
| En stark medvetenhet om att alla tittar | När du väl börjar engagera dig i din publik och börjar ha ögonkontakt, kommer den här känslan antagligen att minska. Försök tänka på hur det känns när du samtalar. Om du inte tittar på publiken kan känslan intensifieras. |
| En känsla av att alla tycker att du är dum | Detta har att göra med hur säker du känner dig. Öva på din presentation så att du vet hur du ska förklara svåra saker och så att du är säker på i vilken ordning bilderna kommer och på innehållet i dem. |
| Rädsla för att glömma vad du ska säga | Detta har också att göra med att du inte känner dig säker. Om du övar kommer du säkert att kunna använda de viktigaste fraserna och begreppen. |
| Rädsla för att tappa tråden och bli rörig | Detta händer när du känner dig stressad. Du måste börja med att känna dig positiv till din presentation. Du har övat, du kanske inte säger allt på bästa sätt, men ingen kommer att märka det. Om du har en tydlig struktur kan det inte bli rörigt. |

# 7 Ta kontroll över din läsning

Förmodligen bedömer du, med all rätt, att din läsförmåga är god – du har ju trots allt klarat dina tidigare studier som tagit dig till högre utbildning. Men efter hand som du går vidare i dina studier kommer du att märka att läsningen kan vara en större utmaning än du trott. Du måste vara ihärdig när du ska läsa komplexa tekniska texter för att få fram bakgrundsinformation, specifika fakta, för att se hur saker fungerar och för att använda teorier.

Du är nu i ett stadium där du måste bli en "smart" läsare och snabbt kunna identifiera vilka dokument som passar ditt syfte. Du måste också kunna läsa på ett effektivt sätt och med en kritisk blick.

I det här kapitlet kommer du att kunna

1. se vilka textfunktioner som hjälper dig att läsa snabbare
2. veta hur du kan identifiera vilka texter som är lämpliga att läsa
3. utveckla strategier för effektiv läsning.

## ANVÄNDNING AV KAPITLET

Gör en uppskattning av hur pass säker du är på det som tas upp i påståendena nedan. I slutet av kapitlet har du möjlighet att ompröva dina svar och kan då också lägga in det i din professionella utvecklingsplan. Markera mellan 1 (mycket lite) och 5 (mycket):

| Jag förstår hur olika funktioner i en text kan hjälpa mig att läsa mer effektivt. | Jag vet hur jag kan identifiera vad jag ska läsa. | Jag känner till olika lässtrategier och använder dem. |
|---|---|---|
| | | |

Datum: ________________

# 1 Hitta rätt väg i texten

Kanske har du tidigare, eftersom du koncentrerat dig på innehållet, inte tänkt på hur texter är uppbyggda. Men du kan använda texter på ett mer effektivt sätt om du utforskar hur de har satts samman.

För att hitta vägen i texter bör du

- ha kunskap om hur texter har satts samman – med andra ord vilken stil olika texter har
- ha förståelse för de texttyper du oftast läser.

Du kan öka din läshastighet och förbättra din förståelse om du är bekant med hur texter i ditt ämne är skrivna. Detta kallas ”genre” eller texttyp. Du kan också titta på hur texten är disponerad och hur författaren har analyserat (brutit ner) materialet för att bygga upp sin argumentation. Varje disciplin (till exempel farmakologi, sociologi, psykologi, filosofi, neurologi) kan ha olika sätt att argumentera, och texterna kan ha olika uppbyggnad och styras av olika ”regler”.

## Olika typer av text

Expertläsare navigerar snabbare i texter än noviser. En orsak till det är att de vet vad som kan förväntas i olika texttyper. De kan med andra ord känna igen dolda kännetecken på text så att de vet vilket syfte texten har och vad de kan få ut av den.

Under dina studier kommer du huvudsakligen att läsa läroböcker, antologier, dina föreläsares anteckningar, manualer och texter på webben. Läroböckerna hjälper dig att förstå ämnet och åtföljs ofta av en lista med de viktigaste begreppen samt diagram, bilder, exempel och frågor, som gör att du kan testa dig själv. Läroböckerna förenklar och ”undervisar”. Några är bättre än andra.

Antologier är böcker som har flera författare och är skrivna för att ge mer djupgående information om ett ämne. Vanligtvis utvecklar varje författare en delfråga, ofta på ett diskursivt sätt genom att till exempel presentera argument, förklara ett begrepp i relation till ett annat begrepp eller argumentera emot en teori.

Manualer är som receptböcker med instruktioner. Tyvärr är de ofta inte så tydligt skrivna och du kanske märker att du måste ”hitta din egen väg” genom dem.

Texter på webben kan vara allt från vetenskapliga tidskriftsartiklar, som du kan nå via din inloggning till universitetets/högskolans bibliotek, till bloggar. Var försiktig med hur du använder material från nätet (se kapitel 3, avsnitt 2 ”Använda teknologi för att lära”).

Tidskriftsartiklar är det publicerade resultatet av en forskares arbete. Du hittar dessa artiklar i akademiska tidskrifter, som finns antingen i pappersform på biblioteket eller online. Dessa artiklar är huvudresursen för all forskning och har granskats innan de blivit tryckta. Du kan också använda tidskriftsartiklar för att spåra vilka forskare som är aktiva inom ett område.

**Obs.** Du måste referera till alla källor du använder, annars kan du bli anklagad för plagiat (se kapitel 13).

**Tips**

Försök lära dig om programvaror för referenshantering (exempelvis EndNote eller Reference Manager) för att hantera dina referenser och anteckningar i samband med läsning under större projekt.

## Viktiga funktioner i en text

Olika typer av texter har olika funktioner och det är viktigt att du förstår vilka de är och hur de kan hjälpa dig att få en snabb översikt av en text. Kanske känner du redan till vilka funktioner du kan titta efter, men har du ett kritiskt förhållningssätt så att du kan använda dem på ett effektivt sätt? Använd övning 1 för att undersöka detta.

| | |
|---|---|
| Rubriker | Underrubriker |
| Sammanfattning/abstrakt | Stycken |
| Fetstil/kursiv | Referenser |

### ÖVNING 1 Hur använder du textfunktioner?

| Textfunktioner | Vad gör du? |
|---|---|
| 1 Hur använder du rubriker och underrubriker? | a. Jag tänker inte så mycket på dem – jag läser bara.<br>b. Jag skummar igenom texten för att se vad den handlar om.<br>c. Jag använder dem för att strukturera mina anteckningar. |
| 2 Läser du textens abstrakt? | a. Jag vet inte vad det är.<br>b. Jag bryr mig inte om det. Det är utanför texten, och all information finns ju i texten.<br>c. Jag läser alltid det innan jag bestämmer om jag ska fortsätta läsa. |
| 3 Hur använder du textens sammanfattningar? | a. Jag bara läser – jag tänker inte på om det är en sammanfattning eller inte.<br>b. Jag läser textens abstrakt eller sammanfattning först för att få en uppfattning.<br>c. Jag förstår att en sammanfattning kan vara i början eller i slutet av en text, så jag tittar efter den. |
| 4 Hjälper underrubriker dig att förstå hur skribenten tänker? | a. Jag har faktiskt inte tänkt på det.<br>b. Jag vet att de finns där och skriver kommentarer under dem.<br>c. Jag använder underrubrikerna för att få en översikt över texten innan jag börjar läsa mer noggrant. |
| 5 Vad är ett stycke till för? | a. Det delar upp texten på sidan så att det inte ser så packat ut.<br>b. Det är skribentens sätt att förklara något. |
| 6 Lägger du märke till de nyckeltermer eller begrepp som ibland används i början av texter? | a. Vanligtvis inte, jag bara läser och antecknar.<br>b. Ja, jag tittar på det för att jag ska få en översikt av vad som kommer i texten. |
| 7 Vad gör du med referenserna? | a. Jag har faktiskt aldrig tänkt på att titta på dem.<br>b. Jag använder referenserna för att se vilka de viktigaste forskarna är inom detta område och för att se hur jag kan läsa vidare. |

Se avsnittet "Feedback på övningar" för fler förklaringar.

## Mer om stycken

Skribenter använder stycken för att bygga upp argumentationen. Hur de gör beror på vad de talar om, till exempel om det är en process, en definition, en beskrivning. Kan du snabbt se hur ett stycke är uppbyggt, hjälper det dig att läsa mer effektivt. Se också kapitel 14, avsnitt 2.

Några enkla sätt som skribenter använder för att utveckla sina idéer i en text är följande:

- **Definitioner** och/eller *beskrivningar*, där de använder ord som *definieras som*, *omfattar*, *har att göra med* etc. Författaren kan titta på beskrivningar och definitioner som är omtvistade och lägga till sin egen definition eller hänvisa till någon standarddefinition.
- **Jämförelser**, där de använder ord som *på liknande sätt*, *å andra sidan*, *skiljer sig från*, *jämfört med*, *däremot* etc. Författaren kan till exempel jämföra resultat från olika experiment eller jämföra olika uppfattningar.
- **Orsak och verkan**, där de vanligtvis använder ord som *som ett resultat*, *därför*, *om . . . så . . .* , *därför att* etc. Detta är vanligt när en författare diskuterar hur något fungerar.
- **Processer** och **sekvenser**, där ord som indikerar en sekvens av händelser vanligtvis används: *för det första*, *för det andra*, *sedan*, *därefter*, *slutligen* etc. Processer kan referera till ett skeende eller en tidssekvens.

Det är viktigt att du tittar efter sådana ord och stryker under några av dem medan du skummar igenom texten. Var beredd om det står: "Det finns fyra huvudsakliga förändringar . . .", skumläs texten och stryk under de ord som introducerar dessa fyra förändringar. Genom att du förstår sammanhangsorden vet du hur texten är disponerad.

Dessutom använder en skicklig skribent den första eller den andra meningen i ett stycke för att visa vad stycket handlar om. Denna kallas kärnmening (se också "Skumläsning" i avsnitt 3). När du känner till detta, kan du använda det på ett effektivt sätt.

# Stycke med kärnmening

Titta på figur 7.1 för att se hur ett stycke utvecklas.

Som du ser har meningarna en funktion i texten och det är genom dessa som författaren kan garantera att texten hänger ihop eller har ett sammanhang.

### ÖVNING 2 Identifiera sammanhangsord och deras funktion i ett stycke

Titta på texten i figur 7.1 och stryk under några av de viktigaste sammanhangsorden. Vilken funktion har de?

Se vidare förklaring i avsnittet "Feedback på övningar".

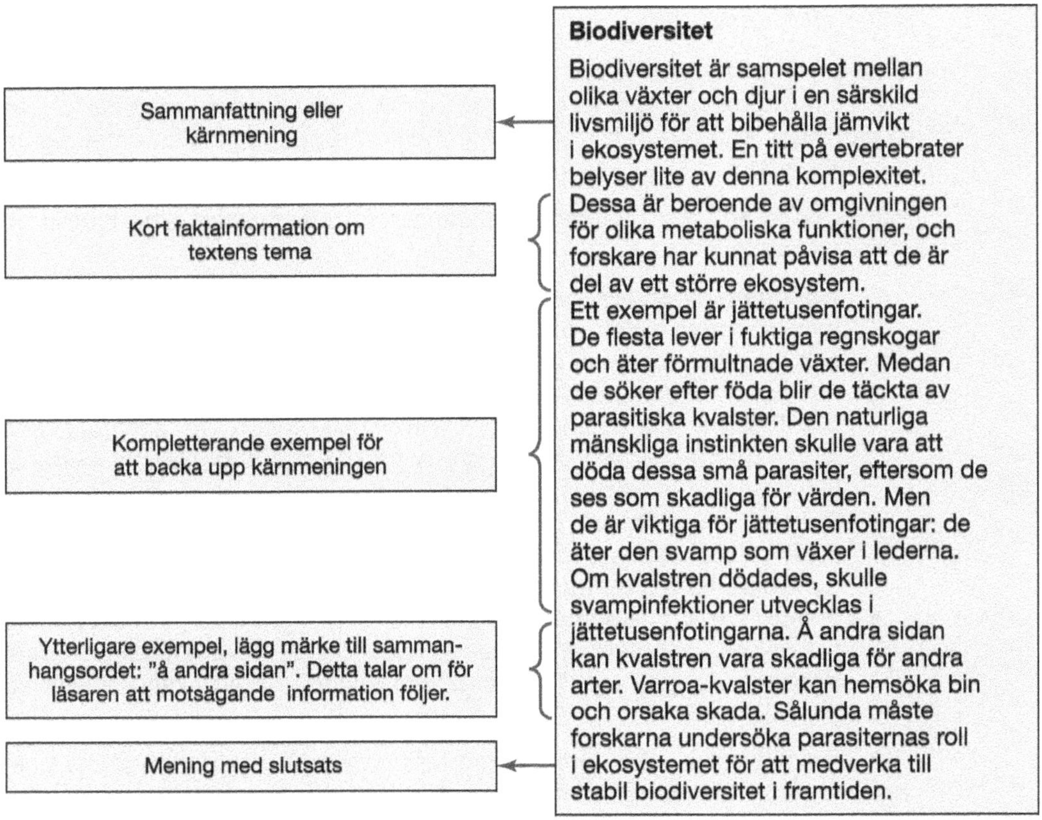


**Figur 7.1** Utveckling av ett stycke

# Tekniska texter

Texter inom naturvetenskap och teknik kan vara svåra att läsa eftersom de vanligtvis inte har någon narrativ stil. Tekniska texter har mer fokus på att förklara till exempel begrepp och deras relation, ämnens/materials kännetecken och egenheter samt händelseförlopp. Fakta och information är tätt sammanpackat på varje sida, och du möter mycket ny vokabulär, nya akronymer, matematiska ekvationer, symboler och formler, diagram och flödeskartor.

Det är viktigt att du är klar över syftet med läsningen så att du kan koncentrera dig på att få ut vad du vill ha ut av texten du läser. Du måste läsa de här texterna i mindre avsnitt och skriva egna anteckningar. Om du kan formulera om vad du läser och skapa din egen tankekarta för att visa hur begreppen hänger samman, kan du utveckla din egen förståelse.

Om du tycker att några begrepp är svåra, sök på nätet tills du hittar ett dokument som kan ge dig en enklare förklaring. Ibland räcker det med att någon säger samma sak på ett lite annorlunda sätt för att man ska förstå det. Akronymer kan vara en stötesten för flödet i en text, men det finns många webbsidor som ger en lista på akronymer i ditt ämne – hitta en bra sida och ha den till hands (eller lägg in det i ditt "Delicious"-konto – se kapitel 3).

# 2 Att veta vad som ska läsas

Vad du läser beror på syftet med din läsning. När du söker texter bör du vara klar över varför du läser. Det kan vara mer generellt om du vill få en översikt av ett område eller mer specifikt om det har att göra med något du ska skriva som en del av kursen.

## Ta reda på vilka texter som passar

Texter eller böcker du väljer för att göra en uppgift ska inte bara vara de rätta för just den uppgiften utan också **för dig**, för det stadium du befinner dig på i din lärandeprocess och för din förståelsenivå. Det är viktigt att du lär dig se detta.

### En del böcker är för svåra

När du väljer böcker själv kan du välja efter vad du redan vet, men i kurslitteraturen ingår ibland böcker som är alldeles för svåra för flertalet studenter. Lärarna kan ha tagit med de här böckerna för att studenterna ska få en utmaning och utveckla tänkandet. Lärarnas förväntningar är höga!

Om några av böckerna är för svåra för dig, måste du lära dig strategier för att hantera detta. Du kan börja med att undersöka om boken passar för ditt syfte.

### Passar den här boken **dig**?

För att lyckas med din läsning gäller det bland annat att du kan förena din förståelsenivå med relevant läsning för kursen. Förmodligen känner du dig nedslagen om du inte förstår en text som finns med på litteraturlistan, men det kan bero på att du fortfarande befinner dig i ett tidigt stadium av förståelse, vad gäller både nya begrepp och ny terminologi. Om du tycker att boken är för svår, bör du försöka hitta en text som ger en mer översiktlig bild. Det finns också gymnasieböcker som du kan läsa för att få mer översikt innan du läser komplexa artiklar från tidskrifter. Det är viktigt att du försöker få råd från din institution och dina lärare samt från studenter som kommit längre i utbildningen om vad som finns att tillgå.

### Passar den här texten för det du studerar?

Frågan du bör ställa till dig själv är: "Innehåller den här boken eller artikeln information eller bevis som jag behöver för uppgiften jag ska göra?" Gör den det, kan du använda den. Men förmodligen finns det inte bara en bok som enkelt och bekvämt innehåller all information du behöver. Du måste alltså gå igenom olika böcker, kapitel och artiklar i tidskrifter. Det finns inte en bok eller en artikel som har skrivits speciellt för att du ska kunna svara på frågan din lärare har ställt. Böcker och artiklar kan gå på djupet med flera komplicerade saker som inte är relevanta för det du ska skriva om, så läs bara vad som är relevant för att du ska förstå och få information om det du ska skriva om.

### ÖVNING 3 Att välja lämpliga böcker

Gör övningen med några böcker som du ska använda till en uppgift. Till din hjälp behöver du en lista med nyckelord. Markera det du läser igenom som "möjlig läsning" eller "läs inte".

| **Skriv bokens titel:** |
|---|
| Har den här boken nämnts/rekommenderats av dina lärare? |
| Finns den på litteraturlistan? |
| Finns några av dina nyckelord (eller liknande) i titeln? |
| Är boken relativt ny? Tänk på att informationen kan vara inaktuell om det är en gammal publikation. |
| Titta på bokens baksida. Ger sammanfattningen indikationer om att det kan finnas några användbara avsnitt? |
| Titta på innehållsförteckningen i början. Finns några av dina nyckelord i rubrikerna? Om så, skriv in de specifika kapitlen i kolumnen "möjlig läsning". |
| Titta i index i slutet av boken. Leta efter specifika nyckelord (eller liknande). Skriv in sidnumren i kolumnen "möjlig läsning". |
| Titta på vilka underrubriker som finns i de olika kapitlen. Tror du att några av delarna kan vara användbara? Skriv in sidnumren i kolumnen "möjlig läsning". |
| Gå igenom en liten del av ett kapitel. Kan du ta till dig informationen? Är det så att stilen är för akademisk eller att det finns för många specialuttryck som du inte kan, kanske du inte är redo för den ännu. |

### ÖVNING 4 Är detta rätt artikel?

Gör den här övningen med hjälp av någon artikel. Markera som "möjlig läsning" eller "läs inte".

| **Skriv artikelns titel:** |
|---|
| Har artikeln nämnts/rekommenderats av dina lärare? |
| Finns den på litteraturlistan? |
| Finns några av dina nyckelord (eller liknande) i titeln? |
| Läs artikelns abstrakt. Detta ger en översikt av artikeln. Finns det någon användbar information till din uppgift? |
| Gå igenom nyckelorden (kommer vanligtvis efter abstrakt). Finns där några som matchar? |
| Är artikeln relativt nyskriven? Tänk på att informationen kan vara inaktuell om publikationen är för gammal. |
| Gå igenom underrubrikerna. Tror du att några av artikelns delar kan vara användbara? |
| Gå igenom ett litet avsnitt av artikeln. Kan du ta till dig informationen? Om stilen är för akademisk eller om det finns för många tekniska ord som du inte förstår, kanske du inte är redo för den ännu. |

# 3 Använd lässtrategier för effektivare läsning

Du förväntas läsa mycket under dina studier, men du har inte all tid i världen på dig att läsa. Därför måste du läsa effektivt.

**ÖVNING 5 Vilka lässtrategier använder du?**

Titta på frågorna för att få reda på mer om hur du hanterar bakgrundsläsning, läser inför uppgifter, läser artiklar och läser för att få mer kunskap och förståelse.

Svara "ja" eller "nej" på följande frågor:

| Dina lässtrategier | Ja | Nej |
|---|---|---|
| 1 Läser du ett kapitel eller en tidningsartikel från början till slut och har en vag uppfattning om vad det står? | | |
| 2 Tar det längre tid för dig att läsa kursmaterial än för dina kamrater? | | |
| 3 Tycker du att böckerna eller artiklarna är svårbegripliga? | | |
| 4 Läser du ord för ord? | | |
| 5 "Säger" du orden tyst för dig själv i ditt huvud medan du läser? | | |
| 6 Behöver du läsa om olika avsnitt? | | |
| 7 Försöker du undvika att läsa svåra/avancerade texter och artiklar? | | |
| 8 Varierar du hastigheten när du läser? | | |

Se förslag på lösningar i avsnittet "Feedback på övningar" i slutet av kapitlet.

## Läshastighet

*Om jag läser långsammare, hjälper det mig att förstå svåra begrepp och texter som verkar onåbara på grund av sättet de är skrivna på.*

Maria, förstaårsstudent på Ingenjörsprogrammet i design och produktuveckling

Ibland kan långsam läsning göra att förståelsen blir sämre. Det är större risk att långsamma läsare missar huvudbudskapet och kör fast i de minsta detaljerna.

*Om jag läser ett kapitel/en artikel/ett avsnitt om och om igen, kan jag förstå begreppen.*

Katarina, andraårsstudent i kemi

Kanske brottas du med en text som inledningsvis är för svår för dig; kanske har du ingen klar idé om vad det är du vill ha ut av en text och bara läser utan urskiljning.

- Visste du att den genomsnittliga studenten kan läsa 250 ord per minut?
- Visste du att effektiva läsare kan skumma samma mängd ord på mindre än en kvarts sekund?

**ÖVNING 6 Mätning av läshastighet**

- Välj en bit text som inte är bekant för dig. Du kanske kan använda en av böckerna på kursens litteraturlista.
- Läs 10 minuter (ta tiden).
- Räkna hur många ord du läste på den här tiden.
- Dela antalet ord med 10.
- Svaret talar om hur många ord du normalt läser per minut.

*Är det mindre än 150 ord per minut, behöver du arbeta med att få upp hastigheten.*

Det är viktigt att komma ihåg att den individuella läshastigheten varierar beroende på textens svårighetsgrad och om det är en ny text. Väljer du ett kapitel i en barnbok som handlar om ditt ämne, kommer din läshastighet att vara hög på grund av din kunskapsnivå i relation till textens svårighetsgrad (och tvärtom). Om du däremot läser en banbrytande tidskriftsartikel som går in i detaljer om en ny invecklad teori, kommer din läshastighet naturligtvis att vara långsammare för att du ska klara den komplicerade meningsstrukturen och den mycket specifika användningen av teknisk terminologi.

## Öka läshastigheten

| Träna dig själv att . . . | Försök göra detta |
|---|---|
| läsa snabbare. | Ju mer du övar att läsa snabbt, desto bättre blir du. Försök läsa snabbare genom att börja med lättare texter. |
| öka mängden information som din läsande hjärna kan ta in. Du kan "se" orden från dina ögonvrår. Detta är hur du använder din perifera syn. | Försök läsa en fras i taget hellre än enskilda ord. Med övning kan du läsa längre fraser snabbare. |
| läsa snabbare för att få bättre förståelse. | Läs ett svårt avsnitt snabbt två gånger. Detta är bättre än att läsa det långsamt en gång. |
| förbättra flytet i läsningen. | Undvik tillbakablickar när du läser. Tillbakablickar är när du läser om några ord eller ett avsnitt. |
| lära dig känna igen hur ny terminologi "ser ut". | Öva dig genom att läsa listor med ämnets nyckelord. Ta tiden när du gör detta – öva detta fem minuter per dag tills du kan den nya terminologin. |
| undvika att "ljuda" ord i ditt huvud medan du läser. | Öva dina ögon och din hjärna genom att titta på orden som helhet (ordbilderna). Försök få dina ögon att röra sig framåt och ta tiden för att se hur snabbt du kommer till nästa punkt. |

Snabba läsare kan läsa både vertikalt och horisontellt för att de tar in information visuellt och samtidigt låter hjärnan ta in flera bitar av bevis. Många uppskattar i dag värdet av power walking för att kroppen ska bli starkare. "Power-skumning" är motsvarigheten i läsning och kan hjälpa dig att "smälta" en boks huvudteman på 10 minuter. Det finns många webbsidor där du kan få hjälp att förbättra och öka din läshastighet. Även Tony Buzans böcker ger många tips och praktiska råd, exempel vis *Lär dig speedreading, mindmapping och minnesteknik med Tony Buzan* (Buzan, 2006).

# Skumläsning

Skumläsning är en speciell typ av läsning. Det är för att få så mycket information som möjligt från en text på kortast möjliga tid. Det är huvudsakligen en visuell aktivitet och används för att urskilja de viktigaste punkterna eller för att få en bild av ett kapitel/ett avsnitt i en text. Du läser inte hela sidan på vanligt sätt och dina ögon rör sig inte från vänster till höger längs den linje de rör sig då du läser en hel text.

Skumläsning kräver självförtroende och många oerfarna läsare vet inte hur de ska göra. Många människor läser i huvudet – de säger orden tyst för sig själva. Den här processen är ofta en hjälp för att minnas och förstå texter. Men när du skumläser tar hjärnan in informationen på ett annat sätt. Den använder bara de visuella signalerna för att samla upp texten på sidan.

Experter använder ofta skumläsning för att hitta nyckelord: substantiv (de ger läsaren information om vad innehållet och informationen är), verb (de ger läsaren signaler om relationen mellan substantiven) och sammanhangsord (som hjälper till att ge en snabb översikt). Exempel på sammanhangsord är: däremot, alltså, å andra sidan etc. De är textens klister och bidrar till att texten binds samman på ett speciellt sätt, beroende på vilka argument författaren vill lyfta fram.

Skumläsning är en hjälp för att bestämma om en text är användbar för en uppgift. Det bidrar också till att du får en helhetsbild så att du kan sätta in alla detaljerna i en struktur.

## Expert på skumläsning

Låt oss titta på hur det går till när en expert skumläser.

> ***Hudens återväxt***
> *Den mänskliga huden har speciella <u>ålderscykler</u>. <u>Mellan</u> åldrarna <u>15 och 25</u> ser huden, även om det kan finnas sporadiska fläckar, <u>ungdomlig</u> ut. Den kan ta stryk av <u>för mycket sol, alkohol och snabbmat</u> men <u>fortfarande</u> se <u>bra</u> ut. Detta är <u>för att celltillväxten är snabb</u> under dessa åldrar och kan ske under en <u>cykel på 19 dagar</u>.*

Den här läsaren har plockat ut de markerade orden och skickat den här informationen till hjärnan via ett visuellt snabbspår. Lägg märke till att några av "klister"-orden gör att det skapas mening i den markerade informationen: "mellan", "för mycket", "fortfarande" och "för att".

Försök göra på samma sätt i en del av en tidningsartikel. Välj ett ämne som du har visst intresse för och försök låta bli att läsa orden tyst för dig själv.

## Använd kärnmeningen i varje stycke för att skumläsa ett dokument

Du kan snabbt skumläsa ett dokument genom att använda styckestrukturen. Kom ihåg att den första meningen (eller de två första meningarna) i ett stycke bör betona vad stycket handlar om (kärnmening). Läsning av den första meningen (eller två) i ett stycke i ett dokument bör alltså snabbt ge dig en uppfattning om hur texten fortsätter att utvecklas (se kapitel 14, avsnitt 2).

## Skumläsning på skärmen

Med datorns hjälp kan du skumläsa snabbare och också få stöd i din läsning genom att du kan söka igenom texten efter ett speciellt ord. Adobe Acrobat har en funktion där det finns en lista över alla ställen i texten som sökordet finns på. Du kan med en gång se hur ofta det finns med och var. På så sätt får du reda på om texten är användbar för en speciell uppgift.

# Den interaktiva läsaren

En "interaktiv läsare" är motsatsen till en "passiv läsare". Om du inte är engagerad i din läsning på ett effektivt sätt, slösar du bara med din tid. Du kanske har suttit på biblioteket och läst i ett par timmar och känner dig nöjd med dig själv, men stanna upp och tänk igenom vad du fick ut av de två timmarna. Om du inte var engagerad i texten (dvs. inte läste interaktivt), är risken att du inte fick så mycket ut av din läsning.

Det finns flera sätt för hur du kan vara interaktiv med dina texter. En bra metod är att använda följande steg:

- överblicka
- fråga
- läsa
- gå igenom
- granska.[1]

Först måste du få en "smak" av kapitlet/artikeln du har valt att läsa, så du måste skumläsa texten för att se om den passar för ditt syfte (**överblicka**).

Därefter måste du fråga dig själv varför du läser texten och vad du vill ha ut av den så att du läser med ett speciellt fokus. Din förståelse ökar om du aktivt är inställd på att söka efter svar på frågorna (**fråga**).

Läs sedan noga. Dela upp din läsning i mindre bitar och titta efter huvudidéerna (**läsa**).

När du har gjort detta, gå mentalt igenom idéerna du just har läst och plocka ut huvudpunkterna. Kontrollera att du har tagit till dig och samlat informationen som du behöver (**gå tillbaka**).

---

[1] Den här metoden bygger på SQ3R, en metod för att minnas vad man läst.

Till slut, gå tillbaka för att se om du har fått svar på allt det du ville ha svar på. Hur mycket minns du? (**granska**).

**Tips**

1. När du läser för en uppgift, skriv alltid upp hela referensen på det du läser så att du kan lägga in det i referenslistan. Det sparar mycket tid.
2. Om du använder någon programvara för referenshantering, som EndNote eller Reference Manager, kan du spara dina anteckningar där, vilket ger dig möjlighet att senare söka i dina anteckningar.

# Kritisk läsning

"Interaktiv läsning" är en process där du engagerar dig i texten. "Kritisk läsning" är att ta ett steg till och utmana texten. Du vill veta autenciteten hos det som sägs, författarens auktoritet och hur han eller hon har använt bevis för att göra ett påstående. Under dina studier bör du ha som mål att bli en kritisk läsare.

*De talar ofta om kritisk läsning. Men vad menar de? Jag bara läser.*

Förstaårsstudent i biologi

I en undersökning av studenternas studieteknik vid Southhampton University (Price, 2001) visade det sig att det finns ett stort glapp mellan vad akademiska lärare förväntar sig att studenter kan och vad studenter tror är nödvändigt för att studera. Lärarna förväntar sig att studenterna kan interagera med texter på ett intelligent sätt. Detta innebär att kunna läsa kritiskt, att kunna granska och utvärdera texter.

### ÖVNING 7 Använder du din kritiska förmåga?

| Läser du kritiskt? | Ja | Nej |
|---|---|---|
| 1. Funderar du över vad du läser och ifrågasätter vad författaren har skrivit? | | |
| 2. Ser du vad författaren har skrivit som sanning? | | |
| 3. Vet du vad författaren har för tillförlitlighet i ämnesområdet? | | |
| 3. Ifrågasätter du idéerna medan du läser? | | |
| 4. Kan du skilja på olika sorters belägg som används? | | |
| 5. Kan du syntetisera den huvudsakliga informationen och se samband mellan olika saker som författaren säger? | | |
| 6. Kan du bedöma argumentationen i texten? | | |
| 7. Kan du bedöma hur informationen skulle kunna stödjas på ett bättre eller annorlunda sätt? | | |
| 8. Märker du om antaganden har bristande stöd? | | |

Frågorna ovan visar vad det innebär att bli en kritisk läsare.

**ÖVNING 8 Väga bevis**

Här följer några frågor som kan få dig att interagera med och fundera över texter. Första steget är att samla bevis. Därefter måste du väga bevisen med hjälp av kritiskt tänkande.

Välj ett kapitel eller en artikel. Utgå från följande frågor och fundera över var i texten det finns bevis:

| Dina frågor | Bevis från texten |
|---|---|
| Vem är författarens mottagare? | |
| Vilka är textens centrala påståenden/argument? | |
| Vilka är de huvudsakliga bevisen? | |
| Ge exempel på vilka stöd som finns för dessa. | |
| Vilka antaganden finns bakom beläggen eller argumenten? | |
| Finns det tillräckligt med belägg och exempel på dessa? | |
| Vilka generella svagheter finns i argumentationen eller bevisen? | |
| Vilka generella styrkor finns i argumentationskedjan/bevisen? | |
| Ge exempel på vad andra ledande författare har att säga i samma ämne. | |

För mer information om kritiskt tänkande, se kapitel 14, avsnitt 1.

# 4 Summering

Det här kapitlet har tagit upp vad det innebär att vara en effektiv läsare.

## Sammanfattning av kapitlet

Titta på figur 7.2 och gör en bedömning av hur pass insatt du nu är i dessa områden.

Reflektera sedan över hur du hanterar din läsning och hur du tänker ändra och anpassa dina läsvanor så att du kan använda tiden mer effektivt. Du kan lägga in detta i din professionella utvecklingsplan.

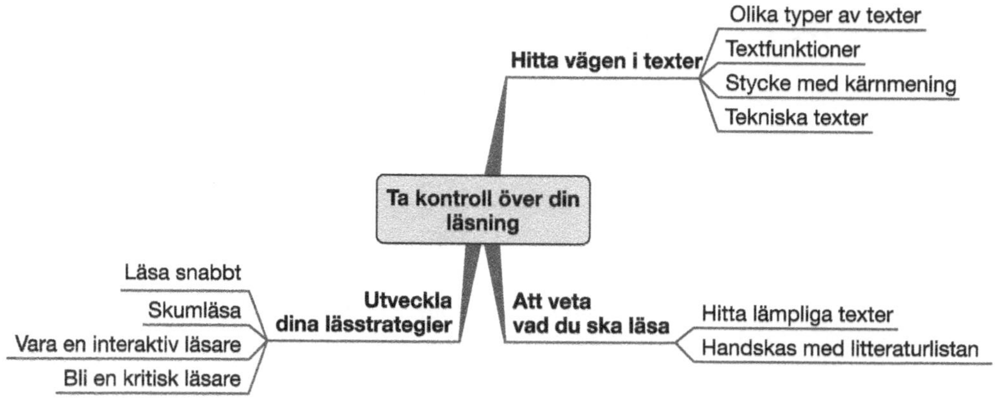


**Figur 7.2** Sammanfattning av det här kapitlet

## ÖVNING 9 Uppdatera din professionella utvecklingsplan

| Färdigheter jag håller på att utveckla | Nivå 1–5 | Plan för att bli bättre |
|---|---|---|
| Jag förstår hur olika funktioner i en text kan hjälpa mig att läsa mer effektivt.<br>*Avsnitt 1* | | |
| Jag vet hur jag kan identifiera vad jag ska läsa.<br>*Avsnitt 2* | | |
| Jag känner till olika lässtrategier och använder dem.<br>*Avsnitt 3* | | |

# Extra hjälp

- Gå till Studieverkstaden (eller liknande) om du har problem med din läsning. Var inte rädd för att be om hjälp om detta, det betyder inte att du inte kan läsa men att du kan ha en bättre metod för hur du läser.
- Det finns många webbsidor med självhjälp som du kan titta på. Kom ihåg: Läs alltid vad som är lämpligt för dig för tillfället. Ju mer kunskap du får, desto svårare texter kan du läsa.

# Feedback på övningar

## ÖVNING 1 Hur använder du olika textfunktioner?

<table>
<tr><th>Textfunktioner</th><th>Vad gör du?</th></tr>
<tr><td>1. Hur använder du rubriker och underrubriker?</td><td>a. Jag tänker inte så mycket på dem – jag läser bara.<br>b. Jag skummar igenom texten för att se vad den handlar om.<br>c. Jag använder dem för att strukturera mina anteckningar.</td></tr>
<tr><td colspan="2">Du bör använda rubriker och underrubriker aktivt när du skummar igenom en text för att se vad texten handlar om. Om du bara använder dem för att få struktur på dina anteckningar, får du bara en sammanfattning av texten. Är inte detta vad du vill ha, bör du fundera över hur du kan anteckna på ett annat sätt. En medveten läsare gör inte som ”a”.</td></tr>
<tr><td>2. Läser du textens abstrakt?</td><td>a. Jag vet inte vad det är.<br>b. Jag bryr mig inte om det. Det är utanför texten och all information finns ju i texten.<br>c. Jag läser alltid det innan jag bestämmer om jag ska fortsätta läsa.</td></tr>
<tr><td colspan="2">Läs alltid abstrakt om det finns. Det ger dig en snabb översikt och kan göra så att du slipper läsa något som du inte behöver.</td></tr>
<tr><td>3. Hur använder du textens sammanfattningar?</td><td>a. Jag bara läser – jag tänker inte på om det är en sammanfattning eller inte.<br>b. Jag läser textens abstrakt eller sammanfattning först för att få en uppfattning.<br>c. Jag förstår att en sammanfattning kan vara i början eller i slutet av en text, så jag tittar efter det.</td></tr>
<tr><td colspan="2">Börja alltid med textens sammanfattning eller abstrakt för att se vad det handlar om. Du bör göra som ”b” och ”c”.</td></tr>
<tr><td>4. Hjälper underrubriker dig att förstå hur skribenten tänker?</td><td>a. Jag har faktiskt inte tänkt på det.<br>b. Jag vet att de finns där och skriver kommentarer under dem.<br>c. Jag använder underrubrikerna för att få en översikt över texten innan jag börjar läsa mer noggrant.</td></tr>
<tr><td colspan="2">Du bör svara ”c”. Skriv bara anteckningar under underrubriker om du vill ha en sammanfattning av texten att arbeta utifrån.</td></tr>
<tr><td>5. Vad är ett stycke till för?</td><td>a. Det delar upp texten på sidan så att det inte ser så packat ut.<br>b. Det är skribentens sätt att förklara något.</td></tr>
<tr><td colspan="2">Svaret är ”b”. Eftersom varje stycke innehåller en tanke, kan du se hur författaren bygger upp sina tankar/begrepp/argument.</td></tr>
<tr><td>6. Lägger du märke till de nyckeltermer eller begrepp som ibland används i början av texter?</td><td>a. Vanligtvis inte, jag bara läser och antecknar.<br>b. Ja, jag tittar på dem för att jag ska få en översikt av vad som kommer i texten.</td></tr>
<tr><td colspan="2">Nyckeltermerna är viktiga, för de ger dig översikt över texten och du ser i förväg vilka termer som är kända eller okända för dig.</td></tr>
</table>

| Textfunktioner | Vad gör du? |
|---|---|
| 7. Vad gör du med referenserna? | a. Jag har faktiskt aldrig tänkt på att titta på dem.<br>b. Jag använder referenserna för att se vilka de viktigaste forskarna är inom detta område och för att se hur jag kan läsa vidare. |
| *Om du skriver ett längre arbete (till exempel en längre uppsats, en längre rapport eller ett längre projektarbete), är det viktigt att du använder referenserna för att sammanställa vem som forskar inom detta område. För ett mindre arbete behöver du förmodligen inte det.* | |

## ÖVNING 2 Identifiera sammanhangsord och deras funktion i ett stycke

Biodiversitet är samspelet mellan olika växter och djur i en särskild livsmiljö för att bibehålla jämvikt i ekosystemet. En titt på evertebrater belyser lite av denna komplexitet. Dessa är beroende av omgivningen för olika metaboliska funktioner, och forskare har kunnat påvisa att de är del av ett större ekosystem. Ett exempel är jättetusenfotingar. De flesta lever i fuktiga regnskogar och äter förmultnade växter. Medan de söker efter föda blir de täckta av parasitiska kvalster. Den naturliga mänskliga instinkten skulle vara att döda dessa små parasiter, eftersom de ses som skadliga för värden. Men de är viktiga för jättetusenfotingar: de äter den svamp som växer i lederna. Om kvalstren dödades, så skulle svampinfektioner utvecklas i jättetusenfotingarna. Å andra sidan kan kvalstren vara skadliga för andra arter. Varroa-kvalster kan hemsöka bin och orsaka skada. Sålunda måste forskarna undersöka parasiternas roll i ekosystemet för att medverka till stabil biodiversitet i framtiden.

| | |
|---|---|
| belyser<br>Ett exempel | pekar på exemplifiering/precisering |
| Men | visar på en motsats – varför vi inte bör döda kvalstren |
| Om . . . så . . . | talar om vad som skulle hända om kvalstren dödades |
| Å andra sidan | kontrasterar här effekterna för en annan art |
| Sålunda | sammanfattar hur dilemmat/komplexiteten ska behandlas |

Den största delen av det här stycket handlar om att förklara ämnets komplexitet genom att jämföra med den metaboliska funktionen hos ryggradlösa djur (evertebrater).

**ÖVNING 5 Vilka lässtrategier använder du?**

| Lässtrategi | Lösning |
|---|---|
| 1 Läser du ett kapitel eller en tidningsartikel från början till slut och har en vag uppfattning om vad det står? | ■ Sätt upp mål för din läsning.<br>■ Fråga dig själv vad du tittar efter för information.<br>■ Läs ett avsnitt som du tror ger dig den information du behöver.<br>■ Läs en kort bit, täck över texten, skriv korta anteckningar om vad du tror du har förstått och läst. Jämför sedan dina anteckningar med texten. |
| 2 Tar det längre tid för dig att läsa kursmaterial än för dina kamrater? | ■ Det är möjligt att du väljer texter som är för svåra för dig för närvarande.<br>■ Ha mer fokus när du läser genom att ställa frågor som du måste besvara.<br>■ Sätt upp rimliga mål.<br>■ Ställ några frågor som du själv kan besvara. |
| 3 Tycker du att böckerna eller artiklarna är svårbegripliga? | ■ Kanske väljer du texter som är för svåra för dig för närvarande. |
| 4 Läser du ord för ord? | ■ Kanske väljer du texter som är för svåra för dig för närvarande.<br>■ Bygg upp ditt självförtroende som akademisk läsare. Gör detta genom att ögna en fras åt gången. Öva detta på tidskrifts- och tidningsartiklar. |
| 5 "Säger" du orden tyst för dig själv i ditt huvud medan du läser? | ■ Detta gör att du läser långsamt. Ögna en fras i taget och ta in bitar av text visuellt. |
| 6 Behöver du läsa om olika avsnitt? | ■ Detta kan vara för att du är för trött eller har tappat koncentrationen. Ta en kort paus om du är trött.<br>■ Om du har tappat koncentrationen, måste du försöka få tillbaka den. Ha mer kortsiktiga mål.<br>■ Fråga dig själv vad avsnittet ska handla om innan du börjar läsa det, och kontrollera sedan om du har rätt.<br>■ Kanske väljer du texter som är för svåra för dig för närvarande. |
| 7 Försöker du undvika att läsa svåra/avancerade texter och artiklar? | ■ Du är en flexibel och effektiv läsare, som på ett lämpligt sätt avgör nivån på texten som ska läsas. |
| 8 Varierar du hastigheten när du läser? | ■ Börja med att medvetet försöka kontrollera din läshastighet. Bedöm hur hur pass effektiv den är. Anpassa den därefter till uppgiften. |

# Referenser


- Buzan, T. (2006) *Speed Reading: Accelerate Your Speed and Understanding for Success.* 3 uppl. London, BBC Active.
- Buzan, T. (2006) *Lär dig speedreading, mindmapping och minnesteknik med Tony Buzan*. Jönköping, Brain Books AB.

# 8 Att lyckas med salstentamina

För att du ska klara dina tentamina bra är det viktigt att du vet vad som förväntas, är organiserad, har fungerande anteckningar och använder effektiva minnesmetoder. Här går vi igenom hur du kan göra och varför du bör göra så.

I det här kapitlet kan du

1. undersöka syftet med att repetera
2. undersöka nya och effektiva repetitionsmetoder
3. lära dig om minnesmetoder
4. se hur du kan gå till väga under själva tentamen.

## ANVÄNDNING AV KAPITLET

Gör en uppskattning av hur pass säker du är på det som tas upp i påståendena nedan. I slutet av kapitlet har du möjlighet att ompröva dina svar och kan då också lägga in det i din professionella utvecklingsplan. Markera mellan 1 (mycket lite) och 5 (mycket):

| Jag klarar att lägga upp repetitionsprocessen på ett effektivt sätt. | Jag är medveten om att jag kan använda olika anteckningssystem för olika syften. | Jag vet hur jag kan hantera stress. | Jag vet vad som kännetecknar bra minnesstrategier. | Jag vet vilka strategier som fungerar när jag gör en tentamen. |
|---|---|---|---|---|
| | | | | |

Datum: ________________

# 1 Introduktion

## Vilka är de vanligaste orsakerna till att studenter inte får de betyg de förväntar sig?

För en del studenter är det ångestladdat med en salstentamen, medan det för andra kan vara en adrenalinkick. Hur som helst är många studenter ibland besvikna över betygen de får. Oväntat misslyckande eller låga betyg betyder inte alltid att studenten inte har läst eller inte förstår ämnet. En undersökning bland lärare satte ljuset på ett antal vanliga problem (se övning 1).

### ÖVNING 1 Tidigare tentamina

Reflektera över hur du har klarat tidigare tentamina. Vad tror du kan förbättras? Titta i tabellen nedan och var ärlig mot dig själv. I den högra kolumnen finns förslag på hur du kan förbättra dina resultat och hänvisningar till några relevanta delar i den här boken.

| Problem | Har detta hänt dig? Svara ja eller nej | Lösning |
|---|---|---|
| Kunde inte svara på frågan. | | BUG-metoden (se kapitel 12). |
| Misstolkade frågan. | | BUG-metoden (se kapitel 12). |
| Svarade på fel frågor. | | Ta reda på vad som förväntas av dig (se avsnitt 3 och 4 i det här kapitlet). |
| Otillräckligt med exempel för att stödja idéer/argument. | | Ta reda på vad som förväntas av dig. Bli bättre på att samla materialet i olika mappar när du repeterar (se avsnitt 5). |

| Problem | Har detta hänt dig? Svara ja eller nej | Lösning |
|---|---|---|
| För lite faktakunskap. | | Ta reda på vad som förväntas av dig. Minska ner informationen så att det blir hanterbara anteckningar när du ska repetera (se avsnitt 5). |
| Oläslig handstil. | | Öva att skriva snabbt med bibehållen läsbarhet. |
| Osammanhängande skrivet – långa svamlande meningar som inte var begripliga för läsaren. | | Begreppskartor för att koppla samman informationen kommer att påverka ditt skrivande och dispositionen positivt (se avsnitt 5). |
| Svarade inte på alla frågorna. Detta kan ha varit för att tiden inte räckte eller att du lade ner för mycket tid på tidigare frågor. | | Planera tiden innan du börjar skriva. Hur mycket tid tror du ungefär att du behöver lägga på varje fråga? Försök också bli bättre på olika minnesstrategier. Öva att minnas information på bestämd tid (se avsnitt 6 och 9). |
| Glömde informationen under själva tentamen. | | Avslappningsmetoder. Sov tillräckligt natten före. Drick inte stora mängder alkohol och koffein före en tentamen (se avsnitt 7 och 8). |
| Hänvisade inte tillräckligt till kursmaterialet. | | Lär dig om vad som förväntas av dig. Lyssna efter tips och vägledning under föreläsningarna. Mer effektiva anteckningar inför repetitionen. Lär dig minnesmetoder (se avsnitt 5 och 6). |
| Irriterande fel: stavfel, ofullständiga meningar, dumma räknefel etc. | | Se till så att du har tid i slutet för att gå igenom och rätta fel. |

# 2 Vad innebär det att repetera?

Kanske borde den första frågan vara: Varför finns det tentamina? Ett svar är att de är till för att kontrollera vad du har förstått av kursen. Många lärare hänvisar till ”lärandemålen”, och tentamina är en metod för att testa din förståelse av de här målen.

Detta hänger i sin tur nära samman med repetition. Vad det innebär att repetera kan verka självklart, men det är viktigt att du verkligen förstår avsikten med det så att du får mesta möjliga ut av dina ansträngningar. När du repeterar går du igenom något en gång till, du går igenom dina anteckningar och tittar tillbaka på den information som du samlat under din kurs. Men om du vill göra det på ett effektivt sätt, handlar det om mer än att bara läsa anteckningarna. Du måste ha ett aktivt tillvägagångssätt. Det gör att resultatet blir bättre. Vad du måste tänka på är

- förberedelse
- organisation
- minne och återhämtning.

I övning 2 kan du undersöka vilka svårigheter du kan stöta på när du repeterar.

**ÖVNING 2 Vanliga svårigheter vid repetition**

| Vilket av följande stämmer in på dig? | Markera |
|---|---|
| 1. Jag blir ofta frustrerad när det är dags för tentamen. | |
| 2. Jag blir ofta *mycket* nervös. | |
| 3. Ofta kan jag inte sova ordentligt under den här tiden. | |
| 4. Jag lägger ner mycket tid på att förbereda mig utan att få bra resultat. | |
| 5. Jag är inte säker på om jag använder en bra metod. | |
| 6. Oftast väntar jag med att börja repetera tills det nästan är för sent. | |
| 7. Jag skjuter upp repetitionen och kommer på mig själv med att göra en massa annat i stället. | |
| 8. Jag har mängder av anteckningar som hjälper mig att repetera. | |

Se avsnittet ”Feedback på övningar” i slutet av kapitlet för att se hur du kan börja förändra ditt arbetssätt.

# 3 Effektiva strategier

## Var förberedd

De flesta studenter som börjar på universitet/högskola har någon uppfattning om hur de ska förbereda sig inför tentamina. Men det är inte säkert att de strategier du använt tidigare och som då var effektiva är de bästa nu. Förberedelserna handlar inte bara om att göra en tidsplan och ha ordning bland alla mappar och böcker. I övning 3 kan du reflektera över hur du tidigare har gjort när du har repeterat. Du bör analysera vad som har fungerat bra (du fick bra resultat) och vad som inte fungerade bra (du fick dåligt resultat).

**ÖVNING 3 Effektiva arbetssätt**

Vilka av följande sätt tycker du har fungerat bra och vilka tycker du inte har fungerat så bra?

| | Ja/Nej |
|---|---|
| 1. Skrev mina anteckningar om och om igen, vilket hjälpte mig att komma ihåg fakta och information. | |
| 2. Minskade ner informationen till kortare anteckningar och kunde därmed komma ihåg fakta och information. | |
| 3. Memorerade svar på tidigare tentamina. | |
| 4. Skrev svar på tidigare tentamensfrågor på tid. | |

| | Ja/Nej |
|---|---|
| 5. Använde begreppskartor, tankekartor eller diagram, vilket hjälpte mig att minnas fakta och information. | |
| 6. Spelade in viktig information och lyssnade på detta om och om igen. | |
| 7. Repeterade tillsammans med vänner. | |
| 8. Använde olika färgpennor som hjälp för att sammanfatta och förstå huvudpunkterna och för att minnas fakta och information. | |
| 9. Läste mina föreläsningsanteckningar (och gjorde inget annat). | |
| 10. Tillbringade mycket tid med att repetera en vecka i förväg. | |
| 11. Använde olika knep som minneshjälp. | |
| 12. Använde nyckelord som grund för min förståelse. | |
| 13. Andra sätt? | |

Allt som nämnts ovan kan vara användbart. Du kan välja ett av sätten eller kombinera ett antal av dem. Men du måste också fundera över hur de kan användas och vilket värde de har, varför och när vissa metoder fungerade bra för dig och varför andra inte fungerade. Utveckla din egen metod.

# 4 Nedräkning, inte uträkning

## Skapa ordning

Viktiga moment när du repeterar är förberedelse, organisation och minnesåterhämtning. Du bör ha en klar strategi för hur du ska förbereda dig så att det inte känns som om du håller på att gå ner för räkning eller får ångest när det väl är dags. Det här avsnittet tar upp

- hur du utvecklar rätt sätt att tänka
- vilka knep du kan använda, dvs. de bästa strategierna för att få ut det mesta av tiden och för att få bra resultat
- hur du kan hantera nervositet
- vad du bör tänka på precis före en tentamen.

## Rätt inställning

Förberedelsen handlar inte bara om att du ska lära och memorera fakta och information så att du kan återge det på begränsad tid. Det handlar också om att du

- vet vad lärarna förväntar sig av dig
- vet vilka bedömningskriterierna är
- kan göra urval bland viktiga teorier, idéer och belägg

- har realistiska förväntningar på dig själv
- har effektiva system för anteckningar
- utvecklar din organisationsförmåga
- utvecklar din minneskapacitet
- klarar att "knäcka koden" i uppgiftsformuleringarna
- får en "kick" av att förstå ditt ämne.

Att du vet vad du kan förvänta och vad som förväntas av dig är viktiga bitar i repetitionsprocessen. Dessa två faktorer bör vara grund för hur du går till väga när du förbereder dig och vara avgörande för vilka strategier du använder. Se övning 4.

### ÖVNING 4 Att veta vad som förväntas

I tabell 8.1 kan du se hur du blir aktivt involverad i hur du ska repetera redan när delkursen börjar. Använd tabellen som en hjälp för minnet och ha den hela tiden framme där du brukar sitta och jobba (var det än är du oftast sitter när du läser) som en konstant påminnelse. Ta alltid reda på vilka regler som gäller vid den institution där du läser. Ta inte för givet att det är samma regler vid olika institutioner (om du läser kurser vid olika institutioner).

**Tabell 8.1** Om tentamina

| Vad kan förväntas? | Informationskälla | Fyll i dina svar i den här kolumnen |
|---|---|---|
| Gör en lista på alla tentamina du har under den här terminen och skriv också in namnen dem. | Kursplan, studiehandledning kursens lärplattform. | |
| Vad är tillåtet att ta med sig (till exempel kalkylator, kursanteckningar)? | Kursplan, kursens lärplattform. Fråga din lärare. | |
| Vad kommer att finnas tillgängligt i salen (till exempel periodiska tabeller, molekylmodeller, kalkylator, formelsamlingar)? | Kursplan, kursens lärplattform. | |
| Vad behöver du ta med (till exempel pennor, färgade överstrykningspennor)? | Se eventuell information på kursens lärplattform. Fråga läraren. | |
| Vilken typ av frågor kan du förvänta dig i olika typer av tentamina? | Tidigare tentamina: Ta reda på om det skett några förändringar sedan tidigare. | |
| Hur många delar finns det i olika uppgifter? | Tidigare tentamina: Ta reda på om det skett några förändringar sedan tidigare. Se eventuell information på kursens lärplattform. | |
| Hur många frågor behöver du svara på? | Tidigare tentamina: Ta reda på om det skett några förändringar sedan tidigare. Se eventuell information på kursens lärplattform. | |

| Vad kan förväntas? | Informationskälla | Fyll i dina svar i den här kolumnen |
|---|---|---|
| Vad finns det för bedömningskriterier för kursen? | Kursbeskrivning, studiehandledning för kursen. Kontrollera också vad det finns för lärandemål. | |
| Vilka är de förväntade lärandemålen för kursen? | Kursbeskrivning. Föreläsningsanteckningar från läraren – en del lärare presenterar lärandemålen i början av en delkurs/en serie föreläsningar. | |

Som du ser, mycket information finns i kursbeskrivningar och i studiehandledningar. Det är också bra att titta på gamla tentamina, som brukar finnas tillgängliga på institutionen.

**Tips** Du kan samla information om olika tentamina innan terminen börjar. När terminen väl börjar blir du överöst med information. Många studenter anser sig då inte ha tid att ta reda på sådant som inte ska ske förrän längre fram under kursen. Detta är ett kortsiktigt tänkande.

## Vilken typ av tentamina kommer det att vara?

Lärarna använder många olika sätt för att testa studenternas kunskaper och förståelse. En del ämnen använder mer traditionella essäfrågor, medan andra använder flervalsfrågor. Du kan lättare välja strategi för hur du ska repetera om du har en uppfattning om vad det är för typ av tentamen/frågor som kommer, eftersom olika typer av tentamina/frågor testar olika färdigheter och minnesmetoder. Olika typer av frågor sammanfattas i tabell 8.2 på nästa sida.

En del människor har lätt för att minnas stora mängder fakta och sedan snabbt plocka fram det. De kan få bra resultat när det är flervalsfrågor. Andra behöver tid för att gå igenom informationen och samla ihop sina tankar. Om de inte får mycket övning i att svara på flervalsfrågor på tid, har de svårare för att få bra resultat på detta. I den bästa av världar skulle du kunna välja den typ av tentamen som passar dig bäst. I verkligheten återspeglar inte traditionella tentamina och bedömningssätt olika inlärningsstilar. Dessutom testar olika bedömningsmetoder olika färdigheter, som du kan se i tabell 8.2. Ibland vill dina lärare veta om du minns viktiga fakta. Detta kan vara fallet i de muntliga examinationer som medicinstudenter måste göra: en sorts muntliga, snabba tester av sakkunskap. Denna typ av kunskap kan även testas genom flervalsfrågor. Fast de flesta tentamina är till för att du ska visa din förståelse av ämnet och din förmåga att urskilja relevant information till svaren på frågorna. Det är med andra ord förmågan att hantera informationen som du har lagrat i ditt minne.

**Tabell 8.2** Olika typer av frågor

| Typ av tentamen/frågor | Definition | Färdigheter som krävs |
|---|---|---|
| Flervalsfrågor | Ett påstående följs av olika svarsalternativ som ofta är kortfattade. Det testar din faktakunskap. | Lätt för att minnas fakta. Snabbt kunna hämta från minnet. God läsförmåga. |
| Frågor med korta svar | De här frågorna kräver att du kan skriva korta svar i punktform. De testar din faktakunskap. | Bra skrivförmåga. Förmåga att kunna sammanfatta och skriva kortfattat, att kunna göra urval i information. |
| Essäfrågor | Här gäller samma som vid hemtentamina, att du skriver sammanfattande och övertygande. De testar inte bara din faktakunskap utan också att du kan tolka den. | Knäcka koden (analys av fråga). Förmåga att sammanfatta. Urval av information. Kunna skriva med fungerande stycken och meningar. Fungerande grammatik och stavning. |
| Tentamen där litteratur får medtagas | Den här typen tillåter dig att ta med kurslitteratur och anteckningar. En del studenter tror att detta inte testar minnesförmågan. | Urval av information. Kunna hitta information. Sammanlänkning och kartläggning av information. |
| Hemtentamen | Denna består ofta av ett antal essäfrågor. Ibland delas den ut i början av en delkurs, ibland i slutet av delkursen, ca en vecka innan den ska lämnas in. | God minnesförmåga. Urval av information. Förmåga att summera och organisera tankar i sammanhängande skrift. |
| Problemlösning/ fallstudier | En del institutioner föredrar den här typen av tentamensfrågor. Studenterna förväntas kunna applicera fakta i olika tänkta situationer. | Knäcka koden (analys av fråga). Förmåga att göra urval. Sammanlänkning och kartläggning av information. |
| Klinisk examination | För att testa praktisk förmåga att tillämpa kunskap (studenter inom medicinska ämnen). | Användning av kunskap och förståelse. Bra minnesförmåga. Kunna återhämta och samla information från minnet snabbt. Kunna göra prioriteringar. |

## Hur pass organiserad är du?

Nyckeln till framgång är ofta organisation – inte bara i studierna men också i andra delar av livet. Organisation har stor betydelse när du ska läsa inför en tentamen. Det har att göra med den fysiska miljön – till exempel var du har dina anteckningar, hur du kategoriserar informationen och det du ska minnas. En välorganiserad student har bättre styr på sig själv och är därmed mer koncentrerad, mer motiverad, mer uthållig och klarar också pressen vid tentamina bättre.

## När ska du börja repetera?

Det är aldrig för sent att börja repetera, men många studenter väntar för länge med att börja. Har du någonsin sagt: Om jag bara hade börjat läsa tidigare? Du bör börja repetera redan under kursens gång för att sedan repetera ordentligt under de sista veckorna och dagarna före tentamen. Många studenter sätter onödigt stor press på sig själva under de sista veckorna före en tentamen genom att de försöker göra anteckningar samtidigt som de ska lära sig och lagra informationen i minnet. Det är inte konstigt om hjärnan och minnet då överbelastas och inte fungerar särskilt bra. Försök börja repetera i början av delkursen i stället för i slutet.

## Översikt över processen

Tabellen nedan ger dig vägledning om vad du kan göra för att få ut det mesta av den möda du lägger ner. Så fort du kommer in i rutiner för ”Före, Under och Efter” kommer dina resultat att bli bättre

| **Före**<br>(före kursstarten) | **Under**<br>(under tiden föreläsningarna och kursen pågår) | **Efter**<br>(i slutet av kursen, strax före tentamen) |
|---|---|---|
| 1. Samla tidigare tentamina från kursen och lägg in dem i en lämplig repetitionsmapp. Genom att analysera tidigare frågor får du en översikt av vad som kan komma och vilka frågor som ofta är med. | 5. Samla all information efter en serie föreläsningar och seminarier om ett speciellt tema. Det kan vara handouts, information som lärarna lagt ut på lärplattformen, dina egna föreläsningsanteckningar och anteckningar du gjort i samband med att du till exempel förberett en skrivuppgift. | 8. Läs igenom dina repetitionsanteckningar för att se så att du förstår dem. |
| 2. Skaffa speciella mappar för dina repetitionsanteckningar – detta är inte samma som dina kurs- och föreläsningsanteckningar, som du kommer att se senare i det här kapitlet. | 6. Gör en sammanställning av informationen/anteckningarna. | 9. Om du har luckor i dina anteckningar eller om de inte är begripliga, måste du gå tillbaka till tidigare anteckningar för att förbättra dem. |
| 3. Gör en tydlig uppdelning av innehållet i repetitionsmapparna, och skriv etiketter. Gör hänvisningar till andra ställen i mapparna där samma tema eller delämne tas upp. | 7. Det är bra att dela upp informationen i följande delar:<br>■ nyckelord<br>■ begreppskarta<br>■ lista med viktiga fakta/viktiga teorier<br>■ huvudsakliga teoretiker<br>■ urval av citat. | 10. Börja memorera – metoder för detta förklaras senare i kapitlet. |
| 4. Detta är för dem som gillar att använda teknik som hjälp under repetitionen. Lägg in en speciell repetitionsmapp i datorn. Dela in mappen i filer med de olika delämnen/teman som ingår. Kanske kan du markera mappen med ”R” för repetition så att du inte blandar ihop den med pågående kursarbete och föreläsningsanteckningar. | | 11. Öva att minnas information under tidspress. Olika metoder för detta förklaras senare i kapitlet. |

## En flerdimensionell repetitionsmapp

Repetitionen kan ses som en resa, där det för att nå målet kan vara värt att investera i bra kartor. Du måste tänka på resans mål redan när du börjar repetera, och precis som under en resa måste du ibland fokusera och planera helheten, ibland måste du fokusera och planera detaljerna. När du gör tentamen måste du ibland ha en helhetsbild för att veta vad du ska ta med i svaret på en fråga; ibland måste du kunna gå in i detaljer för att kunna svara. Du måste alltså kunna både helheten och delarna för att kunna svara på ett bra sätt. Detta är den mentala akrobatik du måste kunna använda. Vet du hur du ska repetera, får du kontroll över din karta och vet när du ska växla från helhetsbilden till de små detaljerna. Samtidigt måste du kunna prestera under tidspress.

Tidspressen ger en extra dimension till repetitionsprocessen. Du förväntas inte bara minnas fakta precist, hantera informationen så att den anpassas till specifika frågor och samla information från olika delar av minnet, du måste också göra detta under tidspress. Tänk på varje deltema som en stor karta. Hur du organiserar fakta och figurer, teorier och citat avgör hur snabbt du kan samla den relevanta information som behövs för att lösa en uppgift eller svara på en fråga. Har du samlat informationen som ett nätverk på en karta, kan du snabbt se vilka vägar du ska ta för att nå dit du vill. Ju mer organiserad din information är, desto lättare, och därmed snabbare, kommer du att kunna kartlägga informationen på ett effektivt sätt.

## Hur ser ditt lagringssystem ut?

Använd olikfärgade mappar för att samla och lagra dina repetitionsanteckningar för varje tentamen. Tro det eller ej, men denna enkla början till organisation kommer att minska stressen i slutet. Du har då all relevant information till hands och kommer inte att slösa tid på att leta igenom föreläsningsanteckningar och olika teman för att utföra dina minnesrutiner.

Det är bra om du håller dig till ett system för att organisera varje del i dina mappar. Du behöver

- nyckelord med dina definitioner
- en lista på viktiga fakta/viktiga teorier
- de huvudsakliga teoretikerna
- ett urval av citat
- begreppskartor.

Förslag på hur du kan bygga upp de här delarna i dina mappar finns i avsnitt 5.

När du har ett system för lagring, antingen genom att använda mappar eller datormappar och filer, kan du börja samla och sålla information som ska lagras i ditt minne.

# 5 Knep: repetition med fungerande anteckningar

Det här avsnittet ger dig idéer om hur du kan utforma dina anteckningar. Det tar också upp hur du kan göra mer effektiva repetitionsanteckningar som leder till att din minneskapacitet ökar och att din kunskap/förståelse stärks.

Tentamina kan hjälpa dig att befästa kunskap och knyta ihop trådarna. Under tiden du förbereder dig kanske du märker att allt faller på plats, att du plötsligt förstår något du tidigare tyckte var förvirrande. Effektiva repetitionsanteckningar hjälper dig i den här processen och ger dig indikationer om vad du förstår och var det finns luckor i din förståelse. I övning 5 får du undersöka och analysera vilken typ av repetitionsanteckningar du tycker är bäst.

### ÖVNING 5 Dina repetitionsanteckningar

Titta på de olika typerna av anteckningssätt som presenteras i tabellen nedan. Vilket av dessa tycker du är bäst? Analysera och värdera om de har hjälpt dig att minnas information.

| Typ av anteckningar | 1 = använder ofta<br>2 = använder inte ofta | Minneshjälp<br>Fråga dig själv ifall denna typ av anteckningar har hjälpt dig att minnas information till en tentamen |
|---|---|---|
| Listor | | |
| Linjära anteckningar i punktform | | |
| Diagram (om det passar i ämnet) | | |
| Anteckningar skrivna som hel text (meningar/stycken) | | |
| Begreppskartor | | |
| Kort | | |
| Affischer | | |
| Inspelningar | | |
| Tabeller | | |
| Tidslinjer | | |
| Andra | | |

Vilken typ av anteckningar du gör och vilket urval du gör från dina föreläsningsanteckningar beror i viss utsträckning på vad du föredrar. Fundera över vilket sätt som passar dig bäst. Det viktiga är att det sätt **du** väljer ger dig **användbara anteckningar**. Det gör att du använder din tid och dina krafter på ett **effektivt** sätt.

**Tips**

Tänk på att repetition inte bör vara en passiv aktivitet. Hur du än gör dina repetitionsanteckningar är det bara ett medel för att nå ett mål. Det är ett verktyg för att stimulera minnet så att du får bra resultat. Men anteckningarna är bara en del i hela processen. Det är samspelet mellan dina tankar, informationen (ämnessammanhang), minnesstimulansen och frågorna som ger resultat.

Om du alltid gör på samma sätt när du förbereder dig, hur vet du då att det verkligen fungerar? Skulle du kunna förbereda dig på ett mer effektivt sätt? Skulle du komma ihåg informationen om den hade presenterats för dig på ett annat sätt? Det är viktigt att du värderar vad du gjort i förhållande till vilket resultat du fick.

# Hur bra är du på att ordna dina anteckningar inför repetitionen?

### ÖVNING 6 Ordna dina anteckningar

Markera hur effektiva dina anteckningar är. Utgå från hur du har klarat tidigare tentamina. Markera med 1 = mycket användbara; 2 = användbara; 3 = på gränsen; 4 = inte så bra.

| Anteckningar för repetition | Markera med siffra |
|---|---|
| 1. Jag använder samma anteckningar som jag hade till en inlämningsuppgift om samma ämne. | |
| 2. Jag använder bara föreläsningsanteckningarna. | |
| 3. Jag sätter samman alla mina anteckningar från olika källor i en mapp. | |
| 4. Jag använder bara föreläsarens handouts och information som lagts ut på lärplattformen. | |
| 5. Jag gör nya anteckningar utifrån alla källorna. | |
| 6. Jag har inga anteckningar när jag repeterar. | |

Om du bara använder en sorts anteckningar, måste du vara säker på att de är tillräckligt omfattande. Tänk på att anteckningar som gjorts för ett annat syfte, till exempel för en uppsats, kanske inte passar när du ska repetera. Om du samlar alla dina anteckningar från olika källor i en mapp, måste du vara försiktig så att du inte upprepar information. Det kan göra att du slösar tid och energi samt belastar minnet i onödan.

Om du gör nya anteckningar efter att ha gått igenom alla dina källor, blir det då mer eller mindre anteckningar? I så fall är mer inte nödvändigtvis bra, som du kommer att se. Har du fler repetitionsanteckningar än de anteckningar du hade tidigare, måste du fråga dig själv om den ökade mängden hjälper eller hindrar dig att minnas.

Om du har ordnat dina föreläsningsanteckningar noga i slutet av varje tema/ delkurs, kan det vara bra att göra repetitionsanteckningar medan du har allt i färskt minne. Markera dem gärna med en särskild färg så att de syns när du kommer till sista repetitionsstadiet. Många studenter har olikfärgade papper för detta eller olikfärgade pennor eller typsnitt.

Du kan ordna dina repetitionsanteckningar på flera sätt. Du kan till exempel börja med att rita en stor översiktskarta (anteckningar i form av begreppskarta) eller rita små, detaljerade kartor (informationsanteckningar). Du måste bestämma vilket sätt som passar dig bäst. Det finns inget som är rätt eller fel, det handlar bara om personlig smak.

# Hur du kan ordna dina repetitionsanteckningar

Som stöd för minnet och för att du snabbt ska kunna hämta information därifrån även under tidspress bör du dela in informationen i olika mappar.

## Tankekartor

Vid olika tillfällen under tentamen behöver du kunna lyfta fram olika delar av informationen för att visa din kunskap och förståelse. Ibland behöver du använda ämnets **terminologi** korrekt och med säkerhet. För att kunna göra detta måste du med egna ord kunna definiera **nyckelorden**. Ibland får du poäng för exakta faktadetaljer. Då måste du kunna redogöra för **fakta/ teorier**. För att kunna visa djupare kunskap och förståelse måste du känna till viktiga **teoretiker**, **ledande personer** eller **viktiga innovationer**. Ibland kan det också vara positivt att kunna ha med några **relevanta och träffande citat**. Vid andra tillfällen efterfrågas hur väl du har förstått något speciellt. Du förväntas då visa att du kan göra ett relevant urval i informationen, samla ihop olika delar och visa vilka samband det finns mellan dem. **Tankekartor** gör att du kan svara på den typen av frågor.

Under din kurs eller dina föreläsningar är det alltid bra om du ägnar lite tankar åt hur du kan ordna dina repetititionsmappar.

## Nyckelord/ämnesterminologi

Det är viktigt att ha en lista med nyckelterminologin. Det finns mycket terminologi och många förkortningar som du måste lära dig. Men gör inte bara en lista med orden utan se också till att du förstår vad de betyder. Att bara skriva av en betydelse från en ordbok hjälper dig inte när du sedan ska plocka fram information från minnet. Definitionerna måste vara med dina egna ord så att du förstår dem. Då kan du använda terminologin snabbare och med större säkerhet även om du känner dig pressad.

Enklaste sättet att samla informationen är att göra en enkel tabell med två kolumner. Det blir tydligt och lätt att läsa när du ska memorera (se övning 7).

**ÖVNING 7 Karta med nyckelord**

Välj ett av de teman du ska repetera. Börja skriva in i tabellen. Ha detta i din repetitionsmapp.

| **Nyckelord/nyckelfras** | **Din korta definition** (om du är osäker på den, fråga någon studiekamrat som du vet är säker på den exakta betydelsen) |
|---|---|
| | |
| | |
| | |
| | |
| | |
| | |
| | |
| | |
| | |
| | |

När du repeterar kan du använda en tvåstegsprocess:

- **Steg 1**. Samla efter hand de viktigaste nyckelorden och den viktigaste terminologin från föreläsningarna och seminarierna. Gör detta då och då.
- **Steg 2**. Kan det grupperas om på något sätt? Titta på terminologin igen och bestäm hur du mentalt kan kartlägga informationen. En del studenter använder färger när de grupperar för att förbereda inför minneslagring och för att se sammanhang.

## Minska ner informationen

Om dina repetitionsanteckningar ska vara till nytta, måste du sålla i informationen så att den blir hanterbar. Så fort det är en naturlig paus i kursen eller ett kurstema är avslutat, måste du minska ner informationen så att det blir hanterbara repetitionsanteckningar. En sammanfattning av dina anteckningar eller handouts (nyckelord, fraser) från kursen bör då inte vara mer än två A4-sidor för varje tema.

När du går igenom dina anteckningar från olika källor kommer du att märka att en del av informationen upprepas, även om det är med andra ord.

1. Läs igenom alla dina anteckningar/alla informationskällor om ett tema.
2. Markera de delar där det finns upprepningar.
3. Korta ner den här informationen med egna ord.
4. Plocka ut de viktigaste punkterna först, följt av exempel eller underordnad information.

Det system du väljer för hur du gör dina repetitionsanteckningar måste passa din information, så testa olika system. Vad du använder för system beror till viss del på vad du själv föredrar, men olika sorters information kan behöva olika sorters system.

# Vilket system tycker du är bäst?

Här följer exempel på två vanliga system: linjär uppdelning och tankekarta.[1] Titta på båda och se vilket av systemen som passar dig bäst.

## Exempel på linjära anteckningar

**Familj: familjeperspektiv**

- Svarta feminister
- Radikala feminister
- Feministmarxister
- Liberala feminister
- Marxistfeminister
- Vanliga teman:
  - patriarkal institution
  - familjeideologi
  - maktstrukturer
  - kvinnors erfarenheter
  - arbetsfördelning

**Nya högerperspektiv**

- Främjar traditionella familjer
- Motsätter sig ensamstående föräldrar
- Pojkar lider av frånvarande fäder
- Dysfunktionella familjer i lägre klasser

**Funktionalistiskt perspektiv**

- Teori om funktionsförluster:
  - Talcott Parsons: två "grundläggande och oreducerbara" funktioner
  - George Murdock: fyra fundamentala funktioner
- Familj med multipla funktioner:
  - Ronald Fletcher: "multifunktionell familj"
  - Eugene Litwak: "obyråkratiska funktioner"

[1] Med stort tack till David Brown, sociolog, som bidragit med dessa användbara exempel.

- William Goode: rörelse mot kärnfamilj
- Dysfunktioner:
  - Vogel och Bell: emotionella syndabockar

**Marxistiskt perspektiv**

- Michelle Barrett: foglig arbetskraft
- Christopher Lasch: tillflyktsort i en hjärtlös värld
- Reproduktion av arbete

**Tolkande studier**

- Studier av ordinärt familjeliv
- Familjelivets betydelser

### Exempel på tankekarta

Som du kan se i figur 8.1 är de fem huvudrubrikerna i fetstil så att de syns som huvudgrenar eller som stammar från det centrala temat.

## Exempel på tabell: teorier/kända personer/ innovationer/inventioner

Beroende på ditt ämne och tema kan det vara positivt om du visar kunskap om hur utveckling och framsteg har skett. För lärarstudenter är det viktigt att känna till hur utbildningssystemet och undervisningen har utvecklats. De bör då känna till viktiga namn och perioder, idéer och teorier. Juridikstudenter måste känna till rättssystemet, dess utveckling fram till dagens system och de viktigaste aktörerna. Teknologistudenter kan behöva känna till olika processer, vem som uppfann sådana system, vad de innefattar eller teorierna som systemen bygger på. Psykologistudenter kan behöva ha kunskap om intelligensmätning och därmed också om olika teorier om vad intelligens är.

Den här typen av information får du ofta under föreläsningarna och medan du läser litteraturen. Det är lika bra att skapa en särskild plats i din repetitionsmapp, där du kan hålla samman sådan information. Oftast är det bäst att använda tabeller för detta. Då kan du memorera fakta men också få en översikt av informationen och jämföra den (se övning 8 och 9 på nästa uppslag).

**Figur 8.1** Exempel på tankekarta

## ÖVNING 8 Viktiga teorier och personer (1)

Tabellen nedan visar med hjälp av ett exempel från en psykologiföreläsning hur du kan föra in den här sortens information.

| Teori | Definition | Namngivna personer | Mina kommentarer |
|---|---|---|---|
| En generell intelligens | g-faktor: generell förmåga att resonera. Många vanliga förmågor klassificeras under detta. Har att göra med neural processhastighet. Lingvistiska, logiska och spatiala förmågor. | Cattell Spearman | Cattell introducerade flytande och kristalliserad intelligens. "Flytande" – är beroende av minnet och försämras med åldern. Förmåga till abstrakta resonemang och problemlösning. "Kristalliserad" – ökar med åldern; beror på tillägnade kunskaper. Färdigheter, kunskap och erfarenheter kan användas för problemlösning. Spearman utvecklade faktoranalys. |
| Tre skikt | Bygger på Cattell och Spearman. Integrerar reaktionstid. | Carroll | Tre lager. Hierarkiska lager. Uppfattning att ju snabbare reaktionstid, desto högre IQ. |
| Multipel | Människor har en kombination av olika typer av intelligens. Inte begränsat till en enda generell teori. | Gardner | Reaktion på "g"-faktorn och dess komponenter. Multipel – började med sju och identifierade sedan nio typer av intelligens (musikalisk, matematisk, logisk, lingvistisk, spatial, kinestetisk, naturalistisk, interpersonell, intrapersonell). |
| Triarkisk | Komponentiell teori för analys av intelligens | Sternberg | Emot Gardner. Hans kategorier är analytiska (akademiska) och praktiska. |

Vad som kan utläsas av tabellen är dels utveckling av tänkandet om intelligens, dels jämförelser mellan olika sätt att tänka om intelligens. Det finns grundläggande information tillsammans med personliga kommentarer. De här anteckningarna är en grund för att skriva en text som bygger på att jämföra och kontrastera, men skulle också kunna användas mer generellt som bakgrundsinformation till en debatt i ämnet.

## ÖVNING 9 Viktiga teorier och personer (2)

Försök nu göra den här övningen utifrån en av dina delkurser genom att använda en av följande tabelltyper.

| Teori | Definition | Namngivna personer | Mina kommentarer |
|---|---|---|---|
| | | | |

| Nämn en teori eller ett begrepp som kan relateras till det valda temat | Vad finns det för stöd för teorin eller begreppet? | Vem motsätter sig teorin eller begreppet och varför |
|---|---|---|
| | | |

# Begreppskartor

Alla repetitionsanteckningar bör samlas i en begreppskarta på en A4- eller A3-sida. På så sätt är det lätt att se samband och dra linjer mellan olika idéer, och det hjälper dig också att få en djupare ämnesförståelse.

Ofta blir sådana här begreppskartor, beroende på vilket ämne det är, ganska komplicerade. I figur 8.2 finns ett exempel på en förenklad karta som visar kopplingen mellan olika generella idéer.

En begreppskarta för varje deltema kan vara till stor nytta i slutstadiet av din förberedelse. Du kan också använda den för att testa dig själv.

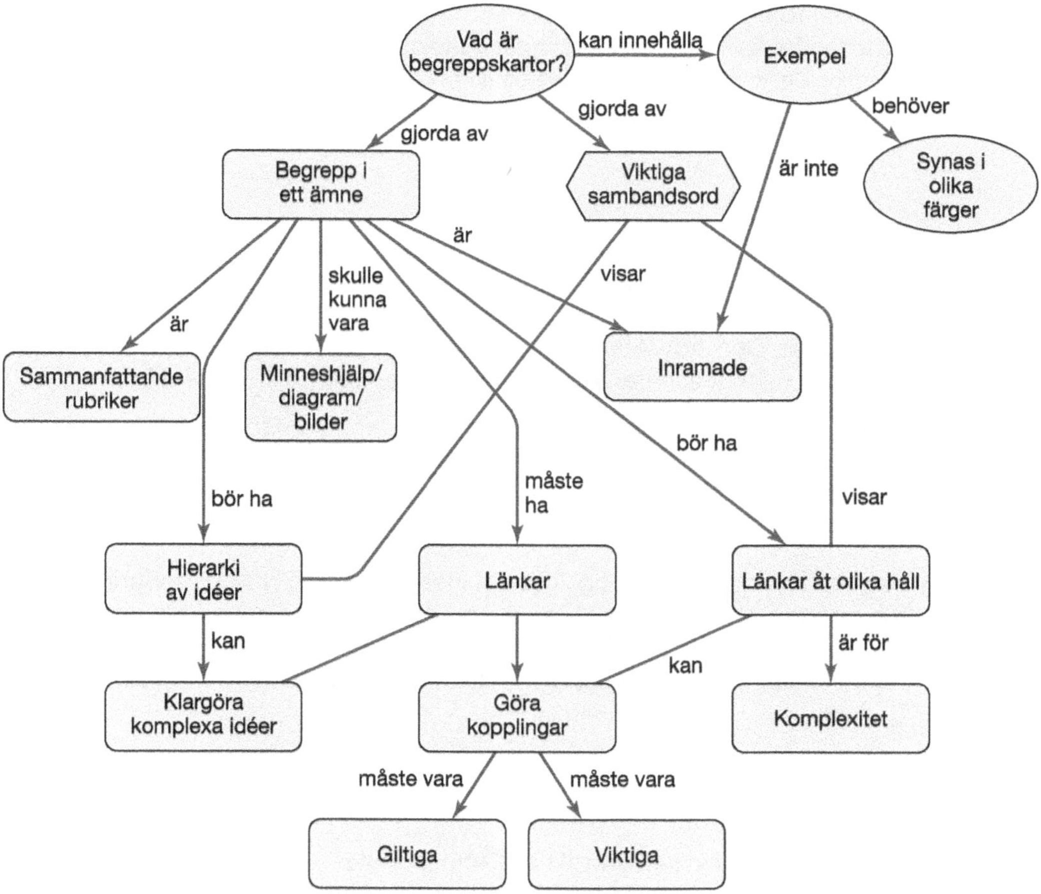


**Figur 8.2** En förenklad begreppskarta
Hämtad från: **www.mc.maricopa.edu/dept/d43/glg/Study_Aids/concept_maps/conceptmaps.html**

## Relevanta citat

Det kan vara bra att ha med något träffande och relevant citat för att ge stöd åt det du skriver och vill säga. Men du måste ta ställning till (a) om du har tid att leta upp citat och lära dem och (b) om du kan lyckas komma ihåg dem. Det är bättre att inte alls citera än att skriva ett som är felaktigt eller ett som inte passar in. Väljer du att ta med ett citat, måste det kopplas till någon viktig punkt. Du måste alltså både minnas det exakta citatet och veta varför det ska vara med.

**Tips**

Med tanke på rådet ovan är det bäst att lära sig korta citat eller fraser som kan användas på rätt ställe. Håll ögonen öppna för sådana medan du läser och går igenom materialet. Det är också bra att vara uppmärksam på lämpliga citat eller fraser under föreläsningar. Ofta är det då bara något som föreläsaren slänger ur sig, men det kanske kan användas på ett bra sätt.

## Sätta upp affischer

Dessa liknar begreppskartor men i en större skala. Bäst är att använda A3-papper. Den storleken gör att du kan lägga in visuell information som kan stimulera minnet senare. Affischer bör sättas upp på en plats där de syns.

> *Jag sätter alltid upp en i taket ovanför sängen så att jag när jag försöker stiga upp kan titta upp och se affischen. Det är som något subliminalt som hjälper mig att minnas.*
>
> Amir, andraårsstudent i datavetenskap

Har du lyckats arbeta dig igenom hela avsnittet ”Knep: repetition med fungerande anteckningar”, har du nu en välordnad repetitionsmapp. Den kommer att ge dig all information du behöver för gå vidare till nästa steg i repetitionsprocessen, det som handlar om att kunna memorera innehållet.

**Tips**

### Strategisk repetition

Gå tillbaka till övning 4 ”Att veta vad som förväntas”, där du kunde ta reda på vilken typ av tentamina du har. Du kan på flera sätt ha användning av tidigare tentamina. Självklart vill dina lärare att du lär dig allt som har med kursen att göra, men samtidigt måste du vara beredd på hur det ska examineras. Du måste kunna planera tiden på ett bra sätt och vara beredd på hur frågorna är formulerade. Under tentamen har du inte mycket tid att fundera över vad frågan går ut på och vilken information som krävs för att svara på den. Därför bör du förbereda dig genom att ta reda på allt sådant som går att kontrollera.

### Tidsplanering

Om det är essäfrågor måste du avgöra hur mycket tid du behöver för varje fråga. Du behöver planera tid för att läsa och för att gå igenom svaren. Ibland får studenterna inte skriva under de första tio minuterna. I så fall är det för att säkerställa att de läser instruktionen noga. I vilket fall som helst, se till så att du verkligen läser noga. Om det finns olika typer av frågor, till exempel några kortfrågor eller flervalsfrågor och några essäfrågor, måste du också matcha tiden med hur många poäng det är på varje fråga. Lägg inte för mycket tid på en fråga som bara ger några poäng.

### Se vad det är för frågor

Många studenter tittar på tidigare tentamina för att få en bild av vad som kan komma och också av hur frågorna är formulerade. Du kan till exempel ha läst allt om diabetes, och frågan går ut på att göra en bedömning av hur det på olika sätt kan påverka det dagliga livet. Detta kan inverka på hur du förbereder dina repetitionsanteckningar för att du ska kunna minnas och återhämta fakta på bästa sätt.

# 6 Hjälp för minnet

Ju bättre vi förstår ett tema, desto lättare är det att hantera oväntade och/eller komplexa frågor på tentamen. Det är alltså viktigt att inte bara lita på minnesåterhämtning eller utantillärande. Men hur bra vi än är på att förbereda och organisera repetitionen och få förståelse för materialet, så måste vi också använda minnet under tentamen. Vi måste alltså utveckla strategier som hjälper oss att minnas.

Varför verkar en del människor ha bra minne medan andra måste kämpa för att minnas vad det är för dag? Kanske har de med bra minne utvecklat strategier för att minnas. Även om du har klarat dig genom att lära dig utantill i tidigare studier, är det nu inte längre en bra strategi. Det är för mycket information, och ditt minne överbelastas utan att du förstår ämnet. Att lära sig utantill tar mycket plats i hjärnan och använder mycket minneskapacitet. Det ger lite utrymme för annat som måste göras under en tentamen. Det är svårt att minnas isolerade delar av information, men när du har kommit på sätt för att binda samman dem får du en djupare förståelse av materialet (begreppskartor stödjer detta) och lättare för att minnas informationen du behöver.

Skulle det inte vara underbart om du kunde kasta ett öga på en sida med information och automatiskt kunna minnas allt? Det är få personer som har fotografiskt minne så att de kan göra så. De flesta studenter måste arbeta med att utveckla minneskapaciteten, och för äldre är det nödvändigt att hålla igång minnet genom konstant övning. Många studenter har en negativ syn på det egna minnet. Du kommer att bli förvånad över hur mycket du kan minnas om du använder de rätta knepen. Vet du hur minnet arbetar, kan du göra strategiska val för att få ut det mesta av tiden och kraften du lägger ner på att minnas.

## Hur minnet fungerar

Hjärnan är som en levande dator. Den förlitar sig på hårddisklagring (långtidsminne), mobil lagring (korttids- eller arbetsminne) och ett robust operativt system. Det operativa systemet måste kunna fatta beslut om var informationen ska sökas och göra så att det enkelt går att göra kopplingar mellan olika delar av systemet.

Minnessystemet kräver att du stimulerar det på ett effektivt sätt. Figur 8.3 illustrerar (med hjälp av jämförelse med en dator) de olika stegen för hur olika delar av minnet interagerar.

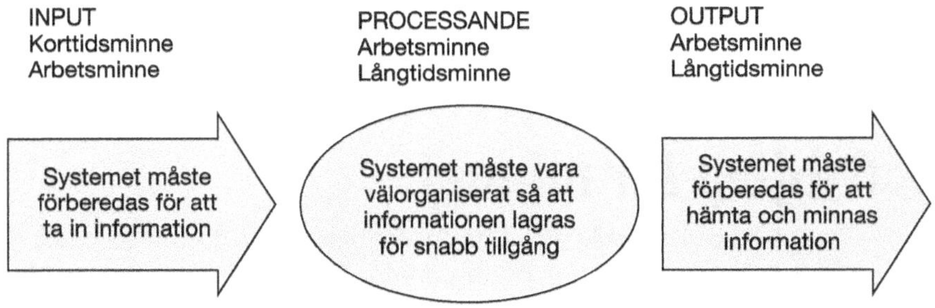


**Figur 8.3** Steg för hur minnet interagerar

Det här systemet måste finjusteras för att man ska få ut det mesta möjliga av det. Om du överbelastar en del av systemet, blir andra delar mindre effektiva. Det leder, precis som i en dator, till långsam bearbetning och informationshämtning. De flesta av oss har väl en eller annan gång varit irriterade på datorn för att den tar evigheter på sig att ladda upp eller spara information. Ibland finns det möjlighet att gå och ta en kopp kaffe medan datorn tuggar på och visar det irriterande timglaset som tecken på att den laddar och hämtar information från sitt arkiv och operativa system. Utantillärande, som nämnts tidigare, täpper till systemet. Det tar en massa energi från din processor och bromsar systemet. Som en följd av att du tar in mer information, som när du läser en del av en tentamensfråga, blir det fel balans i ditt system och allt börjar gå långsammare – precis det du inte vill när du ska prestera.

För att arbeta på bästa sätt behöver minnessystemet

- motivation
- minimalt med stressfaktorer
- koncentration.

Därför måste du ge ditt minnessystem en chans genom att se till så att du har kontroll över din stressnivå, stänger ute oönskade störningar och använder minnesstrategier.

## Vilken typ av minnesstrategi använder du?

Fundera över hur du minns. Svara på följande frågor:

- Hur var din första dag i skolan? (episod)
- Vad har du för postnummer? (fakta)
- Var hade du din senaste föreläsning? (episod)
- Hur öppnar du ett dokument i datorn? (procedur)
- Vilka nyckelbegrepp finns det i ditt ämne? (kunskap)

Vårt långtidsminne är organiserat så att vi kan minnas fakta, episoder, kunskap och procedurer. Dessa använder olika aspekter av minnet. Hur vi minns fakta och kunskap (skriven text, diagram, tankekartor etc.) speglar vår förmåga att återhämta just denna information. Vissa teman, till exempel blodsystemets funktion, kan vi minnas effektivt med hjälp av diagram, men detta skulle vara mindre lämpligt för att lära om orsakerna till fattigdom under förra seklet. Då skulle det passa bättre med någon form av tabell. Hur som helst, om du har gjort repetitionsmappar är du på god väg att stärka lagringen i ditt minnessystem.

Det är möjligt att du minns en del saker bättre än andra. Kan du identifiera styrkor och svagheter i ditt minne? Se övning 10.

Titta i avsnittet "Feedback på övningar" i slutet av kapitlet för att se ett exempel med två teman och lämpliga strategier för vart och ett av dem. De här strategierna hjälper dig att förbereda ditt minnessystem så att det kan arbeta på bästa möjliga sätt. De ger också effektiva system för att ordna lagringen under bearbetningsprocessen.

### ÖVNING 10 Minnesstrategier

Gör en lista på två teman som du kommer att studera (välj olika typer av delteman):

Tema A ______________________________

Tema B ______________________________

| Minnesstrategier | Tema A | Tema B |
|---|---|---|
| Tankekartor, diagram och flödeskartor | | |
| Associationer – göra kopplingar i informationen (begreppsmappar) | | |
| Skriva ut information | | |
| Att minnas information i listor – ändra ordningen i listan så att de första bokstäverna i varje ord på listan blir något dumt eller roligt – ett bra stöd för minnet | | |

| Minnesstrategier | Tema A | Tema B |
|---|---|---|
| Använda former eller färger | | |
| Säga informationen – för sig själv eller högt | | |
| Sätta upp affischer – liknar begreppsmappar men har även med visuella signaler | | |
| Gruppera information eller dela in den i bitar | | |
| Hitta på en historia om faktainformationen | | |
| Använda kort | | |
| *Något annat som du tycker är användbart?* | | |

Har du dessutom kontroll över din omgivning, ger du hela systemet bästa chans att arbeta. Störningar minskar minnets effektivitet, och det är nödvändigt att du är medveten om vad som stör dig och att du vet hur ska göra för att minska detta (se övning 11).

### ÖVNING 11 Låt dig inte distraheras

| | Ditt svar | Det bästa? Skulle det vara bättre att . . . ? |
|---|---|---|
| Var repeterar du? | | |
| Är det bullrigt? | | |
| Är det bekvämt? | | |
| Tar du paus regelbundet? | | |
| Har du realistiska mål för vad du kan memorera på en speciell tid? | | |
| Föredrar du att repetera ensam eller med vänner? | | |
| Måste du sprida ut dina anteckningar? | | |
| Vandrar du runt medan du memorerar information? | | |
| Vad blir du troligtvis störd av? | | |
| Vilken tid på dagen föredrar du att repetera/studera? | | |

Det är bättre med stunder av koncentration än långa perioder av intensiv läsning. Forskning pekar på att vi bara kan behålla en produktiv koncentrationsnivå 40 minuter åt gången. Minnet håller kvar mer om du koncentrerar dig under korta perioder. Om du har tre timmar på dig för att läsa in något speciellt och för att memorera, se till så att du delar upp tiden i bitar om 15 minuter och sedan tar en kort paus – sträck på benen, drick något (helst inte med koffein eller alkohol) och gör några avslappningsövningar.

## Hur förbereder du dig för att prestera på tid?

*Om jag hade massor av tid, skulle jag kunna komma ihåg massor av information.*

Emma, andraårsstudent i miljövetenskap

*Jag skulle kunna skriva en riktigt bra uppsats med bra flyt om jag hade mer tid.*

Andrew, förstaårsstudent i historia

De flesta av oss skulle, åtminstone vid något tillfälle, hålla med de här studenterna. Men om du är väl förberedd kan du få ditt minne att fungera så att du snabbt kan få fram information från olika lagringsområden.

Påminn gärna dig själv om tiden du har beräknat för varje tentamenssvar (se "Tips: Strategisk repetition" ovan).

Återigen måste du ge ditt minne bästa möjlighet att lyckas, och detta betyder att du arbetar i två steg.

### Steg 1: Att få informationen att fastna i långtidsminnet

Minnet fungerar bättre när det har små bitar av information att hantera i början. Så bryt ner faktainnehållet i små bitar. Gå igenom det då och då för att pränta in det och se vad du minns. Sätt gradvis ihop bitarna så att ditt minne gör kopplingar och så att du kan återkalla större och större bitar.

### Steg 2: Att återhämta informationen snabbt

När det är dags för tentamen gäller det att kunna hämta fram informationen från den plats i minnet där den är sparad. Du måste alltså öva på detta. Det är också viktigt att öva på att hämta fakta på tid. Du måste kunna göra detta och samtidigt svara precis på det som står i frågan. Du kan behöva dra ut delar från en av förvaringslådorna eller filerna i ditt långtidsminne och kombinera detta med annat. För att processen ska fungera måste den både gå snabbt och vara precis. Ett sätt att öva är att svara på frågorna i tidigare tentamina på tid. Testa olika strategier i övning 12.

**ÖVNING 12 Strategier för hur du snabbt kan hämta från minnet**

Testa några av följande strategier. Tänk på att det ämne du läser kan göra att några av dem är bättre än andra.

| Strategier för att minnas snabbt | Tid för att minnas | Hur det kan förbättras |
|---|---|---|
| Markera i ett diagram | | |
| Rita en serie av information | | |
| Lyssna på huvudsakliga fakta/händelser | | |
| Rita och markera hur något fungerar (till exempel ett förlopp) | | |
| Göra en plan för att svara på en essäfråga (till exempel från en tidigare tentamen) | | |
| Skriva svar på essäfrågor | | |

# 7 Ta kontroll över stressen

Hjärnan och kroppen fungerar bra vid en viss mängd stress. Adrenalinnivån gör dig beredd för handling och behövs alltså under tentamen. En viss stressnivå gör att du är mer alert. Det gör dig också mer motiverad så att du har en positiv attityd till att repetera. Men för mycket ångest och adrenalin kan få motsatt verkan. Du kan gå tillbaka till kapitel 1 "Stresshantering" om du behöver bra råd om hur du kan få kontroll över din stressnivå. Lär dig att känna igen din stressnivå och att arbeta med de lösningar som ges. Här följer några påminnelser.

## Metoder för att motverka stress

1. **Träning**. Detta hjälper mot de psykologiska aspekterna av stress och utlöser endorfiner som ger dig en känsla av välbefinnande och är bra för hjärtat. Det är också bra för att bli av med ilska och frustrationer. Om du bara vill välja en metod för att minska stress, välj denna. Det är viktigt att inte bara sitta stilla medan du läser. Många studenter går runt medan de använder sina minnesstrategier.

2. **Avslappning**. När du känner dig stressad kan det vara svårt, och kanske till och med känns fel, att koppla av. Men det kan vara bra att till exempel gå på yoga eller tai-chi. Fysiska aktiviteter hjälper dig att slappna av. Andra bra avslappningsövningar är djupandning och meditation. När du läser, tänk särskilt på att inte spänna axlar, nacke och händer.

3. **Bra mat.** Undvik skräpmat och alkohol – båda kan minska din energi och få dig att känna dig låg. En del dricker massor av drycker som innehåller koffein, som kaffe, te och coca-cola, medan de repeterar. Det finns en myt om att kaffe kan hålla en vaken så att man kan sitta uppe hela natten före tentamen. Visst, du kanske kan hålla dig vaken, men kaffe har en negativ effekt på minnets kapacitet och funktioner.

*Jag höll mig själv vaken hela natten med flera muggar kaffe så att jag skulle kunna lära mig och memorera mina anteckningar natten före tentan. Kaffet fick mig verkligen att hålla mig vaken, men mitt minne fungerade inte på tentan; jag kände mig helt utmattad. Jag klarade inte tentan bra, så jag kommer inte att göra på samma sätt igen.*

Peter, andraårsstudent i kemi

Har du planerat tiden, behöver du naturligtvis inte ta till de här drastiska metoderna.

## Dags för tentamen

Dagen är inne. Det kan kännas stressande, och prestationsångest kan göra att minnet fungerar sämre. Därför kan det vara bra att gå igenom listan nedan för att ge dig själv bästa möjlighet att lyckas.

### *Checklista i sista stund*

- Se till att få tillräckligt med sömn natten före.
- Tänk positivt: allt arbete du lagt ned på att förbereda dig kommer att ge utdelning.
- Undvik studiekamrater som vill tala om vad de har lärt sig. Detta kan skapa oro. Det är lätt att få panik om du hör att de har gjort annorlunda än du. Om du har gått igenom stegen för hur du ska förbereda dig i det här kapitlet, så är du väl förberedd.
- Efter tentamen är det bättre att undvika studiekamrater som vill tala om vad de skrev. Detta kan också göra dig orolig. Du kan inte ändra något i efterhand.

# 8 I sista minuten

För att du ska hålla dig lugn och positiv när det närmar sig bör du ha som rutin att gå igenom följande:

- Se till så att du säkert vet dag, plats och tid.
- Se till så att du har en bra penna och minst en i reserv.
- Se till så att annat som du får ta med dig på tentamen är i ordning.

- Om du får ta med dig anteckningar eller en kursbok, måste du se till så att du följer reglerna. En del institutioner kräver att du har suddat bort alla anteckningar i böckerna så att de är "rena".
- Minimera vad du tar med dig – pengar och mobiltelefon.
- Stäng av mobilen innan du går in i rummet/salen.

# 9 Under tentamen: 10 punkter

Stress och ångest kan minskas genom fasta rutiner. Det här avsnittet tar upp vad du kan göra i början, under och i slutet av en tentamen.

### I början

1. Påminn dig själv om din tidsplan. Skriv gärna ner den på svarspapperet med blyerts.
2. Läs igenom alla frågorna noggrant.
3. Dela in frågorna:
   (a) frågor du kan
   (b) frågor som du vet någon del av svaret till
   (c) frågor som du inte kan svara på.
4. Bestäm dig för i vilken ordning du ska svara på frågorna. Börja med de frågor du känner dig säkrast på och som du kan få flest poäng på.

### Under tiden

5. Ta nu en fråga efter den andra.
6. Läs frågan noga och använd BUG-metoden (se kapitel 12) för att komma fram till vad du exakt måste ha med och hur du ska hantera det.
7. För essäfrågor: gör en plan eller en tankekarta. Det innebär att du tar fram all relevant information innan du börjar skriva. Detta lättar trycket i minnet och gör att du kan skriva ett mer sammanhängande svar.
8. Tänk på din läsare – kom fram till vad som är mest väsentligt och utveckla det.

### Efter

9. Försök att inte älta hur du presterade.
10. Ta **inte** reda på vad andra skrev. Det kan skilja sig från vad du skrev, men det betyder inte att de hade rätt.

# 10 Särskilda behov

En del studenter med särskilda behov har möjlighet att få hjälp. Det kan vara

- förlängd tid
- separat rum
- en som läser
- en som skriver
- en sekreterare, en som läser och skriver
- en dator.

De måste då kunna bevisa att de har rätt till detta. Ta kontakt med Studentcentrum (eller liknande) eller tala med någon ansvarig lärare om du tror att du har rätt att få hjälp men ännu inte fått det. Tror du eller vet du att du har dyslexi, kan du ta kontakt med en dyslexipedagog. Det kan också finnas tillfällen när något oförutsett inträffar, exempelvis om du bryter en hand eller en arm eller om någon i familjen går bort. Tala i så fall om detta i förväg så att situationen kan lösas på bästa sätt för dig.

**Obs.** Om du tror att du är berättigad till någon form av hjälp, måste du försöka ordna detta i god tid. Det tar tid att utreda och att arrangera.

# 11 Summering

Det här kapitlet har fokuserat på repetition och salstentamina. Du har fått förslag, råd och stöd för hur du kan hantera hela processen. En del kan ha varit annorlunda än hur du brukar göra, och kanske har du förändrat dina vanor nu. Det är viktigt att du hela tiden omprövar hur du förbereder dig så att du ökar dina chanser att få bästa resultat.

## Sammanfattning av det här kapitlet

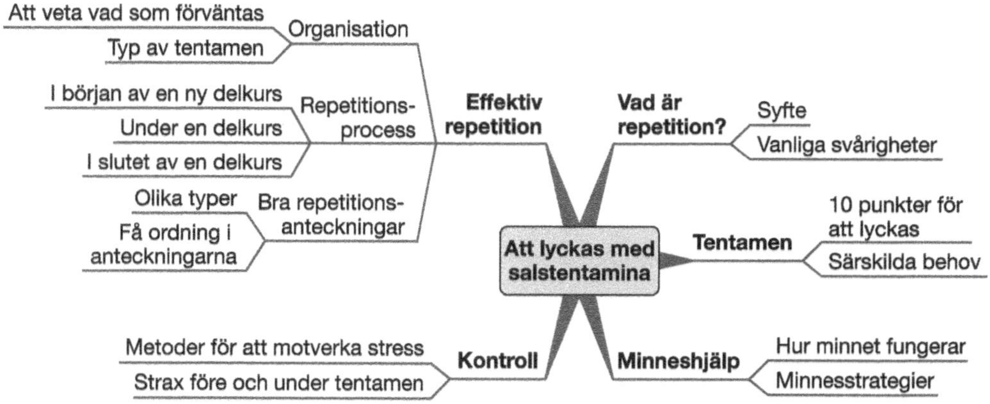

**ÖVNING 13 Uppdatera din professionella utvecklingsplan**

Reflektera nu över hur pass säker du känner dig och fundera över vad du behöver förbättra.

Markera hur pass säker du nu känner dig (1 = mycket lite och 5 = mycket).

| Färdigheter jag håller på att utveckla | Nivå 1–5 | Plan för att bli bättre |
|---|---|---|
| Jag vet hur jag gå till väga och kan organisera hela repetitionsprocessen på ett effektivt sätt. | | |
| Jag är medveten om att jag kan använda olika anteckningssystem för olika syften. | | |
| Jag vet hur jag kan göra för att ha kontroll även om det är en pressad situation. | | |
| Jag vet vad det finns för effektiva minnesstrategier. | | |
| Jag vet vilka strategier som fungerar när jag gör en tentamen. | | |

Datum: ___________

## Extra hjälp

- Studiekamrater: en del studenter tycker det är bra att repetera tillsammans med andra. För att detta ska ge mesta möjliga bör ni vara i samma fas när ni träffas. Det är frustrerande om du har arbetat med ett avsnitt som de andra inte arbetat med.
- Böcker: det finns böcker om tankekartor och om minnet som kan hjälpa dig att förbättra din studieteknik. Sök på ”tankekarta” och ”minnet” eller sök i bokhandel/på bibliotek.

# Feedback på övningar

**ÖVNING 2 Vanliga svårigheter vid repetition**

| vilket av följande stämmer in på dig? | Markera |
|---|---|
| 1. Jag blir ofta frustrerad när det är dags för tentamen. | |
| 2. Jag blir ofta *mycket* nervös. | |
| 3. Ofta kan jag inte sova ordentligt under den här tiden. | |
| 4. Jag lägger ner mycket tid på att förbereda mig utan att få bra resultat. | |

| Vilket av följande stämmer in på dig? | Markera |
|---|---|
| 5. Jag är inte säker på om jag använder en bra metod. | |
| 6. Oftast väntar jag med att börja repetera tills det nästan är för sent. | |
| 7. Jag skjuter upp repetitionen och kommer på mig själv med att göra en massa annat i stället. | |
| 8. Jag har mängder av anteckningar som hjälper mig att repetera. | |

Har du markerat något av detta är det dags att börja tänka på hur du kan förbättra strategierna för hur du repeterar.

### Om du markerade "1"

Du har inte kommit fram till ett effektivt sätt för hur du ska repetera. Dina minnesstrategier kanske inte är de bästa. Du behöver testa olika metoder. (Läs det här kapitlet noga för att se vad du kan förbättra.)

### Om du markerade "2"

De flesta är nervösa när det är dags för tentamen. Men om du är alltför nervös, kan du behöva lära dig hur du får mer kontroll över situationen (se avsnitt 7 "Ta kontroll över stressen").

### Om du markerade "3"

Detta kan vara ett tecken på en växande ångest. Det kan också peka på att du inte använder de mest effektiva strategierna för hur du ska repetera (se avsnitt 3 "Effektiva strategier", avsnitt 5 "Knep: repetition med fungerande anteckningar", avsnitt 6 "Hjälp för minnet" och avsnitt 7 "Ta kontroll över stressen").

### Om du markerade "4"

Det kan vara så att du repeterar utan tillräckligt fokus eller någon ordentlig plan. Du kanske inte vet hur du ska förbereda dig inför repetitionen. Du behöver testa olika metoder (se avsnitt 4 "Nedräkning, inte uträkning", avsnitt 5 "Knep: repetition med fungerande anteckningar" avsnitt 6 "Hjälp för minnet").

### Om du markerade "5"

Du är fast i en slentrian, och ingen har talat om för dig hur du kan repetera på ett bra sätt. Du behöver testa olika metoder (se avsnitt 3 "Effektiva strategier" och avsnitt 5 "Knep: repetition med fungerande anteckningar").

### Om du markerade "6"

Du behöver se över hur du hanterar din tid (avsnittet "Nedräkning inte uträkning" och kapitel 3 "Tidshantering").

### Om du markerade "7"

Detta är ofta ett tecken på uppskjutning. Det kan förstås bero på att du har dålig erfarenhet av att repetera. Det kan också bero på att du inte har en plan för hur du ska gå till väga eller inte vet hur du ska göra.

### Om du markerade "8"

Det är inte säkert att det är så bra att ha en massa anteckningar. Det tar tid att leta igenom allt för att hitta det man söker. Det kan vara tid du inte har. För en del kan mycket anteckningar kännas som en säkerhet. Men frågan är om det är tidseffektivt. Tänk på att det är kvalitet, inte kvantitet, som spelar roll. Du kan behöva lära dig hur du kan minska ner informationen (se avsnitt 5 "Knep: repetition med fungerande anteckningar").

**Obs.** Om du alltid gör som du alltid har gjort,
så får du vad du alltid har fått.
Nu är det dags att inventera hur du brukar göra
när du repeterar.

### ÖVNING 10 Strategier för snabb återhämtning från minnet

Gör en lista på två teman som du kommer att studera (välj olika typer av delteman):

TEMA A Det kardiovaskulära systemet

TEMA B Överlämningsförfarande på vårdavdelningen

| Minnesstrategier | Tema A | Tema B | Användning och relevans |
|---|---|---|---|
| Tankekartor, diagram och flödeskartor | ✓ | ✓ | Tema A: Markera i ett kopierat diagram. Tema B: En numrerad flödeskarta är en hjälp för att minnas hur det går till. |
| Associationer – göra kopplingar i informationen (begreppsmappar) | ✓ | | Tema A är sammanlänkat, medan Tema B är mer som en serie av händelser. |
| Skriva ut information | ✓ | ✓ | Skriv in i diagrammet eller i flödeskartan som en hjälp för att minnas. |
| Att minnas information i listor – ändra ordningen i listan så att de första bokstäverna i varje ord på listan blir något dumt eller roligt – ett bra stöd för minnet | ✓ | | Inte relevant för B – korrekt ordning är nödvändig. |
| Använda former eller färger | ✓ | | Tema A passar bättre för färgassociationer (för blodflöde etc.). |
| Säga informationen – för sig själv eller högt | ✓ | ✓ | Är ofta bra för att minnas information. |
| Sätta upp affischer – liknar begreppsmappar men har även med visuella signaler | ✓ | | Tema A: Bilder av olika delar av systemet är tydligare än text. |
| Gruppera information eller dela in den i bitar | | ✓ | Tema B: Händelserna kan grupperas. |
| Hitta på en historia om kring faktainformationen<br>Använda kort | ✓ | ✓ | Kopierade bilder på delar av systemet och definitioner av terminologi kan förstärka minnet. |

# III Tillämpa dina kunskaper

Utmärkande för kurser inom naturvetenskap och teknologi är experimentellt arbete i laboratorier eller ute på fältet. I många utbildningar ingår också datorprogrammering och design. Det är möjligt att dessa moment var det du mest såg fram emot när du bestämde studieinriktning.

I kapitlen "I laboratoriet" och "Hantering av fel" kan du se vilka färdigheter som behövs för att utföra det praktiska arbetet och hur noggrann analys av fel och osäkerhet i dina mätningar kan hjälpa dig att göra en mer kritisk värdering av ditt arbete. Detta är en grund för att du ska kunna dra välgrundade slutsatser om vad du har uppnått.

Det första avsnittet i kapitel 11 handlar om att skriva datorprogram. Det är inget speciellt programmeringsspråk som tas upp, utan avsnittet är mer som en introduktion till några olika sätt som bra programmerare använder för att skriva fungerande program med maximal kapacitet. Det andra avsnittet handlar om design. Det svåraste med detta är att komma på en bra idé, så om du lär dig om olika metoder för att förbättra din kreativitet kan du undvika att bli blockerad när du ska göra uppgifter.

# 9 I laboratoriet

I utbildningar inom naturvetenskap och teknologi har experimentellt arbete en betydelsefull roll. Kanske var det detta som fick dig att bli intresserad av ditt ämne. Om du kan använda din tid i laboratoriet effektivt, kommer din teoretiska förståelse att öka. Du kommer också att lära dig om metoder som professionella inom ditt område dagligen använder i sitt arbete.

I det här kapitlet kan du

1. lära om olika sorters arbete som du kan få i uppgift att utföra i laboratoriet
2. fundera över hur du kan förbereda dig för experimentellt arbete
3. se vad som utmärker bra sätt för att dokumentera försök
4. börja utveckla din kritiska förmåga att dra realistiska slutsatser.

## ANVÄNDNING AV KAPITLET



Gör en uppskattning av hur pass säker du är på det som tas upp i påståendena nedan. I slutet av kapitlet har du möjlighet att ompröva dina svar och kan då också lägga in det i din professionella utvecklingsplan. Markera mellan 1 (mycket lite) och 5 (mycket):

| Jag är medveten om vilka olika typer av laboratoriearbete jag kommer att möta. | Jag vet vad som måste göras före eller i början av ett pass i laboratoriet. | Jag förstår hur jag på ett effektivt sätt ska utföra ett experiment och dokumentera det. | Jag kan dra välgrundade slutsatser utifrån ett experiment. |
|---|---|---|---|
| | | | |

Datum: ___________

# 1 Olika typer av experiment

Det är mycket möjligt att du under din utbildning kommer att få utföra experimentellt arbete i ett laboratorium. Arbetet kan vara individuellt, i par eller i en mindre grupp. Även om experimentens syfte kan variera, är de ofta utformade för att hjälpa dig med något av följande:

- förstå hur en teori eller en lag fungerar i praktiken
- lära hur du ska använda någon standardutrustning eller standardmodell för analys
- observera en fysisk effekt eller process
- definiera en teori eller lag genom observation
- testa en hypotes.

Dessutom kan du utveckla färdigheter i att:

- dokumentera och analysera data
- bedöma datans reliabilitet
- kommunicera vetenskapligt
- lösa problem
- arbeta i ett team
- planera och hantera tid
- tänka kritiskt.

Arbetet i laboratoriet kan vara praktiskt eller virtuellt i form av en datorsimulering, där du kan kontrollera och variera parametrar för att se vilken effekt de har på ett givet system. En del människor tycker att simulering är mindre intressant, men en fördel är att du har större möjlighet att kontrollera en variabel än vad som är möjligt i verkligheten. Du har också möjlighet att observera hur ett system beter sig i extrema (till och med osäkra) situationer med värden för särskilda kvantiteter, som till exempel mycket hög temperatur eller hög radioaktivitet. Dessutom kan simulering vara precis lika effektivt som mer traditionellt laboratoriearbete och vara en hjälp för dig att utveckla de mer generiska färdigheterna i listan ovan.

Experimentellt arbete kan delas in i två större grupper: **experiment för att visa** och **experiment för att ta reda på**.

## Experiment för att visa

Detta är laborationsövningar som är utformade för att öka din förståelse för något som du redan lärt dig. Kanske har teorin, processen eller begreppen redan tagits upp på en föreläsning. Syftet med laborationen är i så fall att du ska se hur det fungerar i praktiken. Det normala är att du finner det förväntade resultatet, så det är inte experiment i bemärkelsen att få fram okända resultat. Men det betyder inte att det inte är någon mening med att göra dessa övningar. De kan ge dig värdefulla insikter i en process genom att något som var ganska abstrakt på föreläsningen blir till ett konkret begrepp som du lättare kan ta till dig. De kan också hjälpa dig att få en insikt i olika typer av experimentella fel och i processen med att mäta och dokumentera data.

Ibland, även om du kan lagen du vill visa, är inte metoden given, och du måste då kunna designa ett passande experiment för att nå ditt mål.

Exempel på experimentuppgifter för "att visa":

- Experiment för att visa att ett föremål som glider ner för en sluttning lyder Newtons andra lag.
- Experiment för att visa effekten av latent smältvärme i nedkylningen av ett material.
- Experiment för att visa titreringsmetoden.

## Experiment för att ta reda på

Den här typen av laboration innebär att göra en undersökning utan att veta det förväntade resultatet. Detta ligger mycket närmare det sätt på vilket forskare inom ditt område använder experiment, och i flera utbildningar är den här typen av arbete del av ett större individuellt forskningsprojekt i slutet av utbildningen.

Experiment för att ta reda på är en form av problembaserat lärande, och studenter tycker ofta att detta känns mer som "på riktigt". Det kan precis som i "riktiga" experiment vara ganska frustrerande och leda in i blindgångar. Samtidigt kan det bidra till att du har svårare för att förstå de vetenskapliga begrepp som ingår, särskilt om tiden är begränsad. Däremot kan experiment som inte är lyckade lära dig om processen och hjälpa dig att utveckla flera färdigheter för framtiden.

Exempel på experiment för att ta reda på:

- Experiment för att ta reda på sambandet mellan den pålagda kraften och den förlängning av ett gummiband som detta har resulterat i.
- Experiment för att avgöra hur temperatur påverkar reaktionshastigheten för en kemisk reaktion.
- Experiment för att undersöka effekten av den inre resistensen i en elektrisk krets.

# 2 Innan du börjar

I laboratoriearbetet får du möjlighet att arbeta i din egen takt och har tid att undersöka begrepp och teorier. Vanligtvis får du ett laborationsblad med förklaringar om vad du förväntas uppnå för resultat i någon speciell del av arbetet och ibland också med tips om hur du ska gå till väga.

Är det experiment för att visa, är det bra om du förbereder dig lite innan du börjar. Om du har fått ett laborationsblad eller vet titeln på laborationen i förväg, kan du titta igenom relevant teori för att se hur pass bra du förstår den. Även om du inte får laborationsbladet i förväg, är det en bra idé att snabbt ögna igenom relevanta föreläsningsanteckningar för att fräscha upp minnet. Vet du vad det förväntade resultatet på experimentet är? Finns det delar av teorin som du har svårt för att följa? Kan du se hur experimentet eventuellt kan hjälpa dig att klargöra detta? Ska du använda någon standardutrustning eller standardprocess inom ditt studieområde? Kan du hitta en beskrivning av detta? Vilka andra och mer generiska färdigheter kan experimentet hjälpa dig att utveckla?

Det gör inget om du inte i förväg har en klar bild av varje aspekt av vad du ska göra och vad du ska lära, men genom att du förbereder dig börjar du fundera på det som det ska handla om. Det hjälper dig också att göra fler kopplingar och att klargöra din förståelse när du väl sätter igång med det praktiska arbetet.

Är det experiment för att ta reda på, är det förberedande arbetet viktigare. Kanske måste du designa din egen metod för experimentet och bestämma hur du ska dokumentera och analysera dina observationer för att nå ditt mål. Kanske måste du också fundera över hur du kan värdera ditt resultat för att avgöra om du har uppnått målet. Du kan bespara dig en massa frustration genom att noggrant tänka och planera i förväg.

Checklistan nedan ger förslag på frågor för planering av olika stadier.

### Checklista för att förbereda laboratoriearbete

| | **Experiment för att visa** | **Experiment för att ta reda på** |
|---|---|---|
| Experimentets syfte | Framgår syftet tydligt i laborationsbladet? | Är syftet med undersökningen specificerat eller måste du definiera det själv? |
| Teori | Hur pass väl förstår du teorin som är relaterad till detta ämne? | Vilken teori som du har läst om kan vara relevant för din undersökning? |
| Apparatur och metod | Vet du hur du ska använda den utrustning du kommer att behöva? Förstår du hur du förväntas använda den för att uppnå det du ska? | Vilken apparatur kommer du att behöva? Hur ska du använda den för att nå målet? |
| Resultat | Vet du vad du bör mäta och hur du ska göra det? Hur ska du visa dina data? | Vad behöver du för att mäta och hur ska du göra detta? Hur ska du redovisa din data? |
| Analys | Hur ska du analysera ditt resultat? Måste du definiera en metod eller är den given? | Vilken typ av analys krävs för att nå målet? |
| Värdering | Förstår du hur du ska värdera ditt resultat för att avgöra om du uppnått målet på ett tillfredsställande sätt? | Vilken typ av värdering krävs? Hur ska du definiera att du på ett bra sätt har uppnått målet? |

Vilken typ av experiment du än utför, så är en viktig del av planeringsprocessen att göra en bedömning av vilka hälso- och säkerhetsrisker det finns.

# Fundera över hälsa och säkerhet

En viktig del av planeringsprocessen, oavsett vad det är för typ av experiment, är att göra en bedömning av vilka hälso- och säkerhetsrisker det finns. Detta gäller både under din utbildning och i ditt arbete efter studierna.

## ÖVNING 1 Grundläggande regler för säkerhet i laboratorier

Det finns några grundläggande säkerhetsregler som **alltid** gäller i ett laboratorium. Flera av dessa handlar om sunt förnuft.

Kan du lägga till något mer i listan?

| Se till så att du känner till hur laboratoriet ser ut, inklusive var nödutgångarna finns. |
|---|
| Se till så att din väska och din jacka inte är i vägen för någon. Det kanske finns ett skåp eller någon speciell plats där du kan lägga dina saker. |
| Läs igenom laborationsbladet innan du börjar arbeta, läs speciellt noga de instruktioner som har med säkerhet att göra. Läs också eventuell information om materialet och utrustningen som du ska använda. |
| Följ instruktioner om säker förvaring eller hantering av material och utrustning. |
| Följ regler för säker användning av elektrisk utrustning; var särskilt noga med att inte spilla vätskor på denna typ av utrustning. |
| |
| |
| |
| |
| |
| |

Se avsnittet "Feedback på övningar".

Förutom dessa grundläggande regler, som alltid gäller, måste du fundera över eventuella **risker** i varje del av arbetet du gör i laboratoriet.

När du har identifierat en lista med potentiella risker kan du bedöma varje risk genom att uppskatta **sannolikheten** för att det ska inträffa och hur pass **allvarliga** konsekvenserna av det inträffade i så fall skulle vara. Till slut måste du bestämma vilken **kontrollmätning** du ska ha för att minimera effekten av varje risk. Kontrollmätningen bör vara i proportion till risken. Är det en låg risk, kan det innebära att bara hålla ett öga på olika saker, men om risken är hög, måste kanske en mer formell kontrollmätning användas.

I laboratoriet kan det finnas en standardform för riskvärdering med en tabell för riskanalys. Tabellen för riskanalys på nästa sida har ett typiskt format och har utformats för ett experiment där ett gummibands förlängning ska mätas när vikter läggs till för att sträcka ut det.

| Identifierad risk | Sannolikhet för att det ska inträffa (gradera 1–4) (A) | Hur pass allvarligt det är (gradera 1–4) (B) | Risk (sannolikhet × svårighetsgrad (A × B) | Kontrollmätning |
|---|---|---|---|---|
| Skada på ögonen om gummibandet släpper | 2 | 3 | 6 | Håll arbetet på bänken under ögonhöjd. Använd ögonskydd när du mäter gummibandets förlängning. |
| Mindre skada på fingrarna när gummibandet släpper. | 1 | 1 | 1 | Observera gummibandet för att avgöra sannolikheten för att det ska hända. |
| Vikter faller av gummibandet och orsakar skada på fötterna. | 1 | 2 | 2 | Se till så att fötterna inte är direkt under apparaturen när vikterna läggs till. Använd helt omslutande skor under experiment. |

**Obs.** Enligt Arbetsmiljöverket ska riskerna bedömas i allt laboratoriearbete. Se: http://www.av.se/dokument/publikationer/adi/adi_508.pdf.

# 3 Utföra arbetet

I kapitel 15 finns information om hur en hel rapport kan struktureras. I det här avsnittet koncentrerar vi oss kort på vad du bör dokumentera i olika delar av din laborationslogg. Figur 9.1 visar en sida som en student har skrivit. Även om den är välordnat skriven, är det en arbetsdokumentation och innehåller rättningar där detta är nödvändigt.

Några särskilda punkter att tänka på är:

- **Datum.** Allt laborationsarbete måste dateras.
- **Lista på apparatur.** Gör anteckningar om modell och/eller serienummer på all apparatur. Om du upprepar ditt experiment en annan gång och får ett annat resultat, vill du kanske kontrollera om detta beror på ändringar i den apparatur som använts.
- **Metoddelen.** Om du får instruktioner om hur experimentet ska utföras på ett laborationsblad, behöver du kanske inte göra en ny kopia av detta. Du bör kontrollera med den som handleder laborationen vad det är som förväntas. I vilket fall som helst måste du fortfarande dokumentera allt som inte riktigt blir som förväntat eller som du gör annorlunda än den process som föreslagits.
- **Diagrammet.** Det är alltid bra att ha ett diagram på apparaturen. Det är mer effektivt än att beskriva den i ord.
- **Korrigering.** Om något blir fel, kryssa över det på ett snyggt sätt och förklara vad problemet var.

- **Noggrannhet med siffror.** När du dokumenterar mätningar med siffror, var noga med hur många decimaler du använder. Skriv inte ner en massa siffror bara för att du ser dem på displayen på ett instrument. Hur pass noggrant vill du att ditt svar ska vara? Du måste ha den noggrannhet som den minst känsliga delen av utrustningen har.

2/5/2008

Experiment för att mäta den specifika värmekapaciteten för koppar

Syfte: att mäta den specifika värmekapaciteten för koppar genom att använda en kalorimeter.

Apparatur: kalorimeter för koppar, isolering, provbit av koppar för att testa uppvärmningsanordning (serienummer 2100034)

Diagram

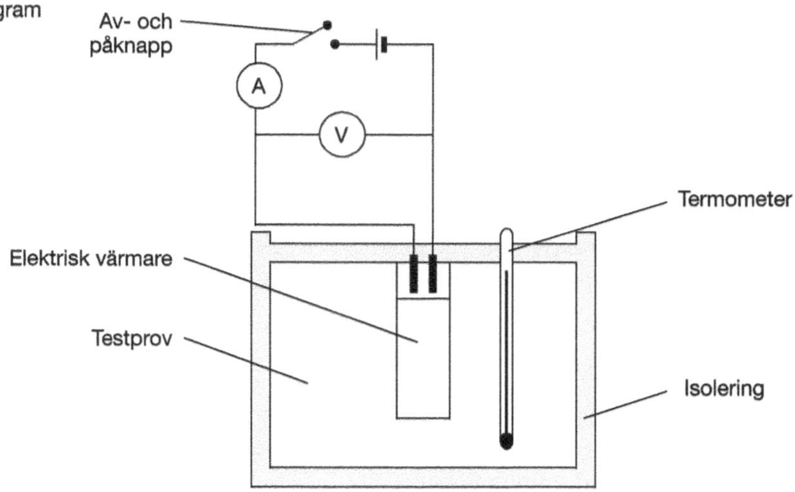


Metod: Experimentet utfördes i enlighet med instruktionerna på laborationsbladet.
Vi noterade att isoleringen på toppen av kalorimetern var gammal och sliten och att det fanns ett hål i den. Detta förväntas ha bidragit till extra värmeförlust från systemet.

Resultat:
~~Kopparblockets massa = 530 g~~ obs. att vågen var felinställd i början - blocket vägdes igen efter att vågen hade nollställts.
Kopparblockets massa = 500 g

Ström $i$ = 2,3 A Volt V = 10,2 V
Blockets temperatur från början = 18 °C

**Figur 9.1** Utdrag från en laborationslogg

**Tips**

Fundera över vilka grafer du behöver för din analys. Om du bestämmer det i förväg, kan du göra en grov skiss medan du gör dina mätningar. En visuell representation gör det enklare att upptäcka datavärden som verkar underligt stora eller små, och du kan kontrollera om de stämmer innan det är för sent för att upprepa mätningarna.

Därefter följer vanligtvis en resultat- och analysdel. I nästa kapitel tar vi upp några enkla analysmetoder och tittar på hur man kan handskas med experimentella fel.

I den sista delen i laborationsloggen drar du dina slutsatser om experimentets resultat.

# 4 Dra slutsatser

Något av det som studenter tycker är svårast med experimentellt arbete är att diskutera resultatet och att dra användbara och välgrundade slutsatser. Men övning hjälper. De grundläggande reglerna är:

- Grunda dina påståenden på bevis, inte på känslor.
- Jämför ditt resultat med det förväntade resultatet om du kan.
- Var kvantitativ där det är möjligt.
- Gör om möjligt en uppskattning av fel för alla numeriska värden (se kapitel 10).
- Uppge ifall du har nått experimentets syfte eller inte.

Du kan också ge förslag på källor till experimentella fel och på sätt för hur du kan förbättra experimentet om du skulle upprepa det.

**ÖVNING 2 Rimliga slutsatser**

Fundera över påståendena i tabellen nedan. Anser du att de representerar välgenomtänkta slutsatser eller inte? Kan du tala om hur du kom fram till ditt svar? Använd punkterna ovan som hjälp.

| | **Bra eller dåligt** | **Orsak** |
|---|---|---|
| Fel kan ha introducerats vid mätningen av längden på provbiten eftersom det var svårt att hålla linjalen tillräckligt nära kanten. | | |
| Enligt vår åsikt gick experimentet ganska bra. | | |
| I slutet bevisade vi att Boyles lag är sann. | | |
| De flesta felen berodde förmodligen på mänskliga faktorn. | | |
| Hypotesen var att objekt med olika massa skulle få samma acceleration, och detta visade sig vara fallet. | | |
| Det funna värdet för tyngdaccelerationen var ganska nära det förväntade värdet. | | |
| Det funna värdet för tyngdaccelerationen var inom 2 % av det givna värdet i tabell- och formelsamlingen. | | |

Se avsnittet ”Feedback på övningar”.

# 5 Summering

Det här kapitlet har tagit upp hur du kan förbereda dig för och utföra arbete i laboratoriet. Flera av modellerna som har tagits upp kan lika gärna användas i andra former av praktiskt arbete, som till exempel i fältarbete. Förberedelse är en viktig del av processen, både för att du ska bli insatt i det som ska göras och för att du ska tänka igenom vilka säkerhetsaspekter som finns. Du är nu medveten om vad för information som bör finnas med i en laborationslogg. I kapitel 15 kan du läsa mer om hur den kan struktureras. Dessutom bör du nu ha en rimlig förståelse av vad du bör tänka på när du skriver diskussion och slutsatser.

## Sammanfattning av det här kapitlet

Titta på figur 9.2 och försäkra dig om att du förstår vad de olika delarna innebär.

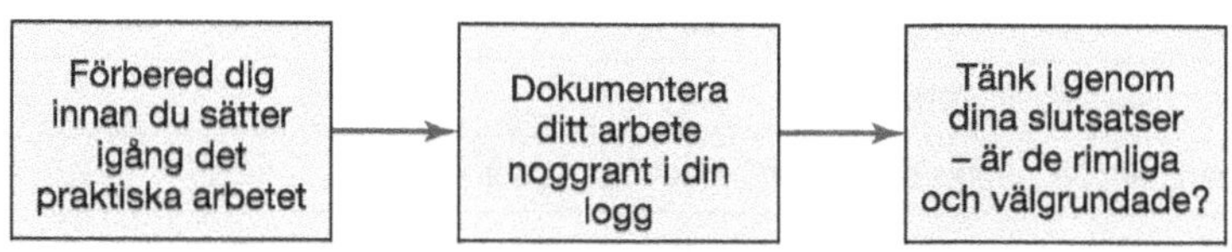


**Figur 9.2** Sammanfattning av hur du kan förbereda och dokumentera ditt arbete i labbet

**ÖVNING 3 Uppdatera din professionella utvecklingsplan**

Reflektera nu över hur pass säker du känner dig och fundera över vad du behöver göra för att bli bättre. Om du vill kan du föra in det i din professionella utvecklingsplan.

Markera hur pass säker du nu känner dig (1 = mycket lite och 5 = mycket).

| Färdigheter jag håller på att utveckla | Nivå 1–5 | Plan för att bli bättre |
|---|---|---|
| Jag förstår hur olika typer av laboratoriearbete kan utveckla olika färdigheter. | | |
| Jag förstår hur jag ska förbereda mig innan jag sätter igång. | | |
| Jag vet hur jag ska dokumentera experimentet. | | |
| Jag kan dra välgrundade slutsatser från mitt arbete. | | |

Datum: ____________

## Extra hjälp

- I laboratorier finns ofta doktorander och/eller tekniker som kan hjälpa dig med olika frågor.
- Den som är handledare i laboratoriet kan hjälpa dig att förstå vad och på vilket sätt du ska dokumentera i din laborationslogg.

# Feedback på övningar

### ÖVNING 1 Grundläggande regler för säkerhet i laboratorier

Du kanske också har tänkt på . . .

| |
|---|
| Skyddsglasögon och skyddshandskar bör användas när så behövs. |
| Ingen mat eller dryck är tillåten i laboratoriet. |
| Långt hår måste vara uppsatt. |
| Inget experiment bör utföras om inte processen har auktoriserats. |
| Speciell försiktighet måste vidtas vid hantering och montering av glasapparatur. |
| Alla behållare måste ha tydliga etiketter om innehåll. |
| Skyddskläder, som laboratorierockar, ska alltid bäras när sådana finns. |
| Farliga kemikalier och biologiskt spill på golv, bänkar eller utrustning ska rapporteras till ansvarig. |
| Alla fel på utrustning måste rapporteras. |
| Apparaturer får inte sättas upp och lämnas utan uppsikt, förutom om tillåtelse har erhållits och klara instruktioner finns om vilka åtgärder som ska vidtas i en nödsituation. |
| Laboratoriekemikalier får inte luktas på, inandas eller smakas. |
| Alla olyckor eller incidenter måste omedelbart rapporteras till ansvarig och dokumenteras i en olycks-/incidentrapport. |
| Under och efter en laboration måste arbetsytan rengöras och städas; händer bör tvättas; utrustning måste stängas av förutom om annat angivits. |

**ÖVNING 2 Rimliga slutsatser?**

| | Bra eller dålig | Dålig |
|---|---|---|
| Fel kan ha introducerats vid mätningen av längden på provbiten eftersom det var svårt att hålla linjalen tillräckligt nära kanten. | Bra | Detta påstående är tydligt och precist om den potentiella felkällan. Det kan vara grund för tänkande om hur experimentmetoden kan förbättras en annan gång. |
| Enligt vår åsikt gick experimentet ganska bra. | Dålig | Detta är bara en åsikt. Inget bevis ges som stöd för uppfattningen "ganska bra", som är en ganska vag värdering. |
| I slutet bevisade vi att Boyles lag är sann. | Dålig | För att visa att en fysisk lag är sann måste du visa att den håller i alla möjliga fall. För detta skulle ett genomgripande experiment behöva utföras. Var mycket försiktig med att använda ordet "bevisa" i experimentella studier. Det är bättre att undvika det. Ett bättre påstående skulle vara: Den experimentella studien stödjer giltigheten i Boyles lag under de villkor som testats. |
| De flesta felen berodde förmodligen på mänskliga faktorn. | Dålig | Mänskliga fel innebär att något som gjordes fel kunde ha gjorts rätt. Detta är också ett mycket vagt påstående. Du måste försöka vara mer specifik när du identifierar orsaker till fel. |
| Hypotesen var att objekt med olika massa skulle få samma acceleration, och detta visade sig vara fallet. | Bra | Detta är ett bra påstående om hur syftet för experimentet har uppnåtts. |
| Det funna värdet för tyngdaccelerationen var ganska nära det förväntade värdet. | Dålig | Vad menas här med "ganska nära"? Det är mycket vagt, och du bör alltid försöka vara precis. Om möjligt bör förhållandet mellan ett förväntat och ett experimentellt värde uttryckas kvantitativt. |
| Det funna värdet för tyngdaccelerationen var inom 2 % av det givna värdet i tabell- och formelsamlingen. | Bra | Detta är ett tydligt och kvantitativt påstående om hur nära det förväntade värdet det funna är. |

# Referenser


- Arbetsmiljöverket (2005) *I allt laboratoriearbete ska riskerna bedömas*. ADI 508. Hämtat från: http://www.av.se/dokument/publikationer/adi/adi_508.pdf (110715).

# 10 Hantering av fel

I alla experimentella mätningar finns det något fel eller någon osäkerhet. Detta är oundvikligt, för inga mätvärden kan någonsin bli perfekta. För att du ska kunna värdera kvaliteten på resultatet av ett experiment måste du kunna göra en uppskattning av storleken på det tillhörande felet. Förstår du hur fel kan uppskattas och hur de kombineras när du gör beräkningar hjälper det dig att dra anpassade och välgrundade slutsatser från dina experimentella värden.

I det här kapitlet kan du

1. få förståelse för olika feltyper
2. se hur du kan uppskatta och dokumentera fel
3. ta reda på hur fel från olika mätningar kombineras.

## ANVÄNDNING AV DET HÄR KAPITLET

Gör en uppskattning av hur pass säker du är på det som tas upp i påståendena nedan. I slutet av kapitlet har du möjlighet att ompröva dina svar och kan då också lägga in det i din professionella utvecklingsplan. Markera mellan 1 (mycket lite) och 5 (mycket):

| Jag vet att det finns olika typer av experimentella fel och förstår skillnaden mellan dem. | Jag kan uppskatta fel och dokumentera dem i standardformat. | Jag vet hur fel kombineras när mätningar används för att göra beräkningar. |
|---|---|---|
| | | |

Datum: ______________

# 1 Feltyper

Vid alla mätningar finns det en grad av osäkerhet eller något fel (benämningarna är utbytbara). Storleken på felet beror på mätmetoden som använts för att få fram mätvärdena. En del mätmetoder är mer precisa än andra, men alla resulterar i en viss mängd fel. Naturvetare och ingenjörer lägger mycket kraft på att försöka hitta sätt som minimerar mätfel och på att designa nya metoder med mindre osäkerhet. För att kunna dra välgrundade slutsatser från dina experimentella mätningar måste du ha förståelse för fel, varför de alltid finns där och hur du kan uppskatta dem och tolka dem.

En mätning som presenteras utan en uppskattning av fel är i allmänhet inte särskilt användbar om vi vill jämföra den med andra mätningar. Om du till exempel mäter längden på två studenter och får ett svar på 170 cm för den ena och 173 cm för den andra, uppfattar du det kanske som att den andra studenten är längre än den första. Men om du sedan får veta att tumstocken du använde har en osäkerhet på $\pm 5$ cm, så kan du inte längre vara säker på att den uppmätta skillnaden stämmer. Längden på den första studenten skulle kunna vara någonstans mellan 165 och 175 cm, och mellan 168 och 178 cm på den andra. Med så här mycket osäkerhet skulle studenterna till och med kunna ha exakt samma längd.

Mätfel eller osäkerheter i experimentella mätningar kan vara av tre olika slag: systematiska fel, slumpmässiga fel och mänskliga fel.

## Systematiska fel

Systematiska fel är fel där mätningen alltid flyttas upp eller ner från det verkliga värdet med samma mängd. De uppstår ofta på grund av dålig kalibrering av utrustning. Tänk dig till exempel att du mäter längden på ett objekt med en linjal, som i figur 10.1.

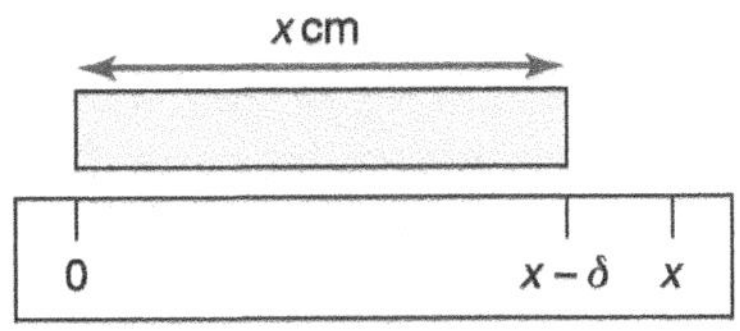


**Figur 10.1** Systematiska fel

Den sanna längden på objektet är $x$ cm, eftersom linjalen på något sätt har tänjts ut. Det kan vara för att den har varit under spänning under en längre tid under ett annat experiment. Nu ger linjalen alltid ett värde som är lite under det verkliga värdet. Skillnaden, $\delta$ cm, mellan det verkliga värdet, $x$ cm, och det uppmätta värdet, $(x - \delta)$ cm, är ett systematiskt fel. Varje gång du mäter en längd som borde vara $x$ cm får du alltså ett något mindre värde. En annan linjal kan i stället ha krympt en aning och alltid ge ett högre värde.

En vanlig källa till systematiska fel i experiment är att utgångsläget för någon del av utrustningen, såsom en voltmeter eller amperemeter eller en uppsättning skalor, inte sätts på noll när utgångsläget är noll. Detta är så kallade **nollställningsfel**, som lägger till ett litet positivt eller negativt värde till varje mätning som görs med utrustningen.

Noggrann kalibrering av utrustning före mätningar kan minska storleken på systematiska fel.

# Slumpmässiga fel

Slumpmässiga mätfel är inte förutsägbara. I alla mätningar som görs med något mätinstrument kommer det alltid att finnas slumpmässiga fel i en storlek som beror på vilken mätmetod som använts. Det kommer inte att vara möjligt att förutsäga om felet har ökat eller minskat värdet jämfört med det sanna värdet. Upprepar du mätningen under samma villkor och med samma utrustning, kommer du varje gång att få ett något annorlunda värde, ibland större än det sanna värdet och ibland mindre.

Slumpmässiga fel kan bero på inbyggda begränsningar i utrustningen, på mättekniken eller på den skala som mätningen avläses från.

# Mänskliga fel

Mänskliga fel är misstag som beror på hur utrustningen använts eller på inkorrekt användning av experimentella metoder. Om du har begått den här typen av fel under ett experiment, är resultatet ogiltigt. Du måste gå tillbaka och göra om experimentet för att kunna dra några slutsatser från dina mätningar.

# 2 Uppskattning och dokumentation av fel

När du gör en experimentell mätning måste du alltid försöka uppskatta storleken på tillhörande fel eller på det som är osäkert. Vetenskapligt arbete som presenterar mätningar utan uppskattning av fel bör behandlas med stor misstänksamhet. Vet du inte vilka de tillhörande felen är, kan du inte förlita dig på mätningarna.

Till exempel hänvisar bland annat National Institute of Standards and Technology (NIST) i USA till följande fysikaliska konstanter med tillhörande osäkerhet i mätvärdena:

| **Värdet på några fysikaliska konstanter och deras tillhörande feluppskattning enligt NIST** | | |
|---|---|---|
| **Konstant** | **Värde** | **Feluppskattning** |
| Avogadros konstant $N_A$ | $6{,}022\ 141\ 79 \times 10^{23}$ mol$^{-1}$ | $\pm 0{,}000\ 000\ 30 \times 10^{23}$ mol$^{-1}$ |
| Newtons gravitationskonstant $G$ | $6{,}674\ 28 \times 10^{-11}$ m$^3$ kg$^{-1}$ s$^{-2}$ | $\pm 0{,}000\ 67 \times 10^{-11}$ m$^3$ kg$^{-1}$ s$^{-2}$ |
| Plancks konstant $h$ | $6{,}626\ 068\ 96 \times 10^{-34}$ Js | $\pm 0{,}000\ 000\ 33 \times 10^{-34}$ Js |

Lägg märke till att det för varje konstant i tabellen finns både enhet och feluppskattning. Enheter måste inkluderas för att läsaren ska kunna förstå exakt vad mätningarna betyder.

Felet uttrycks i ett standardformat med ett $\pm$ tecken mellan värdet och uppskattningen av felet för att visa att man inte vet om felet gör att skillnaden ökar eller minskar skillnaden mellan de uppmätta och de sanna värdena. Detta ger dig ett uppskattat omfång för felet. Om du till exempel säger att din längd är $160 \pm 3$ cm, menar du att den ligger någonstans mellan 157 och 163 cm.

Felen i tabellen är givna som **absoluta fel**. Absoluta fel uttrycks i samma enheter som det uppmätta värdet. Vi kan också ange feluppskattningar som **relativa fel**. I detta fall är felet givet som det absoluta felets förhållande till det uppmätta värdet:

$$\text{relativa felet} = \frac{\text{absoluta felet}}{\text{uppmätta värdet}}$$

Eller om du föredrar att uttrycka felet i procent:

$$\text{Relativa felet i procent} = \frac{\text{absoluta felet}}{\text{uppmätta värdet}} \times 100\ \%$$

### ÖVNING 1 Relativa fel

NIST:s webbsida anger värdet för Avogadros konstant och dess absoluta fel som:

$N_A = 6{,}022\ 141\ 79\ 10^{23} \pm 0{,}000\ 000\ 30\ 10^{23}$ mol$^{-1}$

Beräkna det relativa felet.

Det relativa felet kan uttryckas genom

$$\frac{\text{absoluta felet}}{\text{uppmätta värdet}} = \frac{0{,}000\,000\,30 \times 10^{23}}{6{,}022\,141\,79 \times 10^{23}} = 4{,}981\,616\,35 \times 10^{-8} \text{ eller } 4{,}98 \times 10^{-6}\%.$$

Så vi kan uttrycka konstanten som $N_A = 6{,}022\,141\,79 \times 10^{23}\ \text{mol}^{-1} \pm 4{,}98 \times 10^{-6}\%$.

Lägg märke till att felet när det är uttryckt som ett relativt fel eller en procentsats inte har någon enhet och att vi då måste koppla enheten till det uppmätta värdet.

Försök nu på samma sätt omforma de två återstående mätvärdenas absoluta fel till relativa fel (se tabellen på förra sidan).

Du kan se svaren i avsnittet ”Feedback på övningar”.

Om du vill öva mer, finns det många fler konstanter (med värde och fel) på NIST:s webbsida.

Vad det är för typ av fel, det absoluta felet eller det relativa, som bör hänvisas till varierar beroende på omständigheterna. Vill du till exempel veta ifall ett fel ska betraktas som signifikant eller inte, så kan det relativa felet vara det bästa valet. För en uppmätt längd av ett föremål som dokumenterats som 0,234 53 ± 0,001 38 cm kan det vara svårt att se om felet är stort eller litet i relation till det uppmätta värdet, men om det omformas till relativt fel och uttrycks i procent, vilket ger en längd av 0,234 53 cm ± 0,5%, kan det vara lättare att bedöma om felet kan anses vara litet eller inte. Å andra sidan, ifall du bara vet att felet är 5 %, ger det dig inte någon klar uppfattning om den verkliga längden, som kan ha betydelse för hur föremålet ska användas. Gäller det exempelvis ett föremål som måste kunna passa i ett hål med en längd av 0,2359 cm, så är det mer det absoluta felet som talar om ifall detta är möjligt. Du kommer efter hand som du får mer vana i att uppskatta fel under olika omständigheter att tycka det är lättare att bedöma vilket som är mest användbart i sammanhanget.

**Tips**

Det beror på situationen om ett fel kan anses som stort eller litet. Ett fel på ±1 km är ganska litet om det gäller mätning av jordens omkrets, men ganska stort om det gäller uppmätning av en bana för maraton.

## Hur stort är felet?

För att man ska veta hur stort felet är i en given mätning måste man nästan alltid göra en uppskattning. Därför är det vanligt att bara en eller två signifikanta siffror anges för ett absolut fel. Troligtvis går det inte att göra en mer realistisk uppskattning.

Ibland går det att göra separata uppskattningar för systematiska och slumpmässiga fel. Du kan i så fall dokumentera varje uppskattning separat. Mäter du massan hos en vikt med hjälp av en skala som du vet inte är riktigt nollställd och som också har något slumpmässigt fel beroende på om fjäderns spänning har minskat från den tidigare mätningen eller inte, kan vikten till exempel dokumenteras som 1,249 ± 0,3 ± 0,1 kg, där den första feluppskattningen är slumpmässig och den andra systematisk. Ofta går det inte att skilja på de två feltyperna, som då måste uppskattas tillsammans.

Vad innebär då en rimlig uppskattning av storleken på osäkerheten i en mätning? I en enstaka mätning är det ganska svårt att veta vad felet kan vara, och finns det inte någon speciell information om mätmetoden eller mätutrustningen, såsom tillverkarens uppskattning av det troliga felet, är det bäst att ha följande tumregel:

*En rimlig uppskattning av det slumpmässiga felet i en enstaka mätning är omkring en halv enhet på den skala som används för att göra mätningen.*

Det innebär att om en linjal som är markerad med centimetrar används för mätning kan längden på det uppmätta föremålet sägas vara $x \pm 0{,}5$ cm. Om linjalen är markerad med millimetrar, kan längden på samma föremål uppskattas till $x \pm 0{,}5$ mm. Vid användning av digitala mätare uppskattas vanligtvis mätningen till hälften av den sista decimalen på displayen. Om displayen på en voltmeter visar 0,123 453 4 V, kan mätningen då dokumenteras som 0,123 453 ± 0,000 000 5 V.

Om det går att göra mer än en mätning på en kvantitet som förväntas ha ett slumpmässigt fel, kan osäkerheten minskas genom att mångfaldiga mätningar görs och att medelvärdet av dessa anges som den bästa tillgängliga uppskattningen av det sanna värdet. Spridningen av värdena kan uttryckas genom standardavvikelsen för antalet upprepade mätningar.

## Exempel

Titta på mätningarna av längden på ett föremål i tabellen nedan:

| 2,54 cm | 2,52 cm | 2,56 cm | 2,53 cm | 2,52 cm |
|---|---|---|---|---|

För att få en uppskattning av variationen tar vi medelvärdet av mätningarna genom att addera dem och dividera summan med antalet mätningar.

medellängd = (2,54 + 2,52 + 2,56 + 2,53 + 2,52) ÷ 5 = 2,534 cm (med 3 decimaler)
Med en formel kan vi uttrycka medelvärdet, $\bar{x}$, av $n$ mätningar $x_1, x_2, x_3, \ldots, x_n$ som:

$$\bar{x} = \frac{1}{n}\sum_{i=1}^{n} x_i$$

För att få standardavvikelsen av $n$ mätningar, subtrahera först medelvärdet med varje mätning:

| 0,006 | −0,014 | 0,026 | −0,004 | −0,014 |
|---|---|---|---|---|

Exemplet fortsätter på nästa sida.

Kvadrera därefter varje tal i tabellen ovan, och addera sedan alla kvadraterna:

summan av kvadraterna = 0,001 12

Dividera till sist med ett tal som är ett mindre än antalet, 5 – 1 = 4, och ta kvadratroten av svaret.

Standardavvikelsen är 0,017 (med 3 decimaler).

Standardavvikelsen, s, kan definieras som

$$s = \sqrt{\frac{\sum_{i=1}^{n}(x_i - \bar{x})}{n-1}}$$

Om ett mycket stort antal mätningar ska göras, kan en kalkylator vara det snabbaste sättet för att beräkna medelvärde och standardavvikelse.

### ÖVNING 2 Medelvärde och standardavvikelse

För varje rad i tabellen: beräkna medelvärdet och standardavvikelsen.

| | | | | | | | | Medelvärde | Standardavvikelse |
|---|---|---|---|---|---|---|---|---|---|
| 0,977 | 0,866 | 0,136 | 0,749 | 0,200 | 0,493 | 0,720 | 0,253 | | |
| 7,0 | 3,8 | 8,6 | 2,2 | 0,4 | 4,0 | | | | |
| 0,97 | 0,93 | 0,84 | 0,84 | 0,86 | | | | | |

Se avsnittet "Feedback på övningar".

**Tips**

Mätningar med små standardavvikelser är nära grupperade runt medelvärdet. Mätningar med stora standardavvikelser har en mycket större spridning runt medelvärdet.

Vid beräkning av medelvärdet för ett flertal mätningar finns det en osäkerhet i den genomsnittliga mätningen. Denna kvantitet kallas medelvärdets standardfel, $\sigma_m$, och anges som:

$$\sigma_m = \frac{s}{\sqrt{n}}$$

där *s* är standardavvikelsen av mätningarna och *n* är antalet mätningar. Om du ökar antalet mätningar, är det inte säkert att standardavvikelsen för värdet förändras, men om *s* förblir samma, då, när *n* ökar i storlek, blir medelvärdets standardfel, $\sigma_m$, mindre. Därför kan du när du gör flera mätningar känna dig mer säker på att medelvärdet du beräknar är nära det "sanna" värdet.

**ÖVNING 3 Medelvärdets standardfel**

Gå tillbaka till övning 2 och beräkna medelvärdets standardfel för varje rad i tabellen. Kontrollera svaren i avsnittet för feedback.

**Obs.** När man beräknar medelvärdet genom att använda flera mätvärden minskas det slumpmässiga felet på grund av statistiska egenskaper för osäkerheten. Detta har ingen inverkan på de systematiska felens storlek.

Studenter har ofta svårt för att förstå skillnaden mellan standardavvikelse och medelvärdets standardfel. Vi avslutar därför det här avsnittet med att försöka förtydliga detta:

- **Standardavvikelsen** är relaterad till sannolikheten att varje given mätning ligger inom en särskild fördelning kring medelvärdet. Om du beräknar medelvärdet av ett antal mätningar till värdet $\bar{x}$ och standardavvikelsen till $s$, då, med antagande om att avvikelsen beror på slumpmässigt fel, är sannolikheten att en given mätning ligger inom fördelningen $\bar{x} \pm s$ ungefär 68 %. Det innebär att du om du gör 100 mätningar kan förvänta att 68 ligger inom denna fördelning. Sannolikheten att varje mätning ligger inom fördelningen $\bar{x} \pm 2s$ är nära 95 %. Så av 100 mätningar kan du förvänta att omkring 95 av dem ligger inom denna fördelning. För att förstå varför detta är sant måste du lära dig om den allmänna normalfördelningen. Du kan läsa om detta i en grundläggande kursbok i statistik, till exempel *Praktisk statistik* av Körner och Wahlgren (2002).
- **Medelvärdets standardfel** är ett mått på den tillit du har till ditt beräknade medelvärde. Ett litet standardfel pekar på en hög tillit till beräkningen av medelvärdet. Lägg märke till att medelvärdets standardfel aldrig blir noll hur många mätningar du än gör.

# 3 Fortplantning av fel

Tänk dig att du har gjort en mätning av två olika saker, var och en med en tillhörande osäkerhet. Du vill kombinera dina mätningar, kanske genom att lägga samman dem eller genom att multiplicera de två värdena. Vad blir felet i summan eller produkten?

Om man till exempel gör upprepade mätningar av sträckan $y$ och tiden $t$ för ett föremål som färdas med en konstant hastighet mellan två punkter, så vet man att medelvärdet ± medelvärdets standardfel för varje storhet är

$$y = 1{,}2 \pm 0{,}2 \text{ m}$$

$$t = 3 \pm 0{,}5 \text{ s}$$

Det är då enkelt att beräkna hastigheten för föremålet som $v = y \div t = 0{,}4 \text{ m s}^{-1}$, men hur kombineras felen och vilken är osäkerheten i hastigheten? Kombinationen av fel i beräkningar kallas fortplantning av fel.

I följande avsnitt kommer vi inte att gå in på den matematiska härledningen av hur fel fortplantas utan bara på hur resultaten av detta kan användas. När du måste förstå fortplantning av fel mer på djupet kan du läsa om det i någon lämplig kursbok, till exempel *Numeriska beräkningar* av Eldén och Wittmeyer-Koch (2001).

Alla regler nedan om fortplantning av fel bygger på ett viktigt antagande:

*Felen i de mätvärden som kombineras måste vara oberoende av varandra.*

Med det menas att om en tidtagare går för fort (eller för sakta) förväntar du inte att det påverkar exaktheten av en linjal, och på samma sätt: längre eller kortare mätningar av distansen leder inte automatiskt till längre eller kortare mätningar av tiden på ett systematiskt sätt.

## Addera och subtrahera

Låt $x = \bar{x} \pm \sigma_x$ där $\bar{x}$ är medelvärdet av $x$ och $\sigma_x$ är felet i $\bar{x}$.

Låt $y = \bar{y} \pm \sigma_y$ där $\bar{y}$ är medelvärdet av $y$ och $\sigma_y$ är felet i $\bar{y}$.

Om $z = x + y$, är felet i $z$, $\sigma_z$, givet av

$$\sigma_z = \sqrt{\sigma_x^2 + \sigma_y^2}.$$

Detta kan uttryckas som att: *Slumpmässiga fel adderas kvadratiskt.*

Lägg märke till att uttrycket för $\sigma_z$ är samma oavsett om $z = x + y$ eller $z = x - y$.

### Exempel

Om du har mätt längden på två bitar kopparstång och funnit att längderna är

$L_1 = 5 \pm 0{,}1$ cm

$L_2 = 15 \pm 0{,}2$ cm

Vad blir längden på en ny stång som är gjord genom att de två stängerna klistrats samman ända mot ända? Du kan utgå från att lagret av klister inte har någon tjocklek när du gör din beräkning.

Summan av längderna på de två stängerna blir 5 + 15 = 20 cm. Felet anges som

$$\sqrt{0{,}1^2 + 0{,}2^2} = \sqrt{0{,}01 + 0{,}04} = \sqrt{0{,}05} = 0{,}22$$

Du kan konstatera att beräkningen av den slutliga längden är 15 ± 0,22 cm.

**ÖVNING 4 Addera och subtrahera mätvärden med uppskattning**

1. Om vikten på en häst är 425 ± 2 kg och vikten på ryttaren är 65 ± 0,5 kg, vad är den sammanlagda vikten på hästen och ryttaren tillsammans med feluppskattningen?
2. Om en kropps initiala utgångstemperatur är 17 ± 0,5°C och den slutliga temperaturen efter upphettning är 37 ± 0,5°C, vilken är förändringen i temperatur tillsammans med den tillhörande feluppskattningen?

Du kan se svaren i avsnittet ”Feedback på övningar”.

**Tips** Om du adderar mer än två mätningar, adderas felen på liknande sätt som tidigare, så om $a = b + c + d + e$, då är

$$\sigma_a = \sqrt{\sigma_b^2 + \sigma_c^2 + \sigma_d^2 + \sigma_e^2}$$

och så vidare.

## Multiplikation och division

När vi vill multiplicera och dividera mätetal är det lättare att arbeta med relativa fel än med absoluta fel. Vi kommer att ange det relativa felet uttryckt som procent genom till exempel $\sigma_x\%$, $\sigma_z\%$ och så vidare. När du väl har beräknat $\sigma_x\%$, $\sigma_z\%$ kan du alltid omvandla det tillbaka till ett absolut fel om du föredrar den framställningen.

## Multiplicering med en konstant

Låt $x = \bar{x} \pm \sigma_x\%$ där $\bar{x}$ är medelvärdet av $x$ och $\sigma_x\%$ är det relativa felet i $\bar{x}$ uttryckt i procent.

Om $z = ax$, där a är en konstant utan relativt fel och $\sigma_z\%$ är det relativa felet i $z$ uttryckt som procent, blir $\sigma_z\% = \sigma_x\%$. Med det menas att vid multiplicering med en konstant lämnas storleken på det relativa felet oförändrat. Samma gäller när du dividerar med en konstant.

## Multiplicering av mätvärden

Låt $x = \bar{x} \pm \sigma_x\%$, där $\bar{x}$ är medelvärdet av $x$ och $x\%$ är det relativa felet i procent.

Låt $y = \bar{y} \pm \sigma_y\%$, där $\bar{y}$ är medelvärdet av $y$ och $\sigma_y\%$ är det relativa felet i procent.

Om $z = xy$, anges det relativa felet i $z$, $\sigma_z\%$, som

$$\sigma_z\% = \sqrt{\sigma_x\%^2 + \sigma_y\%^2}$$

Lägg märke till att formeln för $\sigma_z\%$ är samma vare sig det är $z = xy$ eller $z = x \div y$.

## Exempel

Om sträckan som ett föremål färdas uppmäts till $y = 1{,}2 \pm 0{,}2$ m på en tid av $t = 3 \pm 0{,}5$ s, vad blir det absoluta felet på föremålets hastighet?

Omvandla först det relativa felet till procent:

$$\sigma_y\% = \frac{0{,}2}{1{,}2} \times 100\% = 16{,}67\%, \ \sigma_t = \frac{0{,}5}{3} \times 100\% = 16{,}67\%$$

Uppskattad hastighet $z = y \div t = 1{,}2 \div 3 = 0{,}4 \text{ m s}^{-1}$.

Det relativa felet i procent för $z$ är

$$\sigma_z\% = \sqrt{\sigma_y\%^2 + \sigma_t\%^2} = \sqrt{16{,}67^2 + 16{,}67^2} = 23{,}57\%$$

Det absoluta felet i $z$ är

$$\sigma_z = z \times \sigma_z\% \div 100 = 0{,}094 \text{ m s}^{-1}.$$

**ÖVNING 5 Multiplikation och division av mätvärden med feluppskattning**

1. Om sidorna på en rektangel uppmäts vara $x = 3 \pm 0{,}1$ m och $y = 5 \pm 0{,}3$ m, vad blir det absoluta felet vid beräkning av arean på rektangeln?
2. Om $p = 3T$, där $T = 15 \pm 0{,}4$ enheter, vad blir det relativa felet i procent?
3. I ett experiment, där man avser att beräkna ett metallblocks acceleration längs ett plan, mäts kraften som verkar på blocket vid upprepade tillfällen, och medelvärdet befinns vara $F = 2\ N \pm 3\%$. Blockets massa, $m$, vägs till 4 kg $\pm$ 0,2%. Vad blir det relativa felet i procent av accelerationen, $a$, om formeln för dess beräkning är

   a = F/m?

Se avsnittet "Feedback på övningar".

Precis som för addition, om du har fler än två värden som ska multipliceras, adderar du under rottecknet ihop kvadraten på de relativa felen för att få den slutliga produktens relativa fel i procent.

# Mer komplicerade aritmetiska kombinationer

Hur ser det ut om du har en blandning av addition, subtraktion, multiplikation och division i ditt uttryck? Jo, du bara använder metoderna ovan för en uträkning i taget tills du når det slutgiltiga svaret.

## Exempel

Om $z = \frac{(a+b) \times c}{d-e}$ med

$a = 5{,}47 \pm 0{,}45$

$b = 4{,}54 \pm 0{,}74$

$c = 7{,}99 \pm 0{,}26$

$d = 6{,}87 \pm 0{,}97$

$e = 0{,}36 \pm 0{,}50$

beräkna det relativa felet i procent till uppskattningen av $z$.

Finn först felet i $a + b$:

$$\sigma_{a+b} = \sqrt{\sigma_a^2 + \sigma_b^2} = 0{,}866$$

och värdet på $a + b = 10{,}01$.

Finn därefter det relativa felet i $(a + b)$ och i $c$:

$$\sigma_{a+b}\% = 8{,}65\%, \quad \sigma_c\% = 3{,}25\%$$

Sedan

$$\sigma_{(a+b)} \times c\% = \sqrt{8{,}65^2 + 3{,}25^2} = 9{,}24\%$$

Nu till nämnaren i bråkttalet.

Det absoluta felet i $d - e$ är

$$\sigma d - e = \sqrt{0{,}97^2 + 0{,}50^2} = 1{,}091$$

och värdet av $d - e$ är 6,51.

Det relativa felet i $d - e$ är $\sigma_{d-e}\% = 16{,}76\ \%$.

Avslutningsvis är det relativa felet i procent i $z$

$$\sigma_z\% = \sqrt{\sigma_{(a+b)\times c}\%^2 + \sigma_{d-e}\%^2} = \sqrt{9{,}29^2 + 16{,}76^2} = 19{,}1\% \text{ (med en decimal)}$$

# Ett mätetal upphöjt till ett positivt heltal

Om $y = x^n$ så $\sigma_y\% = \sqrt{n \times \sigma_x\%}$.

Se exempel på nästa sida.

### Exempel

Längden på en sida i en kub är 9,24 m ± 3%. Vad är det relativa felet i procent av den uppskattade kubens volym, $V$?

Låt längden på kubens sida vara $x$ och kubens volym $V$. *Då blir* $V = x^3$.

Det relativa felet i $V$ är $\sigma_v\% = 3 \times 3\% = 5{,}2\%$.

## Funktioner som inte följer beräkningarna med de givna formlerna

För funktioner där man inte kan använda de ovan angivna formlerna kan man fortfarande göra en uppskattning av felet såvida felet i den ursprungliga mätningen är litet.

### Exempel

Om $y = \ln x$ och $x = 14 \pm 0{,}5$.

Gör en uppskattning av y med felgränser.

Beräkna först den övre och undre gränsen för $x$.

Det maximala värdet är $14 + 0{,}5 = 14{,}5$, och det minimala värdet är $14 - 0{,}5 = 13{,}5$.

Beräkna sedan motsvarande $y$-värde för dessa två $x$-värden och medelvärdet av $x = 14$:

$x = 14{,}5$, $\ln x = 2{,}6741$

$x = 13{,}5$, $\ln x = 2{,}6027$

$x = 14$, $\ln x = 2{,}6391$

Bestäm nu skillnaden mellan ln 14,5 och ln 13,5 och dividera svaret med 2, vilket ger 0,0357.

Så $y = 2{,}6391 \pm 0{,}0357$.

Därefter måste vi göra en rimlig avrundning som överensstämmer med motsvarande siffernoggrannheten i $x$.

Svar: $y = 2{,}64 \pm 0{,}04$

**ÖVNING 6 Beräkning av funktionsvärdet med feluppskattning**

Låt $y = \sin x$ och $x = 24° \pm 0{,}5°$. Beräkna $y$ med felgränser.

# 4 Summering

Kanske är du förvånad över hur mycket plats i den här boken som ägnas åt att diskutera hantering av fel i experimentella mätningar. Men bra uppskattning av fel gör att du kan göra välgrundade jämförelser mellan mätningar och minska osäkerheten i dina resultat. Detta gör i sin tur att du kan dra välgrundade slutsatser som är sunt baserade på de bevis du fått fram i ditt experimentella arbete. Detta är en av de färdigheter som skiljer ut en duktig student från en medelmåttig, så det är väl värt att lägga lite tid på att utveckla detta.

## Sammanfattning av det här kapitlet

Titta på figur 10.2 och försäkra dig om att du är insatt i begreppen.

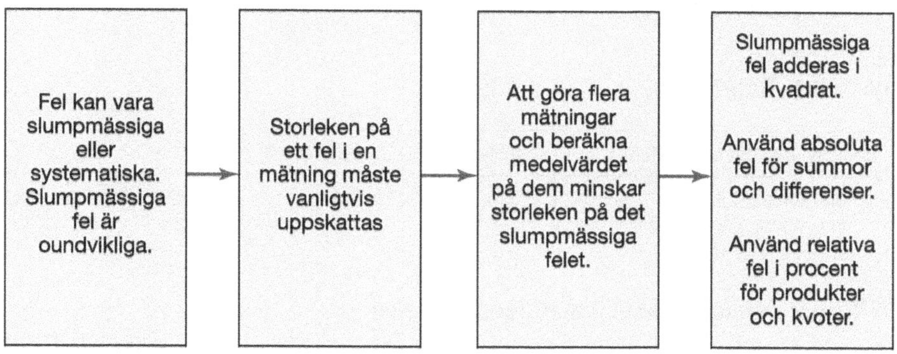


**Figur 10.2** Sammanfattning av procedurer för felhantering

### ÖVNING 7 Uppdatera din professionella utvecklingsplan

Reflektera över hur pass säker du känner dig och fundera över vad du behöver göra för att bli bättre. Om du vill kan du föra in det i din professionella utvecklingsplan.

Markera hur pass säker du nu känner dig (1 = mycket lite och 5 = mycket).

| Färdigheter jag håller på att utveckla | Nivå 1–5 | Plan för att bli bättre |
|---|---|---|
| Jag vet skillnaden mellan olika typer av fel. | | |
| Jag kan göra rimliga uppskattningar av felen i mina mätningar. | | |
| Jag kan dokumentera felen i standardformat. | | |
| Jag vet hur fel kombineras vid beräkningar och kan göra feluppskattningar på produkter och summor i uppmätta värden. | | |

Datum: ________________

## Extra hjälp

- Be din handledare i laboratoriet att visa dig om det är något i det här kapitlet som du inte förstår.
- Vill du studera felhantering mer i detalj och förstå den matematiska teorin bakom reglerna, kan du försöka med *Data Reduction and Error Analysis for the Physical Sciences* av Philip Bevington och D. Keith Robinson. Den här boken ger också information om statistisk analys och kurvanpassning, som du kan ha användning av efter hand som experimenten du gör blir mer komplexa.

# Feedback på övningar

### ÖVNING 1 Relativa fel

| | | |
|---|---|---|
| Newtons gravitationskonstant $G$ | $6{,}674\ 28 \times 10^{-11}\ m^3\ kg^{-1}\ s^{-2}$ | $\pm 1 \times 10^{-4}$ eller $\pm 1 \times 10^{-2}$% |
| Plancks konstant $h$ | $6{,}626\ 068\ 96 \times 10^{-34}$ Js | $\pm 5 \times 10^{-8}$ eller $\pm 5 \times 10^{-6}$% |

### ÖVNING 2 Medelvärde och standardavvikelse

För varje rad i tabellen: beräkna medelvärdet och standardavvikelsen.

| | | | | | | | | **Medelvärde** | **Standardavvikelse** |
|---|---|---|---|---|---|---|---|---|---|
| 0,977 | 0,866 | 0,136 | 0.749 | 0,200 | 0,493 | 0,720 | 0,253 | 0,5492 | 0,3243 |
| 7,0 | 3,8 | 8,6 | 2,2 | 0,4 | 4,0 | | | 4,33 | 3,02 |
| 0,97 | 0,93 | 0,84 | 0,84 | 0,86 | | | | 0,888 | 0,059 |

Glöm inte: om du har $n$ mätningar, dividerar du med detta tal i dina beräkningar av medelvärdet och med $n - 1$ i dina beräkningar av standardavvikelsen.

### ÖVNING 3 Medelvärdets standardfel

| **Medelvärde** | **Standardavvikelse** | **Medelvärdets standardfel** |
|---|---|---|
| 0,5492 | 0,3243 | ±0,1147 |
| 4,33 | 3,02 | ±1,23 |
| 0,888 | 0,059 | ±0,026 |

**ÖVNING 4 Addera och subtrahera mätvärden med feluppskattning**

1. Vikten på hästen och ryttaren tillsammans är $490 \pm 2{,}1$ kg ($490 \pm 2{,}061$ kg).
2. Temperaturförändringen är $20 \pm 0{,}7$°C. Lägg märke till att även om den genomsnittliga kvantiteten subtraheras, adderas felen under rottecknet. Felen i resultatet är alltid större än felet i de individuella mätningarna.

**ÖVNING 5 Multiplikation och division av mätvärden med feluppskattning**

1. Det absoluta felet i arean blir 1,0 $m^2$ (1,03 $m^2$).
2. Procent relativa fel i $p$ blir 2,7% (2,67%).
3. Procent relativa fel i $a$ blir 3,0% (3,01%).

**ÖVNING 6 Beräkning av funktionsvärdet med feluppskattning**

$y = 0{,}4067 \pm 0{,}0080$.

# Referenser


- Bevington, P. och Robinson, D. K. (2002) *Data Reduction and Error Analysis for the Physical Sciences*. 3 uppl. Maidenhead, McGraw-Hill Higher Education.
- Eldén, L. och Wittmeyer-Koch. L. (2001) *Numeriska beräkningar*. 3 uppl. Lund, Studentlitteratur.
- Körner, S. och Wahlgren, L. (2002) *Praktisk statistik*. 3 uppl. Lund, Studentlitteratur.
- NIST website: http://physics.nist.gov/ (090114).

# 11 Lösning med design

I naturvetenskapliga och tekniska utbildningar ingår ofta datorprogrammering och design. För detta krävs färdigheter som skiljer sig en aning från vad som krävs för experimentellt arbete i ett laboratorium. Programmering bygger huvudsakligen på logik, men för att du ska kunna skriva fungerande program måste du förbereda dig ordentligt innan du sätter igång. Design bygger till stor del på kreativitet, men återigen är det viktigt med noggrann förberedelse.

I det här kapitlet kommer du att

1. se hur du på ett systematiskt sätt kan ta dig an övningar i programmering
2. förstå hur du kan göra så att din kod blir läsbar
3. förstå betydelsen av att dokumentera ditt arbete
4. få en översikt över några strukturerade metoder för kreativt tänkande.

## ANVÄNDNING AV DET HÄR KAPITLET

| Om du vill titta i avsnitten | Sidan | Om du vill göra övningarna | Sidan |
|---|---|---|---|
| 1 Systematisk programmering | 229 | 1 Bryt ner stegen | 229 |
| 2 Kreativitet på beställning | 235 | 2 Använd kreativitet | 237 |
| 3 Summering | 238 | 3 Uppdatera din professionella utvecklingsplan | 238 |

Reflektera över hur pass säker du känner dig och fundera över vad du behöver göra för att bli bättre. Du kan också föra in det i din professionella utvecklingsplan. Markera hur pass säker du nu känner dig (1 = mycket lite och 5 = mycket).

| Jag vet hur jag kommer igång med en programmeringsövning. | Jag kan skriva en kod som är enkel att läsa, följa och felsöka. | Jag förstår betydelsen av dokumentation. | Jag kan tänka kreativt när så behövs. |
|---|---|---|---|
| | | | |

Datum: ____________

# 1 Systematisk programmering

De flesta programmeringsövningar börjar med en instruktion om programmet som ska skrivas och om vilka förhållningsregler som gäller för att komma fram till designen. Detta kallas **specifikation** för programmet. Här kommer du inte att lära dig syntaxen för något speciellt programmeringsspråk, men du kommer att se hur du kan tillämpa design- och analysprinciper som hjälper dig att gå från en programspecifikation till en dokumenterad lösning.

Syftet med det här avsnittet är att peka på något av det som duktiga programmerare gör för att göra livet enklare när de skriver ett program. Detta kan vara en hjälp för dig oavsett om du skriver någon enkel kod på egen hand eller om det är del av ett större projekt där din kod måste implementeras och stämma med andra programmerares kod i en större mjukvaruprodukt.

Innan du börjar skriva din kod bör du som ett första steg på vägen mot ett fungerande program ta dig tid för att förstå processen.

## Planering

Tänk igenom vad ditt program behöver kunna göra. Ju bättre du förstår kraven för programmet, desto troligare är det att du kommer att kunna få koden att fungera snabbt och effektivt så snart du börjar skriva den.

- Vad antas ditt program kunna göra?
- Kan du sammanfatta det tydligt för dig själv?
- Förstår du terminologin i specifikationen till övningen du har fått? Om inte, slå upp det du inte förstår.
- Gör en lista på alla data som ska föras in i programmet. Vad för data måste finnas för att det ska fungera som det är tänkt? Var kommer datan att komma ifrån och på vilket sätt?
- Gör en lista på alla utdata från programmet. Vilket format kan de ta? Sparade filer? Grafik? Text på skärmen?

Det andra steget är att bryta ner processen som programmet ska följa i minsta möjliga steg. Vanligtvis är det enklast att göra detta i stadier. Fundera över de olika stegen och fråga därefter dig själv om de kan brytas ner i mindre steg eller inte. Om det går, skriv ner dessa och fråga sedan dig själv igen om det fortfarande är möjligt att bryta ner i än mindre steg.

### ÖVNING 1 Bryt ner stegen

I tabellen på nästa sida är stegen för att göra en kopp te listade. Varje kolumn bryter ner uppgiften en bit längre. Kan du fundera ut vilka de återstående stegen är?

| Sätt på vattenkokaren | Fyll vattenkokaren med vatten<br><br><br><br><br><br>Sätt på den | Sätt på vattenkranen<br>Ta locket av vattenkokaren<br>Sätt vattenkokaren under vattenkranen<br>Vänta tills vattenkokaren är full<br>Ta bort vattenkokaren från kranen<br>Stäng av kranen<br>Anslut vattenkokaren till ett eluttag<br>Tryck på "on"-knappen på vattenkokaren |
|---|---|---|
| Gör i ordning en kopp | Ta en kopp<br>Ta en tepåse | |
| Gör teet | Häll vattnet i koppen<br>Tillsätt mjölk | |

Se avsnittet "Feedback på övningar".

Steg för steg-processen som du just följde liknar processen du använder när du designar ett program. Först bryter du ner uppgiften i större sektioner och sedan går du tillbaka och bryter ner varje sektion ännu mer och ännu mer. Du kan stoppa när varje sektion är tillräckligt liten för att du ska kunna börja se hur du ska implementera den som programinstruktion. Kanske ser du att det finns många likheter mellan hur man tar sig an design av ett program och ett matematiskt problem (se kapitel 16).

Det finns två typer av språk som du kan möta när du lär dig programmera: sekventiellt språk (som C eller Pascal) och händelsedrivet språk (som Visual Basic). I sekventiellt språk specifierar programmet ordningen i vilken operationer sker. I händelsedrivet språk beror ordningen på användaren. Ofta har händelsedrivet språk ett grafiskt användargränssnitt (Graphical user interface, GUI) och användaren låter saker ske genom att klicka på musen.

En systematisk designprocess är särskilt viktig i program där mer än en person ska skriva koden. Om strukturen mellan koddelarna är slumpartad, är det inte säkert att de olika bitarna i koden klarar att kommunicera med varandra. Detta är en svårighet när stora kommersiella program skrivs, men du kan också råka ut för i det i ett grupprojekt. Risken minskar om du tidigt kommer in i goda vanor. Därmed kanske du också slipper en massa onödig frustration i framtiden.

När du har grunderna för din design måste du bestämma dig för hur den ska dokumenteras. Olika dokumentationsstilar passar för sekventiella respektive händelsedrivna program.

För **sekventiella program** är flödeskartan (se figur 11.1) det klassiska sättet för att dokumentera designen. En flödeskarta visar programmets huvudsakliga funktioner och visar i vilken ordning de sker. De olika boxarna visar påståenden eller uppgifter i koden och val utifrån dessa. Det är möjligt att du gör flera flödeskartor för ett enda program, var och en med fler detaljer än den föregående allteftersom din design utvecklas.

För **händelsedrivna program** finns ingen klar ordning i vilken de olika sektionerna i programmet utförs. En flödeskarta som visar hur en operation

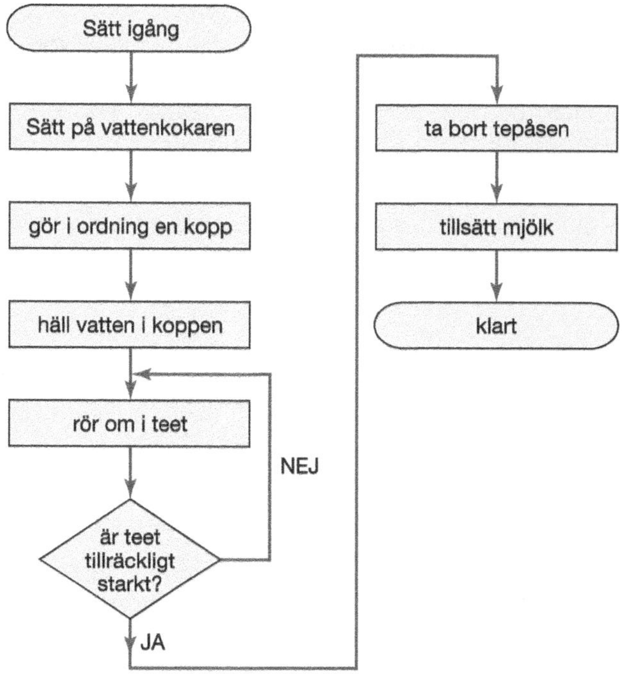


**Figur 11.1** Flödeskarta för att göra te

följer på en annan är inte nödvändigtvis en hjälp för att komma igång. En bra utgångspunkt för händelsedriven programmering är ofta en serie av användningsfall (use cases). Ett användningsfall är en funktionsbeskrivning av interaktionen mellan användaren och systemet beroende på vilka olika val en användare kan göra i mjukvaran.

Ta som exempel användningsfallet för en meny med en **Spara filen**-funktion:

## Exempel: Spara filen

### Normal operation

Användaren klickar på **Spara** i menyn med den vänstra musknappen för att spara datan på hårddisken. Systemet visar en dialogruta som frågar efter filnamn och plats på lagringsmediet där filen ska sparas. Användaren skriver in informationen och filen sparas på lagringsmediet med hjälp av den specificerade platsen och namnet på filen.

### Andra alternativ

*Filnamnet som användaren anger finns redan.* Systemet frågar om den befintliga filen ska ersättas. Användaren svarar ja eller nej. Om användaren svarar ja ersätts filen. Annars dyker dialogrutan som frågar efter filnamnet och platsen upp igen.

*Filnamnet innehåller ogiltiga tecken.* Texten **"Ogiltigt filnamn, var god försök igen"** dyker upp i en varningsruta. Användaren klickar OK för att bekräfta detta, och dialogrutan som frågar efter filnamnet och platsen på lagringsmediet visas igen.

Lägg märke till att användningsfallet är skrivet på ett lättförståeligt sätt. När du väl har specificerat ett användningsfall för varje handling som programanvändaren kan tänkas göra, kan du börja tänka på hur de hänger samman och om det finns någon särskild sekvens som de måste följa. Till exempel måste en **Öppna filen**-funktion kanske avslutas innan alternativet **Spara filen**-funktion visas för användaren.

Oavsett om ditt programmeringsspråk är sekventiellt eller händelsedrivet, bör du lägga tid på att planera ditt programs struktur. Det gör att du skriver en bättre och mer effektiv kod som är lättare att felsöka och få att fungera.

## Börja programmera

När du har en klar bild av vad för struktur ditt program behöver, kan du börja koda. Hur implementering exakt ser ut beror på ditt val av språk, men det finns användbar taktik som gör det enklare för dig:

- Använd en smart redigerare. Smarta redigerare stödjer programmeringsspråk genom att till exempel färgmarkera kod så att kommentarer har en annan färg än kommandon. De kan också automatiskt skapa indrag så att alla kommandon som har att göra med en särskild kodslinga har samma vänstermarginal. Detta är sådant som gör din kod lättare att läsa och lättare att felsöka. Titta på koden i tabellen nedan och avgör själv. I vilket format är kodens struktur lättast att följa?

<table>
<tr>
<td><pre>Begin
clear all;
action 1
for i=1:n
    command 1;
    command 2;
    if x = 3
       action a;
       action b;
    Else
       action c;
    endif;
    command 3
endfor;
action 2
action 3
End</pre></td>
<td><pre>begin
clear all;
action 1
for i=1:n
command 1;
command 2;
if x = 3
action a;
action b;
else
action c;
endif;
command 3
endfor;
action 2
action 3
end</pre></td>
</tr>
</table>

- Börja med toppnivån på ditt program.
  - **För sekventiella program:**
    - Skriv ett huvudprogram som anropar en av programmets subrutiner i taget.
    - Koda varje subrutin så att dess enda funktion är att skriva ett meddelande med dess namn till skärmen.

    - Kör huvudprogrammet för att se till så att det tar upp varje rutin enligt vad som förväntas.
    - Om namnet på varje rutin visat sig i den förväntade ordningen, så vet du att programfunktionens toppnivå fungerar korrekt.
  - **För händelsedriven kod:**
    - Skapa en rutin för varje händelse som endast skriver namnet på händelsen till skärmen.
    - Testa varje händelse i tur och ordning för att se till så att du får det förväntade svaret på varje användarinput.
- När programmets toppnivå fungerar kan du börja skriva detaljer för varje rutin eller händelse. Allteftersom du utvidgar koden för varje rutin eller händelse så att det får sin fulla funktion, fortsätt att testa med jämna intervaller för att se till så att hela programmet fortfarande fungerar som förväntat. Om du upptäcker en bug i koden, korrigera den innan du lägger till någon mer kod.
- Ge dina variabler, rutiner och händelser användbara namn som säger något om vad de ska göra. Kodning med rutiner som kallas routine_1, routine_2, routine_3 etc. (eller event_a, event_b, event_c) är svårare att felsöka än kodning med rutiner som kallas save_file, open_file, delete_file (eller blue_button_press, green_button_press, red_button_press).
- Glöm inte inkludera kod i programmet för felhantering. Detta är särskilt viktigt när du ska testa värdet av en variabel mot en annan. Om du exempelvis ber användaren göra input Y eller N för "ja" eller "nej", se till så att du har redogjort för vad som händer ifall användaren trycker på låt säga M av misstag. Du vill att din kod ska gå tillbaka och fråga efter en ny, giltig tangenttryckning och inte krascha på grund av felet.
- Lägg in kommentarer i dina program. En rubrik överst för att tala om vad programmet gör och kommentarer i marginalen till kodsträngarna hjälper dig att förstå ditt tänkande när du kommer tillbaka till en rutin senare. Det tar lite tid, men det sparar en massa huvudbry om du behöver redigera i framtiden. Det hjälper också den som ska bedöma ditt arbete att enklare följa din design.

# Felsökning

Det finns två feltyper som du kommer att stöta på:

1. *Kompileringsfel eller kodfel.* Systemet kan av någon orsak inte förstå koden du har skrivit in. Kanske har du använt fel syntax, glömt ett "end"-påstående, glömt att stänga av några parenteser eller använt ett reserverat ord som variabelnamn. Systemet ger dig vanligtvis en ledtråd, åtminstone om var i koden det har upptäckt felet men ibland också om vad problemet kan vara. Du måste arbeta igenom koden noga för att se om du kan hitta vad som är fel och rätta till det innan du kör programmet. En del tycker att det är lättare att göra detta på en utskrift än att läsa det direkt på skärmen.

2. *Körningsfel (Run time errors).* Syntaxen på din kod var bra, men antingen producerar den ett logiskt fel eller så antar en variabel ett förbjudet värde när du försöker använda den. Om felet gör att ditt program kraschar, kanske du får någon ledtråd om vad som är fel. Alternativt kanske din kod producerar oväntade eller ogiltiga output även om den kan kompileras och köras utan fel. I båda fallen är det oftast bäst att använda ett felsökningsverktyg. De flesta programmeringsmiljöer har ett. Detta gör att du kan köra programmet ett steg i taget och undersöka värdet för varje variabel mellan varje steg. Du måste vara systematisk, och du bör utforma en samling testdata för dina input som ska leda till kända output. Grunderna för bra programmering är att ha en teststrategi för att se till så att programmet fungerar som förväntat.

Det finns ingen snabbväg för att hitta orsaken till buggar i en kod, men du har en bättre chans att snabbt hitta orsaken om du tar dig tid att förstå vad du försöker uppnå innan du börjar koda och har gjort en noggrann design för ditt program.

Följande ledtrådar kan vara till hjälp för felsökning:

- Ändra bara en sak i din kod mellan varje test.
- Var uppmärksam på vilken kodsträng som orsakar problemet. Programmeringsmiljön kan hjälpa dig att identifiera detta.
- Arbeta igenom rapporterade buggar i koden i den ordning de dyker upp och korrigera dem i samma ordning. Börja så nära starten av kodsträngen som möjligt.

# Dokumentera ditt program

Oavsett om programmet är del av en uppgift på din kurs eller del av ett kommersiellt åtagande och producerat av ett professionellt företag för programvaror till en klient, måste det dokumenteras så att en annan person kan förstå och använda det. Programspecifikationen bör tala om vilken dokumentation du förväntas göra och listan kan innefatta:

- Funktionell beskrivning. Vad programmet gör.
- Strukturbeskrivning. Hur du har strukturerat programmet.
- Teknisk beskrivning. Genom listning av koden och beskrivningar av de algoritmer du har implementerat.
- Användarmanualer. Instruktioner för användare och/eller för systemprogrammerare om hur din kod ska användas och underhållas.

Under dina studier måste du också skapa klar dokumentation för att:

- Det är en god sedvana.
- Det visar den som ska bedöma ditt arbete att du förstår vad du producerat och hur det fungerar. Frånsett allt annat, bra dokumentation gör att den som betygsätter kan vara säker på den akademiska integriteten i ditt arbete.
- Dokumentationen utgör förmodligen en väsentlig del av betyget du får, och du vill ju ha bra betyg.

**Tips**

De flesta programmeringsspråk kommer med ett bibliotek med rutiner, och du kan få en uppfattning om bra rutiner för att dokumentera genom att titta på den information som ges i dessa.

# 2 Kreativitet på beställning

Designövningar är arbeten där du börjar utifrån en specifikation och slutar med en produkt. Det kan vara en elektronisk krets, en mekanisk anordning eller en mer ergonomisk konsumentprodukt. Precis som med programmeringsövningar börjar det vanligtvis med en design**specifikation** eller ett **utkast** som talar om vad du förväntas göra och de begränsningar som finns, exempelvis om vilket material som finns tillgängligt, vilken den maximala kostnaden på slutprodukten får vara och vilka dimensioner som är tillåtna för projektet.

På många sätt liknar de steg du måste ta för att lyckas med den här typen av arbete dem ovan för programmering och dem i kapitel 16 för matematisk problemlösning:

- Ta dig tid att förstå vad som krävs. Vad efterfrågar specifikationen? Vad förväntas du producera i slutet av övningen? Design på papper? En prototyp?
- Vad för dokumentation av din designprocess och ditt resultat måste du lämna in?

Förvänta dig inte att du med en gång producerar en perfekt design. Att göra design är vanligtvis en upprepande process. Du tänker igenom vad som krävs, skapar ett utkast eller en prototyp, testar det och granskar det med grund i testet. Figur 11.2 sammanfattar processen.

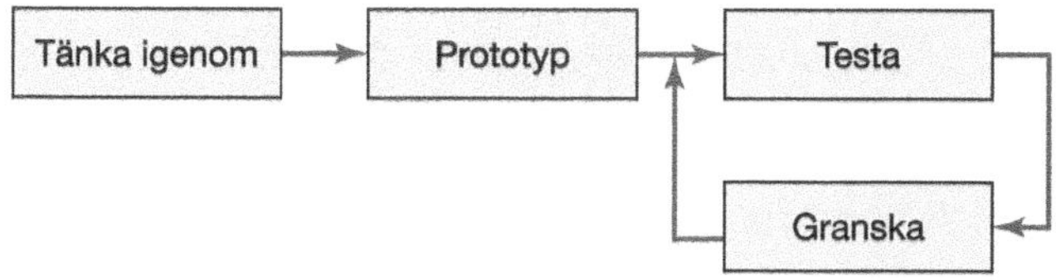


**Figur 11.2** En upprepande designprocess

Det som de flesta tycker är svårt med design är att vara kreativ på beställning. Kreativitet ses ofta som något medfött, som något som en del har och andra inte, men faktum är att det är mer som att kunna spela ett instrument. De flesta har en viss musikalisk förmåga "inbyggd", men det är bara genom övning som de utvecklas och blir bra. Tar du varje tillfälle för att använda din kreativitet, kommer du att se att den ökar och att du kan förlita dig på den.

# Att ha en bra idé

Om du inte kommer på någon kreativ idé när du behöver en, finns det flera metoder som kan hjälpa dig att komma fram med idéer, individuellt eller i grupp. Olika metoder passar olika personer, och några metoder passar mer för en viss typ av problem än andra. Här följer en introduktion till några av de metoder som finns för att utveckla kreativa idéer.

## Brainstorming

Förmodligen har du redan stött på brainstorming. Processen består av att komma på så många idéer som möjligt om ett givet ämne. Brainstorming är en process i två faser: först gäller det att komma på idéer och sedan att bedöma dem. Under den första fasen får ingen idé uppfattas som omöjlig eller för excentrisk. Bedömningar är bara tillåtna i den andra fasen efter det att alla idéerna är framlagda. Teorin är att om ingen bedömning görs under den första fasen känner människor sig friare och mer kreativa. Brainstorming är ofta mer användbart under den inledande delen av en designövning.

## Att vända på problemet

Genom att vända på problemet kan problemets motsats användas för att nå slutmålet. Anta till exempel att du vill förbättra säkerheten på en elektrisk vattenkokare. Vänder du på problemet kan du till exempel försöka besvara frågan "Hur skulle jag göra för att göra en riktigt farlig elektrisk vattenkokare?" När du på så sätt har identifierat alla potentiella risker kan du gå tillbaka till din ursprungliga fråga och fundera över hur riskerna kan minimeras.

## Vilka ändringar kan göras?

För att tänka igenom vilka ändringar du kan göra för att förbättra en befintlig produkt eller ett befintligt system kan du använda "Scamper"[1], ett verktyg som skapades av Eberle (1997). Följande checklista bygger på detta:

- Ersätt (substitute) – använd ett annat material eller en annan komponent; få någon annan att göra det.
- Kombinera (combine) – blanda olika delar eller med en ny del; integrera serviceprocesser.
- Omarbeta (adapt) – ändra en sak eller allt; ändra funktionen; använd någon del av något.
- Ändra (modify) – gör det större eller mindre; ändra färgen eller formen; öka eller minska skalan.
- Använd till något annat (put to another use) – använd det till något annat än vad det var tänkt för)

---

[1] Akronymen "Scamper" står för "Substitute", "Combine", "Adapt", "Modify", "Put to another use", "Eliminate", "Rearrange".

- Ta bort (eliminate) – ta bort funktioner eller delar; förenkla.
- Flytta om (rearrange) – vänd ut och in eller upp och ner.

Den här processen brukar resultera i en samling idéer, påminnande om det i brainstorming. Idéerna kan behöva ytterligare utvärdering eller bearbetning innan de kan användas.

## Ifrågasätt

Ställ en fråga som "Varför?" och fortsätt att fråga tills du kommer till botten av problemet. Till exempel:

*Varför måste vattenkokare bli bättre?* Därför att det kokar för långsamt.

*Varför kokar det för långsamt?* Därför att det blir kalkavlagringar.

*Varför blir det kalkavlagringar?* Därför att vattnet är för hårt.

*Så: vattenkokare skulle kunna bli bättre genom att det tillsätts en vattenmjukgörare.*

I stället för "Varför" kan du fråga "Hur?", "Vad?", "Var?", "När?" eller "Vem?".

Det finns många fler metoder för att stimulera kreativt tänkande eller för att hjälpa till med problemlösning, och om du söker på nätet efter **metoder för kreativt tänkande** eller **metoder för problemlösning** kan du få reda på mer om dem. En välkänd expert inom kreativt tänkande är Edward de Bono, som har myntat frasen "lateralt tänkande" och som har skrivit ett flertal böcker i ämnet. Om du är intresserad av att veta mer om metoder för kreativitet, kan hans webbsida (se referenser i slutet av kapitlet) vara en bra plats att börja på.

Det kan också hjälpa om du är medveten om vilka de vanligaste blockeringarna för kreativt tänkande är:

- Sökandet efter det "korrekta" svaret: börja inte med att tänka att den som skrev specifikationen har en enda korrekt lösning i åtanke.
- Oro för att det ska bli fel: sätt igång, kom fram till något och utvärdera sedan för att se om det fungerar. Om inte, försök igen. Du kan lära mycket av misstag.
- Uppfattning om att du inte är kreativ: slappna av, ge din fantasi fria tyglar, oroa dig inte för att det måste vara logiskt eller seriöst och se vad som händer. Framför allt, ge inte upp. Ju mer du försöker använda din kreativa förmåga, desto fler idéer kommer du att få.

### ÖVNING 2 Använd kreativitet

Använd en eller flera av de metoder för kreativitet som beskrivits ovan för att komma på sätt för att förbättra följande:

- en väckarklocka
- säkerhetsutrustning för motorcykelförare
- tepåsar.

# 3 Summering

Det här kapitlet har handlat om övningar i programmering och design. I båda fallen lönar det sig i längden med noggrann förberedelse. Du måste verkligen förstå specifikationen innan du sätter igång processen. När du har väl har fått fram en prototyp är det viktigt med systematisk testning och noggrann granskning av de idéer som har framkommit.

Tänk på att den dokumentation du lämnar in tillsammans med ditt program eller din design är viktig för hur uppgiften bedöms. Tydlig dokumentation visar den som bedömer att du förstår vad du gjorde.

I designövningar är det ofta själva igångsättningen som är svårast. Kom ihåg att det finns ett flertal metoder som hjälper dig att strukturera ditt tänkande när du måste vara kreativ.

## Sammanfattning av det här kapitlet

Titta på figur 11.3, och försäkra dig om att du är insatt i vad de olika delarna innebär.

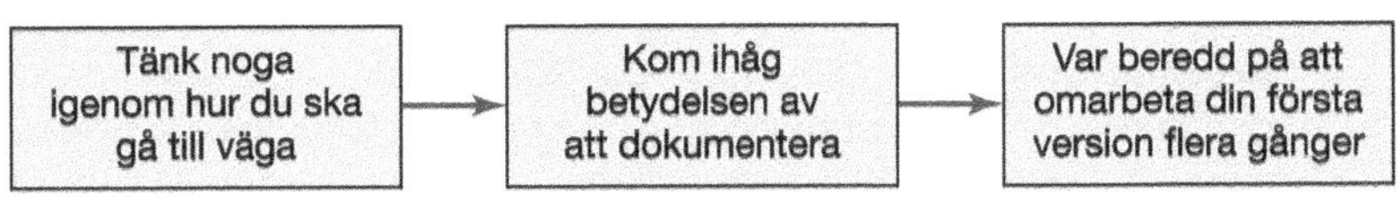


**Figur 11.3** Sammanfattning av några av huvudidéerna för programmering och design

### ÖVNING 3 Uppdatera din professionella utvecklingsplan

Fundera över din nuvarande nivå och över vad som behöver förbättras. Kanske vill du lägga in informationen i din professionella utvecklingsplan.

Gradera hur pass säker du är i skalan 1–5, där 1 = mycket lite och 5 = bra.

| Färdigheter jag håller på att utveckla | Nivå 1–5 | Plan för att bli bättre |
|---|---|---|
| Jag har ett strukturerat sätt för hur jag tänker om programdesign innan jag börjar arbeta. | | |
| Jag skriver alltid kommentarer i min kod, använder indrag på ett logiskt sätt och har användbara namn för mina variabler. | | |
| Jag förstår syftet med dokumentation av progam och/eller design. | | |
| Jag vet att det finns sätt för att stimulera kreativt tänkande, och jag kan använda dem i mitt arbete. | | |

Datum: ____________

## Extra hjälp

- Många programmerings- och designprojekt utformas som grupparbete. Se kapitel 5 ”Att arbeta i ett verkligt team” för råd om detta.
- Om din kreativitet är riktigt blockerad, försök göra någon avslappningsövning eller någon fysisk aktivitet och återvänd till problemet senare.
- Tala igenom dina idéer med en vän – det kan hjälpa dig att få ordning på dem i ditt huvud.

# Feedback på övningar

**ÖVNING 1 Bryt ner stegen**

| | | |
|---|---|---|
| Sätt på vattenkokaren | Fyll vattenkokaren med vatten<br><br><br><br><br><br>Sätt på den | Sätt på kranen<br>Ta locket av vattenkokaren<br>Sätt vattenkokaren under kranen<br>Vänta tills vattenkokaren är full<br>Ta bort vattenkokaren från kranen<br>Stäng av kranen<br>Anslut vattenkokaren till ett eluttag<br>Tryck på ”on”-knappen på vattenkokaren |
| Gör i ordning en kopp | Ta en kopp<br><br><br>Ta en tepåse | Öppna skåpet<br>Ta en kopp<br>Ställ den nära vattenkokaren<br>Öppna paketet med tepåsar<br>Ta ut en tepåse<br>Lägg den i koppen |
| Gör teet | Häll vatten i koppen<br><br><br><br><br>Tillsätt mjölk | Vänta tills vattenkokaren stänger av<br>Häll vatten i koppen<br>Rör med en tesked tills teet är tillräckligt starkt<br>Ta bort tepåsen<br>Ta ut mjölk från kylskåpet<br>Häll mjölk i teet<br>Rör om i teet |

# Referenser


- Eberle, B. (1997) *Scamper: Creative Games and Activities for Imagination Development*. Prufrock Press, Waco, Texas.
- Edward de Bono: http://www.edwarddebono.com/Default.php (senast hämtad januari 2009).

# IV Utveckla ditt skrivande

Kanske tror du att du inte kommer att behöva skriva för att du har valt en naturvetenskaplig eller teknisk inriktning. Kanske är du orolig för att du inte tycker att du skriver så bra. I den här delen av boken tittar vi på hur du kan **förbättra** ditt skrivande och göra så att det blir mer professionellt.

För att ditt skrivande ska vara både inriktat på ditt ämne och akademiskt måste du utveckla en mer strikt tankeprocess. Du måste därför kunna argumentera samt granska, värdera och tolka information.

När du är klar med din utbildning måste du i ditt arbete kunna kommunicera dina idéer både till kollegor och till klienter. Då förväntas du skriva tydligt och precist.

Följande kapitel hjälper dig att få kontroll över skrivprocessen och hantera alla aspekter av en uppgift (kapitel 12), förstå vad plagiat är och hur du kan undvika det (kapitel 13) samt utveckla din förmåga att skriva den typ av texter du förväntas skriva inom ditt område (kapitel 14 och 15).

# 12 Ta kontroll över skrivprocessen

Skrivandet är en del av dina studier och du kan få i uppgift att skriva rapporter, uppsatser, laborationsloggar etc. Du lär dig inte bara ämnet genom att skriva om det, du lär dig också att framföra det du kan på ett logiskt och sammanhängande sätt som är anpassat till dem som ska läsa det.

I det här kapitlet kan du

1. lära dig hantera skrivprocessen på ett effektivt sätt
2. se hur du ska bearbeta det du ska skriva om så att din text får fokus
3. utarbeta en metod för hur informationen kan ordnas och skrivas
4. se hur du på ett effektivt sätt kan omarbeta och korrekturläsa vad du skrivit.

## ANVÄNDNING AV KAPITLET

Gör en uppskattning av hur pass säker du är på det som tas upp i påståendena nedan. I slutet av kapitlet har du möjlighet att ompröva dina svar och kan då också lägga in det i din personliga utvecklingsplan. Markera mellan 1 (mycket lite) och 5 (mycket):

| Jag känner till de olika delarna i skrivprocessen. | Jag kan analysera en fråga eller en uppgiftsformulering så att jag vet vad som efterfrågas. | Jag har ett system för hur jag ska samla relevant information till det jag ska skriva om. | Jag kan korrekturläsa texter noggrant. |
|---|---|---|---|
| | | | |

Datum: ______________

# 1 Att bli skribent

Att skriva bra handlar om mycket mer än att kunna ett språks grammatik. Det innebär intellektuella processer, där du måste analysera frågan, veta hur du ska bryta ner den, samla relevant information, ordna informationen, planera en struktur, börja skriva, göra ändringar och omarbetningar. Detta är absolut ingen enkel aktivitet; det är därför du behöver läsa böcker som den här och delta i skrivundervisning.

I den här delen ska vi kort titta på vad som kännetecknar experters och novisers skrivande, gå igenom skrivprocessen och skapa förståelse för hur man nystar upp frågor i uppgiftsformuleringar. En av de vanligaste orsakerna till att studenter får dåliga resultat på tentamina är att de har missförstått frågan eller inte skrivit om det som det ska handla om.

## Skillnader mellan experters och novisers skrivande

Forskarna Bereiter och Scardamalia har under de senaste 30 åren undersökt vad som utmärker en skribent som är expert på skrivande. De har studerat hur skolbarn och akademiska skribenter arbetar med processen. Ett intressant resultat är att expertskribenter hanterar skrivprocessen annorlunda jämfört med noviser (Bereiter och Scardamalia, 1987).

Noviser har en linjär syn på sitt skrivande och tenderar att ta stegen i skrivprocessen i tur och ordning. Orsaken är att de inte klarar av att hantera och kontrollera mer än ett moment åt gången. Följaktligen samlar de in information utan att tänka på hur de i ett senare stadium av skrivprocessen ska använda informationen.

Expertskribenter har under tiden de samlar information och skriver utkast en mental bild av slutprodukten, dvs. av den färdiga texten. De rör sig därför lätt mellan de olika stegen i skrivprocessen. Det kommer du också att kunna göra.

**ÖVNING 1 Vad kännetecknar ditt skrivande, kan du liknas vid en expert eller en novis?**

| Novis | Markera längs linjen var du anser att du befinner dig<br>1 2 3 4 5 | Expert |
|---|---|---|
| Jag läser inte särskilt mycket. | ________ | Jag läser så mycket jag kan för att få en överblick. |
| Jag läser nästan uteslutande webbsidor. | ________ | Jag läser böcker, artiklar och webbsidor. |
| Oftast läser jag något, gör lite anteckningar och börjar sedan skriva. | ________ | Jag läser, antecknar, planerar en struktur (även om den förändras sedan). |
| När jag får idéer under tiden jag skriver, sätter jag bara in dem där jag just då skriver. | ________ | Jag skriver någon kommentar om idéer jag får medan jag skriver så att jag kan skriva in dem på rätt ställe. |
| När jag skriver är det vanligtvis bara omformuleringar av det jag läst. | ________ | Jag formulerar om vad jag läst med egna ord och gör en kritisk granskning eller värdering av det. |
| Jag behöver aldrig göra utkast. Jag lämnar bara in det jag skrivit som det är. | ________ | Jag skriver ofta flera versioner innan jag lämnar in. |
| Jag korrekturläser eller omarbetar sällan eller aldrig vad jag skrivit. | ________ | Jag korrekturläser och omarbetar alltid vad jag skrivit – ofta flera gånger. |

Se avsnittet ”Feedback på övningar” i slutet av kapitlet.

Hur bedömer du dig själv? Läs om vad som kännetecknar expertskribenter, och använd den här boken för att bli en bättre skribent.

# Förstå skrivprocessen

När man skriver är det lätt att fastna i de små detaljerna och glömma helheten. För att få överblick är det viktigt att förstå och ta kontroll över hela skrivprocessen. Figur 12.1 ger dig en insikt i skrivprocessen.

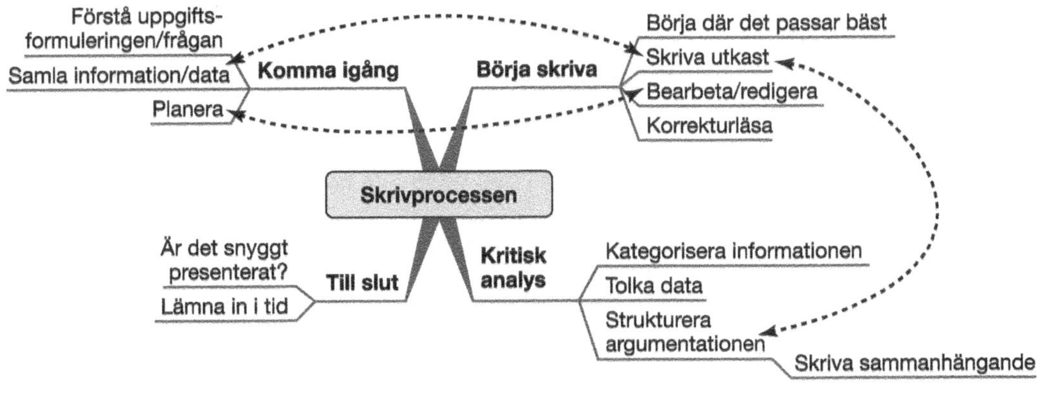


**Figur 12.1** Att förstå skrivprocessen

Det första du måste göra för att komma igång är:

1. **Förstå uppgiftsformuleringen**. I uppgiftsformuleringen finns ramar och fokus för uppgiften – se ”Knäck koden” nedan.
2. **Samla information och data**. Du måste ha nödvändig information, och du måste ha läst de viktigaste texterna.
3. **Planera din struktur**. Det är inte säkert att du har den exakta planen från början, men det är bra att ha en utgångspunkt även om du gör ändringar senare. Att börja utan en plan eller en struktur gör det svårt att strukturera tankarna, och läsaren kommer att uppleva texten som osammanhängande och rörig. Detta är den vanligaste kritiken mot studenttexter – se kapitel 14, avsnitt 1.

När du har fått ordning på de tre första stegen är det individuellt hur du arbetar med de andra delarna i processen. Du kommer att märka att du växlar mellan att skriva, göra utkast och omarbeta. Precis som expertskribenter kommer du också att utveckla ett mer sofistikerat arbetssätt för att möta det mer komplexa skrivandet i högre studier.

# Knäck koden: nysta upp uppgiftsformuleringen

När du har fått en uppgift att arbeta med är det viktigt att du kan tyda den på ett bra sätt så att du därefter skriver om det du förväntas skriva om. Många lärare klagar över att studenterna inte har svarat på frågan som de ska, så se till att du förstår vad du ska göra och att du fokuserar din sökning efter material och ditt svar därefter.

## Att förstå uppgiftsformuleringen

Förstår du vad det står i uppgiften och ”knäcker koden” för vad det ska handla om, hjälper det dig att

- fokusera din läsning och din sökning efter material
- söka efter rätt bevis och information att ha med i arbetet
- svara mer effektivt på tentamensfrågor.

Om du inte är säker på vad det är du ska göra när du läser igenom uppgiften, bör du utveckla några strategier som hjälper dig att reda ut vad som förväntas av dig. Här följer ett exempel på en metod som du kan använda:

**Box** Sätt handlingsordet i en box (eller gör en ring runt det). Ett handlingsord talar om vad du ska göra, till exempel förklara, värdera, analysera. Detta är viktiga ord, eftersom de också säger något om vilken disposition det du skriver förväntas ha.

**Stryk under** Stryk under nyckelorden i frågan. Detta hjälper dig dels att se vad det finns för förväntningar på innehållet, dels att se vilka begränsningar det finns, till exempel om det bara ska handla om en specifik tidsperiod eller om det bara är en aspekt som ska analyseras.

←

**Gå tillbaka och kontrollera.** Har du missat några ord som är viktiga och som förändrar vad det är du ska göra?

BUG är en metod som har utvecklats av en av författarna till den här boken för att hjälpa studenter i sina studier (Price, 2001). Metoden har med framgång använts av hundratals studenter inom olika ämnesområden. Så här säger en student:

> *Jag brukade få kommentarer som ”du har inte svarat på frågan” av mina lärare. Jag förstod inte vad de menade, eftersom jag trodde att jag hade läst uppgiftsformuleringen rätt och gjort det jag skulle. När en lärare visade mig BUG fick jag äntligen något jag kunde använda för instruktioner och tentamensfrågor. Det är fantastiskt och sparar så mycket tid.*
>
> Dave, andraårsstudent i maskinteknik

Genom att du sätter orden i en **box** (eller gör en ring runt dem) och **stryker under** speciella ord ser du lättare vad orden säger. Du ser tydligare vad det är som efterfrågas och blir snabbt påmind om det när du vid olika tillfällen går tillbaka till uppgiftsformuleringen. Du ser också vad det är för typ av text och har då lättare för att se vad det är för struktur dina lärare förväntar sig.

När du stryker under nyckelord måste du ta ställning till vilka ord du anser vara viktiga och också utesluta ord som inte är så viktiga. Därmed har du också påbörjat din tankeprocess och ditt kritiska tänkande. När orden är understrukna syns de tydligt och kan på så sätt även senare under skrivprocessen fungera som en påminnelse om vad det är du ska hålla dig till när du skriver.

Många studenter låter bli att ← **gå tillbaka och kontrollera** (granska) vad som står i uppgiftsformuleringen, eftersom de snabbt vill komma igång och skriva. Men det är viktigt att du läser en gång till. Du kan också gå tillbaka och kontrollera så att du har gjort arbetet på rätt sätt och se så att du inte har fastnat i en tankebana eller tagit något för givet.

## Undersök uppgiftsformuleringen: BUG i praktiken

Låt oss titta på några exempel för att se hur BUG-metoden fungerar.

1. Jämför och kontrastera fördelarna med olika metoder för härdning av stål.
2. Diskutera på vilket sätt laser har medfört livsförbättringar inom olika områden.
3. Beskriv vilken potential Sverige har för att producera förnybar energi.
4. En tillsluten kolv innehåller väte, kväve eller syre. Hur skulle du kunna identifiera gasen?
5. Är det hållbart med marksanering?

Det första vi gör i den första uppgiften, *Jämför och kontrastera fördelarna med olika metoder för härdning av stål*, är att markera handlingsorden, som i det här exemplet är: **jämför** och **kontrastera**. Detta säger dig hur du ska strukturera din text. Du vet att du ska titta på olika metoder och väga för- och nackdelar. Detta är viktigt för att du ska kunna ordna dina argument och gruppera olika metoder så att du kan få fram det du vill säga.

Därefter **stryker** vi **under** nyckelorden, som är **olika metoder för härdning av stål**. Det talar om vilket ämnesområde det är som ska undersökas. En del studenter kanske skulle ha jämfört och kontrasterat de olika metoderna och inte fått många poäng för att de inte såg andra nyckelord, nämligen **fördelarna med**. Det är när du **granskar**, dvs. **går tillbaka och kontrollerar** vad det står, som du kan se sådana ord som du eventuellt missat tidigare.

För att kunna skriva den här texten måste du veta vilka olika metoder för härdning av stål som finns, men för att du ska klara uppgiften bra är det viktigt hur du strukturerar din argumentation i förhållande till "fördelarna". Du bör ha fått några ledtrådar på föreläsningarna. Om inte, måste du komma fram till hur du ska gå till väga. Du kan till exempel diskutera fördelarna i förhållande till någon speciell användning av stål och visa hur olika metoder ändrar stålets egenskaper och gör det mer eller mindre fördelaktigt för ett särskilt användningsområde. Den här uppgiftsformuleringen hade kunnat vara mer explicit, till exempel: *Jämför och kontrastera fördelarna med olika metoder för härdning av stål i förhållande till användning av stål för ett permanent järnvägsspår.*

**Tips**

Det lönar sig att lägga ner tid på att undersöka språket i en uppgiftsformulering. **Kom ihåg att göra det också när det är salstentamen.**

## Handlingsord i uppgiftsformuleringar

Nedan finns några exempel på handlingsord. Definitionerna ger en indikation på vad det är du förväntas göra och hur du bör disponera din text. Det är inte alltid självklart vad de olika handlingsorden betyder och hur de används för att tala om vad det är som ska göras i uppgiften. Ibland kan det vara på sin plats att fråga lärarna vad de egentligen menar med ett ord.

| | |
|---|---|
| Analysera | Identifiera huvudidéerna på djupet och visa varför de är viktiga och hur de hänger samman. |
| Bedöm | Bedöm vilka förtjänster teorierna/faktan har. Ge stöd genom att diskutera vilka bevis eller resonemang som finns. |
| Beskriv | Ge en detajerad eller grafisk redogörelse för hur något är eller hur det fungerar. |
| Bevisa | Bevisa att något är sant genom att presentera fakta och bevis eller ge klara och logiska skäl. |
| Definiera | Ge klara och koncisa betydelser. Ange vilka begränsningar som finns. |
| Diskutera | Motivera för och emot – gå igenom vilka konsekvenser det kan ha. |
| Förklara | Ange orsaker till något. |
| Ge en översikt | Ange ämnets huvuddrag eller generella principer – bör inte inbegripa alla detaljer. |
| Illustrera | Klargör genom att använda exempel/diagram. |
| Jämför | Se vad det finns för likheter och skillnader. |
| Kontrastera | Visa vad det finns för skillnader. |
| Motivera | Visa vilken grund det finns för beslut/slutsatser/idéer/teorier. |
| Redogör för | Gå igenom och presentera huvuddragen. |
| Referera | Ge en koncis (och objektiv) redogörelse för huvudpunkterna – bör inte innehålla detaljer. |
| Relatera | Visa hur saker hänger samman med varandra, hur de påverkar varandra. |
| Ta utgångspunkt i | Utgå från till exempel en teori, en erfarenhet eller något från litteraturen, och vidareutveckla det därefter mer på djupet. |
| Tolka | Förklara på ett enkelt sätt. Ofta förväntas du ha med din egen bedömning. |
| Värdera | Diskutera starka och svaga punkter i det som ska värderas. Tydliggör din egen bedömning i slutsatsen. |

Ibland saknas något tydligt handlingsord, och du måste då själv göra antaganden (eller klargöra det med din lärare) om vad som efterfrågas. I till exempel uppgiftsformuleringen *Är det hållbart med marksanering?* ovan saknas handlingsord. Här skulle du kunna lägga till *diskutera* eller *värdera* i slutet.

**ÖVNING 2 Läs uppgiftsformuleringen noggrant**

Titta på exemplen i ”Undersök uppgiftsformuleringen” och gör följande:

- Använd BUG-metoden på meningarna.
- Identifiera vad du bör göra för att klara uppgifterna bra.

Se kommentarer i avsnittet ”Feedback på övningar”.

Du kan göra den här övningen även om du inte kan något om ämnet. Du förväntas bara ”nysta upp” meningarna för att se vad som det är som förväntas.

När du har kommit på vad det är som ska göras, är det viktigt att du samlar in informationen på ett effektivt sätt så att du redan tidigt kan gruppera och ordna informationen/idéerna/argumenten. Gör du detta systematiskt, hjälper det dig att tänka och att skriva sammanhängande.

# 2 Samla information

En del studenter lägger för mycket tid och kraft på denna del av skrivprocessen. Det är lätt att ”fastna” i det här stadiet om man tycker att man måste fortsätta läsa för att förstå mer innan man börjar skriva. Försök i stället bli mer organiserad när du gör detta. Men du måste också veta när du ska stoppa.

Det här avsnittet tar upp hur informationen kan samlas in och hur den kan kategoriseras och struktureras.

**ÖVNING 3 Samla material till skrivandet**

Fråga dig själv:

| | |
|---|---|
| 1. Lägger du ner mycket tid på att samla information till en text du ska skriva? | Ja I Nej |
| 2. Tycker du att du har samlat information som är irrelevant eller som går utanför det som det ska handla om? | Ja I Nej |
| 3. Tycker du att det är svårt att bestämma vad i informationen som ska vara med? | Ja I Nej |
| 4. Har du för många anteckningar och lägger ner för mycket tid på att plocka ut information som du behöver när det är dags att skriva? | Ja I Nej |
| 5. Känns det som om du håller på att drunkna i alla anteckningar? | Ja I Nej |
| 6. Brukar du få kommentarer om att du inte har svarat på frågan och att det finns delar/information i ditt arbete som inte har med saken att göra? | Ja I Nej |

Se kommentarer i avsnittet ”Feedback på övningar”.

## Gruppera och skriv informationen med hjälp av en matris

För att komma över några av problemen ovan behövs ett system. Du kan till exempel använda en matris eller en rutlista. Det hjälper dig att

- gruppera och jämföra information
- inte kopiera ord för ord från böcker eller tidskrifter, eftersom platsen för att göra anteckningar är begränsad

- förhindra plagiat, såvida du inte skriver in informationen ord för ord i matrisen
- utveckla din förmåga att sammanfatta
- få en översikt över informationen
- strukturera arbetet, för när informationen finns här kan den ordnas som du vill.

## Länka matrisen till en uppgiftsformulering

Låt oss använda samma exempel som tidigare för att nysta upp språket.

*Jämför och kontrastera* *fördelarna med olika metoder för härdning av stål.*

Dina "bevis" kan samlas från olika källor, och efter hand som du hittar information om de olika metoderna kan du skriva in dina sammanfattningar i punktform på lämpligaste plats i rutlistan.

*Härdning av stål*

Håll den här rubriken i minnet så att du kommer ihåg vad du ska fokusera på.

| **Kriteritum/fokus för din jämförelse**<br>till exempel för användning i järnvägsspår | | | |
|---|---|---|---|
| **Härdning av stål** | **Fördelar*** | **Nackdelar*** | **Kort referens** för att påminna dig om var det kommer ifrån** |
| 1 | | | |
| 2 | | | |
| **Din kortfattade sammanfattning/översikt/observation***** | | | |

* Fördelar och nackdelar beror på vilka kriterier du väljer – det är inte säkert du kan bestämma det förrän du har läst tillräckligt. Föreläsningarna bör också ge indikationer om vad du ska ha fokus på.

** Kom ihåg att alla dina anteckningar ska ha fullständiga referenser. Se kapitel 13.

*** Anpassa rutlistan så att den passar uppgiften och hur du bäst jobbar.

Det är viktigt att du använder samma språk i matrisen som i uppgiftsformuleringen. Detta hjälper dig att minnas vad du ska göra så att du håller dig på rätt spår. Gör i ordning rutlistan **innan** du börjar samla information och börjar läsa. Det gör så att du får mer fokus. Du kan också medan du läser bestämma vilken ruta informationen ska föras in i.

Om du använder utskrifter, kan du färgmarkera informationen så att den passar in i din rutlista eller matris. Exempelvis kan alla metoder för härdning av stål få en speciell färg, som sedan överförs i rutlistan. På så sätt kan du snabbt identifiera och gruppera information (från en artikel eller ett kapitel) som passar för ditt syfte.

Om du oroar dig för hur du ska få dina idéer att hänga samman i stycken, kan du titta i kapitel 14 där skrivandet diskuteras mer i detalj.

# 3 Göra ändringar och upptäcka fel

När du har gjort en omfattande matris med bevis som du kan använda i din text, är du redo för nästa stadium: att skriva utkast och göra omarbetningar. En del studenter gör omarbetningar under tiden de skriver för att utveckla sina idéer, men för noviser är det bättre att se det som skilda aktiviteter. En del studenter menar att de inte har tillräckligt med tid för att gå igenom processen med att skriva utkast och sedan gå igenom hela texten igen för att omarbeta det de skrivit. Men det är bättre att planera in tid för dessa olika steg i skrivprocessen. De har olika syften och att ta genvägar genom att göra dem samtidigt kan leda till sämre kvalitet i hela texten. Gå nu tillbaka och se hur du svarade i övning 1.

I det här avsnittet kommer du att se betydelsen av att bearbeta och korrekturläsa det du har skrivit. Detta är något som många studenter undviker, men som är ett så viktigt steg för expertskribenter.

## Utkast

Att skriva utkast i början av skrivprocessen innebär att ordna och strukturera idéerna, och utkastet bör ses som första stadiet av den färdiga produkten. Under den här fasen kan du sätta samman dina första tankar i meningar och stycken. Bara att få ner sina idéer i rätt ordning i utkastet kan vara nog så jobbigt. Gör det inte värre genom att leta efter rätt ord eller en speciell referens. Fastnar du i något, är det ofta bättre att lämna en lucka och fylla i den senare. I så fall bör du ha en metod för att snabbt se var något är oavslutat, till exempel kan du markera luckorna med någon färg så att du snabbt ser dem när du går igenom det senare. Du kan också använda bokstäver eller symboler, till exempel XXX. Inga ord har tre X i rad. Luckorna går därför lätt att hitta med hjälp av sökfunktionen. Efter XXX kan du om du vill skriva vad det gäller. Viktigast är att du har en metod som passar ditt sätt att arbeta.

## Korrekturläsning och redigering (bearbetning)

Det finns likheter mellan att redigera (bearbeta) och korrekturläsa, och det är vanligt att man gör det samtidigt i de egna texterna. Korrekturläsning är helt enkelt att gå igenom texten och hitta fel. Det behöver inte innebära omskrivning eller någon större omarbetning. Vanligtvis rör det sig om grammatiska fel och stavfel. Redigering däremot handlar inte bara om rättning utan också om att flytta textbitar eller skriva om delar i texten för att det ska bli bättre flyt. När du redigerar förbättrar du din text, när du korrekturläser letar du efter "ytliga" fel.

För att du ska kunna redigera eller korrekturläsa vad du skrivit måste du få lite distans mellan dig som skribent och dig som redaktör. Bäst är om du kan lägga ifrån dig texten under en dag eller två och sedan komma tillbaka till den (avsätt tid för detta när du gör din planering). Många tycker att det är bra att skriva ut texten och markera med olika färger när de läser. På så sätt kan du välja vilka ändringar du skulle vilja göra utan att tappa den ursprungliga texten. Läs som om någon annan hade skrivit. Nu är det också dags att se så att du har fått med alla referenser som behövs och att du har fyllt i eventuella luckor du lämnat. När du har markerat allt det som du är beredd att ändra, gå tillbaka till dokumentet och gör omarbetningarna.

## Checklista för redigering och korrekturläsning

Det här är komplext, och som du kommer att märka växlar du mellan makronivå, som "Har detta med frågan att göra?", och mikronivå, som att hitta grammatiska fel. Bestäm under tiden du går igenom texten ifall du arbetar på makro- eller mikronivå, eftersom det inte är lika effektivt att växla mellan dem och lättare att missa något. Detta innebär förstås att du måste läsa och läsa om ett flertal gånger. Använd frågorna i tabellen nedan som hjälp.

| *Checklista: hjälp för redigering och korrekturläsning* | | |
|---|---|---|
| Makronivå (redigering) | Relevans | ■ Är min analys av vad det ska handla om korrekt?<br>■ Vad kan strykas om det inte är relevant? |
| | Organisation | ■ Är det här det bästa sättet att disponera de olika delarna?<br>■ Kan jag flytta stycken/textdelar så att det blir tydligare? |
| | Sammanhang | ■ Hänger meningarna samman?<br>■ Utvecklar de två första meningarna i ett stycke vad stycket handlar om?<br>■ Hänger styckena väl samman? |
| Mikronivå (korrekturläsning) | Grammatik | Gå igenom<br>■ stavning<br>■ grammatik (läs högt för att höra grammatiska fel)<br>■ förkortningar (talar du om vad de står för?)<br>■ rubriker (också för figurer, ekvationer, diagram)<br>■ innehållsförteckning om det behövs<br>■ referenser<br>■ ditt namn och titel på arbetet. |

Använd checklistan ovan för att korrekturläsa något du har skrivit. För mindre bitar text räcker det med att du använder nivåerna för sammanhang och grammatik.

## Hur du upptäcker egna fel

Du kan naturligtvis använda funktioner i Word för att hitta grammatiska fel och stavfel. Men utöver detta bör du själv gå igenom det därför att datorn inte alltid i alla sammanhang vet vad som är rätt.

Det kan vara bra att läsa den egna texten högt. När du läser högt minskar du tempot på läsningen och eftersom du kan **höra** vad du säger kan du lättare hitta fel, särskilt när det är grammatiska fel eller om tråden i argumentationen brister. Du kan också ta hjälp av tekniken och använda någon programvara för röstigenkänning. Genom att lyssna på dina meningar och stycken kan du höra om det låter vettigt.

### Responsgrupper

Det kan vara svårt att hitta studiekamrater som har tid att delta i en responsgrupp, men ni har alla nytta av om ni kan hjälpa varandra. Bestäm deadline och en plats där ni kan träffas för att ge respons, dvs. kritiskt granska varandras texter och ge konstruktiva förslag på hur de kan förbättras.

Det är också bra om du kan få någon annan att läsa din text högt och att du då lyssnar efter konstruktions- och strukturfel. Viktigt är att du känner förtroende för dina kamrater och inte känner dig generad eller hotad när de läser vad du skrivit. Att lyssna tilltalar ofta auditiva inlärare, som då lättare kan hitta egna fel.

### Att lära av felen: vanliga mönster

För att du ska förbättra ditt skrivande måste du ofta reflektera över det. Det är frustrerande och tidsödande att fortsätta göra samma fel. Därför bör du reflektera över vilka fel du gör så att du kan slippa dem i framtiden. Försök se vilka stavfel du brukar göra – finns det vissa ord som du ofta stavar fel? Tappar du ofta ändelser i ord eller bitar i mitten? Om du kan se mönster, är det lättare att fokusera på vad du måste ta tag i för att bli bättre.

Ifall du vet att du har problem med stavning, kan det vara bra att investera i någon programvara som kan hjälpa dig med detta. Det är också bra om du blir medveten om vilka ord du ofta stavar fel och hittar knep för att komma ihåg hur de stavas. Var noga med att lära dig stava ord som du har en tendens att stava fel. Se också till att lära dig hur termer och begrepp i ditt ämnesområde stavas. Om de inte är rättstavade, är det risk att din texts kvalitet (oavsett om innehållet är korrekt eller inte) ifrågasätts.

## 4 Summering

Om du blir medveten om hur du kan ta kontroll över skrivprocessen, är du på god väg att bli en expertskribent.

Expertskrivande bygger på organisation och planering av hela processen och inte bara på att hitta information. Om du tar kontroll över processen från det att du får veta vad du ska göra, ökar du dina förutsättningar att skriva en sammanhängande och kritisk text (se kapitel 14 om att skriva kritiskt och sammanhängande).

# Sammanfattning av kapitlet

Titta på figur 12.2 och gör en uppskattning av hur pass insatt du nu är i dessa områden.

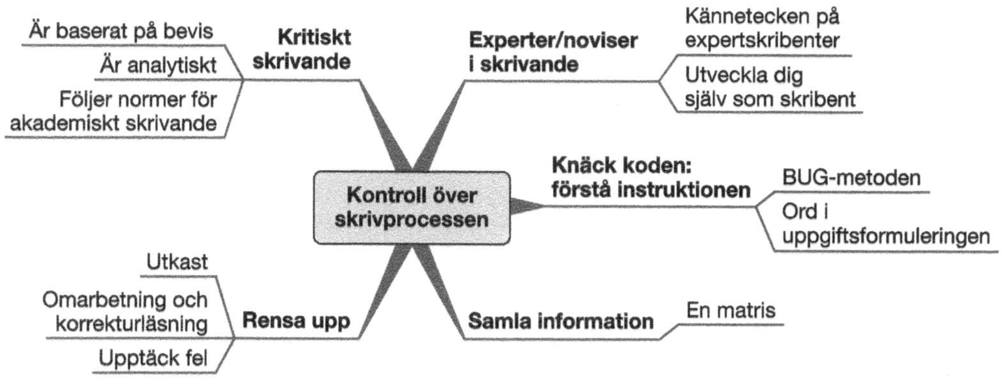


**Figur 12.2** Sammanfattning av hur skrivprocessen kan kontrolleras

## ÖVNING 4 Uppdatera din professionella utvecklingsplan

Efter att ha läst det här kapitlet vet du att organisation och planering har huvudroller i akademiskt skrivande. Från det att du får en uppgift tills du lämnar in vad du skrivit måste du ha kontroll över processen. Reflektera nu över hur du kan ta kontroll över skrivprocessen och hur du har för avsikt att förändra och anpassa dina vanor så att du kan använda tiden på ett mer professionellt sätt.

Markera hur pass säker du nu känner dig (1 = mycket lite och 5 = mycket).

| Färdigheter jag håller på att utveckla | Nivå 1–5 | Plan för att bli bättre |
|---|---|---|
| Jag vet hur jag ska hantera skrivprocessen på ett effektivt sätt. | | |
| Jag kan analysera en fråga eller en uppgiftsformulering så att jag vet vad som efterfrågas. | | |
| Jag har ett system för hur jag ska samla relevant information till det jag ska skriva om. | | |
| Jag vet hur jag ska redigera och korrekturläsa mina texter. | | |

Datum: ______________

## Extra hjälp

- Om det finns en studieverkstad (eller liknande) på ditt universitet/din högskola, kan du gå dit för att fråga om olika saker som handlar om skrivande, till exempel om grammatik och stavning, uppgiftsformuleringar och om olika stadier av skrivprocessen.
- Om du är osäker på vad du ska göra, försök få ett möte med läraren som gett uppgiften. Ha någon tanke om hur frågan kan tolkas så att du har specifika frågor att ställa och så att det inte verkar som om du vill ha hjälp med att skriva texten.

# Feedback på övningar

**ÖVNING 1 Vad kännetecknar ditt skrivande, kan du liknas vid en expert eller en novis?**

| Novis | Markera längs linjen var du anser att du befinner dig<br>1 2 3 4 5 | Expert |
|---|---|---|
| Jag läser inte särskilt mycket. | *Om du inte läser mycket, blir det svårt att formulera argument och skriva bra.* | Jag läser så mycket jag kan för att få en överblick. |
| Jag läser nästan uteslutande webbsidor. | *Om alla dina referenser är från webbsidor, märker dina lärare att du inte har grepp om ämnet. Du bör ha med en blandning av webbsidor (korrekt hänvisade till), böcker och artiklar.* | Jag läser böcker, artiklar och webbsidor. |
| Oftast läser jag något, gör några anteckningar och börjar sedan skriva. | *Undvik att läsa och skriva samtidigt. Läs och anteckna. Samla sedan anteckningarna och planera utifrån dem vad du vill säga. Sätt en gräns för hur mycket du ska läsa. Läs de viktigaste texterna och fundera över vad du vill säga.* | Jag läser, antecknar, planerar en struktur (även om den förändras sedan). |
| När jag får idéer under tiden jag skriver sätter jag bara in dem där jag just då skriver. | *Det är tydligt för din lärare att idéerna kom samtidigt som du skrev. Det är nästan som om idéerna hoppar ut från sidan och stör textens flyt. När du får en bra idé, gör en anteckning om det och se när du redigerar var det bäst passar in. Eller, om det är en riktigt bra idé, stanna upp och gör en omvärdering av din plan.* | Jag skriver någon kommentar om idéer jag får medan jag skriver så att jag kan skriva in dem på rätt ställe. |
| När jag skriver är det vanligtvis bara omformuleringar av det jag läst. | *Noviser tenderar att begränsa skrivandet till att omformulera vad de har läst, dvs. att bara beskriva, medan mer erfarna skribenter har en mer kritisk syn på det de läser och värderar det med hjälp av bevis. Titta i avsnittet om kritiskt skrivande i kapitel 14 ”Förbättra ditt skrivande i ämnet”* | Jag formulerar om vad jag läst och gör en kritisk granskning eller värdering av det. |

| Novis | Markera längs linjen var du anser att du befinner dig<br>1 2 3 4 5 | Expert |
|---|---|---|
| Jag behöver aldrig göra utkast. Jag lämnar bara in det jag skrivit som det är. | *Ingen skribent värd namnet skulle drömma om att lämna in första versionen av sitt arbete. Du måste bygga in tid för att bearbeta och förbättra vad du har skrivit. Det märks tydligt om du inte har gjort det.* | Jag skriver ofta flera versioner innan jag lämnar in. |
| Jag korrekturläser och omarbetar sällan eller aldrig vad jag skrivit. | *Om du inte korrekturläser, riskerar du att lämna in texter med onödiga och förargliga fel. Om du inte kontrollerar formatet, är risken att det ser rörigt ut. Som ovan, planera tid för detta.* | Jag korrekturläser och omarbetar alltid vad jag skrivit – ofta flera gånger. |

### ÖVNING 2 Läs uppgiftsformuleringen noggrant

Låt oss titta på några exempel för att se hur det fungerar.

1. *Jämför och kontrastera fördelarna med olika metoder för härdning av stål.* Redan analyserad.
2. *Diskutera på vilket sätt laser har medfört livsförbättringar inom olika områden.* Handlingsordet är "Diskutera", där du förväntas lyfta fram hur du ser på hur användningen av laser har medfört livsförbättringar. Du måste begränsa dig till tre områden och hitta information om dessa förbättringar.
3. *Beskriv vilken potential Sverige har för att producera förnybar energi.* Handlingsordet är "Beskriv", vilket innebär att du måste redogöra för befintlig information. Du förväntas inte göra några värderande kommentarer eller jämföra och kontrastera information (men det kan vara bra att fråga läraren, eftersom "Beskriv" ibland används i betydelsen "Värdera"). Nyckeln här är **potentialen** att producera förnybar energi, vilket kan skilja sig från vad som sker för närvarande.
4. *En tillsluten kolv innehåller väte, kväve eller syre. Hur skulle du kunna identifiera gasen?* Även om det inte finns något handlingsord, innebär det att "Beskriva" eller "Redogöra för". Du måste veta hur man testar väte, kväve och syre och hur du skulle gå till väga för att identifiera dem i en tillsluten kolv.
5. *Är det hållbart med marksanering?* Det finns inget handlingsord, men du kan anta att det är "Diskutera" eller "Värdera". Men detta bör du kontrollera med din lärare. Du måste ta reda på information om olika typer av marksanering, gruppera dem på något sätt så att de är lättare att hantera och sedan diskutera olika metoders hållbarhet. Du kan också redogöra för hur du tolkar "hållbarhet" i denna kontext.

**ÖVNING 3 Samla material till ditt skrivande**

| Fråga dig själv . . . | Möjlig lösning vid "ja"-svar |
|---|---|
| Lägger du ner mycket tid på att samla information till en text du ska skriva? | *Det verkar som om du inte är helt säker på vad du söker. Använd BUG-metoden för att klargöra vad lärarna vill.* |
| Tycker du att du har samlat information som är irrelevant eller som går utanför det som det ska handla om? | *Gå tillbaka till uppgiftsformuleringen och klargör vad exakt det är du behöver leta efter.* |
| Tycker du att det är svårt att bestämma vad i informationen som ska vara med? | *Gå tillbaka till de understrukna orden i uppgiftsformuleringen. Fråga dig själv hur pass relevanta dina antecknningar är och om du har information för att svara på frågan.* |
| Har du för många anteckningar och lägger ner för mycket tid på att plocka ut information som du behöver när det är dags att skriva? | *Du har inte något system för att samla anteckningar och måste bli mer effektiv. Gå igenom vilka olika sätt det finns för att anteckna.* |
| Känns det som om du håller på att drunkna i alla anteckningar? | *Du har inte något system för hur du ska samla anteckningar. Du måste bli mer effektiv. Titta i nästa avsnitt.* |
| Brukar du få kommentarer om att du inte har svarat på frågan och att det finns bitar/information i ditt arbete som inte har med saken att göra? | *Detta är antagligen för att du inte noggrant har gått igenom vad som står i uppgiftsformuleringen och inte använt BUG-metoden.* |

# Referenser


- Bereiter, C. och Scardamalia, M. (1987) *The Psychology of Written Composition.* New York, Lawrence Erlbaum.
- Price, G. A. (2001) *Report of the Survey of Academic Study Skills at Southampton University*. Southampton, University of Southampton.

# 13 Att förstå akademisk integritet: etik och plagiat

Akademisk integritet har att göra med moral och gäller i alla typer av akademiskt skrivande. Du måste ge erkännande till andras arbeten när du skriver. För att göra detta på ett bra sätt måste du förstå reglerna för hur man refererar och kunna hänvisa till andra i din text. Studenter som inte gör detta på ett riktigt sätt riskerar att bli misstänkta för plagiat.

I det här kapitlet kan du

1. se vad det finns för olika former av plagiat
2. få veta hur du kan undvika plagiat
3. lära dig hur man refererar
4. lära dig hur man skriver en referenslista.

## ANVÄNDNING AV KAPITLET

Gör en uppskattning av hur pass säker du är på det som tas upp i påståendena nedan. I slutet av kapitlet har du möjlighet att ompröva dina svar och kan då också lägga in det i din professionella utvecklingsplan. Markera mellan 1 (mycket lite) och 5 (mycket):

| Jag känner till vad det finns för olika former av plagiat. | Jag vet skillnaden mellan referenser i texten och en referenslista i slutet av texten. | Jag kan reglerna för hur man skriver olika typer av referenser. | Jag vet hur man samlar referenserna på ett systematiskt sätt. |
|---|---|---|---|
| | | | |

Datum: ________________

# 1 Vad är akademisk integritet?

Akademisk integritet värderas högt av dina lärare, och en del i detta är att skriva referenser i texter. Refererar du korrekt när du skriver, kan du vara ganska så säker på att inte bli misstänkt för att ha plagierat. Men det finns studenter som är omedvetna om att de gör fel för att de inte förstår vad plagiat är. I dag är det lätt att oanat gå i fällan på grund av att det är så enkelt att få tillgång till information. Andrew Hammett, rektor på Strathclyde University, påpekade att många studenter är del av ”Google-generationen” (Hammett, 2006). Gränserna för författarskap har blivit otydliga, och fler fall av plagiat kan förväntas.

Akademisk integritet har att göra med moral och gäller i alla typer av akademiskt skrivande men också i andra sammanhang, som till exempel i Powerpoint-presentationer.

# 2 Vad är plagiat?

*Jag visste inte att jag plagierade. Jag tog ord och fraser från internet och ordnade om dem till egna meningar. Jag blev chockad och kände mig förödmjukad när jag blev ombedd att gå till min lärare för att jag hade fuskat.*

Chris, förstaårsstudent i geografi

Plagiat kan ta olika uttryck och definieras i Nationalencyklopedin som

*efterapning eller stöld av litterära eller konstnärliga verk, t.ex. avskrivning av annans verk utan att ange upphovsmannen eller markera citat.*

Det kan inte nog betonas att plagiat kan vara en orsak till misslyckade studier. Alla universitet och högskolor har bestämmelser om plagiat, och ofta går det att läsa om det på deras hemsidor. Ofta står det också om plagiat på program- eller kurssidor, i studiehandledningar, i instruktioner till hemtentamina etc. Formuleringarna är hårda för att betona att detta ses som allvarligt.

Många studenter, likt Chris, är inte medvetna om att de har plagierat. Men för den som blir misstänkt kan det vara svårt att bevisa sin oskuld. Därför är det viktigt att du är medveten om vad plagiat är och vilka former det kan ta (se övning 1).

**ÖVNING 1 Vad räknas som plagiat?**

Titta på följande påståenden och svara "Ja" eller "Nej" eller "Möjligen".

| Vilket av följande är plagiat? | Ja/Nej/Möjligen |
|---|---|
| Jag använde formuleringar från kursboken i min text. | |
| Jag använde citattecken runt det jag tog från en text som jag hade läst. | |
| Jag använde några fraser från olika källor och satte in dem i en mening i min uppsats. | |
| Jag använde information från en internetsida som inte hade någon rubrik eller någon författare, så det var inte plagiat. | |

Se svaren i avsnittet "Feedback på övningar".

## Definition av plagiat

Du kommer att bli misstänkt för plagiat om du

- lånar eller kopierar ord från texter
- kopierar ord/fraser ordagrant från texter
- inte visar på och ger erkännande till alla dina informationskällor
- laddar ner text från internet och inte redovisar källan
- gör en omskrivning (parafras) av andras texter för att skapa en egen text utan erkännande
- kopierar någon annan students ord utan att ange detta
- använder någon annans idéer eller teorier utan att ange var det kommer ifrån
- laddar ner bilder och diagram från internet utan att ange var det kommer ifrån.

# 3 Steg för att förhindra plagiat

Det går att undvika formuleringar som är för lika vad andra skrivit. En orsak till att en del studenter ligger för nära originalet är deras bristande lästeknik och bristande skrivstrategier. Några av dessa problem identifieras i övning 2.

### ÖVNING 2 Problem med och lösningar på plagiat

Studenter har ofta dåligt självförtroende när det gäller deras förmåga att skriva med auktoritet, vilket är förståeligt. Titta på följande påståenden och reflektera över vilka som gäller dig. Det som står i påståendena skulle kunna vara orsaker till plagiat.

I "Feedback på övningar" kan du se vilka lösningar som finns på detta.

| Gäller något av dessa påståenden dig? | JA eller NEJ |
|---|---|
| Det finns ingen möjlighet att jag kan skriva det här bättre än författaren. | |
| När jag tittar på mina anteckningar från böckerna jag läst, kan jag inte komma ihåg vilka som är mina ord och vilka som kommer från författarnas texter. | |
| Jag minns inte varifrån jag fick informationen till mina anteckningar och kan inte kontrollera om anteckningarna är med mina egna ord eller inte. | |
| Mina meningar och stycken är som ett lapptäcke. Det är så jag skriver informationen. | |
| Jag tror jag kan undvika plagiat om jag skriver in alla referenserna i listan i slutet. | |

Även om plagiat upptäcks i slutstadiet av skrivandet, måste det förebyggas mycket tidigare i skrivprocessen. Ofta börjar det oavsiktligt i anteckningsstadiet. Det är därför viktigt att du i dina anteckningar skiljer på citat och dina egna omskrivningar. Se om du kan se vilken text som innehåller plagiat i övning 3.

### ÖVNING 3 Kan du se vilka texter som innehåller plagiat?

Läs originaltexten och de följande exemplen. Identifiera vilka som är plagiat.

**Originaltext:**

En avsevärd mängd kognitiva resurser används i skrivprocessen, och minneskapacitet och lagring överbelastas ofta genom konkurrerande simultana operationer. Förmågan att syntetisera information är en av de huvudsakliga färdigheter som studenter i högre utbildning måste ha.

**Version A:**

Stora mängder kognitiva resurser används i skrivprocessen, och minneskapacitet och lagring överbelastas ofta av många mentala, simultana operationer.

**Version B:**

I högre utbildning är de kognitiva resurser som används i skrivprocessen ofta överbelastade av konkurrerande simultana operationer. En av de färdigheter som är viktigast och som behövs är att kunna syntentisera information.

**Version C:**

Som Price (2006) pekar på i sin undersökning är skrivandet komplext och bygger på flera minnesresurser. En av svårigheterna är att skribentens minne ibland blir överfullt eftersom flera saker måste göras på samma gång.

Se i "Feedback på övningar" vilka av texterna som skulle kunna anses vara plagiat.

**Tips**

Du kan förhindra plagiat genom att

- **organisera** hur du samlar information till det du ska skriva.
- utveckla dina **färdigheter i att skriva sammanfattningar** så att du skriver med egna ord och inte frestas använda andras ord.
- komma in i en rutin där du **skriver upp dina källor korrekt** – genom att använda antingen egna referenslistor eller ett program på datorn.

Nyckeln till framgång är att ha ordning redan från början. Effektiva strategier är ett stöd för ditt sätt att arbeta, och rådet är att du utarbetar strategier genom att läsa igenom kapitlen om läsning och skrivande. Där finns information om hur du systematiskt kan gå till väga när du skriver ner information. På så sätt minskar också risken för att det ska bli plagiat.

Många studenter tycker att det är krångligt att referera, men när du väl förstått logiken och principerna kommer du att klara det.

# 4 Referenser

Att ange referenser korrekt är ett sätt att visa vem som äger informationen. Det visar också vilken bakgrundsläsning du har gjort för att formulera din uppfattning i ett ämne. Dessutom är det en bekräftelse på att du är medveten om vad som är aktuellt inom ämnet och forskningsområdet.

Det är komplicerat att referera. Du måste både skriva ut referenser i den löpande texten och ha en referenslista i slutet av texten, och det finns ett nära samband mellan dessa två delar.

## Varför bry sig?

Användning av referenser kan ge ditt skrivande den akademiska integritet det behöver.

1. Det ger den som läser din text möjlighet att själv läsa originaltexten.
2. Det ger en sammanställning av vad du har använt i ditt arbete så att du lätt kan hitta det i framtiden – det finns inget värre än att leta efter någon referens man använt tidigare och vet är verkligt användbar utan att hitta den.
3. Det ger trovärdighet åt det du skriver och styrker din uppfattning eller dina argument – om du hänvisat till andras forskning, visar det att du inte bara "hittar på" det du skriver om.

4. Du undviker risken att plagiera. Genom att ange dina källor gör du klart att du inte låtsas att någon annans arbete är ditt.
5. Det är artigt att visa erkänsla för andras arbete.

## När ska det användas?

Vi har just tittat på *varför* du bör ange referenser. Frågan är nu: *När* ska du göra det?

Här är några möjliga svar:

1. När du har citerat direkt från någon annans arbete.
2. När du har formulerat om vad någon annan skrivit och inte citerat direkt.
3. När du har hänvisat till något som du själv har skrivit och som har blivit publicerat.
4. När någons arbete eller idéer ligger till grund för en speciell teori, ett speciellt argument eller en speciell uppfattning.
5. När du har använt specifik information, till exempel statistik eller fallstudier.
6. När det du har läst för att få en bakgrund har påverkat hur du tänker om det du skriver.

# 5 Hur referenser presenteras i den löpande texten

Huvudsyftet med att använda referenser är att den som läser ska kunna gå tillbaka till originaltexten. Därför måste det vara precist och detaljerat. Det finns flera konventioner för hur det kan se ut. Några av de vanligaste systemen i Sverige är Harvard- och Oxfordsystemet, men det finns andra system. Du måste ta reda på om något annat system, och i så fall vilket, rekommenderas på din utbildning.

Harvardsystemet[1] är det system som oftast förespråkas i Sverige. I detta system ska referenser i den löpande texten innehålla författarens namn och publikationsår tillsammans med sidnummer om det är direkt citat.

Exempel:

> Price (2006) menar . . .
>
> I en ny studie visar Price (2006, s. 21) att ”minneskapacitet och lagring ofta överbelastas av konkurrerande simultana operationer”.

[1] ”exponent” Det finns variationer av Harvardsystemet. Den variant som används i den här boken utgår från vad som anges i originalet, *Study Skills for Science, Engineering & Technology Students*.

I Oxfordsystemet, som är ett siffersystem, används i stället en fotnot efter referensen:

Price[2] menar . . .

Informationen om referensen kommer då längst ner på sidan (alternativt i slutet av kapitlet). Första gången en referens används ska fullständig information om referensen, dvs. i princip samma som anges i referenslistan, anges i fotnoten. Därefter räcker det med efternamn, årtal och sida.

**Tips** Vilket system du än använder så måste du använda det konsekvent, exakt och enligt reglerna. Kontrollera alltid med din institution eller lärare vilket system (och eventuell variant) de vill att du använder. Bli inte orolig ifall det finns oenighet om vilket system som ska användas.

## Information i referenslistan

En referenslista är en fullständig och precis beskrivning av alla källor som finns med inne i texten. De flesta institutioner vill att studenterna ordnar referenserna i slutet av texten i alfabetisk ordning.

För varje referens i referenslistan måste det finnas vissa specifika informationsbitar. Därför bör du göra det till en vana att skriva upp den här informationen på ett säkert ställe, men mer om detta kommer senare i det här kapitlet. När du presenterar informationen i referenslistan måste du skriva konsekvent och noggrant (enligt det system du använder). Olika typer av referenser skrivs på olika sätt, men de huvudsakliga detaljerna som ska finnas med är

- författarens eller utgivarens efternamn och förnamn
- publiceringsår
- titel med eventuell undertitel
- upplaga om det inte är den första
- förlagsort
- förlag
- namn på tidskrift/tidning, volymnummer, artikelnummer och sidor i tidskriften/tidningen
- för elektroniska källor: internetadress.

Resten av det här avsnittet innehåller information om och exempel på hur man skriver ett antal olika typer av referenser enligt Harvardsystemet. De vanligaste källorna för studenter är böcker, kapitel i antologier, tidskriftsartiklar och webbsidor.

## Böcker

Referenser till böcker bör innehålla följande detaljer:

- författarens efternamn och förnamn (utskrivet eller som initial/initialer)
- publikationsår inom parentes
- titel och eventuell undertitel på boken i *kursiv*
- upplaga, om det inte är den första
- förlagsort
- förlag.

Exempel:

Smith, P. och Jones, W. (2006) *The Art of Academic Referencing*. 2 uppl. London, Make-up Publishing.

## Kapitel i antologier

En del böcker består av olika kapitel som är skrivna av olika författare. Den här typen av böcker har en redaktör som har sammanställt boken. Du bör ha med följande detaljer:

- efternamn och förnamn på författaren till kapitlet
- publikationsår inom parentes
- titel på kapitlet
- redaktörens namn och förnamn, med "I:" framför + red. (redaktör) alternativt utg. (utgivare) i parentes efter
- titel på boken i *kursiv*
- upplaga, om det inte är den första
- förlagsort
- förlag
- kapitlets sidnummer.

Exempel:

Smith, P. (2005) The role of punctuation in referencing. I: Smith, P. och Jones, W. (red.) *The Art of Academic Referencing*. 2 uppl. London, Make-up Publishing, 56–72.

Lägg märke till att det är bokens titel som ska kursiveras, **inte** namnet på kapitlet.

## Tidskriftsartiklar

Referenser till tidskriftsartiklar bör innehålla följande detaljer:

- författarens efternamn och förnamn
- publikationsår inom parentes
- artikelns titel (inte kursiv)
- titel på tidskriften i *kursiv*
- volym, årgång eller liknande
- sidnummer.

Exempel:

> Price, G. A. (2006) Creative solutions to making technology work: three case studies of dyslexic writers in higher education. *ALT-J Research in Learning Technology*, 14 (1), 21–28.

## Elektronisk information

Det finns flera typer av elektroniska källor som du eventuellt kan använda. Huvudsakligen är det

- internetsidor
- artiklar i elektroniska tidskrifter
- elektroniska böcker
- artiklar i tidskrifter som finns på internet
- fotografier och bilder
- information från den lärplattform som används av din institution
- tidningsartiklar
- personlig korrespondens med e-post (exempelvis med någon forskare)
- information från kursanknutet diskussionsforum.

Tumregeln är att du lägger till internetadressen och datum för när du hämtade informationen. Reglerna för böcker och tidskriftsartiklar är samma som ovan, med tillägg av internetadress och hämtdatum:

- författarens efternamn och förnamn
- publikationsår inom parentes (om det inte finns något datum, skriv: u.å. - utan år - i parentesen)
- titel på webbsidan, i *kursiv* (eventuellt följt av [online], fråga vad som gäller angående detta på din institution)
- plats för publikation
- förlag (om det går att fastställa)
- hämtat från: adress (hämtdatum).

Exempel:

> Williams, S. (2002) *Avoiding plagiarism* [online]: New York, Hamilton College. Hämtat från:
> www.hamilton.edu/academic/Resource/WC/AvoidingPlagiarism.html (061218)

Kort översikt över detaljer i referenslista:

| | Författare | Publikationsår | Titel på publikation | Titel på artikeln/kapitlet | Nummer | Förlagsort | Förlag | Upplaga | Sidnummer | Internetadress | Hämtdatum |
|---|---|---|---|---|---|---|---|---|---|---|---|
| Bok | ✓ | ✓ | ✓ | | | ✓ | ✓ | ✓ | | | |
| Kapitel i bok | ✓ | ✓ | ✓ | ✓ | | ✓ | ✓ | ✓ | ✓ | | |
| Tidskriftsartikel | ✓ | ✓ | ✓ | ✓ | ✓ | | | | ✓ | | |
| Internet | ✓ | ✓ | ✓ | | | | | | | ✓ | ✓ |

# Interpunktion i samband med referenser och referenslista

En del lärare blir irriterade över referenser och referenslistor som inte har rätt interpunktion. Var noga med detta för att bibehålla din akademiska integritet. Dock finns det som sagt variationer i Harvardsystemet.

## Referenser i den löpande texten

Korta citat - enstaka ord eller korta faser – skrivs i den löpande texten och markeras med citattecken. Till exempel:

> Price (2006, s. 21) menar att människan har signifikanta ”kognitiva resurser” som möjliggör stor kapacitet.

Ett längre citat kan placeras i ett eget stycke som är indraget. Det kan också markeras genom mindre radavstånd och mindre teckenstorlek. Läsaren uppmärksammas på att det som följer är någon annans ord genom att du sätter ut kolon. Till exempel:

> Kärnan i sociolingvistisk diskursteori är att språk används på speciella sätt i olika ämnesdiscipliner:
>
> > En student som ombeds skriva som en sociolog måste hitta ett sätt att sätta sig in i diskursen, som definieras av denna komplexa och diffusa kombination av metoder, definitioner, modeller och verktyg [. . .] Studenten måste dessutom ha kontroll över områdets speciella konventioner, en uppsättning regler och normer som är utmärkande för diskursens tillhörighet till ett visst vetenskapsområde. (Ball m.fl., 1990, s. 357)

Lägg märke till att citatet var från en bok av Ball m.fl. (med flera). Boken har då tre eller fler författare, varav Ball är det namn som står först. Ibland står det et al. (som kommer från latinets "et alia", dvs. och andra) i stället för m.fl. Båda förkortningarna kan användas (fast inte i en och samma text).

När du har formulerat om vad du har läst med egna ord, måste du styrka det det du har skrivit så att det framgår var du har läst texten. Det är viktigt att du vet var i texten detta ska skrivas in för att undvika förvirring. Till exempel:

> Expertskribenter måste kunna göra flera saker samtidigt när de skriver idéutkast (Price, 2006). De måste kunna . . .

Lägg märke till att punkten inte kommer förrän efter parentesen för att på så sätt visa vilken mening referensen tillhör.

**Tips**

Se till så att du samtidigt som du skriver in en referens i din text också tar dig tid att skriva in den i referenslistan.

# 6 Vanliga frågor

## "Måste jag skriva namnet på varje författare eller bara den första?"

Det beror på var det står. I referenser i den löpande texten räcker det med namnet på den första författaren följt av "m.fl." om det finns tre eller fler författare (se exempel ovan). Är det bara två författare, skrivs båda namnen ut i texten. Exempel:

> Smith och Jones (2006) konstaterar . . .

## "Hur refererar jag till något som någon annan refererar till i en bok eller artikel som jag har läst?"

Dessa kallas **andrahandskällor**, och de hanteras på lite annorlunda sätt. Det viktiga att komma ihåg är att du genom dina referenser visar vilka källor du har använt. Om det inte klart framgår att det är en andrahandskälla, uppfattas det som om du själv har läst originalet. Har du inte gjort det, blir det missvisande.

Exempel:

> Enligt en studie av Smith (2001, refererad till i Jones, 2005) . . .

När du skriver in detta i din referenslista ska bara Jones (2005) finnas med, eftersom du inte har inte läst Smith själv utan Jones tolkning av Smith.

### ”Måste jag upprepa en referens från samma bok?”

Om samma referens används på flera ställen efter varandra i en text, är ett sätt för att inte behöva upprepa namnet att till exempel skriva den latinska termen **ibid.**, som betyder på samma ställe. Men ibid. används vanligtvis inte i Harvardsystemet. Det finns också olika uppfattningar om användning av latinska termer, och en del menar att man bör undvika det.

# 7 Håll ordning på referenserna

Det är viktigt att du är noggrann med att dokumentera vilka referenser du använder medan du skriver. Lägger du lite tid på att skriva in detaljer om en bok, ett kapitel, en artikel eller en elektronisk referens är det väl använd tid.

> *Vilket råd jag skulle ge till framtida studenter? Det är enkelt. Skriv upp allt du läser på rätt sätt så att du kan använda det på rätt sätt i din text. Lärarna påminde oss hela tiden om att vi skulle göra det, men jag hade bråttom och tänkte att jag inte hade tid att skriva in referenserna i listan efter hand. Jag trodde att jag skulle komma ihåg det i alla fall. Så hur gick det? Ja, det hände ofta att jag inte hittade rätt referens i slutet. Det kunde ta hur mycket tid som helst att leta efter en enda källa.*
>
> Natasha, tredjeårsstudent i konstvetenskap

Natashas råd är viktigt om du vill vara effektiv och inte behöva lägga ner orimligt mycket tid på att söka efter viktiga referenser senare i skrivprocessen.

Det finns olika sätt för hur du kan skriva ner informationen. Skriver du på ett längre arbete som bygger på flera referenser, kan du ha stor nytta av att lära dig någon programvara för referenshantering, som till exempel EndNote. Även om sådana program är enkla att använda, tar det tid att lära sig dem. Lär du dig det under ett lov, innan du ska skriva ditt examensarbete, sparar du mycket tid och behöver inte bli så stressad senare.

Vilket system du än använder är det viktigt att du skriver in alla detaljer, exakt enligt det system som används av din institution. Gå noga igenom alla detaljer i hur det systemet skrivs.

## Lågteknologisk hantering

Du kan till exempel ha en handskriven lista eller ett separat kartotek. Fördelen med listan är att du kan ta den med dig och ha tillgång till den hela tiden. Nackdelen är att den inte automatiskt blir i alfabetisk ordning och att du i slutändan måste skriva in alla referenserna i dokumentet på datorn.

Det andra alternativet är att skriva indexkort till ett kartotek. Då kan du skriva varje referens på ett separat kort. Vanligtvis finns det tillräckligt med plats för att skriva in både referensen och användbara citat. Fördelen med det här systemet är att du kan flytta runt korten så att de kommer i alfabetisk ordning innan du skriver in dem i ett dokument.

## Speciella programvaror för referenser

Om du använder eller skulle vilja använda en databas som EndNote (se nedan eller i en användningsmanual) eller Reference Manager, är detta idealiskt för att hålla ordning på anteckningar och referenser. För dem som inte är vana vid datorer är det kanske inte så lockande, men det sparar tid när man väl har lärt sig grunderna. En fördel är att datorn ordnar listan i alfabetisk ordning. Dessutom kan du referera medan du skriver genom att klicka på en referens i din lista. Referensen kommer då automatiskt in både i den löpande texten och i referenslistan i slutet av texten.

**Tips**

- Lägg in allt du läser i ett ämne i din databas.
- Sortera efter nyckelord så att du vid behov kan hitta en grupp referenser om ett tema.
- Spara papperskopior (till exempel av artiklar) i alfabetisk ordning, men notera alltid i din databas om du har en kopia och var den finns.
- Avslutningsvis, om du gör anteckningar om något du läst, skriv också upp var i din databas det finns.

## Vad kan du använda elektronisk referenshantering till?

Vilket program du väljer beror på

- vilket system din institution föredrar – till exempel använder många medicinska institutioner Reference Manager
- vilket du själv föredrar
- vilket system ditt universitet/din högskola har anslutit sig till.

Den här typen av programvara är mycket effektiv och kan bespara dig mycket tid om du sätter upp det så att du kan använda det. Många studenter (och lärare) använder inte de här programmens fulla potential utan använder bara det som är mest användbart för dem.

Med ett elektroniskt referenssystem kan du göra följande:

- skapa ett separat "referensbibliotek" för var och en av dina skrivuppgifter
- lägga till information för varje uppslagsord – detta kan göras personligt med nyckelord (som senare kan användas för att gruppera referenser) och anteckningar

- välja det referenssystem du måste använda (de flesta programvaror har flera att välja mellan)
- se exempel på hur det kommer att se ut när du har skrivit klart
- sortera uppgifterna i ditt ”bibliotek”. Det finns många möjligheter för hur du kan sortera data så att du kan få fram det som du behöver för en skrivuppgift
- söka författare eller nyckelord (om du har varit noggrann när du har lagt in dem)
- automatiskt skapa en lista med författarens terminologi, titel på tidskriften och övriga nyckelord
- skapa listor med terminologi – detta är särskilt användbart om du regelbundet läser specifika tidskrifter. Det är också ett sätt för att använda ännu ett sökverktyg och då se så att nyckelorden används konsekvent
- använda systemet tillsammans med Word så att du kan välja en referens från din databas och referera medan du skriver. Detta betyder att programvaran gör det här arbetet, vilket sparar tid
- sortera dina referenser i alfabetisk ordning genom att trycka på en tangent
- hämta referenser från elektroniska referenser, såvida du har satt upp systemet korrekt. Detta sparar tid eftersom du inte behöver skriva in varje referens separat.

Det här är bara några av de grundläggande verktygen i de här systemen. Men du måste som med all teknik ägna tid åt att lära dig hur det fungerar och använda det ofta så att du inte glömmer de olika funktionerna.

**Tips**

Det finns mycket material om olika referenssystem på internet. Oavsett om du rekommenderas att använda Harvardsystemet eller något annat system, kan du där hitta mer information om hur du ska göra.

# 8 Summering

Risken för plagiat minskar om du är medveten om vilka fallgropar och normer som finns för hur man refererar. Det är en fördel att vara medveten om och förstå principerna bakom normerna. På så sätt är det också lättare att förstå varför lärarna är petiga med referenser.

Essensen av detta är att du bör ha ordning och hantera din tid och din arbetsinsats på ett effektivt sätt. Ju förr du kommer in i bra rutiner, desto större är chansen att du når bra resultat.

## Sammanfattning av det här kapitlet

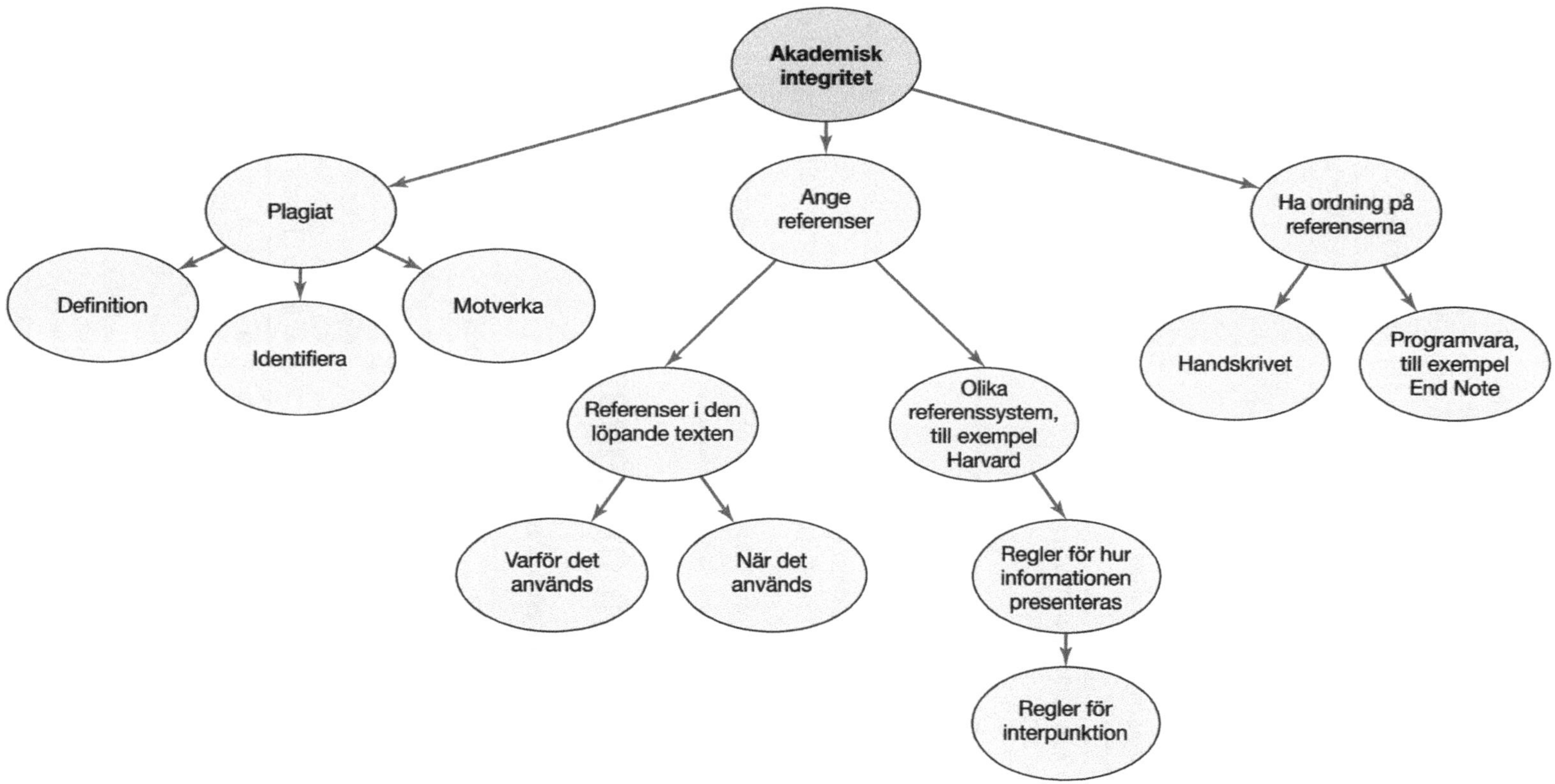

**ÖVNING 4 Uppdatera din professionella utvecklingsplan**

I det här kapitlet har du kunnat läsa om hur viktigt det är att kunna hantera referenser och ha ordning på dem. Kan du reglerna för hur man refererar i den löpande texten och för hur referenslistor skrivs, är du på den säkra sidan och kan undvika plagiat.

Markera hur pass säker du nu känner dig (1 = mycket lite och 5 = mycket).

| Färdigheter jag håller på att utveckla | Nivå 1–5 | Plan för att bli bättre |
|---|---|---|
| Jag känner till vad det finns för olika former av plagiat. | | |
| Jag vet skillnaden mellan referenser i texten och en referenslista i slutet av texten. | | |
| Jag kan reglerna för hur man skriver olika typer av referenser. | | |
| Jag vet hur man samlar referenserna på ett systematiskt sätt. | | |

## Extra hjälp

- Ta reda på vilka regler och riktlinjer din institution har så att du säkert vet om vad som gäller.
- Ta kontakt med Studieverkstaden (eller liknande). Där kan du få hjälp med referenser och referenshantering.
- Det finns information om olika referenssystem om du söker på internet.

# Feedback på övningar

**ÖVNING 1 Vad räknas som plagiat?**

| Vilket av följande är plagiat? | Svar |
|---|---|
| Jag använde formuleringar från kursboken i min text. | **Ja.** Om du använder andras ord och inte talar om det, räknas det som plagiat. |
| Jag använde citattecken runt det jag tog från en text som jag hade läst. | **Möjligen.** Bara för att du har satt ut citattecken runt det som du har citerat betyder inte att det inte är plagiat. Har du inte samtidigt satt ut referensen är det plagiat. |
| Jag använde några fraser från olika källor och satte in dem i en mening i min uppsats. | **Ja.** Att sätta samman formuleringar från olika författare och källor utan att visa läsaren att det inte är ens eget är också plagiat. Bara för att du sätter in det i dina egna meningar utgör inget undantag. |
| Jag använde information från en internetsida som inte hade någon rubrik eller någon författare, så det var inte plagiat. | **Ja.** Många studenter tror att de kan använda information från internet fritt bara för att det inte finns någon tydlig författare eller rubrik. Så är det inte. Du förväntas fortfarande tala om varifrån informationen kommer. |

## ÖVNING 2 Problem med och lösningar på plagiat

| Gäller något av dessa påståenden dig? | Lösningar vid "ja"-svar |
|---|---|
| Det finns ingen möjlighet att jag kan skriva det här bättre än författaren. | A. Läs vad författaren har sagt.<br>B. Täck över texten.<br>C. Lista nyckelorden/huvudidéerna med dina egna ord.<br>D. Försök förklara det på ett enkelt sätt med dina egna ord. |
| När jag tittar på mina anteckningar från böckerna jag läst, kan jag inte komma ihåg vilka som är mina ord och vilka som kommer från författarnas texter. | Det finns två lösningar på det här:<br>1. Färgmarkera dina anteckningar så att du med en gång kan "se" vad du har skrivit med egna ord.<br>2. Förbättra din förmåga att sammanfatta genom att följa A–D ovan. |
| Jag minns inte varifrån jag fick informationen till mina anteckningar och jag kan inte kontrollera om anteckningarna är med mina egna ord eller inte. | Lösningen på det här problemet är att ha bättre rutiner för hur du ordnar dina anteckningar.<br>Du måste skriva in inte bara "vad" utan också "var" – det är en hjälp om du till exempel använder kort/någon programvara/elekroniska listor.<br>(Se avsnitt 4 "Ange referenser" i det här kapitlet.) |
| Mina meningar och stycken är som ett lapptäcke. Det är så jag skriver informationen. | För det första, utveckla din läsförmåga vad gäller att få en helhetsbild.<br>För det andra, utveckla din förmåga att läsa information kritiskt och aktivt. |
| Jag tror jag kan undvika plagiat om jag skriver in alla referenserna i listan i slutet. | Du måste lägga in referenser i texten för att undvika plagiat. (Gå till avsnitt 4 "Ange referenser" för att få exempel på hur detta kan göras.) |

## ÖVNING 3 Kan du se vilka texter som innehåller plagiat?

Läs originaltexten och de följande exemplen. Identifiera vilka som är plagiat.

### Originaltext:

En avsevärd mängd kognitiva resurser används i skrivprocessen, och minneskapacitet och lagring överbelastas ofta genom konkurrerande simultana operationer. Förmågan att syntetisera information är en av de huvudsakliga färdigheter som studenter i högre utbildning måste ha.

### Version A:

Stora mängder kognitiva resurser används i skrivprocessen, och minneskapacitet och lagring överbelastas ofta av många mentala, simultana operationer.

**Kommentar:** Det här är helt klart plagiat. Även om några försök har gjorts för att ersätta några ord, så är meningsstrukturen från källan samma. Dessutom saknas referens.

**Version B:**

I högre utbildning är de kognitiva resurser som används i skrivprocessen ofta överbelastade av konkurrerande simultana operationer. En av de färdigheter som är viktigast och som behövs är att kunna syntentisera information.

**Kommentar:** Detta är fortfarande plagiat. Även om meningarna har ändrats lite, är det för nära originalet och referens saknas. Dessutom används inte citattecken för att markera citat från originaltexten, till exempel ”de kognitiva resurser som används i skrivprocessen”, ”konkurrerande simultana operationer” och ”syntetisera information”.

**Version C:**

Som Price (2006) pekar på i sin undersökning är skrivandet komplext och bygger på flera minnesresurser. En av svårigheterna är att skribentens minne ibland blir överfullt eftersom flera saker måste göras på samma gång.

**Kommentar:** I den här versionen finns inte plagiat. Källan anges tydligt, och originalet har omformulerats på ett lämpligt sätt.

# Referenser


- Ball, C., Dice, L. och Bartholomae, D. (1990) Developing discourse practices in adolescence and adulthood. I: Beach, R. och Hyndes, S. (red.) *Advances in Discourse Processes*. Norwood, NJ, Ablex.
- Hammett, A. (2006) *Guardian*. 061017.
- Howard, R. M. (1995) Plagiarism, authors and the academic death penalty. *College English*, 57, 788–806.
- Nationalencyklopedin (u.å.) http://www.ne.se/sok/plagiat?type=NE (111205)
- Price, G. A. (2006) Creative solutions to making technology work: three case studies of dyslexic writers in higher education. *ALT-J Research in Learning Technology*, 14(1), 21–28.

# 14 Förbättra ditt skrivande

En bok om att cykla kan ge dig teoretisk kunskap, men du kan inte cykla efter att ha läst boken. Du måste försöka cykla för att lära dig. På liknande sätt är det med skrivande. Du måste läsa om det men därefter försöka skriva och komma in i hur man gör. Både för att cykla och för att skriva krävs vissa färdigheter som inte kan utvecklas utan övning. Kanske tillhör du dem som lyckats undvika att skriva så mycket i tidigare utbildning, eller så har du fått veta att ditt skrivande duger. Hur som helst, att lära sig skriva och få feedback på skrivandet är ganska känslofyllt. Ofta blir studenter irriterade när deras skrivande kritiseras, för antingen tycker de att de redan skriver på ett acceptabelt sätt eller att det är något för tidigare skrivstadier. Båda dessa sätt att tänka är negativa om du vill förbättra ditt skrivande. Du måste jobba med ditt skrivande och bli mer professionell när du kommer till högre utbildning.

I det här kapitlet kan du

1. se hur du kan använda feedback
2. förstå hur du ska göra för att ditt skrivande ska bli kritiskt
3. förstå vad det innebär att skriva sammanhängande.

## ANVÄNDNING AV KAPITLET

Gör en uppskattning av hur pass säker du är på det som tas upp i påståendena nedan. I slutet av kapitlet har du möjlighet att ompröva dina svar och kan då också lägga in det i din personliga utvecklingsplan. Markera mellan 1 (mycket lite) och 5 (mycket):

| Jag vet vilken typ av feedback jag vill ha och vad jag ska göra med den. | Jag förstår betydelsen av kritisk granskning och värdering i skrivandet. | Jag vet hur jag ska göra för att mina texter ska hänga samman. |
|---|---|---|
| | | |

Datum: ________________

# 1 Förstå feedback på dina texter

Feedback från läraren eller från studiekamraterna gör att du kan bli bättre. Men ofta vill studenter bara få betyg och gå vidare. Andra studenter däremot tycker inte att de får tillräckligt med feedback och känner sig utelämnade när de inte får det. Vare sig det ena eller det andra sättet är det optimala. Du bör få tillräckligt (inte mängder) med feedback så att du har någon riktlinje för hur du ska arbeta vidare. Det är sedan upp till dig att göra det mesta av det och se hur kommentarerna kan tas med till nästa uppgift du ska skriva. Men det tar ett tag innan du börjar se ett mönster för vilka misstag du gör i ditt arbete och hur det kan bli bättre.

Om du vill vara proaktiv och få den feedback du vill ha, kan du be din lärare om någon speciell feedback när du lämnar in ditt arbete. På så sätt får du feedback på det du speciellt behöver.

## Kamratrespons

Att ge och få respons är inte så lätt som det låter. När du till exempel ger respons på vad en vän har skrivit, måste du vara försiktig så att responsen ges vid rätt tillfälle och på ett positivt sätt. Att få respons kan också vara ganska svårt. Det är viktigt att se eller lyssna på responsen objektivt (lättare sagt än gjort) och inte gå i försvar.

**ÖVNING 1 Vad gör du med feedback?**

Är du nöjd med betygen du får på dina skriftliga uppgifter? Tror du att du skulle kunna klara det bättre? Ställ följande frågor till dig själv efter att du har fått veta resultatet på något du har skrivit.

1. Var det så bra som du hade förväntat dig?
   Ja – kan du förklara varför?
   Nej – vad tror du det var som drog ner det?
2. Tycker du att du fick rätt betyg?
   Ja – kan du förklara varför?
   Nej – vad tror du det var som drog ner det?
3. Fick du den feedback du ville ha?
   Ja – kan du förklara varför den var bra?
   Nej – vilken typ av feedback ville du ha?
4. Kan du läsa din lärares kommentarer?
   Ja
   Nej – försök träffa honom eller henne.
5. Förstår du din lärares kommentarer?
   Ja
   Nej – försök träffa honom eller henne.
6. Vad har du lärt dig från det här arbetet vad gäller innehåll, arbetets struktur, skrivande, tidshantering?

**ÖVNING 2 Förstå varför texten har fått ett visst betyg**

Ta en uppgift som du nyligen har fått betygsatt och fundera över påståendena nedan. Markera i högerkolumnen om något av påståendena stämmer in på det du har skrivit. Detta kan hjälpa dig förstå vad som bedömdes som plus och minus.

| Bevis i texten: se efter kommentarer från läraren | Stämmer detta in på dig? |
|---|---|
| 1. Svarade inte på frågan. | |
| 2. Hade inte tillräckligt med referenser. | |
| 3. För beskrivande. | |
| 4. Återgav bara, även om det var med egna ord, från böcker eller föreläsningar. | |
| 5. Saknade analys. | |
| 6. Tog en sak i taget och integrerade inte idéer från olika källor. | |
| 7. Svag struktur och organisation. | |
| 8. Dålig styckeuppbyggnad. | |

| Bevis i texten: se efter kommentarer från läraren | Stämmer detta in på dig? |
|---|---|
| 9. Svag meningsbyggnad, måste följa regler för grammatik och stavning bättre. | |
| 10. Utvecklade en klar och sund argumentation. | |
| 11. Gav stöd till argument. | |
| 12. Bra urval av information, teorier och frågor. | |
| 13. Visade kopplingar mellan olika och ibland motsägande källor. | |
| 14. Visade förståelse för ämnet genom att syntetisera (dra samman) olika personers idéer och ståndpunkter. | |
| 15. Visade reflekterande förmåga. | |
| 16. Lämpligt urval av citat som stöd för idéer. | |

Se avsnittet ”Feedback på övningar” i slutet av kapitlet och ta reda på vad du måste förbättra och hur du kan gå till väga.

**Tips**

Be om feedback om du inte får det. Om du bara är intresserad av ditt betyg och inte av någon feedback, blir det svårt för dig att förbättra ditt skrivande.

## Kritiskt skrivande

I början av dina studier på universitetet/högskolan skriver du antagligen mer beskrivande. Texterna är då mer som rapporter om vad du har läst eller gjort utan försök att tolka eller kritiskt granska det. Det är inte säkert att lärarna kommenterar detta eller så finns det bara några få kommentarer. Däremot under senare delen av din utbildning kommer du att märka att dina lärares kommentarer förändras och att du ser: ”detta är bara en lista på vad du läst”, ”var finns den kritiska analysen?”, ”du har inte gjort någon kritisk granskning”. Alla dessa kommentarer bör få dig att fundera över hur du handskas med det du skriver.

Kritiskt skrivande innebär kritiskt tänkande, vilket innebär syntes, värdering, analys och reflektion som bygger på bevis från den lästa litteraturen. Genom kritiskt skrivande och tänkande utvecklar du dina egna analytiska färdigheter. Detta är kärnan i akademiskt skrivande.

När du läser en text, tänk på hur författaren har:

- Använt argument för att lägga fram ett påstående. (Är argumenten giltiga eller bristfälliga?)
- Använt bevis som stöd för argumenten. (Är bevisen sunda?)

- tolkat bevisen. (Gör författaren kopplingar som inte har stöd i bevisen? Bevis kan vara från till exempel data från laboratorium, fallstudier, fältarbete).

Du måste med ditt skrivande visa att du kan delta i akademiska debatter. Du bedöms utifrån hur du

- lägger fram argument/bevis/information
- stödjer argument/bevis/information
- analyserar olika frågor
- granskar bevisen, både de som stödjer och de som motsäger dina påståenden.

Detta innebär att du måste läsa bra informationskällor och interagera med texterna medan du läser. Du måste ifrågasätta det du läser, göra anteckningar i marginalen, markera huvudpunkter och de bevis som finns för dessa. Du måste också hålla reda på dina egna tankar under läsningen, så skriv kommentarer i marginalen under tiden.

**Obs.** Ett av problemen med att använda Wikipedia som huvudkälla för läsning är att du inte kan vara säker på att det som sägs har granskats eller fått stöd av andra. Det är ingen sund beviskälla för dina argument. Använd Wikipedia för att få en insikt i ett ämne och gå sedan till mer akademiska källor på din litteraturlista.

För att du ska kunna tänka, läsa och skriva kritiskt måste du utveckla din förmåga att resonera. Här följer några exempel på sådant du kan använda:

| Sätt att resonera | Varför ska du göra detta? |
|---|---|
| Jämföra och kontrastera | Identifiera något som du vill jämföra. Detta gör att du kan se olika synsätt eller positioner i ett ämne. Bestäm dig för hur du ska gå till väga när du gör jämförelsen. |
| Kontrollera fel | Du gör detta för att se om det finns några brister i argumentets logik, de tester som använts som stöd för ett påstående eller den matematik som använts. Du bestämmer vad du ska titta efter. |
| Klassificera | Identifiera något du vill arbeta med och gruppera idéer och frågor för att se vad de har gemensamt. Du tittar efter mönster. |
| Analysera logiskt | Undersök så att en författares resonemang för en särskild åsikt/fråga inte har logiska brister eller jämför/kontrastera med andra. Identifiera eventuella brister i logik. |

Det handlar inte om att kritiskt värdera alla dessa aspekter i en text. Välj det som passar bäst för din uppgift.

Detta är den intellektuellt största utmaningen i dina studier. Att tänka, läsa och skriva tar tid och du måste jobba med det. Bli alltså inte besviken under den tidigare delen av dina studier om du inte lyckas så bra med det, men se det som ett mål för din utbildning.

**Tips** Det är viktigt att ditt huvudargument, din hypotes eller din huvudtanke tydligt klargörs i början (se kapitel 15, avsnitt 2). Det är utifrån detta som du bör utveckla de argument du har som stöd med hjälp av olika källor.

# 2 Skrivandets mekanik – utveckling av text

Som du förmodligen redan inser är det komplext att skriva. Det är en kognitiv aktivitet, och skrivandet är ett samspel mellan olika system. Det inkluderar system för grammatik (meningsnivå), disposition (kallas ibland textgrammatik), stil (att skriva med korrekt stil för en given mottagargrupp, kallas ibland genre) samt sammanhang, dvs. att hela texten ska hänga samman och "berätta en historia". Figur 14.1 ger en visuell bild av detta.

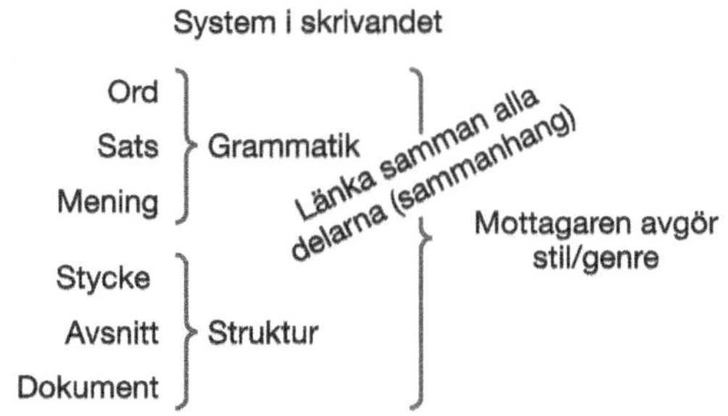


**Figur 14.1** En översikt över system som ingår i skrivandet

## Kännetecken på formellt skrivande

Om du skulle skriva en roman eller arbeta med reklam, skulle du inte skriva med samma stil som när du skriver en rapport. En roman innehåller spänning och överraskar oss läsare. Reklam är till för att påverka oss att köpa. Varje stil, eller genre, har sin egen vokabulär. Uttryckssätten varierar och materialet presenteras på olika sätt.

Kännetecken på bra tekniska texter är att de är: objektiva, precisa, kritiska och tydliga.

## Var objektiv

Det är viktigt att du presenterar din argumentation på ett balanserat sätt och är försiktig så att du inte uttrycker dina åsikter som om de vore fakta. Undvik ord som: *självklart*, *säkert* och *naturligtvis*. Reflektera kritiskt över andras arbete, redogör för deras resultat och tolka sedan bevisen (se ”Kritiskt skrivande” i avsnitt 1 ovan). På samma sätt, när du presenterar dina egna data och skriver om ditt eget arbete, behåll en distans och presentera bara ditt eget resultat och din analys.

## Var precis

Dina meningar bör vara precisa, inte vaga, och du bör inte göra svepande påståenden utan bevis. Ett vanligt fel är att glömma att uttrycka enheterna för datan. Enheterna kan verka självklara för dig, men det är inte precist skrivande om du inte har med dem. Undvik också vaga påståenden som kan misstolkas.

**ÖVNING 3 Fokus på precision**

Följande meningar är exempel på vagt skrivande om användningen av frekvens och kvantitet. Hur skulle de kunna bli mer precisa?

- Mätningarna dokumenterades vid täta intervaller.
- Instrumenten var stabila, så de kontrollerades sällan.
- En stor mängd reagens användes.
- En tillräcklig mängd svavel tillsattes.

Se avsnittet ”Feedback på övningar”.

Titta nu på något du har skrivit. Tror du att det kan förbättras så att det blir mer precist?

## Var kritisk

Du måste kunna ha distans till ditt eget arbete, liksom till andras arbeten, och granska det kritiskt. Du kan väga bevis och ge en tolkning (se ”Kritiskt skrivande” i avsnitt 1 ovan).

## Var tydlig

Du bör skriva tydliga meningar som är logiskt sammansatta och visar bevis på vetenskapligt tänkande. Att du kan skriva tydligt är viktigt för att du ska få bra betyg. Det visar att du kan tänka klart, distanserat och logiskt. Var noga med att planera vad du vill säga (se kapitel 15, avsnitt 1), annars är risken att det blir rörigt. De återstående avsnitten i det här kapitlet hjälper dig att utveckla ditt skrivande så att det blir tydligt.

# Struktur

Alla texter du skriver, oavsett om det är en tentamen, en rapport eller en liten skrivuppgift i samband med en laboratorieuppgift, har en egen struktur (se kapitel 15, avsnitt 2). I det här avsnittet ska vi titta på grundläggande struktur (disposition) för stycken och texter.

Det förväntas att du när du kommer till universitetet/högskolan kan skriva sammanhängande texter och förstår hur texter struktureras. Om dispositionen i det du skriver är dålig, kommer du att få en kommentar från din lärare om bristen på struktur (disposition). Är du osäker på detta, titta i följande avsnitt.

## Textens huvuddelar

Den grundläggande strukturen i en text är dess stycken. De bidrar till att du kan kommunicera dina tankar och idéer på ett logiskt och strukturerat sätt. Styckena bör kopplas samman på ett enhetligt sätt så att det du skriver hänger samman och utvecklar tråden i argumentationen. I en längre text bildar en grupp av stycken ett avsnitt.

Hur många stycken det ska vara i en text beror till stor del på vad texten handlar om, hur många ord det har sagts att det ska vara och vad författaren har att säga. Här följer en generell modell för en längre text med fem avsnitt (figur 14.2).

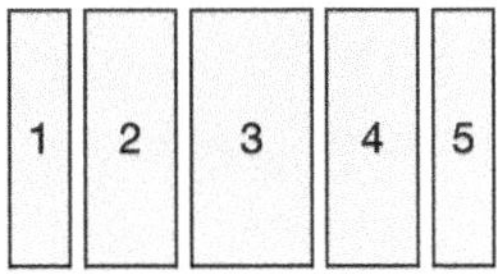


**Figur 14.2** En generell modell för olika avsnitt i en längre text

Detta är en schematisk bild av en längre text, och du kommer att se att de olika delarna var och en kan ha flera stycken. Avsnitt 1 och 5, där det finns en inledning och en avslutning, tenderar att vara mindre än huvuddelen (2, 3 och 4), där de flesta av argumenten finns.

**Avsnitt 1** är en **inledning** som innehåller följande:

- En motivering av ämnesvalet – detta är frivilligt. Det kan vara att du lägger till detta efter att du har hittat intressanta fakta eller en position som summerar vad du vill skriva om. Det kan vara en provocerande fråga. Oavsett vad det är, är det till för att fånga läsarens uppmärksamhet.
- Syfte/tes/hypotes – detta är *viktigt*. Här anges fokus för undersökningen och analysen. Det ska vara tydligt vad texten ska ta upp och strukturen för detta (se kapitel 15, avsnitt 2).

Inledningen ska leda in läsaren i de idéer som ska diskuteras och behandlas i de följande styckena i texten. Det är här du kan lägga grunden till vad som ska tas upp och förklaras i detalj senare.

**Avsnitt 2, 3, 4** utgör textens **huvuddel**:

- Avsnitt 2 är det första delämnet du diskuterar. Du kan i de inledande styckena (inledande stycket) i inledningen ha angett vilka teman/delämnen du ska diskutera så att läsarna är beredda på detta. Följ samma ordning som i inledningen, så blir det enklare för läsarna.
- Avsnitt 3 kan vara ett undertema till delämnet i avsnitt 2 eller någon vidare diskussion av samma ämne. Men du kan också introducera ett annat delämne och stärka vad du säger genom att ge några exempel.
- Avsnitt 4 kan användas för att koppla tillbaka till inledningsavsnittet eller för att utveckla något som tagits upp tidigare. Ett alternativ är att du använder den här platsen för att utforska ett annat delämne och stärker vad du säger med hjälp av några exempel.

**Avsnitt 5** är din slutsats. Den summerar det viktigaste i de teman/delämnen du diskuterat och relaterar tillbaka till det du tog upp i inledningen. Introducera aldrig nya teman i det här avsnittet.

Den här strukturen med fem avsnitt är en enkel modell för att visa vilken roll stycken/avsnitt har i en text.

## Styckets struktur

Ett stycke består av en grupp meningar som ger uttryck för en tanke/ett deltema. En text består i sin tur av olika stycken som sätts samman för att utveckla en tanketråd och/eller en argumentation. Hur de har satts samman är en vägledning för läsaren om hur idéerna har grupperats (se ”Koppla samman idéer – skriv sammanhängande” nedan). Ett stycke har en början, en mellandel och en avslutning. De två första meningarna i stycket talar om för läsaren vad stycket kan förväntas handla om. Detta är något du omedvetet vet när du läser, och blir du medveten om det kan du också använda det när du själv skriver.

Efter styckets första mening (eller två första), som låter dig veta vad stycket handlar om, kommer i nästa mening en utveckling av deltemat/argumentet. Styckets sista mening (eller meningar) kan leda vidare till ett annat deltema/argument (eller till en vidare utveckling av detta), som i så fall behöver ett nytt stycke. Du kan använda den här kunskapen när du skumläser en text och få en uppfattning om vad den handlar om innan du läser den i detalj.

# Koppla samman idéer – skriv sammanhängande

Skrivande handlar om att bit för bit låta små bitar av information hänga samman på ett linjärt sätt. Får du inte ordning på detta, kommer dina idéer inte att hänga samman i en enhetlig text.

Hänger inte dina idéer samman, blir det svårt för läraren att bedöma hur mycket du kan och hur pass logiska och vetenskapliga dina tankeprocesser är. Du kommer i så fall att få kommentarer om att ditt arbete inte hänger samman eller att det är svårt att förstå, men oftast finns ingen kommentar om **hur** det ska bli sammanhängande. I det här avsnittet tittar vi på mekanismer för sammanhängande skrivande. Det kräver lite koncentration från din sida, men när du väl har förstått det kommer det med största sannolikhet att märkas i ditt skrivande.

Ditt skrivande kan bli mer sammanhängande om du arbetar inom meningar (binda samman satser) och mellan meningar (binda samman stycken).

## Gör kopplingar i meningar – arbeta med satser

Precis som texter är byggda av stycken är meningar byggda av satser. En enkel mening har en sats, dvs. ett subjekt, ett verb och någon information om subjektet. När du vill skriva om något komplext, kan du sätta samman enkla meningar genom att använda ord som *och*, *eller* och *för*. Detta blir en mening med två huvudsatser (överordnade satser). Till exempel:

> *Den detaljerade datan från den här studien pekar på följande: Studenter med yrkesinriktad skolbakgrund lade mer tid på att studera, och de fick bättre betyg än de med en teoretisk skolbakgrund. (Kolari m.fl., 2008)*

Se också exempel 1 och 2 nedan.

Satser som inleds med ord som ”att”, ”som”, ”om”, ”fastän”, ”medan”, ”eftersom” är bisatser (underordnade satser). Alla meningar måste ha åtminstone en huvudsats, medan sammansatta meningar har en serie av satser som har en relation till huvudsatsen. Till exempel:

> *Andra årets studenter på civilingenjörsutbildningen upplevde på en kurs i hälsa och säkerhet att de råd som de fick av kurskamraterna var bättre än de som de fick av doktoranderna som undervisade dem, fastän doktoranderna förväntades vara mer kunniga än andraårsstudenterna. (Petersen m.fl., 2008)*

I meningen ovan inleder *fastän* en underordnad sats, som antingen måste föregås av eller följas av en huvudsats för att det ska bli en fullständig mening. Ord som inleder bisatser kallas underordnande konjunktioner eller subjunktioner. I följande tabell finns en lista på ord som visar hur satser kan sättas samman för att bilda meningar.

| **Ord som binder samman huvudsatser** | **Ord som inleder bisatser** | **Ord som inleder relativa bisatser** | **Funktion** |
|---|---|---|---|
| och | | | Lägger till information |
| men | fastän<br>även om<br>trots att | | Visar något som är i motsats |
| eller | medan | | Visar något annorlunda, ett alternativ |
| för, så | eftersom<br>därför att<br>för att | | Visar en orsak och/eller effekt |
| | medan<br>när<br>efter det att | | Visar tidssamband |
| | | som | Refererar tillbaka till något, till exempel till en person: *En del forskare diskuterade redan idén om att tiden kunde vara en fjärde dimension, men det var Einstein som upptäckte det.* |
| | | vilken<br>vilket<br>vilka | Syftar tillbaka på ett ord med motsvarande form i den föregående satsen. "Vilket" används också för att syfta tillbaka på hela föregående sats, som i det här exemplet. *Han använde flera intressanta källor, både från böcker och från artiklar, i sin uppsats, vilket ledde till ett intressant resultat.* |
| | | där | Syftar tillbaka på en plats, till exempel: *Niels Bohr studerade vid Köpenhamns universitet, där han doktorerade 1909.* |
| | | då | Syftar på och utvecklar utifrån en tidpunkt, till exempel: *Vätskedroppsmodellen ledde till förståelse av fission, då klyvning av uran upptäcktes 1939.* |

Detta kan visas schematiskt med hjälp av symboler som illustrerar de olika ord som binder samman satser (se följande tabell):

| Tecken | |
|---|---|
| —— | En huvudsats som står ensam i en mening, till exempel:<br>*De flesta nätverk är organiserade som en serie av skikt.* |
|  | Detta är ett ord som binder samman huvudsatser, och du kan lägga till liknande eller motsägande information, till exempel:<br>*De flesta nätverk är organiserade som en serie av skikt, <u>och</u> varje skikt bygger på det föregående.*<br><br>Obs: Du kan använda en samordnande konjunktion även för att binda samman två bisatser. |
| - - - - | En bisats. Detta betyder att den inte kan stå ensam i en mening, till exempel:<br>*. . . <u>eftersom</u> detta bidrar till att reducera designens komplexitet.* |
| 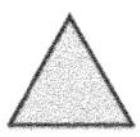 | Detta är ett ord som gör att du kan koppla samman en bisats med en huvudsats, till exempel:<br>*De flesta nätverk är organiserade som en serie av skikt, <u>eftersom</u> detta bidrar till att reducera deras komplexitet.*<br>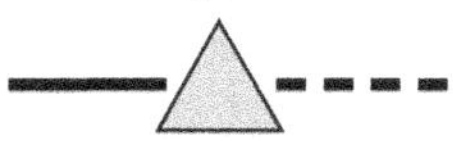 |
|  | Exempel på sådana här ord är: som, vars, vilket, där, då. Dessa inleder också bisatser som inte kan stå ensamma, till exempel:<br>*De flesta nätverk är organiserade i en serie av skikt, <u>som</u> vart och ett är beroende av det föregående.*<br>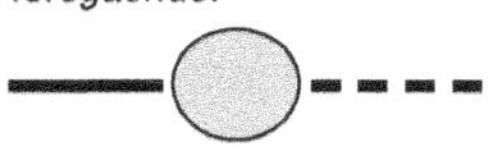 |

Alla meningar måste ha minst en huvudsats, men kan också byggas ut och bli mer komplexa med ett flertal satser. Se om du kan använda schemat ovan för att bygga egna meningar.

**ÖVNING 4 Sammanhang i meningar – arbeta med satser**

Följ med hjälp av teckenförklaringarna ovan meningsmönstren här nedan och skriv egna meningar. Du kan titta i "Feedback på övningar" först för att få några idéer innan du själv försöker.

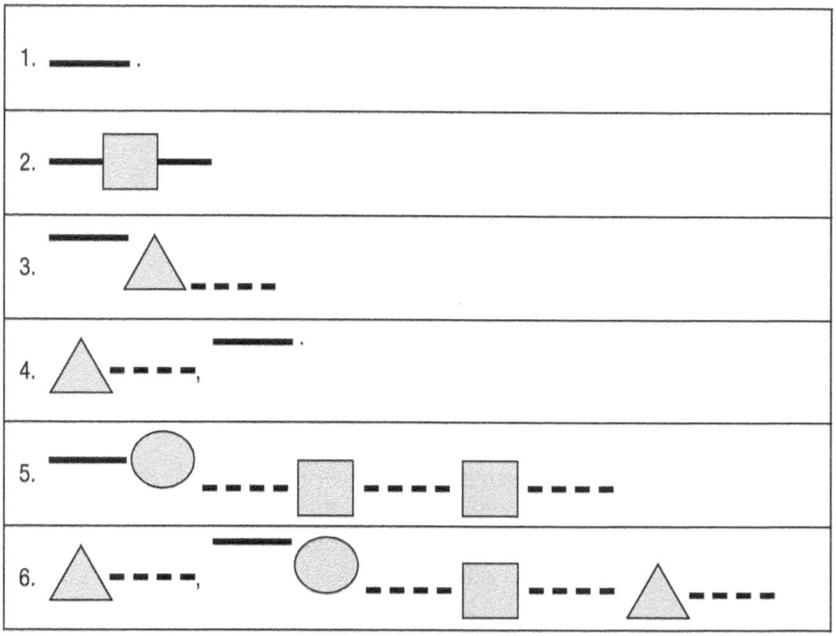


Som du ser kan en mening med ett flertal sammansatta satser bli svårare att läsa. Det är också lättare att tappa tråden i en lång sammansatt mening, särskilt om du är novis. Tänk på att bra akademiskt skrivande kännetecknas av klarhet, så undvik långa sammansatta meningar som är svåra att hantera.

## Att länka mellan stycken – arbeta med stycken

I föregående avsnitt tittade vi på hur satser kan sättas samman för att bilda meningar som uttrycker en idé på ett sammanhängande sätt. Här tittar vi på hur meningar kan länkas samman för att bilda ett enhetligt stycke. Det kan vara bra att se det som om en mening innehåller två paket med information, **subjektet** (dvs. vad eller vem det handlar om) och **information om subjektet**. Vanligtvis är det en blandning av båda. Om du bara fortsätter med att skriva om subjektet, skulle ditt skrivande bli som en lista med information. Detta skulle inte bli så lyckat. Utvecklar du "informationen om subjektet", kommer du att utveckla din argumentation. Båda behövs.

Låt oss nu titta på några exempel.

## Exempel mönster 1

*Att förebygga och begränsa föroreningar är ett system för att kontrollera föroreningar från vissa industriella verksamheter. Systemet introducerar begreppet "bästa befintliga metoder" (BAT, Best Available Techniques) för miljöregulationer.*

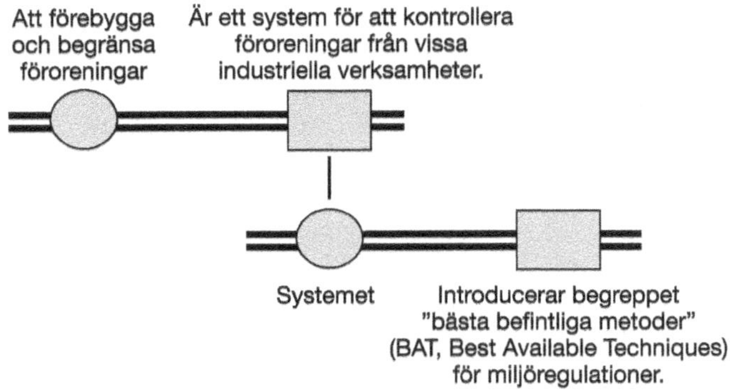


**Figur 14.3** Bind samman meningar genom "virkning", dvs. utveckla "informationen om subjektet"

Du tar alltså ett av huvudorden från föregående mening vidare till nästa mening (figur 14.3). På så sätt utvecklas ett tema och du kan se hur det "virkas" samman. En van läsare kan nu förutse vad nästa mening kan börja med. Läsaren kan alltså förutse att skribenten fortsätter att tala om BAT och eventuellt vidareutvecklar detta i ett stycke eller i ett antal stycken.

## Exempel mönster 2

*Syftet med BAT är att förhindra och minska luft- och vattenföroreningar från industriella verksamheter till en acceptabel nivå. Ett annat syfte är att balansera operatörens kostnader för produktion gentemot fördelar för miljön.*

I det här exemplet utvecklas meningen genom att mer information läggs till subjektet och följs av ett mönster av "listning" (figur 14.4).

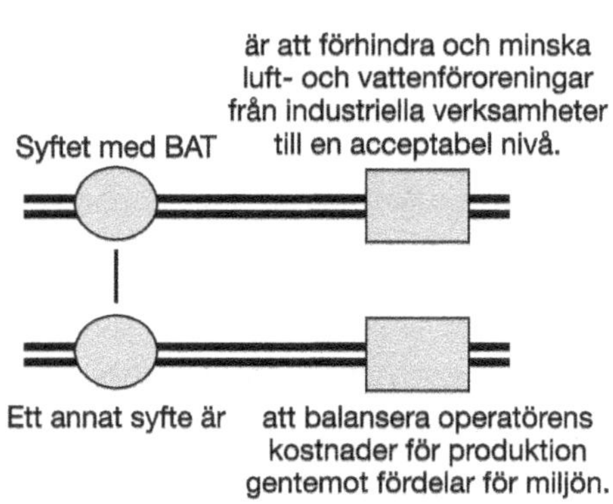


**Figur 14.4** Bind samman meningar genom "listning", dvs. utveckla "subjektet"

Dessa mönster, "virkning" och "listning", är ett ganska enkelt sätt som kan hjälpa dig att skriva sammanhängande när du väl har planerat vad du vill säga. Som du ser måste du blanda de båda mönstren. Ett problem med hur en del studenter skriver är att de bara tenderar att använda "listning", och som du kan förstå blir det då mer som en lista som aldrig utvecklas. Om du har en tendens att skriva mycket korta stycken, använder du antagligen bara mönstret för "listning". Titta på texten i övning 6.

Varje mening ger läsaren förväntningar om vilken riktning nästa mening tar. Det är på så sätt vi kan läsa på ett effektivt sätt. Om det inte är på det här sättet, bryts tråden. Du måste då läsa om den föregående meningen eftersom du tror att du kanske missat något. Läsaren kan anpassa sig till om det ibland är en dålig länk, men det blir svårt för läsaren om det är så hela tiden, och vad gäller ditt kursarbete, för läraren. Förstår du om "virkning" och "listning" för att utveckla stycken, kommer dina texter att hänga bättre samman. De blir tydliga och lätta att läsa.

### ÖVNING 5 Vad kommer sedan?

Titta på följande meningar och gör en uppskattning av vad du tror skribenten kommer att diskutera härnäst. Du behöver inte skriva meningen, bara ange kärnan av vad som kommer. Som en van läsare bör du kunna göra detta utan att förstå ämnet. Meningarna nedan kommer från olika studenttexter.

1. För att upptäcka skador kan fler och fler metoder användas för att värdera hur mycket skada som åsamkats.
2. Genom utvecklingen av materialteknik har man upptäckt att fysiska egenskaper för några speciella, syntetiserade polymerer kan förändras när det externa fältet ändras. Som en följd av denna "smarta" egenskap har dessa material en lovande framtid för praktisk tillämpning inom många områden.

Se avsnittet "Feedback på övningar".

### ÖVNING 6 Sammanhang i stycke

Följande meningar från en studenttext om "Vegetationstäckets beskaffenhet" bildar ett helt stycke. Ta varje mening och analysera den med hjälp av mönstren 1 och 2 på förra sidan. Försök också kommentera sammanhanget i texten utifrån en läsares synvinkel. Se avsnittet för feedback när du är klar.

*Vegetationen fungerar som ett skyddande lager mot de ökande effekterna av naturlig påverkan av erosion, dvs. vind och regn. När den förmultnar ger den också skydd i form av en klibbig substans, humus (Peak District National Park Authority, 2008). Ett experiment med regndroppar på ett moskitnät om minskning av jorderosion med hjälp av växttäcken (Hudson och Jackson 1959; Zanchi, 1983; Morgan, 1995) och mätningar på två jordlotter, en helt oskyddad, den andra täckt av ett finmaskigt moskitnät. Resultatet från moskitnätet visade en minskad hastighet för regndroppparna att nå marken genom att de fångades och gjorde så att vattnet föll från en lägre höjd som ett fint spray. Vegetation som fångar upp regndroppar vid och nära ytan kan därmed ses som ett mer effektivt sätt för att kontrollera nivåer av jorderosion (Institute of Pedology, 1987).*

Titta nu igenom stycket och identifiera huvudbudskapet med några få ord.

Använd något du själv har skrivit och be någon lyssna när du läser de första två meningarna i ett stycke. Be personen som lyssnar tala om för dig (a) vad stycket handlar om och (b) vad han eller hon tror att nästa mening är. Avslöja sedan vad du har skrivit och fråga om det verkar fungera. På så sätt kan du se hur pass bra du bygger upp ett stycke och hur bra dina meningar kan "virka" och "lista" information.

# Figurer, ekvationer och listor

Förutom text kommer du att inkludera figurer, ekvationer och eventuella listor (ifall du behöver ha något i punktform).

## Arbeta med figurer

Figurer representerar dina idéer visuellt, och om du har ett komplicerat system eller en komplicerad process, är det ofta bättre både för dig och för läsaren om det är visuellt. Bilderna i den här boken har på liknande sätt använts för att visa informationen kortfattat för att ge en översikt (figur 14.5).

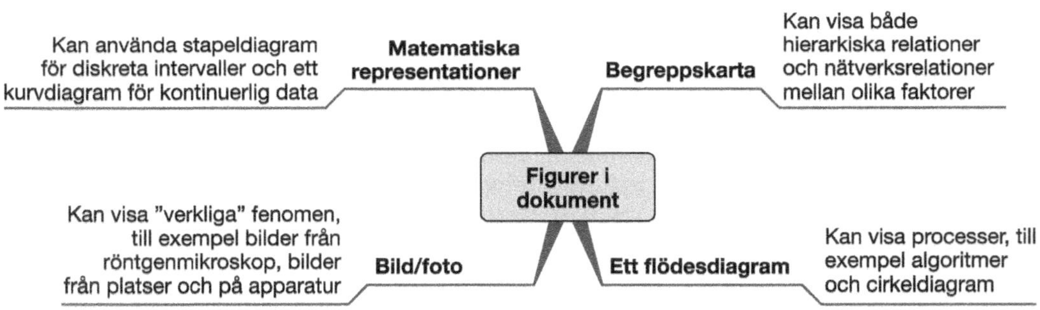


**Figur 14.5** Tänk på figurerna i ditt dokument

Du måste se till så att

- figurer har rubriker, förklaringar av symboler och lämplig storlek för sidan, är begripliga och har nummer
- diagram har rubriker, teckenförklaringar, klargörande av data och värden på axlarna samt nummer så att du kan referera till dem i texten
- figurer hänvisas till och diskuteras i texten
- figurer har korrekta referenser, om de kommer från en webbsida eller från en bok.

## Arbeta med ekvationer

Du kan skapa ekvationer genom att använda Microsoft Equation Editor, även om detta kanske inte är tillräckligt för mer komplexa ekvationer. Om du skriver många ekvationer, kanske din institution föreslår att du använder LaTeX. Precis som när det gäller figurer måste du se till så att dina ekvationer är numrerade och att symboler som används är förklarade (där det är nödvändigt). Om du skriver en serie ekvationer för att stödja din argumentation, numrera då ekvationerna i serien så att du kan hänvisa till varje del av serien i din text.

## Arbeta med listor

Ibland skriver du nog listor på saker, och kanske vet du inte om det är tillåtet att skriva listor i punktform i dina texter. Är du osäker, är det bättre att fråga läraren.

Det kan vara svårt att hantera listor som är för långa i texter. Listor på runt tre eller fyra saker kan enkelt passa in i en mening. När du gör en lista i en mening, kan du också använda ett kolon (:) före listan, kommatecken mellan olika punkter och "och" eller "eller" före den sista. Kom dessutom ihåg att skriva parallella strukturer när du gör listor så att du underlättar för läsaren.

## Parallella strukturer

När du skriver listor bör den grammatiska konstruktionen på de olika delarna vara samma. Detta gör det mycket lättare för läsaren. Du håller förmodligen med om detta när du läser exemplen nedan:

***Inte parallella***: Maria gillar att simm**a**, spel**a** fotboll och cykl**ing**.

***Parallella***: Maria gillar att simm**a**, spel**a** fotboll och cykl**a**.

**ÖVNING 7 Skriv listor som har flyt**

1. **Inte parallella**: Chefen ombads skriva rapporten **snabbt**, **precist** och **att ha många detaljer**.
2. **Inte parallella**: Hon fick inte något bra studieresultat eftersom hon **väntade** till sista minuten med att studera inför tentamen, **löste** sina problem i labbet på ett slarvigt sätt och **hennes motivation var** låg.
3. **Inte parallella**: Myndigheten listar flera områden för hållbar utveckling: **hårdare lagar**, **bättre samarbete** mellan olika leverantörer, **förbättringar** i infrastruktur och **att sköta** underhåll bättre.

**Tips**

Parallell struktur för listor gäller också rubriker och underrubriker. Detta är relevant när du skriver en innehållslista, där det tydligt syns ifall rubrikerna inte är parallella.

## Punktlistor

Om du använder punktlistor, se då till så att listan följer den inledande meningen. Se listan i punktform på förra sidan.

# 3 Summering

Det här kapitlet har tagit upp skrivandets mekanismer för att du ska kunna ta till dig feedback du får av dina lärare. Det är viktigt att du jobbar med att utveckla ditt skrivande så att det blir mer professionellt. Med övning kommer du att kunna skriva bra.

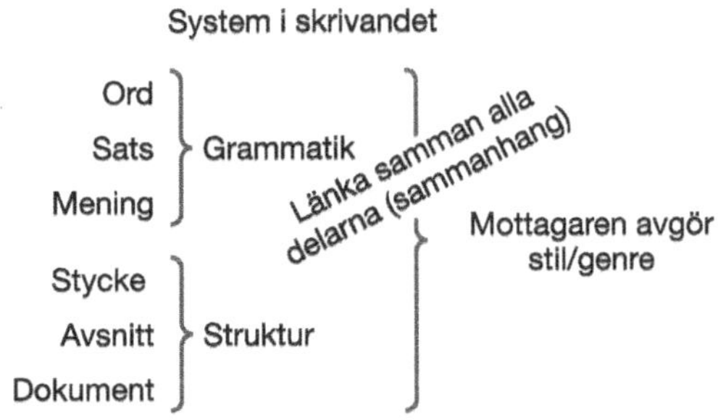


## Sammanfattning av det här kapitlet

Titta på figur 14.6 och gör en bedömning av hur pass insatt du nu är i dessa områden.

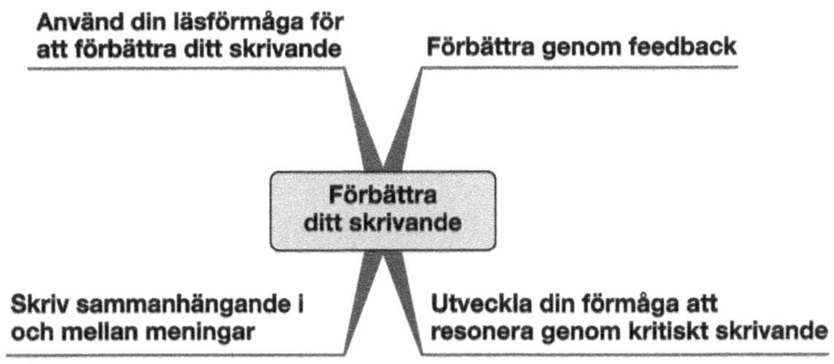


**Figur 14.6** Sammanfattning av det här kapitlet

**ÖVNING 8 Uppdatera din professionella utvecklingsplan**

Reflektera nu över din nuvarande förmåga och fundera över vad du behöver göra för att bli bättre. Du kan lägga in detta i din professionella utvecklingsplan.

Markera hur pass säker du nu känner dig (1 = mycket lite och 5 = mycket).

| Färdigheter jag håller på att utveckla | Nivå 1–5 | Plan för att bli bättre |
|---|---|---|
| Jag vet vilken typ av feedback jag vill ha och vad jag ska göra med den. | | |
| Jag förstår betydelsen av kritisk granskning och värdering i skrivandet. | | |
| Jag vet hur jag ska göra för att mina texter ska hänga samman. | | |

Datum: ____________________

## Extra hjälp

- Kanske har din institution några resurser för att hjälpa dig om du har svårt för att skriva. Ta reda på detta.
- Du kanske också kan få information om detta av Studentkåren.
- Ta reda på om det finns någon skrivkurs vid ditt universitet/din högskola du kan anmäla dig till.
- Besök Studieverkstaden (eller liknande). Där har du också möjlighet att få hjälp.

# Feedback på övningar

**ÖVNING 2 Förstå varför texten har fått ett visst betyg**

**Om du svarade "ja" på 1 och 2:**

Detta innebär att du inte har analyserat frågan tillräckligt. Du behöver gå tillbaka till "Knäck koden" i kapitel 12, avsnitt 1.

**Om du svarade "ja" på 3, 4 och 5:**

Detta innebär att du behöver utveckla din förmåga att skriva kritiskt. Titta i "Kritiskt skrivande" i det här kapitlet.

**Om du svarade "ja" på 6, 7 och 8:**

Detta innebär att du inte helt förstår hur du ska strukturera ditt arbete. Du måste identifiera vilka avsnitt som måste vara med i det du ska skriva och ordna dina tankar i varje avsnitt. Det kan också vara så att du måste få bättre förståelse för styckenas funktion. Ett stycke är en del i texten som diskuterar en idé/ett deltema, och styckena måste länkas samman så att det blir en logisk och sammanhängande argumentation. Det kan också vara så att du använder en svår och komplex meningsstruktur, se i avsnittet "Koppla samman idéer – skriv sammanhängande" i det här kapitlet.

**Om du svarade "ja" på 9, 10 och 11:**

Detta innebär antagligen att du inte har korrekturläst ditt arbete. Titta i kapitel 12, avsnitt 3, för att få vägledning om hur du ska granska ditt arbete.

**Om du svarade "ja" på 12–16**

Du är på god väg att bli en kritisk skribent.

**ÖVNING 3 Fokus på precision**

Följande meningar är exempel på vagt skrivande om användningen av frekvens och kvantitet. Hur skulle de kunna bli mer precisa?

| | |
|---|---|
| Mätningarna dokumenterades vid täta intervaller. | Mätningarna dokumenterades i intervaller på 15 sekunder. |
| Instrumenten var stabila, så de kontrollerades sällan. | Instrumenten var stabila, så de kontrollerades endast varannan timme. |
| En stor mängd reagens användes. | 7,25 ml reagens användes. |
| En tillräcklig mängd svavel tillsattes. | 1,25 g svavel tillsattes. |

Graden av precision beror på ditt experiment.

## ÖVNING 4 Sammanhang i meningar – arbeta med satser

1. 

***Koldioxid är det huvudsakliga bidraget till de nuvarande klimatförändringarna.***

2. 

***Koldioxid är det huvudsakliga bidraget till de nuvarande klimatförändringarna, och dess koncentration i atmosfären har ökat från ett förindustriellt värde på 278 ppm till 379 år 2005.***

3. 

***Det finns ett flertal förnybara energikällor,*** *även om flertalet av dem fortfarande kräver mer teknologisk eller kommersiell utveckling.*

4. 

*Såvida vi inte gör betydande insatser för att minska utsläppet av växthusgaser,* ***kommer det globala klimatet att fortsätta värmas upp snabbt över de kommande decennierna och därefter.***

5. 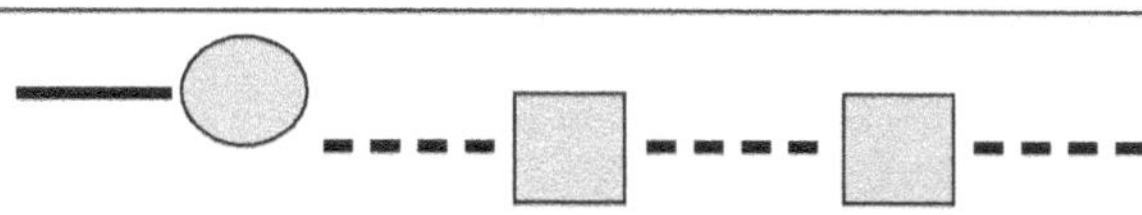

***Utsläpp av växthusgaser från konsumtionsavfall bidrar till nästan 5 % av det totala globala utsläppet av växthusgaser,*** *vilket skulle kunna minskas inte bara genom återvinning av de gaser som släpps ut från soptippar utan också genom förbättrade system för soptippar och bättre hantering av avloppsvatten.*

6. 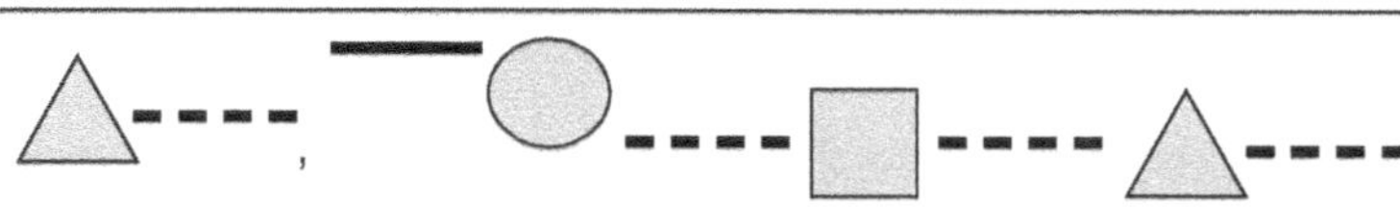

*Fastän det är för tidigt att förutsäga ett framtida klimatavtal* ***är det möjligt att identifiera viktiga principer*** *som ger utvecklingsländer incitament till att begränsa sina utsläpp och anpassa sig till klimatförändringarnas inverkan och samtidigt säkerställa socioekonomisk tillväxt för att de ska kunna utrota fattigdomen.*

Som du ser: ju fler satser du har, desto mer komplexa är de att processa.

## ÖVNING 5 Vad kommer sedan?

Titta på följande meningar och gör en uppskattning av vad du tror skribenten kommer att diskutera härnäst. Du behöver inte skriva meningen, bara ange kärnan av vad som kommer. Meningarna har skrivits av studenter, och i alla finns något problem med sammanhanget.

1. För att upptäcka skador kan fler och fler metoder användas för att värdera hur mycket skada som åsamkats.

### Vad kom sedan

*Skada kan definieras som förändringen mellan två olika systemtillstånd, vilket påverkar dess nuvarande och dess framtida prestanda. Strukturens geometriska och materiella egenskaper kan modifiera och förändra dess randvillkor. Rytter [1] definierar fyra stadier av skadeidentifikation: a) beslutsamhet om att skador finns i strukturen, b) skadans geometriska placering, c) kvantifiering av skadans svårighet, d) förutsägelse av strukturens återstående livslängd.*

### Kommentar

Vi kunde ha förväntat oss att läsa något om olika metoder för att hitta fel, men skribenten fortsatte med att definiera "skada". Det är bättre att placera det i början, eftersom det låter läsaren veta skribentens position i ämnet. Vi är säkra på att du som läsare märkte att första meningen och resten inte riktigt hängde ihop.

2. Genom utvecklingen av materialteknik har man upptäckt att fysiska egenskaper för några speciella, syntetiserade polymerer kan förändras när det externa fältet ändras. Som en följd av denna "smarta" egenskap har dessa material en lovande framtid för praktisk tillämpning inom många områden.

### Vad kom sedan

*När det kommer till problemet med vibrationskontroll, är en inställbar vibrationsdämpare en allmänt använd metod. Denna metod kräver ett inställbart fjädersystem för att optimal prestanda ska upprätthållas under fasen för förändring i vibrationsmiljön. Med tanke på båda är det inte svårt att tänka sig en användning av smarta material som komponenter i ett inställbart system för vibrationsdämpning.*

### Kommentar

Vi kunde ha förväntat oss att skribenten skulle diskutera några praktiska tillämpningar. På något sätt gör skribenten detta, men läsaren uppfattar inte förrän i andra meningen att det handlar om en speciell tillämpning (vibrationskontroll), och även då måste läsaren jobba med att försöka förstå det. Skribenten hade behövt förbereda läsaren genom att först utveckla den särskilda aspekten för "smarta" egenskaper och då tala om att det bara är en tillämpning som tas upp. Förbered alltid dina läsare så att de vet vad de kan förvänta sig.

**ÖVNING 6 Sammanhang i stycke**

| | |
|---|---|
| Vegetationen – fungerar som ett skyddande lager mot de ökande effekterna av naturlig påverkan av erosion, dvs. vind och regn. | Inte helt sammanhängande, men OK. |
| När den förmultnar ger den också – skydd i form av en klibbig substans, humus. | Vidare utveckling av subjektet. |
| Lite avbrott i sammanhanget här | |
| Ett experiment med regndroppar på ett moskitnät om minskning av jorderosion med hjälp av växttäcken [. . .] och mätningar på två jordlotter, en helt oskyddad, den andra täckt av ett finmaskigt moskitnät. | Detta är inte en fullständig mening, för det finns inte någon huvudsats (överordnad sats). |
| Resultatet från moskitnätet – visade en minskad hastighet för regndroppparna att nå marken genom att de fångades och gjorde så att vattnet föll från en lägre höjd som ett fint spray. | Meningen är oklar. |
| Hänger inte riktigt samman | |
| Vegetation som fångar upp regndroppar vid och nära ytan – kan därmed ses som ett mer effektivt sätt för att kontrollera nivåer av jorderosion. | |

## Analys av en studenttext

Generellt visar det här exemplet på text mer av ”listning”, vilket innebär att läsaren har en känsla av att ämnet och därmed inte heller argumentationen är tillräckligt utvecklad. Det finns några brister i sammanhang mellan meningarna, som läsaren ”reparerar”. Den sista meningen visar några tecken på ”virkning” och utveckling, men eftersom detta kommer först i slutet av stycket är det svårt att se vad som skulle kunna följa i nästa stycke. Stycket hade kunnat bli bättre om några av ”punkterna” i slutet av meningen hade utvecklats så att läsaren hade mer information om vilken påverkan jord och regn har på vegetation i förhållande till jorderosion. Eftersom stycket inte är helt sammanskrivet är det svårt att identifiera huvudbudskapet.

**ÖVNING 7 Skriv listor som har flyt**

4. **Inte parallella**: Chefen ombads skriva rapporten **snabbt**, **precist** och **att ha många detaljer**.

   **Parallella**: Chefen ombads skriva rapporten **snabbt**, **precist** och **noggrant**.

5. **Inte parallella**: Hon fick inte något bra studieresultat eftersom hon **väntade** till sista minuten med att studera inför tentamen, **löste** sina problem i labbet på ett slarvigt sätt och **hennes motivation var** låg.

   **Parallella**: Hon fick inte något bra studieresultat eftersom hon **väntade** till sista minuten med att studera inför tentamen, **löste** sina problem i labbet på ett slarvigt sätt och inte **var** så motiverad.

6. **Inte parallella**: Myndigheten listar flera områden för hållbar utveckling: **hårdare lagar**, **bättre samarbete** mellan olika leverantörer, **förbättringar** i infrastruktur och **att sköta** underhåll bättre.

   **Parallella**: Myndigheten listar flera områden för hållbar utveckling: **hårdare lagar**, **bättre samarbete** mellan olika leverantörer, **förbättringar** i infrastruktur och **bättre underhåll**.

# Referenser


- Kolari, S., Savander-Ranne, C. och Viskari, E. L. (2008) Learning needs time and effort: a time-use study of engineering students. *European Journal of Engineering Education*, 33(5–6), 483–498.
- Petersen, A. K., Reynolds, J. J. och Ng, L. W. T. (2008) The attitude of civil engineering students towards health and safety risk management: a case study. *European Journal of Engineering Education*, 33(5–6), 499–510.

# 15 Att skriva en rapport

Studenter på naturvetenskapliga och tekniska utbilaningar måste lära sig hur rapporter skrivs inom deras ämnen. Denna färdighet är inte bara användbar under studietiden utan även i framtida jobb. När du väl vet syftet med en rapport och hur den kan brytas ner i olika avsnitt, kan du se det som en serie av mindre men sammankopplade handlingar. Det finns olika typer av rapporter. Det kan vara en laboratorierapport, en individuell rapport eller en rapport i samband med ett grupprojekt. Stilen för de olika typerna av rapporter följer ett mönster som du lätt kan lära dig.

I det här kapitlet kan du

1. se processen för att skriva rapporter
2. se vad som ska finnas med i de olika avsnitten
3. börja skriva klara och precisa syftesformuleringar för att komma igång.

## ANVÄNDNING AV KAPITLET

| Om du vill titta i avsnitten | Sidan | Om du vill göra övningarna | Sidan |
|---|---|---|---|
| 1. Se det som en process | 302 | 1 Skriv en syftesformulering | 309 |
| 2. Arbeta med rapportens olika avsnitt | 306 | 2 Uppdatera din professionella utvecklingsplan | 312 |
| 3. Summering | 311 | | |

Gör en uppskattning av hur pass säker du är på det som tas upp i påståendena nedan. I slutet av kapitlet har du möjlighet att ompröva dina svar och kan då också lägga in det i din personliga utvecklingsplan. Markera mellan 1 (mycket lite) och 5 (mycket):

| Jag vet hur jag kan arbeta med processen när jag skriver en rapport. | Jag vet vad som ska vara med i de olika avsnitten i rapporten. | Jag kan skriva klara och precisa syftesformuleringar. |
|---|---|---|
| | | |

Datum: ____________

# 1 Se det som en process

Att skriva bra handlar inte bara om att binda samman meningar utan också om att hantera hela processen och få ordning på den undersökning som gjorts. När du är insatt i processen kommer du att känna dig mycket säkrare och förstå hur du kan gå in i de olika avsnitten, arbeta med dem och gradvis bygga upp rapporten. När du förstår processen vet du att du inte måste börja i början och arbeta till slutet.

## Dokumentera ditt praktiska arbete: använd en laborationslogg

När du utför arbete i laboratoriet förväntas du på ett professionellt sätt ha en laborationslogg eller laborationsanteckningar, där du dokumenterar (i anteckningsform) detaljer från varje tillfälle. Du bör skriva tydligt i laborationsloggen under laborationstillfället och dokumentera observationer och viktig data när det inträffar. Var noga med att komma fram till en slutsats i slutet av varje experiment. Din laborationslogg bör finnas i ett anteckningsblock med hårda pärmar, som är som en dagbok för alla dina laborationer. Det är möjligt att du bara blir bedömd efter vad du skrivit i din laborationslogg, men om du ska skriva en laborationsrapport, behöver du informationen här att arbeta utifrån. Kom ihåg att dokumentera alla dina observationer precist.

**Obs.** Under ett fältarbete kanske du har en fältlogg eller en anteckningsbok. Den fyller samma funktion.

### Rubriker i din laborationslogg

Detta kan variera mellan olika institutioner, så hör med din föreläsare vilket format som krävs. Se några exempel på huvudrubriker nedan:

| | |
|---|---|
| **Innehåll** | Ha några sidor längst fram där du kontinuerligt kan skriva in experiment. |
| **Beskrivning** | Skriv kort med några få meningar vad experimentet handlar om. |
| **Experimentet** | Ha rubrik, frågan du försöker besvara och din hypotes eller det som du testar. |
| **Apparatur** | Lista allt du behöver för att utföra experimentet/testet. |
| **Metod** | Säg vad du gjorde, lägg in handritade figurer. |
| **Data/resultat** | Förbered datatabeller i förväg, och förklara vad datan representerar. |
| **Kort diskussion** | Hade du lämpliga bevis för din hypotes? Tala om vad du har lärt dig och hur experimentet skulle kunna förbättras. |
| **Datera ditt arbete** | Datera alltid det du skriver in. Detta är viktigt om du är anställd på ett företag för att kunna kontrollera när något gjordes eller upptäcktes. |

**Checklista för din laborationslogg**

- Skriv med en **blyertspenna**, inte med en bläckpenna.
- Datera och sätt en titel på laborationen.
- Skriv enkelt och tydligt så att någon annan kan upprepa ditt experiment utifrån dina anteckningar.
- Förbered en datatabell i förväg och färdigställ den under experimentet.
- Sätt streck över misstag och gör tydliga ändringar. Förklara vad som ändrats och varför.
- Låt inte loggen se slarvig ut.
- Gör ritningar där det behövs.
- Dokumentera dina resultat noggrant, dra slutsatser, ge förslag och värdera eventuella fel.
- Använd en bok med hårda pärmar.

**Obs.** I kommersiella forskningslaboratorier är laborationsloggen nära nog ett juridiskt dokument, som kan konsulteras ifall det uppstår en dispyt. Det är viktigt att datera det som skrivs in i rätt följd. Det är ett viktigt dokument.

# Tänk, planera och börja skriva

Kapitel 12 ”Ta kontroll över skrivprocessen” visar betydelsen av att förstå hela skrivuppgiften innan, under och efter att du faktiskt skriver. I det här avsnittet ska vi gå genom hela processen vad gäller en rapport. Stadierna rör sig från att tänka igenom till att redigera och korrekturläsa.

| **TÄNKA** | PLANERA | SKRIVA | REDIGERA | KORREKTURLÄSA |
|---|---|---|---|---|

*Vad vill din läsare veta och vad vill du säga?*

## Tänk på att begränsa din rapport

Ta en rapport du ska arbeta med och ställ frågorna i figur 15.1 till dig själv. Det spelar ingen roll i vilken ordning frågorna kommer.

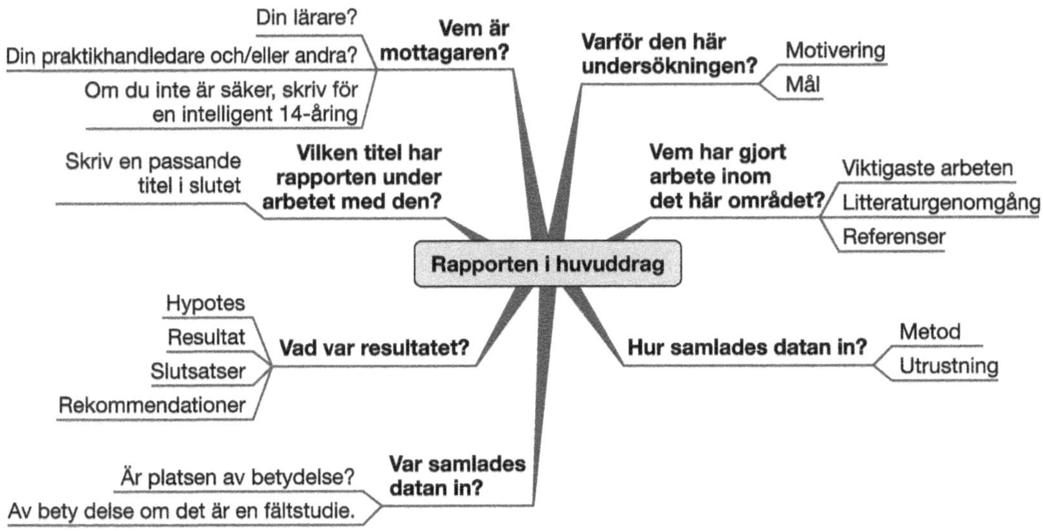


**Figur 15.1** Rapporten i huvuddrag

Frågorna är alla av typen *varför*, *vad*, *hur*, *var*, *vem* och är exempel på sådant som **läsaren** vill ha besvarat under läsningen av din rapport. Du behöver inte svara fullständigt i det här stadiet, men du måste kunna ge översiktliga svar.

TÄNKA **PLANERA** SKRIVA REDIGERA KORREKTURLÄSA

*Planera hur du ska disponera avsnitten i rapporten*

Du måste veta vilken struktur (disposition) rapporten ska ha. Hör med dina lärare ifall det finns någon speciell struktur som du måste använda.

Det kan vara så att din institution förväntar sig att rapporter ska skrivas som en sorts paper, som följer samma mönster som någon speciell tidskrift. Dina lärare talar om för dig om så är fallet.

Den typiska strukturen för en rapport är:

1. **Titel**
2. **Författare**
3. Abstrakt (sammandrag)
4. Innehållsförteckning
5. **Inledning** (vad rapporten handlar om, kan innefatta en litteraturgenomgång)
6. **Metod** (procedur, utrustning eller **design** och testning)
7. **Resultat**
8. **Diskussion**
9. **Slutsatser**/Rekommendationer
10. **Referenser**
11. Bilagor (exempelvis rådata, programmeringskod, matematiska deriveringar).

**Obs.** Det är troligt att avsnitten i fetstil ska vara med, men detta är bara en generell struktur. Det finns ingen färdig mall för hur en rapport ska se ut, och det är möjligt att strukturen i din rapport ska vara mycket enklare. Du bör därför kontrollera med din lärare vad som förväntas.

## Tips för planering

Du kan tidigt i processen skriva några av avsnitten mer i detalj medan du måste vänta med andra.

- **Metodavsnitt**. Planera hur du ska rapportera detta. Är det ett komplext experiment? Behöver du dela upp det i delavsnitt? Om du har delavsnitt, se då till så att du har minst två. Har du bara ett, behöver du inte ha några delavsnitt. Detta är förmodligen det enklaste avsnittet att planera.
- **Inledning** (som eventuellt innefattar en litteraturgenomgång av området). Detta är förmodligen det svåraste avsnittet att planera. Du måste utföra din undersökning, skriva anteckningar och sedan planera hur du ska disponera vad du har läst. Se kapitel 12, avsnitt 2. Kanske behövs det flera delavsnitt här för att strukturera argumentationen och hjälpa läsaren.
- **Resultatavsnitt**. Detta är ett ganska enkelt avsnitt att disponera. Det är viktigt att du ser till att presentera dina data logiskt och i den ordning som du utförde din studie. Du måste ge någon kontext för datan för att hjälpa läsaren att tolka det som du själv kan så väl.
- **Diskussionsavsnitt**. Det är bäst att vänta lite och sedan planera detta avsnitt efter att du är insatt i litteraturgenomgången (eftersom din diskussion måste koppla tillbaka till inledningen och litteraturgenomgången) och dina resultat. Tänk på att du måste granska dina resultat kritiskt. Detta är ett av de viktigaste avsnitten.
- **Sammandrag/abstrakt**. Detta är sista avsnittet som du skriver. Det bör vara omkring 200 ord och ge en översikt över vad du har gjort, vad du har funnit och vilka dina slutsatser är.

| TÄNKA | PLANERA | **SKRIVA** | REDIGERA | KORREKTURLÄSA |
|---|---|---|---|---|

*Börja där du känner dig säkrast*

Titta på dina anteckningar från avsnitten med **TÄNKA** och **PLANERA** ovan. Du bör börja med dem, och du kan börja med några meningar om det som du känner dig säkrast på. Om du börjar "från början", kan du lätt få skrivkramp. Du kommer lättare igång även med det andra om du börjar att skriva där det känns lättast.

I det här stadiet har du funderat över rapportens begränsningar runt huvudfrågorna och börjat planera hur du eventuellt kan disponera några avsnitt. Du är nu redo att få ner några meningar och i rätt avsnitt även om du har flyttat runt dem och kanske tar bort dem senare. Titta på dina svar på frågorna i figur 15.1 och planera dina anteckningar som "ett startpaket" och som ett skelett för några av dina avsnitt.

Du kan eventuellt titta i kapitel 14, som handlar om några av skrivandets mekanismer, om stil och om att skriva sammanhängande.

| TÄNKA | PLANERA | SKRIVA | **REDIGERA** | KORREKTURLÄSA |
|---|---|---|---|---|

*Kontrollera så att det du har skrivit är begripligt*

| TÄNKA | PLANERA | SKRIVA | REDIGERA | **KORREKTURLÄSA** |
|---|---|---|---|---|

*Ta bort fel och skrivfel*

För båda dessa, se kapitel 12, avsnitt 3.

# 2 Arbeta med rapportens olika avsnitt

Även om vi ovan diskuterat ett antal avsnitt i en rapport, är detta bara en vägledning. Hur det ska se ut styrs till stor del av syftet med rapporten. Rapporter inom ingenjörsvetenskap kan till exempel vara mer praktiska och rapportera om en lösning på ett problem mer än att vara en vetenskaplig undersökning. Ingenjörsstudenter måste kanske diskutera hur de har designat, testat och analyserat ett antal upprepningar av en lösning och sedan rekommendera hur de bäst kan implementera den. En rapport kan också vara resultatet av ett designprojekt, av arbetet på en praktikplats etc. Det som tas upp här gäller i första hand laboratorierapporten.

Trots detta finns det generella principer som täcker spektret av "tekniska/naturvetenskapliga rapporter". Detta tas upp i de följande avsnitten.

## Titel- och innehållssida

Börja med en arbetstitel (såvida du inte har fått en titel av din lärare) så att du kan ha fokus medan du skriver. Men när du är klar måste du välja en titel som ***kortfattat*** speglar vad rapporten handlar om. En del titlar är antingen för vaga eller för långa.

Titeln bör vara

- precis (reflektera textens innehåll/resultat)
- specifik (undvik generella termer)
- kortfattad (titeln bör vara informativ med så få ord som möjligt).

# Innehållsförteckning

Om rapporten är längre än fyra sidor, bör det som regel finnas en innehållsförteckning. Innehållsförteckningen ger läsaren en snabb överblick över rapportens disposition och över vilka avsnitt som finns.

# Abstrakt (sammandrag)

I forskningsrapporter är detta ett fristående avsnitt. Abstrakt kan sökas online, och därför måste det ge ett kortfattat sammandrag av hela rapporten. Vanligtvis har det 150–200 ord. Det som bör finnas med är:

- **Varför**: Varför du utförde studien, din utgångspunkt (problemet som skulle lösas) och syfte eller hypotes. Detta ger en kontext.
- **Hur**: Hur gjorde du för att samla data eller bevis? Skriv en eller två meningar om den valda metoden.
- **Vad**: Vad var resultatet? Skriv en mening om ditt huvudsakliga resultat.
- **Vilka**: Vilka var dina slutsatser, rekommendationer? Läsaren vill veta hur väl du lyckades nå ditt syfte.

Detta skriver du allra sist. Bäst är om du försöker hålla dig till **en mening** per del. Skriv ditt abstrakt och gå sedan tillbaka och putsa i det. Du kan göra det genom att ta bort ord som inte lägger till någon information. Skriv enkelt och precist.

Ett klassiskt misstag som många ovana skribenter gör är att vara "pratiga", dvs. att använda för många ord och överflödiga fraser. Försök undvika detta.

# Inledning

Det här avsnittet ska lyfta fram syftet eller målet med arbetet och låta läsaren veta varför det är intressant. Det kan sätta ämnet i ett vidare sammanhang, ge teoretisk bakgrund och en kort översikt av vad andra har gjort inom området. Det här avsnittet ger dig en möjlighet att visa din läsare vad du vet om ämnet.

**En syftesformulering** visar läsaren vad målet med projektet är. Detta är en mening (eller två) som fångar vad projektet handlar om. Tidigare i det här kapitlet ombads du skriva ner några svar på frågorna i figur 15.1. Gå tillbaka och se vad du skrev för svar på frågan "Varför den här undersökningen?" och gör en anteckning om det i rutan nedan. Det behöver inte vara någon välformulerad mening, det räcker med några tankar. Detta är grunden för din syftesformulering senare.

## Vad är en syftesformulering?

Detta är en eller två meningar som talar om för läsaren, specifikt och tydligt, vad din rapport (eller ditt paper) handlar om. Den bör komma i början av rapporten, vanligtvis i inledningen och helst i slutet av första stycket. Den bör inte komma i mitten av stycket eller i mitten av rapporten. Syftesformuleringen bör också uttrycka någon form av oenighet eller något som du kan diskutera eller kritiskt granska och värdera.

Din syftesformulering bör

- vara tydlig
- vara specifik
- vara solid
- uttrycka ditt arbetes huvudtanke.

<table>
<tr><th>Dålig</th><th>Bättre</th></tr>
<tr><td>Jag hoppas upptäcka hur människans beteende påverkar djur- och växtliv.</td><td>Denna studie undersöker vilka mänskliga handlingar som har negativ respektive positiv påverkan på djur- och växtliv i urbana områden.</td></tr>
<tr><td colspan="2">Kommentar<br>Den första formuleringen är vare sig tydlig eller specifik. Den är alldeles för generell. Gäller det människans beteende i städer, på landsbygden eller i naturskyddade områden? Den är vag eftersom den börjar med ”Jag hoppas”. En syftesformulering måste hålla sig till saken och återspegla din kompetens inom området. Är den otydlig och för generell, får läsaren bara en vag uppfattning om vad arbetet handlar om och blir osäker på din kompetens.</td></tr>
</table>

**Tips**

Använd inte fraser som ”Jag hoppas visa”, eftersom det pekar på en osäker inställning till studien.

När du har skrivit din syftesformulering är det lättare för dig att disponera resten av din inledning.

**ÖVNING 1 Skriv en syftesformulering**

Titta på dina anteckningar ovan från **TÄNKA**-avsnittet. Skriv en syftesformulering som tydligt och specifikt uttrycker arbetets huvudtanke så att läsaren vet vad din rapport ska handla om.

Låt några av dina studiekamrater titta på formuleringen och fråga:

1. Är formuleringen tydlig och specifik?
2. Får du en bild av hur rapporten ska utvecklas?

## Skriv en kort litteraturgenomgång

I inledningen måste du diskutera bakgrunden eller den teoretiska positionen inom området för din studie. Detta kan innebära att du kan gå till kurslitteraturen och sammanfatta de huvudsakliga frågorna eller, om du utför en egen undersökning i ett projekt, att du granskar några tidskriftsartiklar. Hur du än gör måste du läsa, anteckna, sammanfatta och skriva en sammanhängande inledning – se kapitel 12, avsnitt 2.

Det är viktigt att du skriver korrekta referenser. Du refererar till andras arbeten, så se till att du har fullständiga referenser och lägger in dem i referenslistan i slutet. När du gör ett påstående om en annan persons arbete, måste du referera till det i din text. Gör detta direkt efter att du har nämnt personens arbete så att det är tydligt var det kommer ifrån.

I följande exempel används Harvard systemet.

### Hur ser en referens i den löpande texten ut?

*I slutet av en mening* – (*namn, årtal*)
En intressant utveckling var det mikrokosmiska system som skapades vid University of Southampton (Hall, 1993). Detta gav . . .

*I en mening – namn* (*årtal*)
Jones (1999) menar att uppsatser uppmuntrar studenter att skriva enligt den akademiska diskursen i deras ämnesdisciplin.

Smith (2004) har visat hur studenters förståelse och säkerhet i ämnesdisciplinen förbättras när de får skriva. Han gör denna bedömning genom att . . .

## Referenslista

Alla referenser som finns i den löpande texten måste anges utförligt i referenslistan i slutet av arbetet. Till exempel:

> Smith, P. (2005) The role of punctuation in referencing. I: Smith, P. och Jones, W. (red.) *The Art of Academic Referencing*. 2 uppl. London, Make-up Publishing, 56–72.

## Resultatavsnitt

I detta avsnitt presenteras dina resultat från till exempel observationer, experiment, testning. Du måste presentera denna information tydligt, logiskt och i den ordning det eventuellt tagits upp tidigare i rapporten. Om du har en serie studier, upprepningar eller försök, bibehåll då ordningen för hur du presenterar dem.

I det här avsnittet måste du:

- Presentera datan i tabeller eller grafer.
- Ta med det viktigaste resultatet och den viktigaste datan. Övrigt kan finnas med som bilagor.
- Numrera varje tabell eller graf. Ett enkelt sätt är att benämna alla "figurer", och då numrera dem i följd tillsammans med en rubrik.
- Se till så att dina grafer är läsbara. Större mängd data bör läggas in som bilagor.
- Skriv ut namn på enheterna i graferna och tabellerna.
- Tolka resultatet åt läsaren, lämna inte åt läsaren att försöka göra detta själv: till exempel "Figur 1 visar relationen mellan temperatur och stress i stålstången". Inled däremot inte en längre diskussion. Detta tillhör nästa avsnitt.

## Diskussionsavsnitt

Detta är en mycket viktig del av din rapport och det avsnitt som innebär den största intellektuella utmaningen. Du måste kritiskt värdera det arbete som du har gjort.

- **Metod**. Visa att du är uppmärksam på var fel i dina resultat kan ha smugit sig in – se inte detta som ett misslyckande, rapportera det. Visa hur metoden/tillvägagångssättet kunde ha varit bättre, även om det var läraren som i en undervisningssituation bestämde hur det skulle göras.
- **Resultat**. Stödjer resultatet din hypotes eller motsäger det den? Titta på resultatet objektivt; är det vad du förväntade?
- **Analys**. Värdera resultatet kritiskt i förhållande till den metod du använt.
- **Slutsatser**. Vad har du kommit fram till i rapporten? Vilken kunskap har du fått? Du måste hänvisa till den teori/litteratur som diskuterades i inledningen. Värdera kritiskt hur resultatet stämmer (eller inte) med litteraturen.
- **Rekommendationer**. Detta kan vara ett separat avsnitt (beroende på vad det är för typ av rapport) och skulle också kunna innefatta implementering. Rekommendationer kan också vara en eller ett par meningar i slutet av diskussionsavsnittet.

## Bilagor

I bilagsdelen kan allt sådant samlas som är för detaljerat eller för "klumpigt" för att ha med i textens huvuddel. Det kan till exempel vara matematiska härledningar, rådata, illustrationer, kartor. Var noga med att numrera dina bilagor. När du hänvisar till en bilaga inne i texten, gör det i numerisk ordning så att bilaga 1 hänvisas till först.

## Referenser

Om du inte skriver referenser i den löpande texten och bara har en referenslista i slutet av din text, kan du bli anklagad för plagiat. Du måste kontrollera med din lärare vilket referenssystem som ska användas. Det är vanligt att naturvetare använder Harvardsystemet och ingenjörer IEEE-systemet eller något liknande. IEEE-systemet använder siffror för referenser i den löpande texten och kopplar detta till en numrerad referens i referenslistan.

## Praktiskt arbete och bedömning

Det är värt att påpeka att du inte behöver skriva en fullständig rapport varje gång du utför något praktiskt arbete. Det kan vara så att det är din laborationslogg som ska bedömas eller att du förväntas skriva ner dina resultat och därefter göra en kort tolkning. Ibland förväntas du bara skriva en sammanfattning. Det varierar. Men det kan vara bra att veta på vilket sätt olika uppgifter skulle kunna passa in i en rapport. Dessutom förväntas du använda samma stil för skrivande i alla uppgifterna. Om du tycker att du behöver läsa mer om skrivandets mekanismer, gå då till kapitel 14.

# 3 Summering

Det här kapitlet har varit som en "promenad" genom processen för att skriva en teknisk rapport. Du bör ha förståelse för att det är en upprepande process med en vag start, en serie av spiraler i mitten och ett tydligt slut. Om du förväntas skriva en hel rapport, vilket du kan få göra vid ett individuellt projekt eller grupprojekt, så vet du att du måste ha översikt över processen och klara de olika delarna av arbetet på ett effektivt sätt.

# Sammanfattning av det här kapitlet

Titta på figur 15.2 och fundera över hur pass insatt du nu är i dessa områden.

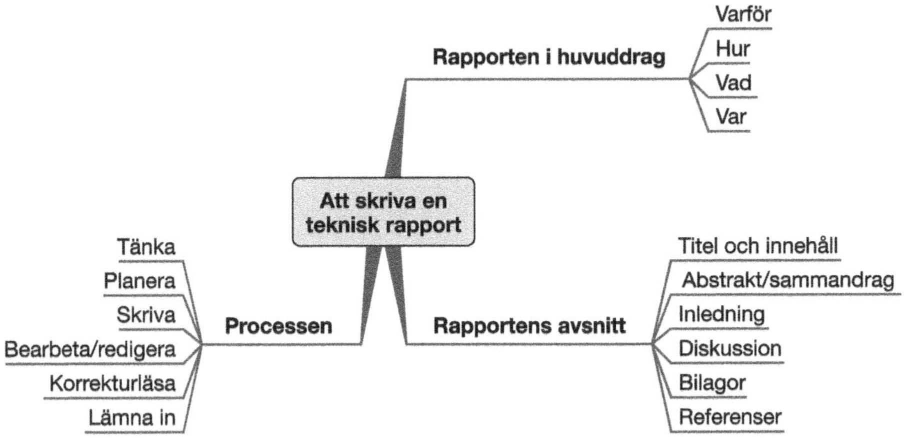


**Figur 15.2** Sammanfattning av det här kapitlet

### ÖVNING 2 Uppdatera din professionella utvecklingsplan

Reflektera nu över din nuvarande nivå och fundera över vad du måste göra för att bli bättre. Du kan lägga in det i din professionella utvecklingsplan.

Markera hur pass säker du nu känner dig (1 = mycket lite och 5 = mycket).

| Färdigheter jag håller på att utveckla | Nivå 1–5 | Plan för att bli bättre |
|---|---|---|
| Jag vet hur jag kan arbeta med processen när jag skriver en rapport. | | |
| Jag vet vad som ska vara med i de olika avsnitten i rapporten. | | |
| Jag kan skriva klara och precisa syftesformuleringar. | | |

Datum: ___________

## Extra hjälp

- Ta reda på om det finns en standardmall eller ett standardformat för hur olika texter ska skrivas vid din institution.
- Om du har problem med att skriva, ta reda på om det finns någon workshop för skrivande som du kan delta i.

# V Lösning av matematiska problem

För att du ska bli bra på att lösa matematiska problem måste du lägga ner tid på att utveckla dina färdigheter. Hur du tar dig an olika problem beror på din nuvarande kunskapsnivå och naturligtvis på vilken typ av problem det är. Självklart måste du ha lite matematisk litteracitet för att lyckas bra, men du måste också vara strukturerad. I följande kapitel, "Förbered dig för att lösa matematiska problem", "Lös problemet" och "Få hjälp och hjälp dig själv", kan du följa den intellektuella process som du måste anamma. Klarar du det bör du kunna: (a) svara på de frågor som ställs, (b) identifiera vilken nivå av matematiskt resonemang som krävs och planera en strategi för hur du ska lösa problemet, (c) veta hur du kan kontrollera dina svar samt (d) veta när och hur du ska fråga om hjälp.

# 16 Förbered dig för att lösa matematiska problem

I de flesta naturvetenskapliga och tekniska ämnen ingår matematiska problem både i kursarbetet och i tentamina. Många föreläsare delar ut exempel, som du bör arbeta dig igenom även om du snabbt vill komma fram till en lösning. Om du också lägger ner lite tid på att förbereda dig för hur du ska gå till väga och på att dokumentera vad du gjorde när du löste problemet, kan det hjälpa dig att utveckla bra och effektiva färdigheter i problemlösning.

I det här kapitlet kan du

1. definiera vad du tycker är svårt med matematisk problemlösning
2. tänka igenom hur den typ av matematiska frågor du möter kommer att förändras efter hand som du går vidare i dina studier
3. fundera över hur du kan förbättra dina studiefärdigheter i matematik
4. lära dig de nyckelord som kan tala om för dig vad det är för typ av problem.

## ANVÄNDNING AV KAPITLET

Gör en uppskattning av hur pass säker du är på det som tas upp i påståendena nedan. I slutet av kapitlet har du möjlighet att ompröva dina svar och kan då också lägga in det i din professionella utvecklingsplan. Markera mellan 1 (mycket lite) och 5 (mycket):

| Jag är medveten om mitt nuvarande tänkande och tillvägagångssätt i förhållande till matematiska problem. | Jag är medveten om hur den typ av matematiska problem jag möter kommer att förändras under loppet av min utbildning. | Jag vet på vilket sätt det språk som används i matematiska problem signalerar vad jag måste göra för att lösa problemen. | När jag repeterar något, minns jag vad jag lärde mig första gången jag arbetade igenom det. |
|---|---|---|---|
| | | | |

Datum: ________________

# 1 Tankeprocessen vid problemlösning

Många människor dras till naturvetenskapliga och tekniska ämnen för att de gillar att lösa praktiska och logiska problem. Kanske är det en orsak till att du valde din utbildning? Dina lärare kommer ofta att dela ut arbetsblad med ett antal exempel på problem så att du kan kontrollera din förståelse av det nya. Detta kan ge dig nyttig formativ feedback om hur pass bra du har förstått det nya material du håller på att lära dig. Men kanske har du varit med om att titta på problemen på ett arbetsblad utan att ha en aning om hur du ska börja. Detta kan vara mycket frustrerande och negativt för motivationen. Du tror att du förstod föreläsningen men kan inte se hur du ska kunna använda kunskapen för att komma fram till en lösning. Förstår du varför detta kan hända, kan det hjälpa dig så att du slipper sitta i flera timmar utan att komma någonstans.

### ÖVNING 1 Problem med problem

Tänk på ett arbetsblad eller ett problem som du har haft på din kurs och som du tyckte var svårt. Vad hände? Markera de påståenden nedan som beskriver hur det kändes. Du kan också lägga till ytterligare scenarier i tabellen.

| | Markera |
|---|---|
| 1. Jag tittade på problemen och visste inte hur jag skulle ta mig an dem. | |
| 2. Jag visste hur jag skulle göra men gjorde många misstag och lyckades inte komma fram till rätt svar i slutändan. | |
| 3. Jag visste vad jag försökte komma fram till men visste inte hur jag skulle gå till väga. | |

| | Markera |
|---|---|
| 4. Jag klarade att göra arbetsbladet när jag fick det, men när jag skulle repetera för min tentamen hade jag glömt hur jag gjorde. | |
| 5. | |
| 6. | |

Se avsnittet "Feedback på övningar".

Att sitta timmar och stirra på samma problem utan att komma någonstans eller att arbeta med alla problemen på ett arbetsblad utan att det blir rätt är inte effektiva sätt för att lära. Att få allt rätt men inte komma ihåg senare är inte heller effektivt. Frågan är varför det blir så här och vad du kan göra åt det. I följande två avsnitt kan du fundera över svårighetsnivån i olika typer av problem och det språk som används för att tala om vad du förväntas göra.

## Hur problem förändras under din utbildning

En förändring du kommer att märka efter hand som du går vidare i din utbildning är att de problem du får blir svårare att lösa. Detta kan låta självklart, men studenter förväntar sig ofta att de kan fortsätta använda samma metoder för problemlösning som de lärde sig som nybörjare. Ett bra första steg för att du ska bli bättre på problemlösning är förståelse av hur de problem du får förändras och hur saker som är svåra nu blir rutin efter hand som de blir mer och mer vanliga för dig.

### Problem att utveckla räknefärdigheter och att förstå samband: grundläggande matematikkunskap

Under dina första skolår handlade matematik om siffror och om aritmetik. Det var för att du skulle lära dig sambandet mellan olika tal, till exempel produkt och summa. De uppgifter du fick bestod sannolikt av en massa exempel som liknade varandra, och målet var att du skulle förstå olika samband och kunna använda dina kunskaper senare.

Det finns mycket inom matematik som är bra att kunna. Det är sådant som du snabbt måste kunna ta fram när du försöker lösa svårare problem. Ett exempel från din tidiga skolgång är multiplikationstabellen. Först måste du lära dig den; vid senare tillfälle behöver du kunna den utan och innan så att du enkelt kan multiplicera tal utan en kalkylator. Att lära sig den här typen av färdigheter innefattar ofta massor av repetition, något som kan vara trist men som lönar sig i längden. När du löser svårare problem kommer aritmetiken i andra hand, och du ska inte behöva tänka på vad eller hur du ska göra. I stället kan du koncentrera dig på mer komplexa aspekter utan att köra fast.

**Tips** Att använda matematik utan god aritmetisk kunskap är som att läsa utan kunskap om ljuden i alfabetet. Försök arbeta utan en kalkylator när du ska faktorisera, addera tal, komma fram till produkter etc. Du kan använda en kalkylator efteråt för att bekräfta ditt svar.

## Problem med att göra ny kunskap till rutin: färdigheter i algebra och geometri

Nästa stadium i matematikundervisningen handlar ofta om några enkla färdigheter i algebra, som att förenkla formler, lösa enkla ekvationer, förstå enkla geometriska former och så vidare. Än en gång, dessa problem är till för att du ska få massor av träning. Detta kan innebära mycket upprepning, men det är grundläggande verktyg i algebra som ska vara självklara när du senare ska ta dig an svårare problem. Om du till exempel försöker lösa en ekvation och behöver addera bråk som en del av den här processen, vill du säkert att detta går smidigt så att du kan fokusera på det som är nytt. Däremot är det inte möjligt att ge dig en lista på de exakta färdigheter som ingår i det som diskuterats ovan, eftersom det hela tiden är föränderligt. Under tiden du lär dig något nytt måste du tänka mycket på hur du gör det, men med tiden och med tillräcklig övning blir det del av din kompetens.

### Låt oss ta derivering som exempel

När du börjar med derivata löser du problem där målet är att träna deriveringsregler. Efter ett tag, när du har förstått hur detta ska göras i standarduppgifter, blir de här uppgifterna rutin. Nästa utmaning är att tillämpa din kunskap. Att göra en standardderivering blir då bara ett litet rutinsteg i en större uppgift. Efter hand i dina studier är det inte bara standardderiveringen som blir rutin utan även sådant som att ta reda på maxima och minima, som du då kan se som verktyg för att lösa problem som är ännu mer komplexa. Processen sammanfattas i figur 16.1.

# Problem där olika färdigheter måste användas: tillämpa din kunskap

När du väl har lärt dig fungerande matematiska verktyg, löser du problem genom att använda färdigheter, fakta och teori på rätt sätt. Du använder då sådant du har memorerat och sådant du har övat på tillsammans med någon teori du nyligen lärt dig för att få en insikt i hur den nya teorin fungerar och hur den kan tillämpas.

Eftersom den här typen av problem ofta formuleras i ord och inte bara i symboler och andra former av uttryck, måste du kunna omvandla orden till

| | Exempel på färdigheter | | | |
|---|---|---|---|---|
| Tidssteg | Derivering | Integrering som motsats till derivering | Integrering genom substitution | Lösning av differential-ekvationer |
| 1 | Ny färdighet | | | |
| 2 | Har nu blivit rutin för att förstå och utföra något nytt | Ny färdighet | | |
| 3 | Självklart - kan göra det nästan utan att tänka | Har nu blivit rutin för att förstå och utföra något nytt | Ny färdighet | |
| 4 | Självklart - kan göra det nästan utan att tänka | Självklart - kan göra det nästan utan att tänka | Har nu blivit rutin för att förstå och utföra något nytt | Ny färdighet |

**Figur 16.1** Hur nya färdigheter blir rutin med tiden

motsvarande matematiska uttalanden innan du kan lösa dem. I kapitel 17 finns det en beskrivning på ett systematiskt tillvägagångssätt för problemlösning som hjälper dig att lära detta på ett bra sätt.

Antagligen ingick den här typen av problem också under dina gymnasiestudier, men nu förväntas du utveckla detta vidare för att lösa liknande problem under de tidigare stadierna av din universitets-/högskoleutbildning.

**Tips**

Det är nu du måste göra en förändring i hur du arbetar. Det är ingen idé att lära sig metoder för problemlösning som om det vore recept. Du måste fokusera på ***varför*** inte ***hur*** lösningen fungerar. Det är denna kunskap som tar tid och övning att utveckla.

## Problem som kräver tillämpning av tidigare kunskap i nya situationer

Ännu svårare problem innebär att du kan tillämpa din nuvarande kunskap och teori i okända situationer. Du känner till nödvändiga fakta, har den kunskap som behövs och vet vilka begrepp som ska användas, men du måste lära dig om situationen innan du kan gå vidare.

När du väl har förstått hur din nuvarande kunskap kan användas för de nya förhållandena, måste du utveckla en strategi för att lösa problemet. Det är avancerade problem och du förväntas inte kunna komma fram till en lösning med en gång. Du måste fundera över hur den okända situationen eventuellt påminner om en situation du är mer bekant med och lära dig ställa relevanta frågor till dig själv för att arbeta dig fram mot en lösning:

- Kan du göra några hållbara antaganden om situationen som beskrivs i problemformuleringen?
- Vilken av teorierna som du redan känner till kan användas?

Detta kanske är ett okänt område för dig, men kanske någon har publicerat den information du behöver för att göra kopplingen. Du måste fundera ut hur du kan gå till väga.

Att lösa sådana här mindre välformulerade problem kräver uthållighet och tålamod, men när du väl kommit fram till en lösning på ett problem är du på god väg att också se den här typen av problem som rutin.

## Problem som kräver utforskning av nya metoder: utveckla en avancerad verktygslåda

Avslutningsvis kommer vi till problem där du behöver ha mer fakta, kunskap eller teori för att kunna tillämpa det du kan i en okänd situation. Det är möjligt att du kan en del av det som behövs, men din första uppgift är att identifiera vad du inte kan. Därefter måste du lära dig ny kunskap, nya fakta och nya teorier som kan hjälpa dig. Till sist, du måste kunna använda allt i den nya situationen.

Den här typen av problem, när de är som mest komplexa, är den typ av problem som forskare har att göra med. Du kan möta en utmaning som denna i ett större projekt i slutet av din utbildning.

**Tips**

För att kunna ta sig an den typ av problem för vilka det krävs att man lär sig en ny metod är det ofta bra att bryta ner dem i mindre problem och att handskas med vart och ett separat till att börja med.

## Hur saker förändras

Innan du började din utbildning på universitetet/högskolan arbetade du troligtvis mest med mer rutinaktiga problem för att bygga upp dina matematiska färdigheter, din verktygslåda för matematiska metoder och din förmåga att tillämpa den teori som du fick lära dig.

Efter hand i din utbildning förväntas du gradvis kunna hantera problem som kräver mer kreativitet och tanke för att komma fram till en lösning. Mer komplicerade problem kräver vanligtvis en bearbetning i flera steg, där flera olika matematiska färdigheter och metoder måste kombineras med logiskt tänkande. Efter hand som du lär dig fler och fler metoder för problemlösning kommer din kunskap att byggas upp så att du kan ta dig an dessa mer komplexa problem.

> **Tips** Om du behöver mer träning i att lösa rutinproblem för att befästa vad du kan eller sådant du håller på att lära dig, kan du titta på följande (engelskspråkiga) sida: www.mathcentre.ac.uk. Där finns en rad broschyrer, videofilmer och andra resurser för att hjälpa dig med din matematik.

## Knäcka koden

Inom naturvetenskap och teknologi finns det speciella ord som används för att indikera vilken typ av lösning på ett problem som förväntas. Det finns också många ord som liknar vanliga ord men som har en speciell betydelse i en teknisk eller vetenskaplig kontext. Det är viktigt att du förstår vad dessa ord betyder för att du ska kunna bestämma hur du ska gå till väga för att lösa ett givet problem. Det kan vara bra att skriva en ordlista med nya ord och vad de betyder efter hand som du stöter på dem. Har du ordlistan i datorn, är det lätt att hitta ett ord vid ett senare tillfälle.

Språket som används för att formulera matematikbaserade problem ger ofta en ledtråd om vilken typ av lösning du söker. Det hjälper dig att tänka i rätt banor om hur du ska komma fram till din lösning.

### ÖVNING 2 Ord i uppgiftsformuleringar

Titta på orden i tabellen nedan. Alla dessa kan användas i matematiska problem för att tala om för dig vad du ska försöka komma fram till. Har orden använts i något av de problem du har fått i uppgift att lösa under din kurs så här långt?

| | **Vanlig betydelse** | **Ett exempel på problem i ditt ämne** |
|---|---|---|
| Bestäm . . . | Arbeta fram ett algebraiskt uttryck eller numeriskt värde. | |
| Beräkna . . . | Beräkna det numeriska värdet med en formel. | |
| Lös . . . | Ta reda på det numeriska värdet för varje okänd variabel. | |
| Bestäm värdet på . . . | Samma som "beräkna". | |
| Bevisa . . . | Visa att något är sant genom logiskt resonemang. | |
| Härled . . . | Visa hur en särskild formel eller regel kan erhållas från andra regler eller lagar. | |
| Visa att . . . | Samma som "bevisa". | |

| | Vanlig betydelse | Ett exempel på problem i ditt ämne |
|---|---|---|
| Förenkla . . . | Använd algebraisk förenkling för att göra ett uttryck mindre komplicerat (till exempel genom att förkorta). | |
| Uttryck med hjälp av . . . | Ge en formel som uttrycks med en annan variabel. | |
| Uttryck i form av . . . | Förändra ett uttryck till en särskild form. | |
| Utveckla . . . | Gör en formulering mer allmängiltig genom att till exempel använda en serie. | |
| Omforma . . . | Ändra för att ge ett uttryck eller en ekvation en annan form. | |
| Transponera . . . | Omforma det efterfrågade i en ekvation. | |

# 2 Förbered dig själv för att lösa

I matematikbaserade kurser delar de flesta föreläsare ut exempel på uppgifter, antingen från arbetsblad eller från en kursbok. Detta är den typ av uppgifter som du förväntas kunna lösa för att bli godkänd på kursen. Arbetar du med problemen under kursen, hjälper det dig att bedöma din egen utveckling.

Många studenter vill gärna försöka lösa problem så snabbt som möjligt, men det är viktigt att först förstå grunderna i den teori som behövs för att lösa uppgiften. För att få ut det mesta av exempelfrågorna måste du förbereda dig på samma sätt genom att göra samma grundarbete. Det lönar sig i längden om du innan du sätter igång har rutiner för hur du förbereder dig och gör lite grundarbete.

1. Läs igenom handouten och dina egna anteckningar från föreläsningen. Det gör inget om du inte förstår allt i det här stadiet – bara du får en insikt i det viktigaste.

2. Arbeta igenom de exempeluppgifter du fått. Läs inte bara igenom dem utan försök göra dem själv genom att använda anteckningarna som vägledning. Kan du se hur och varför varje steg har tagits?

3. Ifall du har svårt för att följa stegen och se strukturen i exempeluppgifterna: har det att göra med det nya materialet eller har du bristande bakgrundskunskap (till exempel i grundläggande algebra eller aritmetik)?

4. Kan du hitta en kursbok eller en studiekamrat som kan hjälpa dig med det du har svårt med? Även om det är uppgifter som ska bedömas, är det bra att be en studiekamrat hjälpa dig att förstå den underliggande teorin eller att förklara exemplen från föreläsningen. (Se däremot till att den slutliga lösningen du lämnar in för bedömning är ditt eget individuella arbete. Se kapitel 13, avsnitt 1, om akademisk integritet.)

5. Gör en lista på frågor som du eventuellt kan ställa till din lärare. Försök vara specifik med vad du inte förstår. Markera de steg i exemplet där du har fastnat. (Se kapitel 18, avsnitt 2, där det finns en diskussion om användbara metoder för att ställa frågor.)
6. När du har förstått teorin tillräckligt bra kan du börja arbeta med uppgiften.
7. Avslutningsvis, när du är klar med uppgiften, läs anteckningarna från föreläsningen igen. Se nu till så att du har förstått varje detalj. Genom att du har löst problemen bör du nu ha fått en djupare förståelse.

**ÖVNING 3 Steg för att lyckas**

Fundera över frågorna nedan. Gör du vad du kan för att du ska klara dig bra? Om du ger dig själv en låg poäng på någon av frågorna, vad skulle du kunna göra åt det?

| Gör du det här . . . | Markera längs linjen<br>Aldrig 1 2 3 4 Alltid 5 |
|---|---|
| Går på alla föreläsningar och seminarier? | |
| Antecknar på föreläsningar om de exempel som visas även om du får en utskrift av dem? | |
| Studerar regelbundet, tar tag i problem när de uppstår? | |
| Arbetar igenom anteckningar och de exempel som visats, gör anteckningar om vad du förstår och inte förstår? | |
| Är förberedd när du går till olika undervisningstillfällen så att du kan ställa frågor? | |
| Försöker göra alla problemen på arbetsbladen? | |
| Hittar extra exempel i kursböcker på biblioteket? | |

Se avsnittet ”Feedback på övningar”.

# 3 Fördelen med att dokumentera

Även om du klarar att lösa en ny typ av problem, kan det vara så att du när du kommer tillbaka till det vid ett senare tillfälle inte längre förstår det. Därför är det bra om du tar dig tid att fundera över dina lösningar och gör lite anteckningar om hur du har kommit fram till dem. Skriv så att du förstår hur du tänkte när du ska repetera. I framtiden, när du är på en arbetsplats, är det viktigt med en klar dokumentation av vad du gjorde och varför, så försök komma in i goda vanor redan nu.

Skriv ner vad du gör i varje steg av din lösning. Detta behöver inte innebära en massa skrivande – det räcker med en liten anteckning.

Fundera över de olika lösningarna på samma problem nedan. Vilken är bäst att använda för repetition?

Lös ut $x$ och $y$:

| Lösning 1 | Lösning 2 |
|---|---|
| $2x + 3y = 1$<br>$x - 4y = 17$<br>$x = 17 + 4y$<br>$2(17 + 4y) + 3y = 1$<br>$34 + 11y = 1$<br>$11y = -33$<br>$y = -3$<br>$x = 5$ | $2x + 3y = 1$ (1)<br>$x - 4y = 17$ (2)<br>Lös ut $x$ i (2) genom omflyttning<br>$x = 17 + 4y$ (3)<br>Ersätt x i (1) med (3), vilket ger<br>$2(17 + 4y) + 3y = 1$<br>Förenkla vänstra ledet, vilket ger<br>$34 + 11y = 1$<br>$11y = -33$<br>$y = -3$<br>Sätt in värdet av $y$ i (3) och beräkna x<br>$x = 5$<br>Lösningen är $x = 5$ och $y = -3$. |

Det tar inte mycket extra tid att skriva anteckningarna, och i det långa loppet sparar det tid eftersom du inte behöver fundera över vad du menade när du längre fram kommer tillbaka till samma problem.

När du väl har löst ett problem, ta lite tid för att reflektera över lösningen. Du kan hjälpa dig själv ännu mer genom att göra extra anteckningar intill din lösning för att påminna dig om:

- Ifall den var svår eller enkel. Varför?
- Om du var tvungen att ta reda på något eller få hjälp. Med vilken del? Vad fick du reda på?
- Ifall där fanns några särskilt svåra delar. Berodde det på att det var nytt material eller på luckor i dina grundläggande färdigheter (till exempel i aritmetik eller algebraisk förenkling)?
- På vilket sätt skilde det sig från andra exempel?

Skriver du ner detta intill din lösning kan det vara en stor hjälp när det är dags för repetition. Lösningen du skriver är till för att du ska lära dig av den i framtiden; var inte rädd för att skriva anteckningar om den på ett sätt som hjälper dig.

Skulle anteckningarna om lösningen i figur 16.2 kunna vara användbara för repetition? Vad tycker du?

Löser ut:

$$\frac{x}{3x+1} - \frac{4x}{2x-5} = 6$$

Multiplicerar med $3x + 1$,

$$x - \frac{4x(3x+1)}{2x-5} = 6(3x+1)$$

Kom ihåg att multiplicera varje term på båda sidor av ekvationen med samma faktor. Då kan första termen förenklas genom eliminering.

Multiplicerar med $2x - 5$,

$$x(2x-5) - 4x(3x+1) = 6(3x+1)(2x-5)$$

Gjorde fel första gången – kom ihåg: minustecknet verkar på alla termerna innanför parentesen.

Multiplicerar in i parentesen

$$2x^2 - 5x - 12x^2 - 4x = 6(6x^2 - 15x + 2x - 5)$$

Flyttar om och samlar termerna

$$46x^2 - 69x - 30 = 0$$

Var försiktig – flera steg har sammanfattats mellan föregående rad och denna – säkrare att skriva ut allt på en tenta.

Använder kvadratformeln och kommer fram till ekvationens rötter

$$x = \frac{69 \pm \sqrt{10281}}{92}$$

och förenklar,

$x = 1.85$ or $x = -0.352$

Det var bara en kvadratisk ekvation, men den var svårare än de andra på bladet, för jag var tvungen att flytta om den först. Det såg inte ut som en kvadrat, och jag tyckte det var svårt att få ordning på bråktalen – kanske lite repetition om bråk behövs före tentan!

**Figur 16.2** En lösning med kommentarer

# 4 Summering

I det här kapitlet har vi bett dig fundera över hur du för närvarande ser på problemlösning och diskuterat de olika typer av problem som du kan möta. De problem du får under utbildningen blir efter hand mindre väldefinierade, och du måste mer och mer kunna använda din egen kreativitet. Det är ingen idé att du bara kastar dig över ett problem och förväntar dig att du direkt vet hur du ska göra för att lösa det. Du måste först sätta dig in i vad det handlar om. Efter att du har löst ett problem bör du skriva ner vad som blev fel eller vad du tyckte var svårt.

## Sammanfattning av det här kapitlet

Titta på figur 16.3 och försäkra dig om att du förstår innebörden av det som tas upp där.

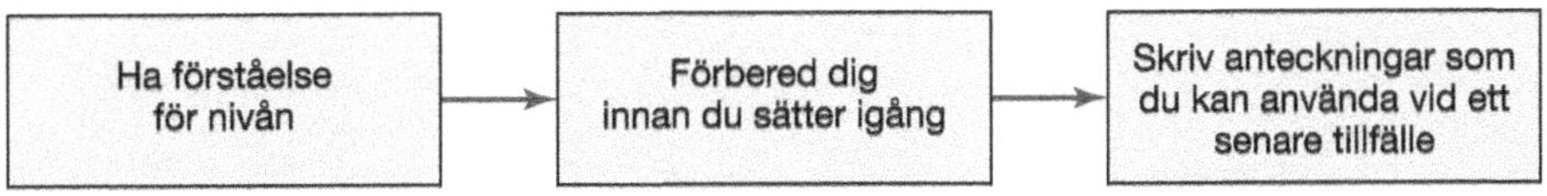


**Figur 16.3** Sammanfattning av hur du kan förbereda och dokumentera problemlösning

### ÖVNING 4 Uppdatera din professionella utvecklingsplan

Reflektera över hur pass säker du nu känner dig, och fundera över vad som behöver förbättras. Markera hur pass säker du känner dig (1 = mycket lite och 5 = mycket).

| Färdigheter jag håller på att utveckla | Nivå 1–5 | Plan för att bli bättre |
|---|---|---|
| Jag vet vilka styrkor och svagheter jag har när jag arbetar med problemlösning. | | |
| Jag förstår att problemen blir svårare efter hand under min utbildning. Jag klarar den typ av problem som i nuläget bör vara rutin för mig. | | |
| Jag vet vad jag måste göra innan jag sätter igång med en uppsättning problem. | | |
| Jag gör en användbar dokumentering av hur jag löser varje problem. | | |

Datum: ________________

## Extra hjälp

- Universitetet/högskolan kanske har något speciellt datorprogram som du kan använda för att lära dig.
- Ta reda på om ditt universitet/din högskola har en matematikverkstad (eller liknande) som du kan gå till när du behöver hjälp.
- Finns det kanske studenter som har kommit längre i utbildningen som kan ge extrahjälp om du behöver det?
- Om du ännu inte har börjat dina studier, kan du anmäla dig till en nätbaserad preparandkurs i matematik. Sådana kurser finns på flera universitet och högskolor.

# Feedback på övningar

### ÖVNING 1 Problem med problem

1. Du kan behöva arbeta lite mer med att förstå det nya temat innan du börjar lösa uppgiften. Om du har förstått teorin, kanske du behöver arbeta mer med att förstå själva problemet. Det hjälper dig i så fall om du utvecklar ett systematiskt tillvägagångssätt för att lösa problem.
2. Du kan förlora flera poäng om du slarvar med beräkningar eller algebraiska förenklingar. Du måste vara noggrann.
3. Du behöver utveckla några verktyg som hjälper dig att hitta lösningsstrategier. Det finns några standardsätt som kan vara bra att försöka använda när du kört fast.
4. Du måste arbeta med hur du dokumenterar din utveckling och de utmaningar du möter medan du övar på problemlösning.

### ÖVNING 3 Steg för att lyckas

| Gör du det här . . . | Feedback . . . |
|---|---|
| Går på alla föreläsningar och seminarier? | I matematikbaserade kurser bygger varje avsnitt på tidigare kunskap. Det är viktigt att du kontinuerligt arbetar med din egen utveckling. Om du missar många undervisningstillfällen, till exempel om du blir sjuk, bör du se till så att din lärare vet det ifall du kämpar med att komma ikapp. |
| Antecknar på föreläsningar om de exempel som visas även om du får en utskrift av dem? | Om utskrifterna inte är tillräckligt tydliga, skriv kommentarer på dem under föreläsningen. |
| Studerar regelbundet, tar tag i problem när de uppstår? Arbetar igenom anteckningar och de exempel som visats, gör anteckningar om vad du förstår och inte förstår? | Detta gör det mycket enklare att förbereda för tentamina. Du hjälper dig själv aktivt genom att ta tag i problemen när de uppstår och inte lämnar dem till senare i kursen. |
| Är förberedd när du går till olika undervisningstillfällen så att du kan ställa frågor? | Det finns nästan alltid andra studenter som vill veta svaren på samma frågor som du. Om du är i en stor grupp, kanske det känns bättre att fråga läraren i slutet av föreläsningen. |
| Försöker göra alla problemen på arbetsbladen? | I matematikbaserade ämnen lär du dig genom att lösa problem. Problemen hjälper dig att lära formler och metoder du behöver kunna. Dessutom förbättras din förmåga att lösa problem. |
| Hittar extra exempel i kursböcker på biblioteket? | I matematikbaserade ämnen är övning i att använda nya metoder, teorier och tillvägagångssätt det enda sättet för att verkligen förstå dem. Ju mer, desto bättre. |

# 17 Lös problemet

Ibland verkar det som om erfarna problemlösare, till exempel dina föreläsare, bara behöver titta på ett problem för att veta hur de ska lösa det. För den som inte är så van kan det däremot vara svårt att veta hur det ska gå till. Det finns inte en enda metod som löser alla problem varje gång, men genom att kombinera erfarenhet, som du får genom att arbeta med massor av problem, och ett systematiskt tillvägagångssätt kommer du en lång bit.

I det här kapitlet kan du

1. följa den inledande analysen av ett problem
2. få en översikt av lösningsstrategier
3. undersöka fördelarna med att arbeta med symboler
4. lära dig se om din lösning fungerar.

## ANVÄNDNING AV KAPITLET

Gör en uppskattning av hur pass säker du är på det som tas upp nedan. I slutet av kapitlet har du möjlighet att ompröva dina svar och kan då också lägga in det i din professionella utvecklingsplan. Markera mellan 1 (mycket lite) och 5 (mycket) för följande:

| Komma igång med ett problem. | Välja en metod för att lösa det. | Arbeta med symboler. | Veta om jag är på rätt väg. |
|---|---|---|---|
| | | | |

Datum: ______________

# 1 Processen för problemlösning

I det här kapitlet ska vi titta på hur man går från en uppgiftsformulering till en lösning. Problem kommer i alla olika former och storlekar, och vad det är för typ av problem du möter under dina studier kommer naturligtvis att bero på ditt ämne. Ingen kan ge dig en enda metod som du kan använda utan att behöva tänka för att få fram svaret på vilken typ av problem som helst, men du kan utveckla ett systematiskt tillvägagångssätt som gör det enklare att klara processen. Ditt mål är att skapa en verktygslåda med metoder, inte en receptbok med lösningar, så det är viktigt att du tar tid för att förstå teorin som dina problem bygger på (se kapitel 16, avsnitt 2).

Att lära sig använda en process är som att lära sig nya fakta; färdigheter kommer med övning och erfarenhet. Du bör använda de problemlösningsmetoder som beskrivs i det här kapitlet och få som vana att använda dem varje gång du har ett problem som du ska lösa. Utvecklar du bra metoder och strategier för hur du löser matematikbaserade problem, klarar du dina kurser bättre och lär dig mer effektivt.

Problemlösningsprocessen kan delas in i två delar: **tankearbete** och **utförande**. I varje del kan du systematiskt utföra ett antal olika saker när du löser olika typer av problem.

## Tankearbete och utförande

För att du ska lyckas med problemlösning måste du

1. **förstå problemet** genom att gå igenom vilken information som finns i uppgiftsformuleringen och vilken annan information du behöver
2. **utforma en strategi** för att lösa problemet.

Detta är ***tankearbetet*** i processen.

Sedan måste du

3. **genomföra strategin** för att lösa problemet

4. **skriva ner stegen** för lösningen
5. **kontrollera ditt svar**.

Detta är ***utförandet*** i processen.

Titta på figur 17.1, som sammanfattar de steg som måste tas i varje del av processen.

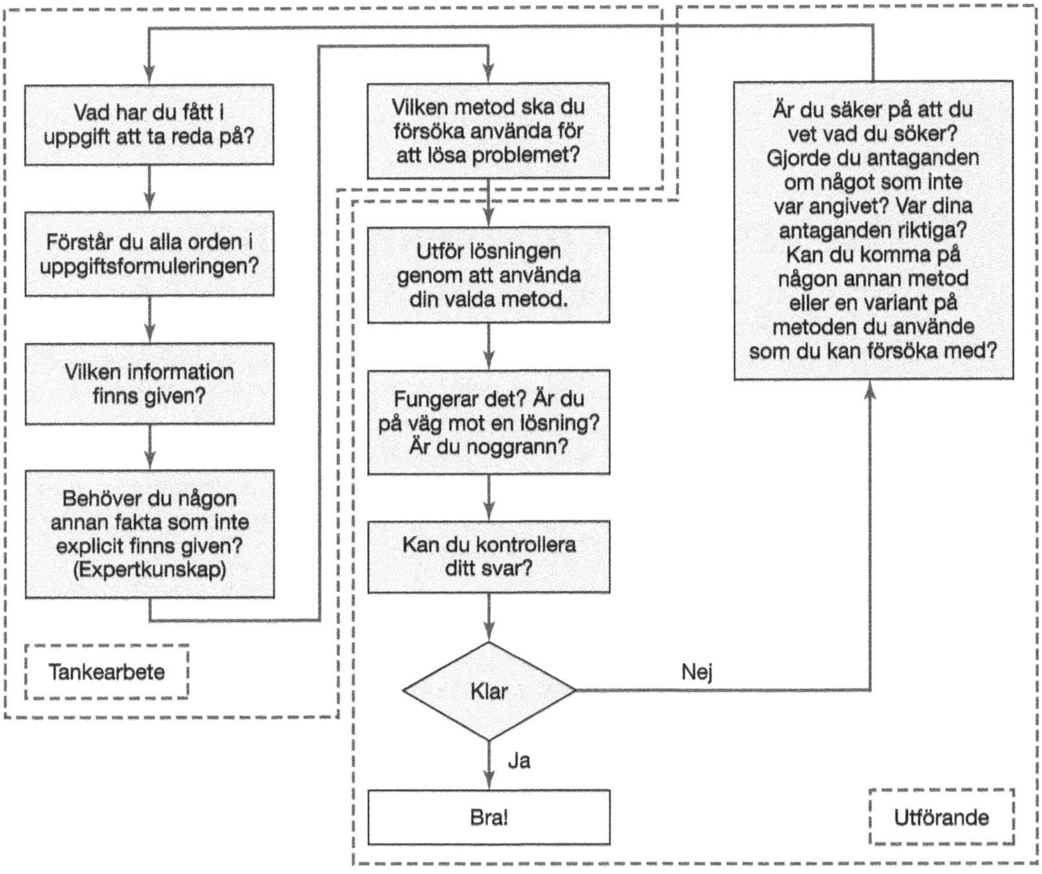


**Figur 17.1** Steg i processen för problemlösning

Som du kan se i figuren innehåller processen en krets som du lämnar först när problemet är löst. En svårighet för dem som är noviser i problemlösning är att det krävs uthållighet för att gå runt kretsen igen och igen tills problemet är löst. Dessutom behövs det erfarenhet för att varje gång kunna försöka med en något annorlunda metod. En annan stor svårighet är att veta när det är dags att ge upp och få hjälp. Metoderna här kan hjälpa dig att bedöma detta, men återigen finns det inget som går upp mot övning och erfarenhet. Det är lite som att springa maraton: du kan läsa om den bästa taktiken, men det enda sättet att nå målet är att springa. På samma sätt som du gradvis skulle öka distansen för din träning, måste du långsamt öka svårighetsgraden på de problem du tar dig an.

# 2 Förståelse av problemet

Börja inte direkt med att försöka använda någon lösningsmetod. Först måste du tänka igenom problemet och verkligen försöka förstå vad det handlar om. Detta kan verka onödigt om det är problem där du kan se hur du ska göra med en gång, men du måste träna din hjärna med dessa lättare frågor för att närma dig de svårare på rätt sätt. Försök komma in i goda vanor tidigt. Då blir det lättare när svårigheten på problemen ökar.

## Slutna och öppna problem

Vi kan dela in problem i två breda grupper:

- **Slutna problem**, där alla data du behöver för att komma fram till en lösning finns i uppgiftsformuleringen. Kanske måste du komma på vilken metod du ska använda eller välja vilken fysisk lag du ska använda, men du förväntas till exempel inte behöva göra någon uppskattning av de numeriska värdena på de storheter som du använder. Detta är den typ av problem du vanligtvis möter i traditionella tentamina.
- **Öppna problem**, där du kanske måste undersöka information eller där det kanske finns en del okända fakta eller okända värden som du behöver. Detta är mer som de problem som forskare försöker lösa. Du kanske möter den här typen av problem i laboratoriearbete eller i ett större projekt.

**ÖVNING 1 Slutna eller öppna problem**

Är följande problem slutna eller öppna?

| | Slutet eller öppet? |
|---|---|
| Två sopbilar samlade upp sopsäckar. En samlade upp 47 säckar och den andra samlade upp 56 säckar. Hur många säckar sopor samlades upp allt som allt? | Slutet |
| Vilken typ av damm skulle passa bäst om en damm skulle byggas i Themsen? | Öppet |
| Lös ekvationssystemet<br>$2x + 3y = 1$<br>$x - 4y = 17$ | |
| Uppskatta avståndet från jorden till solen. | |
| Om Tomas har tre gånger så många äpplen som Susanne, och Susanne har en fjärdedel av vad Johan (som har fyra) har, hur många har Maria om Maria har två mer än Tomas? | |
| Ett runt hjul med en radie på 37 cm rullar med en konstant hastighet av 3 varv per sekund. Hur långt rör sig hjulets axel på 8 sekunder? | |
| Är det bättre för dig att promenera än att cykla till universitetet/högskolan? | |

Se avsnittet ”Feedback på övningar”.

## Vad försöker du uppnå?

Oavsett om problemet är slutet eller öppet är första steget mot en lösning att **definiera vad du försöker ta reda på**. I några problem kommer du att kunna formulera en mening som klargör detta. I andra problem är det svårare att komma fram till vad det är, och i några mycket komplicerade problem är det ett problem i sig att komma fram till vad som kommer att kunna räknas som en giltig lösning. Se till så att du verkligen förstår ditt problem. Detta är första steget i tankeprocessen.

Du måste:

- Först: se till så att du vet vad orden i problemet betyder. Om det finns något du inte förstår, slå upp det i en ordbok. Är det ett vanligt ord eller ett fackord eller ett tekniskt ord? (Se ”Knäcka koden” i kapitel 16)
- Därefter: identifiera det begärda resultatet. Du kan stryka under det eller skriva om det med dina egna ord. Hur ska det se ut? Ska det vara ett tal, en slutsats som är formulerad i ord, ett bevis, ett diagram eller något annat? (För fler ledtrådar om hur du kan identifiera delar i en fråga, se BUG-metoden i kapitel 12.)

Gäller det mer öppna problem kan de första försöken att definiera vad du tittar efter vara mycket vaga. Ett bra sätt för att börja göra problemdefinitionen mer precis kan då vara att fundera över varför det är vagt.

Du måste alltid ha ditt mål i åtanke när du arbetar igenom ett problem.

**Tips**

Om du letar efter något, kommer du aldrig att hitta det om du inte vet vad det är du letar efter!

### Exempel: Identifiera vad du försöker uppnå

I problemet nedan har den del av uppgiftsformuleringen som handlar om lösningen strukits under.

> Två sopbilar samlade upp sopsäckar. En samlade upp 56 sopsäckar och den andra samlade upp 47 sopsäckar. Hur många sopsäckar samlades upp allt som allt?

Lösningen du söker ska bli ett tal.

**ÖVNING 2 Vad söker du efter?**

Hur går du tillväga med problemen nedan? Identifiera vad du försöker komma fram till och vilken form lösningen ska ha.

| | **Lösningen blir . . .** |
|---|---|
| Om Tomas har tre gånger så många äpplen som Susanne, och Susanne har en fjärdedel av vad Johan (som har fyra) har, hur många har Maria om Maria har två mer än Tomas? | |
| Designa en bra konservöppnare. | |
| Lös ekvationssystemet<br>$2x + 3y = 1$<br>$x - 4y = 17$ | |

Se avsnittet "Feedback på övningar".

**Tips**

Om du inte alls kan komma igång med ett problem, har du förmodligen inte identifierat vad du söker. När du väl vet vad du söker, är det lättare att se vilka sätt du kan använda för att försöka komma åt det.

# Vad har du fått veta?

Nästa steg i lösningen av ett problem är att fundera ut vilken information du har fått. Du kan skriva en lista eller stryka under delar i frågan, vilket du föredrar. (Se BUG-metoden i kapitel 12.)

Du måste vara mycket klar över vad du vet och vad du inte vet. Det är lätt att göra antaganden utan att vara medveten om det. En bra vana är att skriva ner det man har fått veta med egna ord.

## Exempel: Identifiera vad du har fått veta

Låt oss återvända till problemet ovan:

> Två sopbilar samlade upp sopsäckar. En samlade upp 56 sopsäckar och den andra samlade upp 47 sopsäckar. Hur många sopsäckar samlades upp allt som allt?

I frågan finns två bitar information:

> Lastbil 1 samlade 56 säckar
> Lastbil 2 samlade 47 säckar

I det här enkla exemplet kanske du tycker att det du har fått veta är självklart, men det är bra om du får som rutin att ställa den här frågan även när det är enkla problem. Gör du det automatiskt kommer du att kunna använda samma metod för att hantera mer komplicerade problem.

**ÖVNING 3 Identifiera det som är givet**

Identifiera i problemen nedan den information du har fått som hjälp för att lösa problemet:

| | Detta är givet |
|---|---|
| Om Tomas har tre gånger så många äpplen som Susanne, och Susanne har en fjärdedel av vad Johan (som har fyra) har, hur många har Maria om Maria har två mer än Tomas? | |
| Designa en bra konservöppnare. | |
| Lös ekvationssystemet<br>$2x + 3y = 1$<br>$x - 4y = 17$ | |

Se avsnittet ”Feedback på övningar”.

# Vad vet du mer?

Informationen du får i en uppgiftsformulering är ofta inte den enda information du behöver för att lösa problemet. Ofta förmodas du veta något mer. Det stämmer särskilt in på öppna problem, men även när det är slutna problem får du inte alltid veta vilken metod som ska användas och måste bestämma det själv.

Denna extra kunskap kan vara sunt förnuft eller välkänd information eller specialistkunskap som du har fått genom dina studier i utbildningen. Allt detta som du tar med dig till ett problem är del av din **expertkunskap**.

Detta kan sammanfattas i diagrammet i figur 17.2.

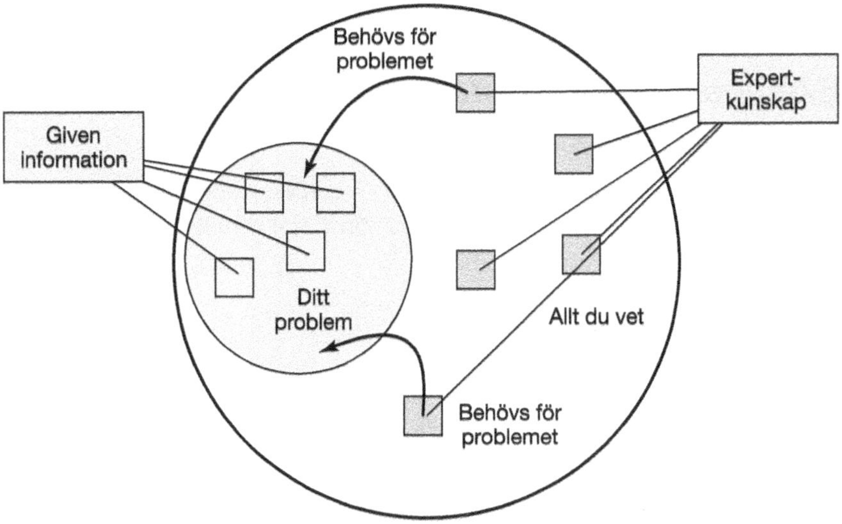


**Figur 17.2** Använd din expertkunskap

Expertkunskap kan vara en fysisk lag, någon allmängiltig kunskap, facktermer eller något du har lärt av erfarenhet. I problemet nedan kan vi till exempel se att det behövs allmängiltig kunskap och också någon förståelse av enkla tekniska termer.

| Problem | Expertkunskap som behövs |
|---|---|
| Ett runt hjul med en radie på 37 cm rullar i en konstant hastighet av 3 varv per sekund. Hur långt rör sig hjulets axel på 8 sekunder? | Den som har formulerat det här problemet antar att du vet vad som menas med de allmängiltiga termerna *runt, hjul, rullar* och också vad som menas med de mer tekniska termerna *radie, varv per sekund* och *axel.*<br><br>Du måste också känna till en fysisk lag: relationen mellan radien på en cirkel och dess omkrets. Inget av detta finns med i uppgiftsformuleringen. |

### ÖVNING 4 Använd din expertkunskap

Vilka antaganden gör den som har formulerat problemet om vad du vet i följande två problem?

| Problem | Expertkunskap som behövs |
|---|---|
| 1. Maria tittade ut genom sitt fönster och såg några höns och några kor som gick förbi. Hon räknade alla benen på hönorna och korna och fann att det totala antalet ben blev 66. Hur många av varje typ av djur passerade hennes fönster om det totala antalet djur var 24? | |
| 2. En bil färdas med hastigheten 98 km/h. Hur långt kommer den på 30 minuter? | |

Se avsnittet ”Feedback på övningar”.

**Tips**

Glöm inte att tydligt anteckna vilken **expertkunskap** du anser att du kan behöva, eftersom detta hjälper dig att bestämma lösningsstrategi.

# 3 Strategier för problemlösning

När du väl har gjort en noggrann analys av ditt problem, vet du vad du söker och vad du redan vet. Du har också identifierat den expertkunskap du tror att du kan behöva. Du är nu redo att tänka på lösningsstrategier.

I rutinproblem (se kapitel 16), som testar minnet och din förmåga att tillämpa grundläggande färdigheter, är det möjligt att du i uppgiftsformuleringen får veta vilken metod du ska använda.

## Exempel

1. Använd Simpsons formel med sex intervaller och bestäm integralens värde

$$\int_0^{\pi/2} \sqrt{(2{,}5 - 1{,}5 \cos 2\theta)}\, d\theta$$

2. Sätt följande ekvationer i en matrisform $Ax = b$:

$$2x + 3y = 1$$
$$x - 4y = 17$$

3. Finn sedan den inversa matrisen $A^{-1}$ och lös därefter ekvationssystemet med avseende på $x$ och $y$.

Det kan vara så att du måste lära dig metoderna eller repetera dem, men det finns inget konstigt i vad du förväntas göra. Använd Simpsons formel i det första exemplet, och använd matriser i det andra.

I mer komplexa problem måste du ofta själv komma fram till vilken metod du ska använda.

## Exempel

1. Bestäm den primitiva funktionen till

$$\int \frac{\sin \theta}{\cos \theta}\, d\theta$$

2. 150 m staket ska inhägna tre sidor av ett rektangulärt fält, där den återstående sidan gränsar till en å. Bestäm längden på sidorna så att den inhägnade arean blir ett maximum.

I det första exemplet vet du att du behöver använda dina kunskaper i att bestämma en primitiv funktion, men du måste också använda din expertkunskap från föreläsningarna och från kurslitteraturen för att bestämma vilken av de olika metoderna för bestämning av en primitiv funktion du kan använda för att komma fram till svaret. I det andra exemplet finns det mer än en möjlig metod. Om du har studerat derivata kan ordet "maximum" få dig att tänka på en fördelaktig väg. Om inte, kan du kanske försöka med en geometrisk metod eller med en ritning.

Studenter tycker i allmänhet att det är svårt att välja lösningsmetod, särskilt när problemet är formulerat i ord och inte i matematiska symboler. I avsnitt 2 har du redan kunnat tänka igenom hur du kan analysera ett problem när du möter det, och detta hjälper dig helt säkert att komma igång. Titta på allt det du vet om ett problem och all den expertkunskap som kan vara relaterad till detta. Kan du komma på strategier som du skulle kunna testa? Om du kan komma på mer än en strategi för ditt problem, skriv en lista till dig själv så att du inte glömmer dina idéer när du testar den första strategin.

När du väl har en idé om hur du kan komma igång, måste du vara mycket systematisk. Processen du behöver visas i figur 17.3.

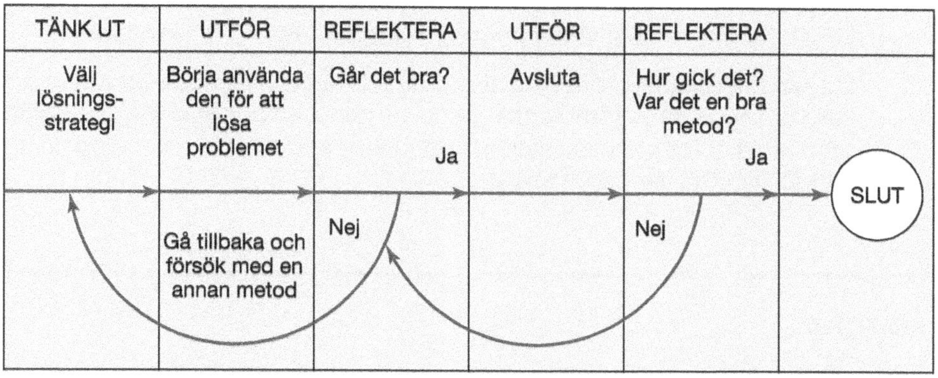


**Figur 17.3** Processen för problemlösning

> **Tips**
>
> Kom ihåg: du har bara misslyckats med att lösa problemet när du inte har fler strategier du kan försöka med!

Men vad ska du göra om du inte kommer på någon strategi alls?

George Pólya, född i Budapest 1887, var en matematiker som lade märke till att hans studenter ofta hade svårt med att lösa problem även om de kunde mycket om matematik. För att hjälpa dem försökte han utforma en metodik för problemlösning. Till slut fann han att det fanns ett antal strategier som åtminstone fungerade bra ibland, även om det inte fanns några fasta regler. Han kunde inte komma på en särskild regel som säger vilken strategi man ska använda i ett speciellt fall, men han menade att alla metoder listade i det följande – gör en bild, bryt ner problemet i delar, lös ett liknande men enklare problem, få en känsla för svarets storlek – (och några till) var värda att beakta (Pólya, 1990). Ta den som verkar mest lovande för ditt speciella problem och gör ett försök.

Efter hand som du får mer erfarenhet bör du försöka utveckla en verktygslåda med lösningsmetoder grundade på djup förståelse av hur den underliggande matematiken fungerar, inte som en receptbok där du bara följer ett antal steg för att komma fram till svaret. Det tar tid och kraft att utveckla den här kunskapsnivån, men gör du alla exempel du får rör du dig i rätt riktning.

## Gör en bild

Denna taktik är så fundamental för problemlösning inom naturvetenskap och teknik att den bör bli självklar för dig. Så fort du ser en uppgiftsformulering börjar du tänka på hur du kan representera den i bild. Ritar du ett diagram, hjälper det dig att analysera problemet – ibland leder det direkt till en lösning. Diagram, grafer och ritningar för problemlösning behöver inte vara vacker konst, men de måste vara informativa för dig, dvs. för användaren.

Du kan rita diagram som hjälper **dig** att förstå problemet du arbetar med. Det kan vara en skiss av förutsättningarna, en karta, en graf eller ett stapeldiagram, ett cirkeldiagram, ett register, ett venndiagram, en bild, ett spindeldiagram, en tankekarta eller något annat.

### Exempel

Ett metallblock med en massa på 100 kg vilar på en plan yta med en lutning på $\theta = 20°$ mot horisontplanet. Friktionskoefficienten, $\mu$, är 0,75. En kraft verkar på blocket med hjälp av ett rep parallellt med lutningen på planet. Vilken är den minsta kraft som krävs för att flytta blocket upp för planet? Tyngdaccelerationen kan approximeras med 9,8 m $s^{-2}$.

**Problemanalys**

**Vad försöker du komma fram till?**

*Kraften som krävs för att dra blocket upp för planen.*

Svaret blir ett tal med enheten i Newton.

**Vad har du fått veta?**

*Blockets massa* $m = 100$ *kg*

*Blockets vinkel mot horisontalplanen* $\theta = 20°$

*Friktionskoefficient* $\mu = 0,75$

**Vilken expertkunskap kan du behöva använda?** (Detta kommer från dina föreläsningar eller från kurslitteraturen.)

- Blockets tyngdkraft $W = mg$, som verkar vertikalt nedåt.
- När kraften bara är precis tillräcklig för att blocket ska börja röra sig är systemet i begränsad jämvikt. Summan av krafterna som verkar parallellt med planet är noll. Summan av krafterna som verkar vinkelrätt mot planet är noll.
- Friktionskraften, $F$, verkar i motsatt riktning till rörelseriktningen.
- Normalkraften, $N$, verkar vinkelrätt mot planet.
- $F$ och $N$ är i relation till varandra genom likheten $F = \mu N$, där $\mu$ är friktionskoefficienten.

I det här läget skulle ett diagram som visade krafterna med pilar hjälpa dig att visualisera situationen.

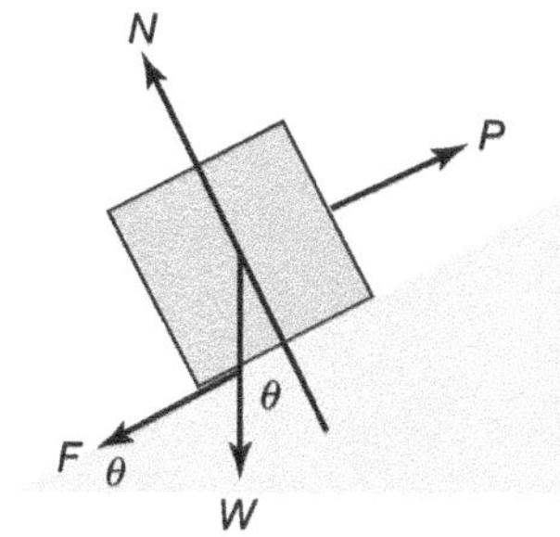


$F = \mu N$

Diagrammet skulle kunna se så ut här, där $W$ är blockets tyngdkraft och $P$ den kraft som drar blocket upp för lutningen. Lägg märke till sambandet mellan $F$ och $N$ som är nedskrivet strax under diagrammet.

## ÖVNING 5 Rita ett diagram

Vilken typ av diagram skulle du rita som hjälp för de olika problemen nedan?

| Problem | Diagram |
|---|---|
| 1. Jonatan ska laga en stor måltid åt sina vänner. Han vill servera huvudrätten 12:30 och desserten cirka 30 minuter senare. Han ska laga en vegetarisk paté, som tar 10 minuter att förbereda, 2 timmar att laga och 15 minuter att vila och skära upp. Dessutom ska han göra ugnsbakad potatis, som tar 10 minuter att förbereda och 90 minuter i ugnen; grillade tomater, som tar 8 minuter att förbereda och 20 minuter att laga; sås som tar 10 minuter att göra. Som dessert ska han göra en äppelpaj, som tar 30 minuter att förbereda och 40 minuter att laga. Han måste också hitta tid för att vispa grädde (10 minuter) att servera den med. Det kan finnas en lucka mellan att han förbereder en rätt och lagar den. Kan du hjälpa Jonatan att planera hur han ska få allt färdigt? | |
| 2. En likformig stege med längden $L$ vilar mot en jämn vägg i en vinkel $\theta$ mot golvet. Friktionskoefficienten mellan stegen och golvet är $\mu_s$. Visa att den minsta vinkeln för att stegen ska stå stabilt anges av ekvationen $\theta = \tan^{-1}\left(\frac{1}{2\mu_s}\right)$ | |
| 3. Läraren bjöd alla 40 studenterna på kursen på te, ostsmörgåsar, glass och kaka. De studenter som kom tidigt var hungriga, och snart var allt ätbart borta. De studenter som kom senare möttes av ett tomt bord. 14 studenter åt kaka, 13 åt ostsmörgåsar och 16 åt glass. 3 studenter åt ostsmörgås och kaka. 5 studenter åt kaka och glass. 8 åt ostsmörgås och glass och 2 åt av alla tre sorterna. Hur många studenter fick inget att äta? | |

Se i avsnittet ”Feedback på övningar”.

## Bryt ner problemet i delar

Många problem blir lättare att lösa om du bryter ner dem i mindre delar, löser varje del separat och sedan bygger ett slutgiltigt svar på lösningarna av de mindre delarna. Detta fungerar särskilt bra för mer komplexa problem. Genom att problemet bryts ner i mindre delar blir det lättare att hantera. Ofta kan du börja med att lösa de enklare delarna och lämna de svårare frågorna till senare. Detta gör att du känner dig säkrare när du arbetar med problemet.

### ÖVNING 6 Bryt ner i delar

**1.** Du vill bygga en damm tvärs över en flod. Hur ska du designa dammen?

Lösningen på det här problemet bygger på lösningar av flera relaterade problem. För det första, fundera över några ganska öppna frågor, likt de som visas i tabellen nedan. Kommer du på något mer som kan skrivas in?

| Mer övergripande inledningsfrågor |
|---|
| Vilken är budgeten? |
| Vilken är tidsplanen för att bygga? |
| Vad är dammen till för? |
| |
| |
| |

Dessa frågor leder sedan till mer **specifika frågor** som de nedan. Du kan inte svara på dessa förrän du har svarat åtminstone på några av de första frågorna. Kommer du på fler frågor?

| Mer specifika frågor |
|---|
| Var ska du placera dammen? |
| Vilken form ska den ha? |
| |
| |
| |

Ta nu en av dina mer specifika frågor ovan och försök bryta ner den till mer detaljerade frågor som du behöver ha svar på.

| Detaljerade frågor |
|---|
| |
| |
| |
| |

**2.** Kan du bryta ner följande problem i de steg du behöver utföra för att komma fram till en lösning?

Ett tredjegradspolynom ges av $P(x) = ax^3 + 7x^2 + 2x - b$. Rita grafen för polynomet $P(x)$ om $P(-1) = 0$ och $P(1) = 8$ och visa tydligt var den skär båda axlarna.

Steg 1:
Steg 2:
Steg 3:
Steg 4:
Steg 5:

etc.

**Ledtråd**: Du behöver ta reda på polynomets nollställen. Se avsnittet för feedback.

# Lös ett liknande men enklare problem

Ibland kan ett problem verka för komplicerat för att det ska gå att lösa med en gång. För att komma vidare kan det då vara bra att lösa liknande men enklare problem tills man ser att det uppstår ett mönster. Att välja ett närbesläktat problem som ger insikt i det ursprungliga problemet är något du kan lära med övning.

## Exempel

Bestäm värdet på

$$\frac{2+4+6+8+10+12+14+16+18+20+22+24+26+28+30+32+34+36+38}{3+6+9+12+15+18+21+24+27+30+33+36+39+42+45+48+51+54+57}$$

Varför tror du att det här problemet ser så svårt ut? Förmodligen för att det finns en massa tal både i täljaren och i nämnaren hos bråktalet. Det skulle lätt bli fel om man skulle addera samman dem.

För att förenkla kan du börja med att minska ner antalet tal i täljaren och nämnaren.

Vad får du om du räknar ut:

| | |
|---|---|
| $\frac{2}{3}$? | |
| $\frac{2+4}{3+6}$? | |
| $\frac{2+4+6}{3+6+9}$? | |

Har du sett något mönster ännu? Behöver du försöka med några fler tal för att övertyga dig själv?

Så vad tror du att lösningen på problemet är?

**ÖVNING 7 Förenkla för att finna mönstret**

1. Faktorerna till talet 360 bildar summan 1 170. Vad är värdet av de inverterade faktorernas summa?

   Ledtråd: Den expertkunskap som krävs är att du måste veta vad en faktor är och vad ett inverterat värde är innan du kan komma igång. Glöm inte att se till så att du vet vad du försöker komma fram till.

2. Vilken är summan av de första 25 udda talen?

Se avsnittet ”Feedback på övningar”.

## Få en känsla för svarets storlek

När det inte går att se svaret med en gång, hjälper det ofta att försöka göra en uppskattning av svarets storlek. Om du till exempel beräknar jordens avstånd från solen och får svaret 22 km, då kan du vara ganska säker på att ditt svar är fel. Om du tänker över hur stort eller litet ett svar bör vara innan du börjar, är det lättare att upptäcka fel och undvika misstag.

**ÖVNING 8 Uppskatta storleken**

Uppskatta den ungefärliga storleken på följande:

| Uppgift | Ungefärlig storlek |
|---|---|
| Våglängd på ultraviolett ljus | |
| Sveriges landareal | |
| Tjockleken på ett saltkorn | |
| Jordens diameter | |
| Diametern på en golfboll | |
| Genomsnittshastigheten för en promenad i normal takt | |
| Avståndet från jorden till solen | |
| Diameter på ett mänskligt hårstrå | |

Se avsnittet ”Feedback på övningar”.

Lika väl som det är värdefullt att kunna uppskatta realistiska värden för fysikaliska storheter är det värdefullt att kunna uppskatta svaret på aritmetiska problem. Än en gång: om du gör en uppskattning innan du beräknar, kan du kontrollera om ditt svar är rimligt.

**ÖVNING 9 Storleksordningen på talet i svaret**

Försök göra en uppskattning av de här beräkningarna utan att använda en kalkylator. Du ska inte försöka få det exakta svaret, bara en uppfattning av storleken på talet i ditt svar. För att göra en uppskattning i stället för att använda de exakta talen kan du välja tal som är enklare att handskas med, men de måste vara i samma storlek som de ursprungliga. Användning av potensform kan förenkla processen ytterligare och visar ofta var de olika delarna i beräkningen tar ut varandra. Här nedan visas först två exempel.

| Problem | Uppskattade värden | Ungefärligt svar |
|---|---|---|
| $983 \times 256 \times 198$ | $1000 \times 250 \times 200$<br>$= 1 \times 10^3 \times 25 \times 10 \times 2 \times 100$ | $50 \times 10^6$ |
| $(2439 \times 1220 \times 56) \div 430$ | $(2500 \times 1200 \times 50) \div 400$<br>$= (25 \times 100 \times 12 \times 100 \times 5 \times 10) \div (4 \times 100)$<br>$= (25 \times 3 \times 100 \times 5 \times 10) \div (1)$ | $375 \times 10^3$ |
| $5236 \div 7805 + 2300 - 4534$ | | |
| $(34\,387 \times 54\,567) + 585\,734$ | | |
| $((385\,730 \times 348) - 57) \div 680$ | | |

Se avsnittet ”Feedback på övningar”.

Du kan ta reda på mer om dessa strategier för problemlösning och andra som Pólya föreslagit genom att läsa hans bok *Problemlösning. En handbok i rationellt tänkande* (utgivning från 1970, finns i elektronisk form) eller Posamentiers och Kruliks (1998) bok *Problem Solving Strategies for Efficient and Elegant Solutions*, som ger flera exempel på hur Pólyas metoder kan användas både för matematiska problem och för vardagsproblem.

Framför allt måste du öva problemlösning genom att använda ett strukturerat tillvägagångssätt. Det är bästa sättet för att utveckla dina färdigheter. Kom ihåg, dina föreläsare är antagligen inte smartare än du – de har bara mer erfarenhet av problemlösning.

# 4 Sätt in talvärden

I många problem kan du välja om du vill arbeta med symboler till att börja med och sätta in talen senare eller om du vill arbeta med talen från början.

*En ledad lucka med massan 15 kg och bredden 1 m ska öppnas genom att använda en kraft F som verkar i 90° vinkel mot dörrytan vid den motsatta dörrändan till gångjärnet. Beräkna storleken på kraften F. Anta att tyngdaccelerationen är 10 m $s^{-2}$.*

Vilka av lösningarna nedan är mest användbara när du ska repetera inför till exempel en tentamen?

**Använd symboler först:**

Låt dörrens massa vara *m*. Sedan är dörrens tyngd *mg*, där *g* är tyngdaccelerationen. Låt *l* vara bredden på dörren

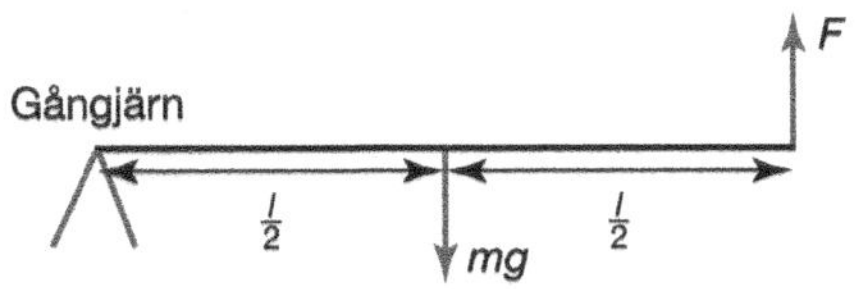


Rörelsemängdsmomentet kring gångjärnet

$$mg \times \frac{1}{2} - F \times 1 = 0 \; (1)$$

omflyttning av (1) ger

$$F = \frac{mg}{2}$$

Ersätt sedan *m* och *g*

$$F = \frac{15 \times 10}{2} = 75\text{N}$$

**Använd siffror först:**

Om dörrmassan är 15 kg kan dörrens tyngd antas vara 150 N.

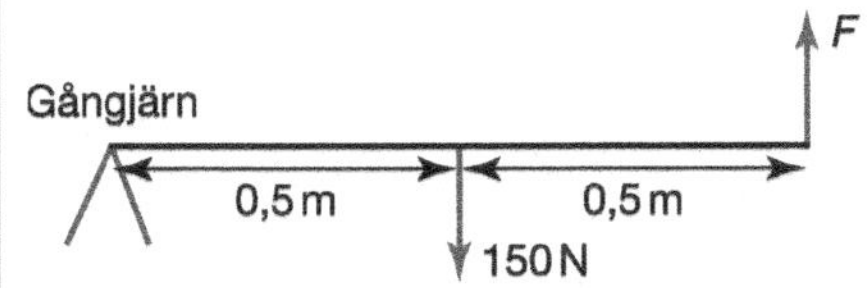


Rörelsemängdsmomentet kring gångjärnet

$$150 \times 0{,}5 - F = 0$$

så

$$75 - F = 0$$

$$F = 75\text{N}$$

Titta nu på problemet nedan och jämför det med problemet ovan. Du bör kunna se likheterna även om du inte har studerat detta ämne förut.

*En enhetlig balk med längden 2 m är fastsatt i ena ändan med ett gångjärn i en vägg. Balkens massa är 10 kg. Balken stöds i den andra ändan av ett rep som är vertikalt fastbundet i taket ovanför balkens slut. Ta reda på spänningen i repet. Anta att tyngdaccelerationen är 10 m* $s^{-2}$

**Använd symboler först:**

Låt massan för balken vara *m*, då blir balkens tyngd *mg*. Låt *g* vara tyngdaccelerationen, och låt *l* vara längden på balken.

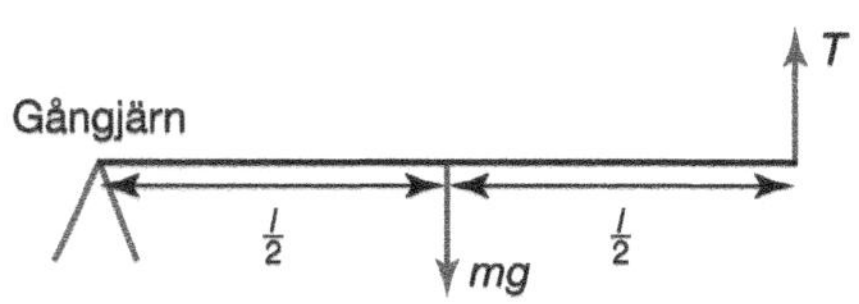


Rörelsemängdsmomentet kring gångjärnet

$$mg \times \frac{1}{2} - T \times 1 = 0 \; (1)$$

Omflyttning av (1) ger

$$T = \frac{mg}{2}$$

Ersätt sedan *m* och *g*

$$T = \frac{10 \times 10}{2} = 50\text{N}$$

**Använd siffror först:**

Om balkmassan är 10 kg, antas balkens tyngd vara 100N

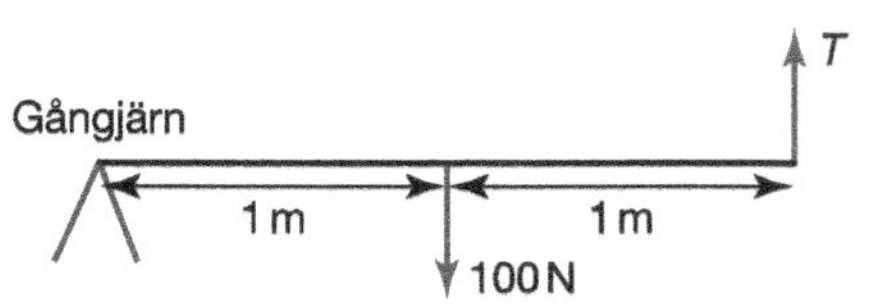


Rörelsemängdsmomentet kring gångjärnet

$$100 - T \times 2 = 0$$

så

$$100 - 2T = 0$$

$$T = 50\text{N}$$

Användningen av symboler fram till slutet **belyser likheterna** mellan de två problemen och gör att du lätt kan se mönstren. Ju fler mönster du kan se, desto mindre behöver du lägga ner på att memorera metoder. Du kan se att det ofta är mycket svårare att upptäcka likheter och mönster när du sätter in siffrorna tidigt i lösningsprocessen.

# 5 Genomför strategin

I det här stadiet av din lösning bör du ha kommit fram till

- vad du försöker ta reda på
- vad du har fått veta
- vad annat som kan vara användbart
- en eller flera idéer om hur du kan gå vidare.

Du är nu redo att testa med en metod. Har du tur fungerar den. Om inte måste du veta när det är dags att försöka med en annan. Är det fel metod eller har du gjort något misstag längs vägen?

## Att veta om din lösning fungerar

När du börjar kan du ha en eller flera lösningsmetoder i åtanke. Du börjar med den mest troliga och kommer igång med din lösning. Hur vet du om den fungerar? När bör du överge den och försöka på ett annat sätt?

Tyvärr finns det inga fasta regler för detta. Återigen handlar det om erfarenhet, att du med tiden lär dig att bedöma om din metod kommer att fungera eller inte. Men det finns några frågor som du kan ställa till dig själv som kan vara en hjälp.

| **Användbara frågor** | **Kommentarer** |
|---|---|
| Är du säker på att varje steg är korrekt när du tar det? | Se kapitel 18 för råd om hur du upptäcker fel medan du arbetar. |
| Kan du föreställa dig vad nästa steg är? Och nästa? Och steget efter det? | Du bör titta framåt efter varje steg. Om du är på väg i rätt riktning, bör det börja klarna. Du bör efter varje steg vara mer medveten hur du ska gå vidare mot ditt mål. Att titta framåt är som att spela ett strategiskt spel. De bästa schackspelarna vet alla alternativ för flera steg i förväg. En novis vet några för nästa steg. Du kan utveckla denna färdighet med övning. |
| Har du använt all given information? | I problem i läroböcker får du vanligtvis ingen ovidkommande information, så om du har användning av allt, är det förmodligen ett bra tecken. I verkliga problem är det inte säkert att detta är sant, så var försiktig när du använder den här frågan. |

# 6 Summering

Det här kapitlet har tagit dig igenom stegen för problemlösning. Till att börja med måste du komma underfund med vad du söker efter och vilken information du har fått. Bara då kan du börja tänka på hur du kan lösa ditt problem. Att lösa själva problemet är ofta en upprepande process: du testar en lösning för att se om den fungerar, och om den inte fungerar, anpassar du den lite eller testar en annan metod tills du kommer rätt. Med massor av övning kan du bygga upp din kunskap och utveckla ett systematiskt tillvägagångssätt för problemlösning.

## Sammanfattning av det här kapitlet

Titta på figur 17.4 och försäkra dig om att du förstår vad de olika delarna innebär.

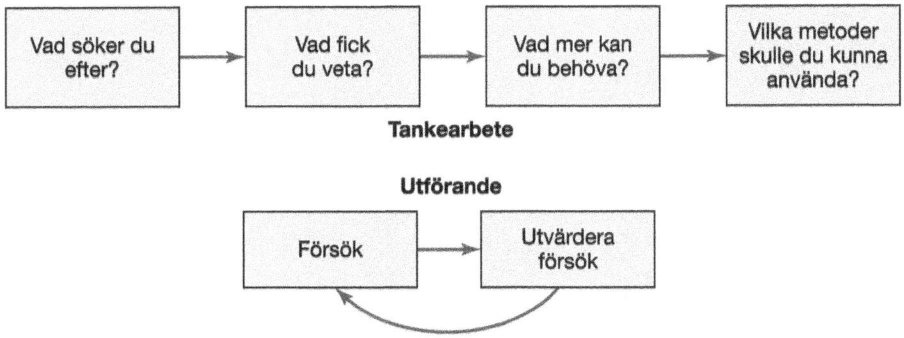


**Figur 17.4** Sammanfattning av processen för problemlösning

### ÖVNING 10 Uppdatera din professionella utvecklingsplan

Reflektera över hur pass säker du nu känner dig och fundera över vad som behöver förbättras. Du kan lägga in detta i din professionella utvecklingsplan.

Markera hur pass säker du känner dig (1 = mycket lite och 5 = mycket).

| Färdigheter jag håller på att utveckla | Nivå 1–5 | Plan för att bli bättre |
|---|---|---|
| Komma igång med ett problem. | | |
| Välja en metod för att lösa det. | | |
| Arbeta med symboler. | | |
| Veta om jag är på rätt väg. | | |

Datum: ____________

## Extra hjälp

- Ta reda på om ditt universitet/din högskola har en matematikverkstad (eller liknande) som du kan gå till när du behöver hjälp.
- Läraren som gjorde arbetsbladet har kanske någon "kontorstid" då du kan gå och fråga om hjälp.
- Finns det kanske studenter som har kommit längre i utbildningen som kan ge extrahjälp om du behöver det?

# Feedback på övningar

### ÖVNING 1 Slutna eller öppna problem

| | **Slutet eller öppet?** |
|---|---|
| Två sopbilar samlade upp sopsäckar. En samlade upp 47 säckar och den andra samlade upp 56 säckar. Hur många säckar sopor samlades upp allt som allt? | **Slutet** – du måste komma fram till en metod utan några andra data. |
| Vilken typ av damm skulle passa bäst om en damm skulle byggas i Themsen? | **Öppet** – du måste veta var dammen ska byggas, vad dammen är till för, hur bred floden är etc. |
| Lös ekvationssystemet<br>$2x + 3y = 1$<br>$x - 4y = 17$ | **Slutet** – du måste känna till en metod för att lösa liknande ekvationer, men alla fakta om $x$ och $y$ och deras samband finns i uppgiften. |
| Uppskatta avståndet från jorden till solen. | **Öppet** – du kan gissa eller försöka förbättra din uppskattning genom att söka efter fakta, men det finns inte någon information i frågan som kan hjälpa dig. |
| Om Tomas har tre gånger så många äpplen som Susanne, och Susanne har en fjärdedel av vad Johan (som har fyra) har, hur många har Maria om Maria har två mer än Tomas? | **Slutet** – frågeformuleringen kan ta en stund att tyda, men all information om vilka sambanden är finns i uppgiften. |
| Ett runt hjul med en radie på 37 cm rullar i en konstant hastighet av 3 varv per sekund. Hur långt rör sig hjulets axel på 8 sekunder? | **Slutet** – du måste se till så att du förstår de mer tekniska orden och vet sambandet mellan hastighet, sträcka och tid, men du behöver ingen extra data för att komma fram till svaret. |
| Är det bättre för dig att promenera än att cykla till universitetet/högskolan? | **Öppet** – till att börja med måste du definiera vad "bättre" kan vara i det här sammanhanget. |

### ÖVNING 2 Vad söker du efter?

| | **Lösningen blir . . .** |
|---|---|
| Om Tomas har tre gånger så många äpplen som Susanne, och Susanne har en fjärdedel av vad Johan (som har fyra) har, hur många har Maria om Maria har två mer än Tomas? | Hur många äpplen Maria har. Svaret blir ett tal. |
| Designa en bra konservöppnare. | Ett diagram eller en beskrivning i ord. För att ge en mer precis beskrivning av svaret på detta öppna problem skulle du behöva komma fram till en mer precis definition, till exempel: På vilket sätt skulle konservöppnaren bli bra? |
| Lös ekvationssystemet<br>$2x + 3y = 1$<br>$x - 4y = 17$ | Värdena för $x$ och $y$. Svaret blir två tal. |

### ÖVNING 3 Identifiera det som är givet

| | **Jag har fått veta . . .** |
|---|---|
| Om Tomas har tre gånger så många äpplen som Susanne, och Susanne har en fjärdedel av vad Johan (som har fyra) har, hur många har Maria om Maria har två mer än Tomas? | Antalet äpplen Johan har ($J = 4$). Sambandet mellan antalet äpplen som Susanne har och antalet som Johan har ($S = J/4$). Sambandet mellan antalet äpplen som Tomas har och antalet som Susanne har ($T = 3S$). Sambandet mellan antalet äpplen som Maria har och antalet som Tomas har ($M = T + 2$). |
| Designa en bra konservöppnare. | Mycket lite – du vet vilken funktion en konservöppnare har, men du måste förtydliga vad som menas med *bra*. Detta är ett mycket öppet problem, och öppna problem karaktäriseras av att det finns mindre information som är "given" och därför mer som man själv måste definiera genom att utforska och tänka. |
| Lös ekvationssystemet<br>$2x + 3y = 1$<br>$x - 4y = 17$ | Två ekvationer i vilka det finns ett samband mellan $x$ och $y$. |

### ÖVNING 4 Använd din expertkunskap

| **Problem** | **Expertkunskap som behövs** |
|---|---|
| 1. Maria tittade ut genom sitt fönster och såg några höns och några kor som gick förbi. Hon räknade alla benen på hönorna och korna och fann att det totala antalet ben blev 66. Hur många av varje typ av djur passerade hennes fönster om det totala antalet djur var 24? | Hur många ben en höna har. Hur många ben en ko har. |
| 2. En bil färdas med hastigheten 98 km/h. Hur långt kommer den på 30 minuter? | Innebörden av km/h.<br>Sambandet mellan fart, sträcka och tid. |

### ÖVNING 5 Rita ett diagram

| Problem | Diagram |
|---|---|
| 1. Laga mat | Kanske tycker du att en tidslinje är det bästa diagrammet för det här. Du kan lägga in tiden för huvudrätten och för desserten och arbeta baklänges därifrån. |
| 2. Lutande stege | Detta är en mer traditionell typ av ritning för mekaniska problem. Du kan börja med väggen, golvet och stegen. Du kan behöva någon expertkunskap för att sätta in alla kraftpilar. |
| 3. Läraren bjuder studenterna | Ett venndiagram med en cirkel för varje typ av mat kan hjälpa dig att klara det här. |

### ÖVNING 6 Bryt ner i delar

1. Du vill bygga en damm tvärs över en flod. Hur ska du designa dammen?

| Mer övergripande inledningsfrågor |
|---|
| Vilken är budgeten? |
| Vilken är tidsplanen för att bygga? |
| Vad är dammen till för? Det kan vara för att kontrollera översvämning, att generera elektrisk energi med hjälp av vatten osv. Det kan också finnas mer än ett syfte. |

Du kanske också har tänkt på miljöpåverkan, områdets geologi och topologi, kommunikation med byggnadsnämnden, tillgång på material, årlig regnmängd etc.

| Mer specifika frågor |
|---|
| Var ska du placera dammen? |
| Vilken form ska den ha? |
| Vilka dimensioner ska den ha? |

Du kanske också har lagt till frågor om material som ska användas, antal byggnadsarbetare som behövs, utrustning som behövs etc.

| Detaljerade frågor |
|---|
| På vilket sätt begränsar den lokala topografin dammens utseende? |
| Vilken belastning kommer det att finnas på dammen på grund av vattnet bakom den? |
| Måste det finnas en väg ovanpå? |

**2.** Ett tredjegradspolynom ges av $P(x) = ax^3 + 7x^2 + 2x - b$. Rita grafen till polynomet $P(x)$ om $P(-1) = 0$ och $P(1) = 8$ och visa tydligt var den skär båda axlarna.

Stegen skulle kunna vara:

| Steg 1: Använd de givna satserna för att få ett ekvationssystem där *a* och *b* ingår. |
|---|
| Steg 2: Lös ekvationssystemet från steg 1 och bestäm värdet för *a* och *b*. Sätt in de erhållna värdena för *a* och *b* i $P(x)$. |
| Steg 3: Använd att $(x + 1)$ är en faktor till polynomet för att ta reda på resten av polynomets faktorer. |
| Steg 4: Bestäm polynomets skärningspunkter med x-axeln. |
| Steg 5: Ta reda på värdet för $P(x)$ när $x = 0$. |

Du har nu allt du behöver för att rita en skiss av grafen.

## ÖVNING 7 Förenkla för att finna mönstret

**1.** Faktorerna till talet 360 bildar summan 1 170. Vad är värdet av de inverterade faktorernas summa?

Faktorerna är 1 × 360, 2 × 180, 3 × 120, 4 × 90, 5 × 72, 6 × 60, 8 × 45, 9 × 40, 10 × 36, 12 × 30, 15 × 24, 18 × 20, 20 × 18 . . . (här vänder det och blir upprepning av samma tal, fast omvänt).

Du försöker finna ett värde för

$$\frac{1}{1}+\frac{1}{2}+\frac{1}{3}+\frac{1}{4}+\ldots+\frac{1}{120}+\frac{1}{180}+\frac{1}{360}$$

Hur skulle det vara med att försöka samma sak med faktorerna till 12 eller 15 och söka efter ett mönster?

Svaret du söker efter är 1 170/360.

**2.** Finn summan av de första 25 udda talen.

Börja med 1, sedan 1 + 3, sedan 1 + 3 + 5 etc. Vad finns det för mönster?

Svaret du söker är 625.

### ÖVNING 8 Uppskatta storleken

Uppskatta den ungefärliga storleken på följande:

| Uppgift | Ungefärlig storlek |
|---|---|
| Våglängd på ultraviolett ljus | 400 nm |
| Sveriges landareal | 450 000 $km^2$ |
| Tjockleken på ett saltkorn | 1 mm |
| Jordens diameter | $10^7$ m |
| Diametern på en golfboll | 4 cm |
| Genomsnittshastigheten för en promenad i normal takt | 5–7 km/h |
| Avståndet från jorden till solen | $150 \times 10^9$ m |
| Diameter på ett mänskligt hårstrå | $100 \times 10^{-6}$ m |

### ÖVNING 9 Storleksordningen på talet i svaret

| Problem | Uppskattade värden | Ungefärligt svar |
|---|---|---|
| 983 × 256 × 198 | 1 000 × 250 × 200<br>= 1 × $10^3$ × 25 × 10 × 2 × 100 | $50 \times 10^6$ |
| (2 439 × 1 220 × 56) ÷ 430 | (2 500 × 1 200 × 50) ÷ 400<br>= (25 × 100 × 12 × 100 × 5 ×10) ÷ (4 × 100)<br>= (25 × 3 × 100 × 5 × 10) ÷ (1) | $375 \times 10^3$ |
| 5 236 + 7 805 + 2 300 – 4 534 | = 5 000 + 7 000 + 2 000 – 4 500 | 10 500 |
| (34 387 × 54 567) + 585 734 | = (34 000 × 545 000) + 580 000 | 1,8 × $10^9$. Lägg märke till att additionen av det sista talet inte påverkar det uppskattade värdet. Eftersom det är fyra tiopotenser lägre än produkten av de första två faktorerna, har det ingen påverkan på de första talen. |
| ((385 730 x 348) – 57) ÷ 680 | = ((380 000 × 350)) – 50) ÷ 700 | 190 × $10^3$. Återigen – det är onödigt att subtrahera 50 från något i storleksordningen $10^6$ när man bara söker efter en uppskattning. |

# Referenser


- Pólya, G. (1970) *Problemlösning. En handbok i rationellt tänkande*. Stockholm, Prisma. (tillgänglig i elektronisk form)
- Pólya, G. (1990) *How to Solve it*. 2 uppl. Harmondsworth, Penguin Books.
- Posamentier, A. S. och Krulik, S. (1998) *Problem Solving Strategies for Efficient and Elegant Solutions*. Thousand Oaks, CA, Corwin Press.

# 18 Få hjälp och hjälp dig själv

Det underlättar om du har ett systematiskt tillvägagångssätt när du löser problem, men det kommer alltid att finnas vissa bitar som du tycker är svåra. Dessutom kommer du ibland att göra räknefel hur noga du än är. Om du lär dig att upptäcka dina fel, får du bättre resultat och hela problemlösningsprocessen blir mindre frustrerande. Bra idéer om lösningar riskerar då inte att bli förstörda av onödiga fel som smyger sig in längs vägen. Alla behöver hjälp någon gång, oavsett hur bra de är på matematik, men om du kan få rätt hjälp med de svårigheter du har identifierat att du har, lär du dig snabbare och utvecklar ditt kunnande. Samtidigt utvecklar du förmåga att kunna reflektera över och värdera det egna arbetet. Det är generiska färdigheter som värdesätts av arbetsgivare.

I det här kapitlet kommer du att

1. se hur du kan testa svaret du kommer fram till
2. lära dig hur du kan upptäcka fel i ditt eget arbete
3. fundera över hur du kan definiera och få den hjälp du behöver.

## ANVÄNDNING AV KAPITLET

Gör en uppskattning av hur pass säker du är på det som tas upp i påståendena nedan. I slutet av kapitlet har du möjlighet att ompröva dina svar och kan då också lägga in det i din professionella utvecklingsplan. Markera mellan 1 (mycket lite) och 5 (mycket):

| Testa om ditt svar är korrekt. | Hitta numeriska och algebraiska fel i ditt eget arbete. | Veta hur du kan kontrollera om du har rätt formel. | Fråga om den hjälp som verkligen hjälper dig. |
|---|---|---|---|
| | | | |

Datum: ______________

# 1 Granska ditt arbete

När du har arbetat igenom ett problem måste du kontrollera om svaret är rätt. Oftast finns det ett färdigt svar till de problem du får av din lärare under tiden du håller på att lära dig något nytt. I den verkliga världen finns det vanligtvis inga färdiga svar, så det är bra om du vänjer dig vid att kontrollera rimligheten i dina svar innan du tittar i facit. Får du detta som rutin medan du har möjlighet att se ett färdigt svar, kan du göra på samma sätt i en situation där du inte kan kontrollera svaret. Det hjälper dig att känna dig säker på de lösningar du kommer fram till.

Det finns två aspekter när du kontrollerar dina lösningar:

1. Testa svaret.
2. Upptäck felen.

## Testa svaret

Att kontrollera sina egna svar kan ibland vara nästan lika svårt som att hitta en lösningsmetod, men med övning blir du bättre. Du bör få som vana att kontrollera varje problem du löser. Något som kan vara användbart är följande:

- Sätt in ditt svar i problemets början och testa om det stämmer – detta är ofta bra för numeriska svar och lösningar på ekvationer.
- Arbeta stegvis tillbaka från svaret till problemets formulering – gör detta för att testa din lösning.
- Lägg lösningen åt sidan under en timme eller två. Gå sedan tillbaka och försök igen. Får du samma svar? Att få samma svar en andra gång kan göra att du känner dig säkrare på svaret. Att få olika svar innebär att åtminstone ett av dem är fel. I så fall är det värt att ta lite tid för att fundera över varför. Om du inte hittar något matematiskt sätt för att testa ditt svar, så är det här det bästa alternativet.

## Exempel

1. Lös ekvationssystemet genom att bestämma $x$ och $y$

$$2x + 3y = 1 \quad (1)$$

$$x - 4y = 17 \quad (2)$$

Svar:

$$x = 5, y = -3$$

Kontrollera genom att sätta in svaren på $x$ och $y$ i båda ekvationerna (1) och (2):

$$2 \times 5 + 3 \times -3 = 10 - 9$$

Som du ser är båda ekvationernas vänstersidor lika med deras högersidor. Lösningen till ekvationssystemet verkar alltså vara rätt.

2. Dela upp i partiella bråk

$$\frac{3x + 5}{(x + 3)(x - 1)}$$

Svar:

$$\frac{3x + 5}{(x + 3)(x - 1)} = \frac{1}{x + 3} + \frac{2}{x - 1}$$

Kontrollera så att du har rätt partiella bråk genom att arbeta baklänges. Addera bråken i svaret för att se om du kommer tillbaka till det ursprungliga uttrycket:

$$\frac{1}{x + 3} + \frac{2}{x - 1} = \frac{1(x - 1) + 2(x + 3)}{(x + 3)(x - 1)} = \frac{x - 1 + 2x + 6}{(x + 3)(x - 1)} = \frac{3x + 5}{(x + 3)(x - 1)}$$

Detta är det ursprungliga uttrycket så svaret verkar vara korrekt.

### ÖVNING 1 Är svaret rätt?

Kan du hitta ett sätt för att kontrollera om det givna svaret är korrekt?

1. Finn rötterna till den kvadratiska ekvationen $6x^2 + 5x - 4 = 0$

Svar:

$$x = \frac{1}{2} \text{ och } x = -\frac{4}{3}$$

Kan du kontrollera det?

2. Finn längden på den okända sidan genom att använda Pythagoras sats.

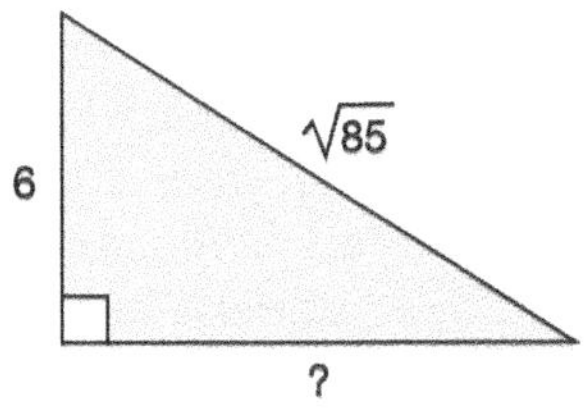


Svar: 8 längdenheter.

Var det korrekt?

**3.** Bestäm $x$ och $y$ i ekvationssystemet

$x + 3y = 14$

$2x - 3y = -8$

Svar:

$x = 2$ och $y = 5$

Rätt eller fel?

**4.** Bestäm alla primitiva funktioner till $\int \cos 2x dx$.

Svar: $\frac{1}{2} \sin 2x + C$

Hur kan du säga om detta är rätt?

Se avsnittet "Feedback på övningar".

# Hitta dina fel

Även om ditt svar verkar vara rätt, kan du i din lösning ha gjort några fel som tar ut varandra. Du bör därför alltid gå igenom ditt resonemang och ditt arbete.

Ofta säger studenter att de "tittar över" sina lösningar, men detta kan vara mycket ineffektivt ifall det bara innebär att titta tillbaka på varje rad för att se om det verkar rätt. Har du gjort ett misstag första gången, är det inte troligt att du hittar det om du inte aktivt försöker spåra det.

Om du gör fel i algebra eller aritmetik, förlorar du poäng även om lösningen som helhet följer en bra metod. Det är möjligt att du bara får lite avdrag för varje fel, men det kan tillsammans bli ganska mycket. Är du noggrann, får du mer poäng och kan lättare kontrollera att dina lösningar fungerar.

Om du tror att du vet hur ett problem ska lösas är det lätt att du rusar iväg och skriver ner svaret. Tar du det lite lugnare, hjälper det dig att bibehålla din noggrannhet. Det kan verka långsammare, men om du bara behöver gå igenom problemet en gång sparar det tid i längden. Tänk sköldpadda, inte hare!

En vanlig orsak till att det blir fel är när man skriver av fel från en rad till en annan. Läser du varje rad högt och säger vad du har gjort, kan det göra att du lättare upptäcker sådana förändringar. Naturligtvis är det inte möjligt att göra så på en tentamen, men genom att göra det när du studerar på egen hand kan du träna dig i att inte göra den här typen av fel så ofta.

**Tips**

Noggrant arbete är en vana. Kontrollerar du fel medan du arbetar, tränar du dig i att lättare se fel.

**ÖVNING 2 Kan du hitta felen i uträkningarna?**

Ju mer du övar detta i ditt eget arbete, desto bättre blir du på det.

Försök tala högt med dig själv om vad som händer i varje stadium. Hjälper det dig att se misstagen?

| Kan du se felen? | Säg för dig själv . . . | Svar |
|---|---|---|
| 1. $3x + 1 = 25$<br>$2x = 24$<br>$x = 12$ | Tre $x$ plus ett är lika med 25. Genom att flytta 1 till andra sidan och subtrahera från 25 blir det 24 kvar till höger, så då blir $2x$ lika med 24 och genom att dividera med 2 lämnas $x$ för sig själv, vilket säger mig att x är lika med 12. | (Du bör ha hittat ett fel.) |
| 2. $24x - 3y - 2(x + y) + 5 = 10x + 5y - 4$<br>$24x - 3y - 2x + 2y + 5 = 10x + 5y - 4$<br>$22x - y = 10x + 5y + 1$<br>$12x = 6y + 1$ | | (Du bör ha hittat två fel.) |
| 3. $3(8x + 6) = 10$<br>$27x + 18 = 10$<br>$27x = -8$<br>$x = -8/27$ | | (Du bör ha hittat ett fel.) |

Se avsnittet ”Feedback på övningar”.

# Vanliga fel

Det är omöjligt att lista varje fel du kan göra och varför, men om du kan undvika felen i tabellen nedan, kommer du att klara dig bra. De grundar sig på vanliga missuppfattningar eller fel som finns i många studenters arbeten.

| | Fel | RÄTT! | Kommentarer |
|---|---|---|---|
| $3(2x + 1)$ | $= 6x + 1$ | $= 6x + 3$ | 3 utanför parentesen måste multipliceras med **varje term** inne i parentesen. |
| $2x + 1 - (x + 2)$ | $= x + 3$ | $= x - 1$ | Minustecknet utanför parentesen gäller för **varje term** inne i parentesen. |
| $-\int x + 3dx$ | $= -\frac{x^2}{2} + 3x + C$ | $= -\frac{x^2}{2} - 3x + C$ | Minustecknet utanför integraltecknet gäller för **varje term** innanför integraltecknet. |
| $\sin(x + y)$ | $= \sin x + \sin y$ | Du kan inte förenkla detta utan mer information. | En av de första reglerna du lär i matematik är $3(2x + 1) = 6x + 3$. Det verkar naturligt att anta att det fungerar även när det inte är multiplikation. Oftast gör **det inte det!** Pröva detta: om $x = 30°$ och $y = 60°$, är sinus 90° = sinus 30° + sinus 60°? |

| | Fel | RÄTT! | Kommentarer |
|---|---|---|---|
| $(x+y)^2$ | $= x^2 + y^2$ | Du kan inte förenkla detta utan mer information. | Som i fallet ovan, kvadrering av parentesen följer inte samma regler som kvadrering av termerna. Pröva detta: låt $x = 2$ och $y = 3$. Bestäm $x + y$. Kvadrera sedan ditt svar, och jämför detta med att addera $x$ i kvadrat och $y$ i kvadrat. |
| $\sqrt{x+y}$ | $= \sqrt{x} + \sqrt{y}$ | Du kan inte förenkla detta utan mer information. | Detta är ett annat liknande fall. Testa det genom att använda $x = 2$ och $y = 3$ igen. |
| $\log(x+y)$ | $= \log x + \log y$ | Du kan inte förenkla detta utan mer information. | Detta är också sammanblandat med logaritmlagarna, eftersom $\log(xy) = \log x + \log y$ är sant. Se till så att du verkligen kan logaritmreglerna. |
| $\dfrac{1}{x+y}$ | $= \dfrac{1}{x} + \dfrac{1}{y}$ | Du kan inte förenkla detta utan mer information. | Och ännu en gång, samma typ av sammanblandning. Pröva med $x = 2$ och $y = 3$. |
| $\dfrac{d(uv)}{dx}$ | $= \dfrac{du}{dx} + \dfrac{dv}{dx}$ | $= v\dfrac{du}{dx} + u\dfrac{dv}{dx}$ | Ett annat liknande fall: Om det var så enkelt som det felaktiga svaret skulle vi inte behöva regeln för derivering av en produkt. |
| $\int uvdx$ | $= \int udx + \int vdx$ | Det rätta svaret här beror på $u$ och $v$. Du kanske måste använda partiell integration för att kunna gå vidare. Du måste fundera vidare på det formenliga. | Detta är samma som ovan. Det finns många regler för integrering av produkter beroende på produktens utseende, men det är sällan så enkelt som det felaktiga fall som visats här. |
| $\log\sqrt{x}$ | $= \sqrt{\log x}$ | Du kan inte förenkla detta utan mer information. | Det här är en annan typ av sammanblandning än den ovan, men den kommer också från att studenter huvudsakligen arbetat med tal i tidigare studier. För multiplikation har ordningen ingen betydelse, till exempel $2 \times 3 = 3 \times 2$. Men **för det mesta har ordningen betydelse.** Du kan inte ändra ordningen på de matematiska operationerna bara för att du känner för det. Gör en värdering av de båda uttrycken med $x = 2$. Samma svar båda gångerna? Nej! Så de två uttrycken kan inte vara lika. |

| | Fel | RÄTT! | Kommentarer |
|---|---|---|---|
| $\sin 3x$ | $= 3 \sin x$ | Du kan inte förenkla detta utan mer information. | Som ovan, du kan inte ändra på den matematiska ordningen. Övertyga dig själv genom att fundera över $x = 30°$ |
| $\frac{(3x+7)(2x-9)+(4x-1)}{(3x+7)(x^2+1)}$ | $= \frac{(2x-9)+(4x-1)}{(x^2+1)}$ | Du kan inte förenkla detta utan mer information. | Detta är en sammanblandning vid förkortning. Tänk på numeriska bråk. Där säger vi att $\frac{2}{6} = \frac{1}{3}$. Hos täljaren och nämnaren finns en gemensam faktor. Vi kan göra samma för $\frac{5+10}{25} = \frac{5(1+2)}{25} = \frac{1+2}{5} = \frac{3}{5}$ Lägg märke till att 5 multiplicerar **varje term** i täljaren och därför är en faktor i täljaren. I vårt algebraiska exempel, om vi ska förkorta, måste samma gälla. Det måste finnas en faktor som multiplicerar varje term där uppe och samma faktor som multiplicerar varje term där nere. |
| $\frac{x}{3x+1} + \frac{4x}{2x-5} = 6$ | $x + 4x$ $= 6(3x+1)(2x-5)$ | $x(2x-5) + 4x(3x+1)$ $= 6(3x+1)(2x-5)$ | Regeln för ekvationer är: vad du än gör på den högra sidan måste du också göra på den vänstra sidan. Om du multiplicerar till höger med $(3x+1)$, måste du också multiplicera till vänster med $(3x+1)$. Det innebär att **varje term** på vänster och höger sida multipliceras med $(3x+1)$. För den första termen innebär detta att $x$ multipliceras med $(3x+1)$ och att man sedan kan förkorta med $(3x+1)$, som är en gemensam faktor i täljaren och nämnaren. |
| $\sin^2 x$ | $= \sin(x^2)$ | $= (\sin x)^2$ | Här är beteckningssättet till för att skilja mellan "ta sinus på $x$ och sedan kvadrera svaret" och "ta $x$ i kvadrat och sedan sinus på svaret". Endast det första är korrekt. |

| | Fel | RÄTT! | Kommentarer |
|---|---|---|---|
| $\sin^{-1} x$ | $= \frac{1}{\sin x} = \text{cosec } x$ | $= \arcsin x$ | Detta beteckningssätt används i betydelsen att ta den inversa funktionen av sinus. Det betyder **inte** det reciproka värdet av sinus (även kallat cosekant), även om exponenten –1 betyder "1 delat med" i andra fall. Detta är en sammanblandning och är inkonsekvent – så se upp. |

# Kontrollera storheterna

I tillämpade ämnen beskrivs verkliga fysiska händelser och kvantiteter med hjälp av formler och ekvationer. Om du vill kontrollera formlernas och ekvationernas riktighet, kan du använda dig av de ingående storheternas enheter. En storhet anges med hjälp av ett mätetal och dess enheter.

De grundläggande storheterna är:

| Storhet | SI-enhet |
|---|---|
| Massa | meter (m) |
| Längd | kilogram (kg) |
| Tid | sekund (s) |
| Elektrisk ström | ampere (A) |
| Termodynamisk temperatur | kelvin (K) |
| Substansmängd | mol (m) |
| Ljusstyrka | candela (cd) |

Du kam läsa om SI-enheter och deras beteckningar på till exempel konvertera.nu: **http://www.konvertera.nu/si_systemet.php.**

Utifrån dessa grundläggande enheter kan du bygga upp härledda enheter. Några av de vanligare härledda enheterna har fått egna namn. Ofta är de uppkallade efter berömda vetenskapspersoner, som till exempel enheten för kraft, kg m $s^{-2}$, som också kallas newton (N). Några härledda enheter visas i tabellen på nästa sida.

| Storhet | SI-enhet | Även kallat . . . |
|---|---|---|
| Frekvens | $s^{-1}$ | hertz (Hz) |
| Kraft | $kg\ m\ s^{-2}$ | newton (N) |
| Energi, arbete | $m^2\ kg\ s^{-2}$ | joule (J) |
| Effekt | $m^2\ kg\ s^{-3}$ | watt (W) |
| Area | $m^2$ | |
| Volym | $m^3$ | |
| Hastighet | $m\ s^{-1}$ | |
| Acceleration | $m\ s^{-2}$ | |
| Densitet | $kgm^{-3}$ | |
| Spänning | $m^2\ kg\ s^{-3}\ A^{-1}$ | volt (V) |
| Laddning, elmängd | sA | coulomb (C) |
| Elektrisk resistans | $m^2\ kg\ s^{-3}\ A^{-2}$ | ohm (WΩ) |
| Kapacitans | $s^4\ A^2\ m^{-2}\ kg^{-1}$ | farad (F) |
| Magnetisk flödestäthet | $m^2\ kg\ s^{-2}\ A^{-1}$ | weber (Wb) |
| Molar värmekapaciet | $m^2\ kg\ s^{-2}\ mol^{-1}\ K^{-1}$ | $J\ mol^{-1}\ J^{-1}$ |
| Induktans | $m^2\ kg\ s^{-2}\ A^{-2}$ | henry (H) |
| Belysning, illuminans | $lmm^{-2}$ | |

När du adderar fysikaliska storheter måste de ha samma enhet. Du kan exempelvis inte addera en massa med en kraft på samma sätt som du inte kan addera äpplen med apelsiner. På samma sätt måste olika kvantiteter i en ekvation som sägs vara lika med varandra ha samma enheter. Dessa två realiteter ger oss ett bra sätt för att kontrollera ekvationer:

- När ekvationer eller formler har termer som adderas eller subtraheras, måste de ha samma enhet.
- När det finns ett likhetstecken (=) måste termerna på båda sidorna ha samma enhet.

När en ekvation är nedskriven är det alltså ganska lätt att se om någonting är fel.

## Exempel

**1.** Är följande ekvation korrekt nedskriven?

$$E = mgh + \frac{1}{2}mv^2$$

då $E$ är den totala energin för ett föremål, $m$ är dess massa, $g$ är tyngdaccelerationen, $h$ är avståndet mellan föremålet och jordens yta och $v$ är dess nuvarande hastighet.

Svar: SI-enheten för energi är joule, som har enheten $[\mathrm{m^2\ kg\ s^{-2}}]$.

Likhetstecknet säger oss att högersidan i ekvationen måste ha samma enhet $[\mathrm{m^2\ kg\ s^{-2}}]$. Dessutom måste de två termer som adderats på högersidan ha samma enheter, så var och en av dessa termer måste ha enheterna $[\mathrm{m^2\ kg\ s^{-2}}]$. Lägg märke till att vi vanligtvis sätter enheten inom hakparentes.

Titta på den första termen till höger i ekvationen:

$mgh$ är massa $\times$ acceleration $\times$ sträcka

med enheter

$$[\mathrm{kg}] \times [\mathrm{m\,s^{-2}}] \times [\mathrm{m}] = [\mathrm{m^2 kg\,s^{-2}}]$$

så denna term har samma uppbyggnad i enheterna som på vänstersidan.

Titta nu på den andra termen till höger i ekvationen:

$\frac{1}{2}mv^2$ är en konstant $\times$ massa $\times$ hastighet i kvadrat

med enheter

$$[1] \times [\mathrm{kg}] \times [\mathrm{m^2 s^{-2}}] = [\mathrm{m^2 kg\,s^{-2}}]$$

så denna har också samma uppbyggnad i enheterna som den på vänstra sidan.

Vi kan dra slutsatsen att vår ekvation sannolikt är korrekt, eftersom varje term till höger har samma enhet som termen till vänster.

**Tips**

Numeriska konstanter som multipliceras, som $^1/_2$ i den andra termen, har enheten [1].

Du kanske blir förvånad över att vi säger att ekvationen **sannolikt är rätt**; den har ju trots allt gått igenom båda våra test. De termer som adderas har samma enheter, och termerna på båda sidor om likhetstecknet har samma enheter. Vad den här metoden däremot inte kan säga oss är om konstanterna är korrekta. Alla multiplicerbara konstanter har enheten [1] så vi kan inte använda den här metoden för att kontrollera om vi har rätt värden på dem. Den korrekta ekvationen skulle lika gärna kunna vara

$$E = mgh + \frac{1}{25}mv^2$$

Vi kan inte veta. Det skulle inte förändra enheterna. (Den första versionen var den korrekta.)

Enhetsanalys är ett bra test för att se om något är fel, men du måste ha lite expertkunskap för att kunna bestämma **vad** som är fel och för att kunna rätta till det.

## Exempel

**2.** Är det sannolikt att den här ekvationen är korrekt eller inte korrekt?

$$h = ut + \frac{1}{2}gt^3$$

då $g$ är tyngdaccelerationen, $h$ är ett föremåls avstånd till jordens yta, $u$ är dess utgångshastighet och $t$ är tiden som har förflutit sedan det började röra sig.

Svar: Det vänstra ledet representerar en höjd, så enheten är [m].

Den första termen i högra ledet är $ut$, som är

hastighet × tid: $[\mathrm{m\,s^{-1}\,s}] = [\mathrm{m}]$

Det är samma enhet som i det vänstra ledet.

Den andra termen i det högra ledet är $\frac{1}{2}gt^3$, som är

konstant × acceleration × tid i kubik: $[1] \times [\mathrm{m\,s^{-2}}] \times [\mathrm{s^3}] = [\mathrm{m\,s}]$

Detta är inte samma enhet som övriga enheter i det högra ledet. Det skiljer sig också från den första termen till vänster.

Något är fel med ekvationen!

Eftersom vi har fått fram en extra faktor [s] i våra enheter måste vi misstänka antingen accelerationen, som har $[\mathrm{s^{-2}}]$ eller tiden, som har $[\mathrm{s^3}]$. En snabb blick i tabellen för härledda enheter ovan säger oss att accelerationsenheten är korrekt, så det är sannolikt att vi har fel exponent på $t$. Faktum är att den ska vara $t^2$.

När denna metod för att kontrollera enheter används, är följande punkter bra att kunna:

- Vid derivering kan man betrakta derivatan som en differenskvot, dv/dt. Man kan då få fram enheten på derivatan om man tar enheten på funktionen (v) dividerat med enheten på deriveringsvariabeln (t).

  $[\mathrm{m\,s^{-1}}] \div [\mathrm{s}] = [\mathrm{m\,s^{-2}}]$.

Lägg märke till att uttrycket visar sig ha samma enhet som acceleration, vilket du kanske förväntade dig.

- Om det är integraler, kan man innanför integraltecknet se funktionen och integrationsvariabeln (t) som en multiplikation.

  $[\mathrm{m\,s^{-2}}] \times [\mathrm{s}] = [\mathrm{m\,s^{-1}}]$.

Lägg märke till att integralen därför har samma enhet som enheten för hastighet.

- Vinklar som har enheten i radianer definieras som förhållandet mellan två längder. De har enheterna [m] ÷ [m] = [1]. Så *x* radianer har enheten [1], likt en konstant.
- En del matematiska funktioner kan bara tillämpas för kvantiteter med enheten [1]. Du kan till exempel ta sinus, cosinus eller tangens för ett tal eller en vinkel i radianer, men det är ingen mening med att tala om sinus för massa eller för en längd. Samma gäller för $\log x$, $\ln x$ och $e^x$; *x* måste vara ett rent tal med enheten [1]. Om du tillämpar dessa funktioner och märker att uttrycket du tillämpar dem på har andra enheter än [1], är något fel med din formel.

### ÖVNING 3 Kontrollera enheterna

Är formeln i den vänstra delen av kolumnen i tabellen korrekt?

| Formel | Bearbetning | Verkar formeln korrekt? (Ja/Nej) |
|---|---|---|
| $\Delta Q = mc\Delta T$<br><br>där $\Delta Q$ är den uppnådda värmeenergin i J, $m$ massan i kg, $c$ är den specifika värmekapaciteten i J kg$^{-1}$ K$^{-1}$ och $\Delta T$ är en förändring i temperatur i K. | | |
| $F = \frac{Gm_1 m_2}{r}$<br><br>där $F$ är kraften i $N$, $G$ är gravitationskonstanten med enheterna N m$^2$ kg$^{-2}$, $m_1$ och $m_2$ är massor i kg och $r$ är ett avstånd i m. | | |
| $\frac{dp}{dr} = \frac{\rho u^2}{r}$<br><br>där $p$ är trycket i kg m$^{-1}$ s$^{-2}$ (kallas också pascal, Pa), $r$ är ett avstånd i m, $\rho$ är en densitet i kg m$^{-3}$ och $u$ är en hastighet med enheter i m s$^{-1}$ | | |
| $T = 2\pi\sqrt{\frac{l}{g}}$<br><br>där $T$ är perioden i sekunder, $l$ är en längd i meter och $g$ är tyngdaccelerationen i m s$^{-2}$. | | |
| $y = A\sin(\omega t + kx)$<br><br>där $y$ är ett avstånd [m], $A$ är ett avstånd [m], $\omega$ är en vinkelhastighet [rad s$^{-1}$], $t$ är en tid [s], $k$ har enheten [m$^{-1}$] och $x$ är ett avstånd [m]. | | |
| $V = V_0(1 - e^{-\frac{1}{RC}})$<br><br>där $V$ och $V_0$ är spänning, $R$ är resistans och $C$ är kapacitans. | | |

Se avsnittet ”Feedback på övningar”.

Avslutningsvis, hur gör du om ekvationen eller uttrycket inte ges i SI-enheter? Det har egentligen inte någon betydelse för kontrollen av enheter. Du kan uttrycka kraft i [g km $h^{-1}$] om du vill. Det är ovanligt, men det påverkar inte din kontroll av korrektheten.

# 2 Få användbar hjälp

För att du ska klara dina matematikbaserade ämnen bra måste du vara **aktivt involverad** i din läroprocess. Första gången dina lärare märker att du har svårigheter är kanske när du får dåligt resultat på en tentamen, och det kan vara för sent för att sätta saker på rätt plats.

Om du kan hjälpa dig själv genom att reflektera över din utveckling och fråga om hjälp så snart du behöver det, minskar risken att du ska misslyckas. Du måste vara realistisk. Du får inte ge upp för snabbt om du har svårigheter med några problem, men å andra sidan bör du inte kämpa ensam i evighet. För en del studenter hjälper det att arbeta tillsammans med en studiekamrat; andra är för blyga för att säga att de inte förstår när de arbetar med någon annan som verkar kunna allt. Du måste fundera över vad som passar dig bäst.

I matematikbaserade ämnen bygger det nya materialet på dina tidigare studier, så om du inte förstår något nu kommer det framtida materialet att vara ännu svårare att förstå. Tar du inte tag i problem när de dyker upp, bygger du en ostadig grund.

Få hjälp *så snart* du behöver det. Vänta inte tills en tentamen närmar sig.

Använd de resurser som finns:

- **Ställ frågor på föreläsningar**. På så sätt får du hjälp *och* deltar aktivt i undervisningen.
- **Fråga vänner**, deltagare i din studiegrupp eller någon annan som kan hjälpa dig. En studiekamrat som förklarar något för dig lär sig lika mycket som du. Han eller hon måste noggrant tänka igenom hur ett begrepp eller en lösning kan förklaras. Så tveka inte att fråga, din studiekamrat kommer antagligen att tycka det är lika användbart som du.
- **Alla** studenter behöver hjälp vid något tillfälle, så se till att få den hjälp *du* behöver *när* du behöver den.

Var inte rädd för att fråga. **Vilken fråga som helst** är bättre än ingen fråga alls (åtminstone får läraren reda på att du har svårigheter), men en **bra fråga** gör att du får hjälp snabbare med att identifiera **exakt** vad du inte förstår.

Titta på kommentarerna i tabellen nedan och fundera över det troliga resultatet.

| **Inte så bra kommentar:** | **Troligt resultat** |
|---|---|
| Jag förstår inte det här avsnittet. | Det du kan förvänta som svar på en sådan kommentar är en kort översikt av avsnittet. Det är inte säkert att det ger dig svar på det som du inte förstår. |
| **Bra kommentar:** | **Troligt resultat** |
| Jag förstår inte varför $f(x + h)$ inte är lika med $f(x) + f(h)$. | Det här är specifikt och kan ge ett specifikt svar som förhoppningsvis ger dig klarhet i det du tycker är svårt. |
| **Fungerande fråga:** | **Troligt resultat** |
| Hur gör man fråga 17? | Någon kanske talar om för dig hur du ska göra det, men då lär du dig inget om processen för lösningen av problemet. Eller så får du bara ett kort svar, som kanske hjälper dig, kanske inte. |
| **Bättre fråga:** | **Troligt resultat** |
| Kan du visa mig hur jag kan börja med fråga 17? | Någon kan ge dig en uppfattning om hur du ska komma igång och sedan låta dig avsluta problemet på egen hand. |
| **Bra fråga:** | **Troligt resultat** |
| Så här försökte jag göra fråga 17. Vad blev fel? | Här kan förklaringen ha fokus på din tankeprocess och på det som du missförstått. |

Du måste inse att du ibland behöver hjälp för att utveckla dina färdigheter i matematik, och det är upp till dig att söka hjälp. Så fort du fått hjälp med ett problem, försök själv arbeta igenom ett annat, liknande problem. Detta förstärker din förståelse och gör det mer sannolikt att du minns det i framtiden.

Du måste veta vad det är för hjälp du får. De som hjälper bör vara coacher, som uppmuntrar dig och ger dig ledtrådar när du behöver dem och som bara i undantagsfall visar dig hur du ska lösa problemen. De bör inte, och bör inte förväntas, göra arbetet som du själv måste göra. De är där för att hjälpa dig fundera ut hur du ska förstå och lära den matematik du behöver.

Studenter ber ofta om **modellsvar**, dvs. en komplett, nedskriven lösning på problemen. Även om detta verkar bra för att du då kan se hur problemet ska lösas med ett minimum av ansträngning från din sida, kan ett modellsvar inte lära dig hur du ska utveckla din förmåga att lösa problem. Redan när du skriver ner den första raden av lösningen har du gjort allt **tänkande** om lösningen. Du kan bara lära dig detta genom att öva och lösa massor av problem och ifrågasätta hur du gör medan du gör det. Om du redan tidigt i processen tittar på ett modellsvar, lär du dig att inte tänka själv. Det lär dig inte hur du tar dig an de första stadierna i processen, och det är det som studenter tycker är svårast.

Om det finns modellsvar eller exempel på hur man gör, så kan de vara användbara för den tredje eller fjärde delen i processen för problemlösning, dvs. i **utförande**delarna. Du kan använda det för att kontrollera om dina slutgiltiga numeriska svar är korrekta. Om det är samma metoder och modeller som du har valt, kan du också använda det för att kontrollera din metod, men kom ihåg: det finns ofta mer än ett sätt för att lösa ett problem. Om du har använt en annan metod än i modellsvaret, så hjälper inte modellsvaret dig att veta om den är giltig eller inte. Så använd modellsvar om de finns, men använd dem på ett klokt sätt och använd dem inte som en genväg för att inte göra det arbete du själv måste göra om du ska bli bättre.

# 3 Summering

Tar du aktivt tag i dina studier genom att fråga, definiera dina svårigheter så tydligt som du kan och reflektera över din utveckling då och då, kommer du att märka att dina färdigheter i problemlösning utvecklas. Du blir bättre på att se dina egna fel ju mer du arbetar med det, och du sparar både tid och kraft om du får som vana att testa dina lösningar så ofta du kan. Alla fastnar då och då när de lär sig något nytt, men tänk på att förbereda dig noga innan du frågar om hjälp så att du verkligen får den hjälp du behöver när du frågar.

## Sammanfattning av det här kapitlet

I figur 18.1 finns en sammanfattning av huvudpunkterna.

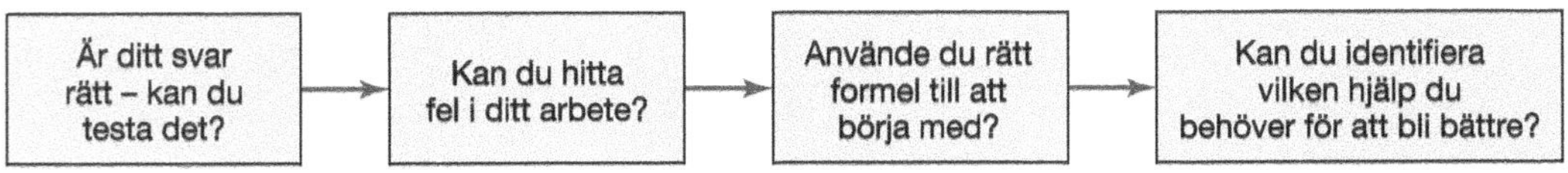


**Figur 18.1** Kontrollera dina svar och få hjälp

**ÖVNING 4 Uppdatera din professionella utvecklingsplan**

Reflektera över din nuvarande förmåga och fundera över vad du behöver förbättra. Om du vill kan du lägga in detta i din professionella utvecklingsplan.

Markera hur pass säker du känner dig (1 = mycket lite och 5 = mycket).

| Färdigheter jag håller på att utveckla | Nivå 1–5 | Plan för att bli bättre |
|---|---|---|
| Testa mina svar. | | |
| Hitta mina egna fel. | | |
| Kontrollera formelenheter. | | |
| Fråga efter konstruktiv hjälp. | | |

Datum: ________________

## Extra hjälp

- Ta reda på om det finns möjlighet att få någon extraundervisning.
- Finns det någon matematikverkstad eller liknande som du kan gå till?
- Kan du byta arbete med någon studiekamrat så att ni kan kontrollera varandras arbete? Ibland är det svårt att se de egna felen, men ofta går det lättare och snabbare att utveckla sina färdigheter genom att titta på någon annans arbete.

# Feedback på övningar

**ÖVNING 1 Är svaret rätt?**

1. Kontrollera genom att ta varje värde för $x$ i tur och ordning och sätta tillbaka dem i ekvationen. Om det är korrekt blir båda leden lika, i detta fall blir summan av termerna noll.

   Svaret var korrekt.

2. Kontrollera svaret och de övriga sidorna med hjälp av Pythagoras sats på de båda sidorna. Var svaret rätt?

   Svaret var rätt.

3. Använd samma metod som i exemplet på sidan 354. Det givna svaret var fel.

4. Derivering är motsatsen till integration. Derivera svaret för att se om du får det ursprungliga uttrycket.

   Detta svar var korrekt.

## ÖVNING 2 Kan du hitta felen i uträkningarna?

| Kan du hitta felen? | Svar |
|---|---|
| 1. $(3x) + 1 = 25$<br>$(2x) = 24$<br>$x = 12$ | $3x$ blev $2x$ – ett fel i avskriften. |
| 2. $24x - 3y - 2(x + y) + 5 = 10x + 5y - 4$<br>$24x - 3y - 2x (+ 2y) + 5 = 10x + 5y - 4$<br>$22x - y = 10x + 5y (+ 1)$<br>$12x = 6y + 1$ | Minustecknet utanför parentesen multipliceras med varje term i parentesen, så det blir $-2y$.<br>5 flyttades från andra sidan av ekvationen, men tecknet ändrades inte. Om du tänker att räkneoperationen är "subtrahera 5 från varje sida", inte att "flytta 5 och ändra tecknet", gör du mindre fel när du flyttar om i ekvationer. |
| 3. $3(8x + 6) = 10$<br>$(27x) + 18 = 10$<br>$27x = -8$<br>$x = -8/27$ | $3 \times 8 = 24$ inte 27 |

## ÖVNING 3 Kontrollera enheterna

| Formel | Bearbetning | Formeln verkar korrekt? (Ja/Nej) |
|---|---|---|
| $\Delta Q = mc\Delta T$<br>där $\Delta Q$ är den uppnådda värmeenergin i J, $m$ massan i kg, $c$ är den specifika värmekapaciteten i J kg$^{-1}$ K$^{-1}$ och $\Delta T$ är en förändring i temperatur i K. | Vänstra ledet: $Q$ [J] = [m$^2$ kg s$^{-2}$]<br>Högra ledet: $mc\Delta T$ [kg] × [J kg$^{-1}$ K$^{-1}$] × K<br>= J = [m$^2$ kg s$^{-2}$] | Ja |
| $F = \frac{Gm_1 m_2}{r}$<br>där $F$ är kraften i $N$, $G$ är gravitationskonstanten med enheterna N m$^2$ kg$^{-2}$, $m_1$ och $m_2$ är massor i kg och $r$ är ett avstånd i m. | Vänstra ledet: $F$ [kg m s$^{-2}$] = [N]<br>Högra ledet: [N m$^2$ kg$^{-2}$] × [kg] × [kg] ÷ [m]<br>= [N m$^2$] ÷ [m] = [N m]. | Nej – det finns ett extra [m]. Den nedre termen $r$ i nämnaren skulle ha kvadrerats. |
| $\frac{dp}{dr} = \frac{\rho u^2}{r}$<br>där $p$ är trycket i kg m$^{-1}$ s$^{-2}$ (kallas också pascal, Pa), $r$ är ett avstånd i m, $\rho$ är en densitet i kg m$^{-3}$ och $u$ är en hastighet med enheter i m s$^{-1}$ | Vänstra ledet: $\frac{dp}{dr}$ [kg m$^{-1}$ s$^{-2}$] ÷ [m] = [kg m$^{-2}$ s$^{-2}$]<br>Högra ledet: $\frac{\rho u^2}{r}$ [1] × [kg m$^{-3}$] [m$^2$ s$^{-2}$] ÷ [m]<br>= [kg m$^{-1}$ s$^{-2}$] ÷ [m] = [kg m$^{-2}$ s$^{-2}$] | Ja |

| Formel | Bearbetning | Formeln verkar korrekt? (Ja/Nej) |
|---|---|---|
| $T = 2\pi\sqrt{\frac{l}{g}}$<br>där $T$ är perioden i sekunder, $l$ är en längd i meter och $g$ är tyngdaccelerationen i m $s^{-2}$. | Vänstra ledet: $T$[s]<br>Högra ledet: $2\pi\sqrt{\frac{l}{g}}$<br>$[1] \times \left[\sqrt{\frac{[m]}{m\,s^{-2}}}\right] = \left[\sqrt{\frac{[1]}{s^{-2}}}\right] = [\sqrt{s^2}] = [s]$ | Ja |
| $y = A\sin(\omega t + kx)$<br>där $y$ är ett avstånd [m], $A$ är ett avstånd [m], $\omega$ är en vinkelhastighet [rad $s^{-1}$], $t$ är en tid [s], $k$ har enheten [$m^{-1}$] och $x$ är ett avstånd [m]. | Vänstra ledet: $y$ [m]<br>Högra ledet: $\omega t\,[s^{-1}] \times [s] = [1]$<br>$kx\,[m^{-1}] \times [m] = [1]$<br>så samma enhet i termerna innanför parentesen är riktigt, och båda termerna är utan enhet, vilket också är OK. När sinus tas på summan blir svaret utan enhet. Därför har högra ledet enheten [m] × [1] = [m]. | Ja |
| $V = V_0(1 - e^{-\frac{1}{RC}})$<br>där $V$ och $V_0$ är spänning, $R$ är resistans och $C$ är kapacitans. | Vänstra ledet: $V[V]$<br>Högra ledet: $RC\,[m^2\,kg\,s^{-3}A^{-2}] \times [s^4\,A^2\,m^{-2}\,kg^{-1}]$<br>$= [s]$ and $-\frac{1}{RC} = [s^{-1}]$<br>Alltså är något redan fel, för vi kan inte ha en exponent som har enhet. I själva verket är den korrekta formeln<br>$V = V_0(1 - e^{-\frac{1}{RC}})$.<br>så då har $-\frac{t}{RC}$ enheten [s] ÷ [s] = [1] och det är då rimligt att ha $e^{-\frac{t}{RC}}$? Svaret har här enheten [1] och kan därmed subtraheras från ett tal som har enheten [1] och multipliceras med en spänning för att ge enheten i volt. | Nej |

# Referenser


- Konvertera.nu (u.å.) Tillgänglig på http://www.konvertera.nu/si_systemet.php (110720)

# Register